现代电子机械工程丛书

电子设备热设计技术

钱吉裕　主编
魏　涛　战栋栋　王　锐　副主编

电子工业出版社
Publishing House of Electronics Industry
北京·BEIJING

内 容 简 介

本书共 10 章，第 1 章介绍电子设备热设计的内涵及面临的挑战，给出了电子设备热设计技术的分类和选择原则。第 2 章为电子设备的产热及热可靠性理论基础，从电子设备的产热和温度失效机理出发，阐述了温度对电子设备可靠性的影响机理。第 3 章为电子设备热传导技术，阐述了热传导机理与强化方法，综述了热管理材料的分类及应用，详述了热管及其衍生物的分类及典型应用场景。第 4～8 章分别为电子设备风冷技术、液冷技术、相变冷却技术、辐射散热技术及储热技术，这几章均从热设计机理出发，系统阐述了散热强化方法，并配合典型案例介绍了相应的热设计方法及流程。第 9 章为电子设备微系统冷却技术，梳理了微系统冷却遇到的挑战，阐述了常用微系统冷却技术。第 10 章为电子设备热仿真及热测试技术，介绍了常用热仿真软件、热学仿真基本流程及常用热学性能指标测试技术。

本书可供从事电子设备热设计工作的研究人员和工程技术人员阅读，也可作为高等院校相关专业的教学参考书。

未经许可，不得以任何方式复制或抄袭本书之部分或全部内容。
版权所有，侵权必究。

图书在版编目（CIP）数据

电子设备热设计技术 / 钱吉裕主编. -- 北京 ：电子工业出版社, 2025.5. -- (现代电子机械工程丛书).
ISBN 978-7-121-50158-6
Ⅰ．TN03
中国国家版本馆 CIP 数据核字第 20250DU081 号

责任编辑：关永娟　　特约编辑：田学清
印　　刷：北京富诚彩色印刷有限公司
装　　订：北京富诚彩色印刷有限公司
出版发行：电子工业出版社
　　　　　北京市海淀区万寿路 173 信箱　邮编：100036
开　　本：787×1 092　1/16　印张：21　字数：537 千字
版　　次：2025 年 5 月第 1 版
印　　次：2025 年 5 月第 1 次印刷
定　　价：128.00 元

凡所购买电子工业出版社图书有缺损问题，请向购买书店调换。若书店售缺，请与本社发行部联系，联系及邮购电话：(010) 88254888，88258888。
质量投诉请发邮件至 zlts@phei.com.cn，盗版侵权举报请发邮件至 dbqq@phei.com.cn。
本书咨询联系方式：chenwk@phei.com.cn，(010) 88254441。

现代电子机械工程丛书
编委会

主　任：段宝岩

副主任：胡长明

编委会成员：

季　馨	周德俭	程辉明	周克洪	赵亚维
金大元	陈志平	徐春广	杨　平	訾　斌
刘　胜	钱吉裕	叶渭川	黄　进	郑元鹏
潘开林	邵晓东	周忠元	王文利	张慧玲
王从思	陈　诚	陈　旭	王　伟	赵鹏兵
陈志文				

丛书序

电子机械工程的主要任务是进行面向电性能的高精度、高性能机电装备机械结构的分析、设计与制造技术的研究。

高精度、高性能机电装备主要包括两大类：一类是以机械性能为主、电性能服务于机械性能的机械装备，如大型数控机床、加工中心等加工装备，以及兵器、化工、船舶、农业、能源、挖掘与掘进等行业的重大装备，主要是运用现代电子信息技术来改造、武装、提升传统装备的机械性能；另一类则是以电性能为主、机械性能服务于电性能的电子装备，如雷达、计算机、天线、射电望远镜等，其机械结构主要用于保障特定电磁性能的实现，被广泛应用于陆、海、空、天等各个关键领域，发挥着不可替代的作用。

从广义上讲，这两类装备都属于机电结合的复杂装备，是机电一体化技术重点应用的典型代表。机电一体化（Mechatronics）的概念，最早出现于 20 世纪 70 年代，其英文是将 Mechanical 与 Electronics 两个词组合而成，体现了机械与电技术不断融合的内涵演进和发展趋势。这里的电技术包括电子、电磁和电气。

伴随着机电一体化技术的发展，相继出现了如机-电-液一体化、流-固-气一体化、生物-电磁一体化等概念，虽然说法不同，但实质上基本还是机电一体化，目的都是研究不同物理系统或物理场之间的相互关系，从而提高系统或设备的整体性能。

高性能机电装备的机电一体化设计从出现至今，经历了机电分离、机电综合、机电耦合等三个不同的发展阶段。在高精度与高性能电子装备的发展上，这三个阶段的特征体现得尤为突出。

机电分离（Independent between Mechanical and Electronic Technologies，IMET）是指电子装备的机械结构设计与电磁设计分别、独立进行，但彼此间的信息可实现在（离）线传递、共享，即机械结构、电磁性能的设计仍在各自领域独立进行，但在边界或域内可实现信息的共享与有效传递，如反射面天线的机械结构与电磁、有源相控阵天线的机械结构-电磁-热等。

需要指出的是，这种信息共享在设计层面仍是机电分离的，故传统机电分离设计固有的诸多问题依然存在，最明显的有两个：一是电磁设计人员提出的对机械结构设计与制造精度的要求往往太高，时常超出机械的制造加工能力，而机械结构设计人员只能千方百计地满足其要求，带有一定的盲目性；二是工程实际中，又时常出现奇怪的现象，即机械结构技术人员费了九牛二虎之力设计、制造出的满足机械制造精度要求的产品，电性能却不满足；相反，机械制造精度未达到要求的产品，电性能却能满足。因此，在实际工程中，只好采用备份的办法，最后由电调来决定选用哪一个。这两个长期存在的问题导致电子装备研制的性能低、周期长、成本高、结构笨重，这已成为制约电子装备性能提升并影响未来装备研制的瓶颈。

随着电子装备工作频段的不断提高，机电之间的互相影响越发明显，机电分离设计遇到的问题越来越多，矛盾也越发突出。于是，机电综合（Syntheses between Mechanical and Electronic Technologies，SMET）的概念出现了。机电综合是机电一体化的较高层次，它比机电分离前进了一大步，主要表现在两个方面：一是建立了同时考虑机械结构、电磁、热等性能的综合设计的数学模型，可在设计阶段有效消除某些缺陷与不足；二是建立了一体化的有限元分析模型，如在高密度机箱机柜分析中，可共享相同空间几何的电磁、结构、温度的数值分析模型。

自 21 世纪初以来，电子装备呈现出高频段、高增益、高功率、大带宽、高密度、小型化、快响应、高指向精度的发展趋势，机电之间呈现出强耦合的特征。于是，机电一体化迈入了机电耦合（Coupling between Mechanical and Electronic Technologies，CMET）的新阶段。

机电耦合是比机电综合更进一步的理性机电一体化，其特点主要包括两点：一是分析中不仅可实现机械、电磁、热的自动数值分析与仿真，而且可保证不同学科间信息传递的完备性、准确性与可靠性；二是从数学上导出了基于物理量耦合的多物理系统间的耦合理论模型，探明了非线性机械结构因素对电性能的影响机理。其设计是基于该耦合理论模型和影响机理的机电耦合设计。可见，机电耦合与机电综合相比具有不同的特点，并且有了质的飞跃。

从机电分离、机电综合到机电耦合，机电一体化技术发生了鲜明的代际演进，为高端装备设计与制造提供了理论与关键技术支撑，而复杂装备制造的未来发展，将不断趋于多物理场、多介质、多尺度、多元素的深度融合，机械、电气、电子、电磁、光学、热学等将融于一体，巨系统、极端化、精密化将成为新的趋势，以机电耦合为突破口的设计与制造技术也将迎来更大的挑战。

随着新一代电子技术、信息技术、材料、工艺等学科的快速发展，未来高性能电子装备的发展将呈现两个极端特征：一是极端频率，如对潜通信等应用的极低频段，天基微波辐射天线等应用的毫米波、亚毫米波乃至太赫兹频段；二是极端环境，如南北极、深空与临近空间、深海等。这些都对机电耦合理论与技术提出了前所未有的挑战，亟待开展如下研究。

第一，电子装备涉及的电磁场、结构位移场、温度场的场耦合理论模型（Electro-Mechanical Coupling，EMC）的建立。因为它们之间存在相互影响、相互制约的关系，需在已有基础上，进一步探明它们之间的影响与耦合机理，廓清多场、多域、多尺度、多介质的耦合机制，以及多工况、多因素的影响机理，并将其表示为定量的数学关系式。

第二，电子装备存在的非线性机械结构因素（结构参数、制造精度）与材料参数，对电子装备电磁性能影响明显，亟待进一步探索这些非线性因素对电性能的影响规律，进而发现它们对电性能的影响机理（Influence Mechanism，IM）。

第三，机电耦合设计方法。需综合分析耦合理论模型与影响机理的特点，进而提出电子装备机电耦合设计的理论与方法，这其中将伴随机械、电子、热学各自分析模型以及它们之间的数值分析网格间的滑移等难点的处理。

第四，耦合度的数学表征与度量。从理论上讲，任何耦合都是可度量的。为深入探索多物理系统间的耦合，有必要建立一种通用的度量耦合度的数学表征方法，进而导出可定量计算耦合度的数学表达式。

第五，应用中的深度融合。机电耦合技术不仅存在于几乎所有的机电装备中，而且在高端装备制造转型升级中扮演着十分重要的角色，是迭代发展的共性关键技术，在装备制造业的发展中有诸多重大行业应用，进而贯穿于我国工业化和信息化的整个历史进程中。随着新科技革命与产业变革的到来，尤其是以数字化、网络化、智能化为标志的智能制造的出现，工业化和信息化的深度融合势在必行，而该融合在理论与技术层面上则体现为机电耦合理论的应用，由此可见其意义深远、前景广阔。

本丛书是在上一次编写的基础上进行进一步的修改、完善、补充而成的，是从事电子机械工程领域专家们集体智慧的结晶，是长期工作成果的总结和展示。专家们既要完成繁重的科研任务，又要于百忙中抽时间保质保量地完成书稿，工作十分辛苦。在此，我代表丛书编委会，向各分册作者与审稿专家深表谢意！

丛书的出版，得到了电子机械工程分会、中国电子科技集团公司第十四研究所等单位领导的大力支持，得到了电子工业出版社及参与编辑们的积极推动，得到了丛书编委会各位同志的热情帮助，借此机会，一并表示衷心感谢！

中国工程院院士
中国电子学会电子机械工程分会主任委员 段宝岩

2024 年 4 月

序 Preface

电子设备在国民经济和国防军事领域发挥着不可或缺的核心作用。由于受电子器件基本原理的限制，输入电子器件的电功率大部分转换为废热。如果不能及时有效地解决电子设备工作过程中产生的废热排散和温度控制问题，则会导致电子器件超温，严重影响电子器件与设备的性能、可靠性和使用寿命，甚至可能导致电子器件被烧毁而失效。从电子设备发展的角度看，电子设备热设计技术水平直接决定了电子设备性能发挥的极限能力，是研制新型电子设备的核心技术之一；从国际竞争的角度看，高水平的电子设备热设计技术，可以在一定程度上弥补国内半导体工艺与国外先进工艺之间的差距，是国家亟须优先发展的关键技术之一；从学科发展的角度看，电子设备热设计是一个典型的多学科交叉融合学科，其内涵涉及传热学、微电子学、材料、力学、机械和控制等多个学科。目前，高校基础学科与专业的通用性书籍较为常见，而专门介绍电子设备热设计这类既涉及多学科基本理论的交叉融合，又紧扣实际应用场景和工程设计案例的应用类书籍较为少见。因此，撰写一本涵盖电子设备热设计的机理、方法、典型案例的专业书籍对学科发展和行业技术进步具有重要意义。

本书主编钱吉裕研究员就职于南京电子技术研究所，长期从事国内先进相控阵雷达的一线研制工作。他和他的热控专业团队不仅参与了电子设备热设计的一系列国家重点课题研究，还从大国重器工程型号研制的实践中凝练出了关键科学问题和技术挑战。面对高热流密度散热等严峻挑战，他们综合运用相关学科的基本理论和方法，实现了电子设备热设计方法的创新与关键技术的革新，切实解决了新一代机载、舰载、地面等领域相控阵雷达功率大幅度提高带来的散热瓶颈问题。本书就是他们对多年来的科研工作的体会与总结，相信本书对从事电子设备热设计工作的技术人员具有较大的工程应用参考价值，对高校相关专业的学生具有突出的学习借鉴价值和切实的指导作用，对电子设备热设计学科发展和电子产业技术的发展具有促进作用。

面向国家重大需求和科学技术发展的前沿，本书结合工程应用案例全面梳理了风冷、液冷、相变冷却、辐射散热、储热及微系统冷却等电子设备冷却技术的工程设计方法、最新进展和应用案例，系统地阐述了不同冷却方式背后的机理，并就电子设备高功率、高热流密度和微系统化等发展趋势概述了电子设备热设计未来的发展方向。本书的内容深入浅出，体现了编者扎实的理论基础和丰富的工程经验，书中各种典型的热设计案例可加深读者对各种技术的理解，是对当前各类基础性专业书籍的有益补充。

本书是一本针对性强、内容全面、基础理论与工程实践结合度较高的书籍，希望它的出版对热设计领域乃至电子技术领域的技术研究人员、相关专业的教师和学生有所裨益。

中国科学院院士

2024 年 8 月于南京

前言

Foreword

随着电子技术的飞速发展，电子设备持续向高密度、高功率的方向发展，然而输入电子器件的电功率大部分转换为废热，极易导致电子器件过热失效甚至被烧毁。统计数据表明，电子设备的失效约55%是由与温度相关的问题造成的。热失效是电子行业中摩尔定律即将走向终结的重要原因，热设计已成为制约电子设备发展的瓶颈技术，同时也是电子机械工程领域的研究重点之一。宣益民院士在学科发展战略研究报告中指出，当前我国的热设计基础方法创新和核心技术掌握等方面仍有待加强，热设计产业发展的瓶颈问题聚焦仍显不足，热设计人才培养体系尚未建立，无法满足电子行业快速发展的需求。因此，编写一本介绍电子设备热设计的书籍对技术发展、问题聚焦、人才培养均具有积极的意义。

电子设备热设计是一个典型的多学科交叉融合学科，涉及传热学、微电子学、材料、力学、机械和控制等多个学科。目前，高校基础学科与专业的通用性书籍较为常见，而专门介绍电子设备热设计这类既涉及多学科基本理论的交叉融合，又紧扣实际应用场景和工程设计案例的应用类书籍较为少见。编者希望遵循"道—法—术"的逻辑思路，编写一本全面介绍电子设备热设计的机理、方法、典型案例的工程指导书，将编者所在团队积累的热设计经验清晰地传递给他人。编者希望通过本书为高校传热相关专业的学生讲述"道"之外的"法"与"术"，与热设计相关从业人员探讨"术"背后的"道"与"法"，以期吸引有志于此的学生和社会人才从事热设计工作，并促进热设计行业的快速发展。

编者团队所在的南京电子技术研究所，是中国雷达工业的发源地，也是国家诸多新型、高端雷达装备的创始者，具有极大的高功率设备散热背景需求。编者团队长期与国内高校和科研院所开展持续深入的合作研究，同时与华为、中兴及曙光等业内知名企业保持广泛的技术交流，汲取了大量宝贵的热设计经验，成功解决了星载、机载、舰载、地基雷达等一批大国重器的散热难题。经过几十年的潜心发展，南京电子技术研究所已形成"陆海空天全平台布局，风液相变多技术发展"的研发体系，在自然冷却、风冷、液冷、两相流冷却等领域取得多项技术突破和成功实践，希望通过本书将技术沉淀为成果，在一定程度上推动电子技术的发展。

本书共10章，由钱吉裕研究员总体设计、策划、修改，由胡长明研究员总体审定。第1章为绪论，介绍了电子设备热设计的内涵和重要性，总结了电子设备热设计面临的迫切需求与挑战，给出了电子设备热设计技术的分类和选择原则，由王锐、钱吉裕编写。第2章为电子设备的产热及热可靠性理论基础，从电子设备的产热和温度失效机理出发，阐述了温度对电子设备可靠性的影响机理，为后续章节的电子设备热设计技术介绍提供了理论支撑，由周杰、钱吉裕编写。第3章为电子设备热传导技术，阐述了热传导机理与强化方法，综述了热管理材料的分类及应用，详述了热管及其衍生物的分类及典型应用场景，由魏涛编写。

第4~8章分别为电子设备风冷技术、液冷技术、相变冷却技术、辐射散热技术及储热技术，这几章均从热设计机理出发，系统阐述了散热强化方法，并配合典型案例介绍了相应的热设计方法及流程，以加深读者对各种技术的理解，分别由周杰、战栋栋、王锐、孔祥举、徐计元编写。第9章为电子设备微系统冷却技术，梳理了微系统冷却遇到的挑战，阐述了常用微系统冷却技术，介绍了热-力-电协同设计案例，由黄豪杰、钱吉裕编写。第10章为电子设备热仿真及热测试技术，介绍了常用热仿真软件、热学仿真基本流程及常用热学性能指标测试技术，由马预谱编写。此外，辛晓峰、吴进凯、夏艳、张玉声、彭健、张露、赵伟贤等也参与了部分资料收集、插图绘制和编写工作。

段宝岩院士领导的丛书编委会提出了全书的架构，并对内容进行了指导和审定，在此向他们致以诚挚的谢意。本书在编写过程中得到了宣益民教授、李强教授的指导，同时 ICT 资深专家洪宇平先生、西南电子技术研究所吕倩研究员、中国航空综合技术研究所邵将研究员等多位热设计专家认真审阅了全部书稿，提出了宝贵的修改建议，在此向他们表示深切的感激。本书引用了国内外许多专家、学者的著作及论文，在此一并表示衷心的感谢。

尽管编者努力确保书稿的质量和准确性，希望为读者提供一本有意义的书，但限于技术水平、工程经验及行业特征，书中难免有疏漏、偏颇及不妥之处，敬请各位专家、同行及读者朋友批评指正。

目录

第1章 绪论 ··· 1
- 1.1 电子设备热设计的内涵 ··· 1
  - 1.1.1 电子设备热设计的重要性 ··· 3
  - 1.1.2 电子设备热设计的定义与目标 ··· 6
- 1.2 电子设备热设计的挑战 ··· 8
  - 1.2.1 热流密度急剧升高引发芯片过温风险 ··· 8
  - 1.2.2 集成度与日俱增诱发热-力-电耦合问题 ··· 9
  - 1.2.3 功率大幅提升凸显热设计的资源难题 ··· 10
  - 1.2.4 极端工况增多暴露传统热设计的局限性 ··· 12
  - 1.2.5 精确控温要求严苛提升设备热设计难度 ··· 13
- 1.3 电子设备热设计技术的分类和选择原则 ··· 14
  - 1.3.1 电子设备热设计技术的分类 ··· 14
  - 1.3.2 电子设备热设计技术的选择原则 ··· 16
- 参考文献 ··· 19

第2章 电子设备的产热及热可靠性理论基础 ··· 22
- 2.1 电子设备的产热和温度失效机理简介 ··· 22
  - 2.1.1 无源器件 ··· 23
  - 2.1.2 有源器件 ··· 25
  - 2.1.3 温度失效机理小结 ··· 29
- 2.2 电子设备的温度可靠性预计 ··· 30
  - 2.2.1 基于手册的可靠性预计方法 ··· 30
  - 2.2.2 基于手册的可靠性预计方法的不足 ··· 31
  - 2.2.3 基于失效物理模型的可靠性预计方法 ··· 32
- 2.3 电子设备的温度降额设计 ··· 34
  - 2.3.1 温度降额的原则 ··· 34
  - 2.3.2 温度降额的指标 ··· 35
  - 2.3.3 温度降额的设计流程 ··· 35
- 2.4 电子设备的温度环境应力筛选 ··· 37
  - 2.4.1 温度环境应力筛选分类 ··· 37
  - 2.4.2 温度环境应力筛选流程 ··· 40
- 参考文献 ··· 41

| 第3章 | 电子设备热传导技术 | 44 |

第3章 电子设备热传导技术 ·· 44
3.1 热传导及强化方法 ·· 44
3.1.1 导热机理 ·· 44
3.1.2 导热强化 ·· 48
3.1.3 导热优化 ·· 52
3.2 常用电子设备热管理材料 ·· 61
3.2.1 热块体材料 ··· 61
3.2.2 热界面材料 ··· 69
3.3 热管及其衍生物 ·· 79
3.3.1 热管的工作原理 ·· 79
3.3.2 热管的相容性及寿命 ··· 81
3.3.3 热管及其衍生物分类 ··· 82
参考文献 ·· 90

第4章 电子设备风冷技术 ·· 94
4.1 自然冷却 ·· 94
4.1.1 自然冷却原理 ··· 94
4.1.2 自然冷却的强化方法 ··· 95
4.2 强迫风冷 ·· 102
4.2.1 强迫风冷原理 ·· 102
4.2.2 强迫风冷的强化方法 ·· 103
4.3 典型风冷系统设计案例 ··· 109
4.3.1 散热需求分析和冷却方式选择 ·· 110
4.3.2 风冷组件设计 ·· 110
4.3.3 风冷阵面设计 ·· 113
4.3.4 风机选型 ··· 114
4.3.5 系统设计校核 ·· 117
4.3.6 小结 ·· 118
参考文献 ··· 118

第5章 电子设备液冷技术 ·· 120
5.1 液冷原理与分类 ··· 120
5.1.1 液冷原理 ··· 120
5.1.2 直接液冷 ··· 123
5.1.3 间接液冷 ··· 126
5.2 液冷强化技术 ··· 128
5.2.1 对流换热系数强化 ··· 128
5.2.2 对流换热面积强化 ··· 133
5.2.3 协同设计优化 ·· 140
5.3 液冷系统的安全性与可靠性设计 ··· 141
5.3.1 腐蚀防护设计 ·· 141

		5.3.2 泄漏防护设计	144
		5.3.3 可靠性设计	150
		5.3.4 健康管理设计	153
	5.4	典型液冷系统设计案例	157
		5.4.1 散热需求分析和冷却方式选择	158
		5.4.2 冷板设计	159
		5.4.3 管网设计	161
		5.4.4 冷却机组设计	164
		5.4.5 系统设计指标复核与评估	169
		5.4.6 小结	170
	参考文献		170
第6章	电子设备相变冷却技术		173
	6.1	相变冷却原理	173
		6.1.1 气泡动力学简介	173
		6.1.2 池沸腾	174
		6.1.3 对流沸腾	175
		6.1.4 相变冷却的特点	177
	6.2	相变冷却方式	178
		6.2.1 直接相变冷却	178
		6.2.2 间接相变冷却	181
	6.3	相变冷却系统设计及应用	183
		6.3.1 工质选型	183
		6.3.2 换热设计	186
		6.3.3 流动设计	189
		6.3.4 其他工程问题	195
		6.3.5 典型相变冷却应用	196
	参考文献		199
第7章	电子设备辐射散热技术		202
	7.1	辐射传热特点	202
	7.2	电子设备热辐射技术基础	205
		7.2.1 辐射传热计算	205
		7.2.2 太阳辐射	207
		7.2.3 地球红外辐射与地球反照	212
		7.2.4 电子设备内部热辐射	215
	7.3	辐射传热控制技术	216
		7.3.1 辐射散热类技术	217
		7.3.2 辐射隔热类技术	221
		7.3.3 自适应温控类技术	223
	7.4	星载电子设备热控设计案例	226

参考文献 ··· 229

第 8 章 电子设备储热技术 ··· 231
8.1 储热技术的原理及特点 ··· 231
8.2 储热材料的分类及强化设计 ··· 232
8.2.1 显热储热材料及选型设计 ··· 233
8.2.2 潜热储热材料及强化设计 ··· 235
8.2.3 化学储热材料及控制设计 ··· 241
8.3 典型电子设备储热设计 ··· 245
8.3.1 储热需求计算 ··· 245
8.3.2 储热方式选择 ··· 246
8.3.3 储热温区设计 ··· 247
8.3.4 综合仿真校核 ··· 248
参考文献 ··· 251

第 9 章 电子设备微系统冷却技术 ··· 253
9.1 电子设备微系统冷却概述 ··· 253
9.1.1 微系统冷却的内涵 ··· 253
9.1.2 常用封装技术的热特性分析 ··· 254
9.1.3 微系统冷却的特点 ··· 260
9.1.4 微系统冷却面临的挑战 ··· 261
9.2 常用微系统冷却技术 ··· 264
9.2.1 芯片近结高导热材料 ··· 264
9.2.2 异质界面低热阻技术 ··· 270
9.2.3 嵌入式微流体技术 ··· 272
9.2.4 主动冷却技术 ··· 276
9.2.5 微冷却控制元件 ··· 278
9.2.6 热-力-电协同设计 ··· 280
参考文献 ··· 283

第 10 章 电子设备热仿真及热测试技术 ··· 286
10.1 电子设备热仿真 ··· 286
10.1.1 热仿真基础及方法 ··· 286
10.1.2 常用热仿真软件 ··· 287
10.1.3 热仿真案例 ··· 292
10.1.4 热仿真面临的挑战 ··· 295
10.2 电子设备热测试 ··· 299
10.2.1 热测试标准简介 ··· 299
10.2.2 温度测试 ··· 301
10.2.3 流量测试 ··· 307
10.2.4 速度测试 ··· 311
10.2.5 压力测试 ··· 313
参考文献 ··· 315

第 1 章
绪 论

【概要】

随着电子和微电子技术的迅猛发展,电子设备面临热流密度急剧升高、功耗呈几何级增长、极端应用场景增多等严峻挑战。若缺乏合理有效的热设计,将严重影响设备性能的发挥,甚至造成设备与人员的安全事故,热设计已成为电子设备设计的核心要素。本章首先介绍电子设备热设计的基本概念,探讨其重要性和目标,接着分析电子设备热设计面临的迫切需求与挑战,最后依据热量传递方式对电子设备热设计技术进行分类,并总结电子设备热设计技术的特点及选择原则。

1.1 电子设备热设计的内涵

电子设备是指由集成电路、晶体管、电子管等电子器件组成的,在通电工作后具有一定电信功能的设备。在电子设备的使用过程中,功率器件通常将电能转换为其他形式的能量(如电磁能、光能等)进行利用,然而能量转换效率普遍不高,会产生大量废热,电阻器、电容器、集成电路等消耗的电能几乎全部转换为废热。若废热处理不当,将造成一定的危害,影响电子设备的正常工作。

例如,雷达、微波武器、5G 基站等微波功率电子设备(见图 1-1)将电能转换为电磁能输出利用。以典型的有源相控阵雷达为例,电能转换为电磁能的效率通常不高于 30%,这意味着超过 70% 的能量转换为废热,当废热无法有效耗散时,雷达将出现威力下降、精度变差、可靠性降低甚至器件被烧毁等问题。以美国 SPY6 雷达为例,在 4m×4m 天线口径内热耗达到兆瓦量级,相当于在雷达表面平铺千余个千瓦功耗的电热炉,在保证散热的同时还需保证几千个 TR 组件的温度一致性。

激光器、LED 等光功率电子设备(见图 1-2)将电能转换为光能输出利用。以固体激光器为例,电能转换为光能的效率通常为 20%~40%,其余能量则全部转换为废热,废热处理不当时可能出现光路偏离、输出功率降低甚至器件被烧毁等问题。以激光武器为例,其功率器件的最高热流密度可达 $1kW/cm^2$,相当于指甲盖大小的面积内有一台

1kW 电热炉的发热量，且一般要保证器件壳温不超过 100℃，才能实现正常工作。

（a）美国 SPY6 雷达　　　　　　　　　（b）美国 Leonidas 微波武器

图 1-1　将电能转换为电磁能的设备

图 1-2　将电能转换为光能的设备（HELIOS 激光武器）

高铁 IGBT 模块、新能源汽车 IGBT 模块等电力电子设备（见图 1-3）将电能转换为其他形式的电能输出利用，尽管转换效率通常在 90% 以上，然而在较高的输出功率情况下仍存在较多的能量转换为废热。以某新能源汽车 IGBT 模块为例，其尺寸仅为 15.5cm×12.6cm×2cm，输出功率可达 200kW 以上，该手掌大小模块的热耗约为 3kW，与家用热水器功率相当。若该模块散热不当，则电能转换效率将显著下降，产生更多的热量使温度进一步提升，直至模块被烧毁。

（a）高铁IGBT模块　　　　　　　　　（b）新能源汽车IGBT模块

图 1-3　将电能转换为其他形式电能的设备

数据中心、超算中心等 IT 电子设备（见图 1-4）的电能几乎全部转换为废热。统计数据表明，全球的数据中心行业共消耗全球约 3% 的电力生产量，且比例还在不断上升，如此巨量的电能最终几乎全部转换为废热。若废热无法有效耗散，则数据中心机房温度将失控,服务器的电子器件会因过热而异常,严重时会导致系统瘫痪。

综上,电子设备的能量转换效率普遍较低,微波功率电子设备、光功率电子设备、电力电子设备、IT电子设备等均存在大量输入电能转换为废热的问题。统计数据表明,约55%的电子设备失效问题与热相关,热设计已成为制约电子设备发展的瓶颈问题,亟须实现相关技术的提升与突破。

图 1-4 高能耗数据中心

1.1.1 电子设备热设计的重要性

合理有效的热设计方法对电子设备的工作性能、可靠性、安全性至关重要。由热设计措施不当导致的电子设备事故时有发生,从危害类别上来看,主要有以下几个方面。

1. 造成电子设备损毁与人员伤亡

电子设备热设计失效会产生高温引起的热效应,严重时甚至会引发火灾、爆炸,直接威胁到电子设备与人员的安全。

如新能源汽车上的动力电池,其热设计被认为是影响新能源汽车安全性的关键设计要素,一旦热失控,极易导致安全事故。例如,某品牌新能源汽车从2013年10月到2016年1月累计报道7起锂电池自燃事件,其他诸多品牌的新能源汽车亦有爆炸起火事件报道。又如,某小区于2024年2月发生一起电池起火事故,最终造成15人死亡、44人受伤。这些起火事故的诱因相似:电瓶车的锂电池最佳工作温度范围为20℃~40℃,超过50℃电池组热量聚集将直接影响电池寿命,而超过80℃可能会引起电池组爆炸,电池组内部的电解液分解反应、膜分解反应、正负极与电解液反应等异常化学反应会导致热击穿与爆炸。再如,某品牌的旗舰级显卡在2022年年底被曝出多次起火事件,起火原因被判断为显卡的功率过高,供电接口处接触不良导致接触电阻过大,产生过高的焦耳热引发电源线熔断及后续起火事件。电子设备热设计失效致起火如图1-5所示。

(a) 电瓶车电池爆炸　　(b) 新能源汽车起火　　(c) 显卡被烧毁

图 1-5 电子设备热设计失效致起火

2. 导致电子设备的功能丧失

电子设备缺乏合理有效的热设计手段，可能会出现超温、温度不稳定等问题，这些问题都可导致电子设备性能显著下降甚至完全失效。

温度过高是导致电子设备性能下降或功能丧失的主要因素。例如，星载有源相控阵天线的性能受热设计水平的直接制约，在一个工作周期内若无法保证热量的有效耗散，则该天线往往只能在部分时间段内工作，其余时间需要休眠散热。又如，智能手机热耗不断增长，若散热不当引起芯片过温，则会导致软件卡顿、掉帧等性能下降现象；某品牌 2023 款旗舰手机频繁被消费者抱怨机身发热严重，实测热点温度超过 50℃，被戏称为"火龙果"，如图 1-6 所示。再如，数据中心机房温度通常控制在 22℃左右，温度过高会影响服务器性能，甚至导致服务器宕机；某机房 2023 年 3 月因散热问题导致服务器瘫痪，引发了全国性的公共事故，包括语音、支付、邮箱等多个功能无法使用。

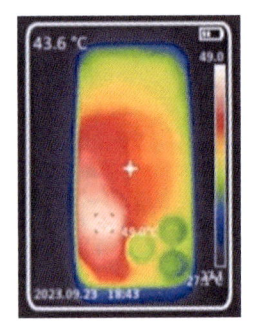

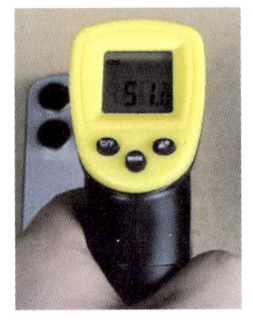

图 1-6 智能手机温度测试

温度过低也会导致部分电子设备的性能衰减。例如，图 1-7 所示的锂电池组在低温条件下由于电极/电解液界面电荷传递电阻减小，因此容量大幅衰减。锂电池在温度低于 -20℃的条件下容量衰减 30%以上；当温度低于-40℃时，锂电池容量衰减高达 70%。此外，电池的初始电压也会随着温度降低而降低，在极低温度条件下甚至低于最低工作电压，在极度寒冷条件下电池甚至无法启动工作。

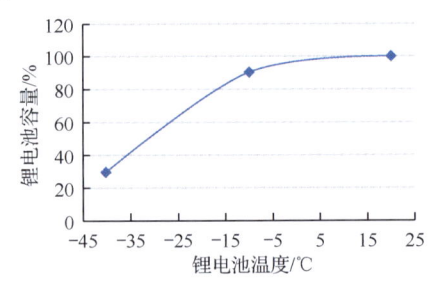

（a）锂电池组实物图　　（b）锂电池性能衰减曲线

图 1-7　锂电池组实物图及锂电池性能衰减曲线

温度不稳定同样会引起部分电子设备的性能下降。例如，DUV 光刻机物镜内部温度极微小的波动引起的玻璃折射率和镜片面变形，都会导致焦面位置漂移和成像畸变，为了降低热对成像质量的影响，需要对物镜进行超高精度的恒温控制。相比而言，EUV 光刻机（见图 1-8）具有更高的光源分辨率，控温精度要求更高，物镜温度稳态误差常需控制在±0.01℃以内。然而，由于光刻机物镜的热响应时间长、热源分布不均匀且与外界持续发生不确定的热交换，较慢的温度收敛速度将直接影响光刻机的产能，温度精度控制不当将直接影响光刻机的功能。

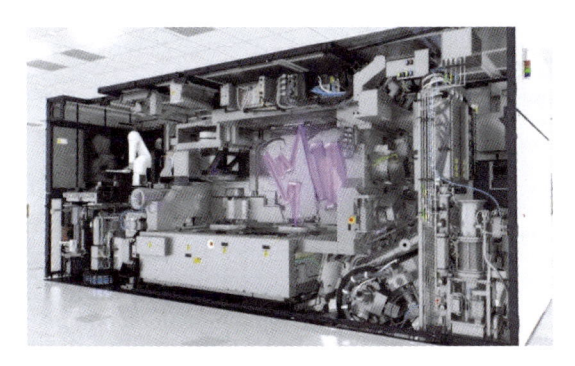

图 1-8 ASML 公司的 EUV 光刻机

3. 严重制约电子设备的性能提升

在过去 50 余年里，电子技术的发展基本遵循摩尔定律。然而，2015 年，英特尔公司 CEO 科再奇称指导电子技术发展的摩尔定律即将走向终结，并直接指出"热死亡"是摩尔定律失效的主要原因之一。21 世纪初，当微电路缩小到 90nm 以下时，电路内电子的移动速度加快，芯片开始变得过热，处理器运行产生的热量无法耗散的现象在电子行业中被称为热死亡。图 1-9 所示为处理器性能的发展趋势，1986—2003 年处理器性能的增长速率约为 52%/年，即处理器每两年便可实现性能翻倍，符合摩尔定律。然而，近年来处理器性能的增长速率已降低至 3.5%/年，保持此增长速率的处理器性能翻倍时间将达 20 多年，因此摩尔定律已失效。

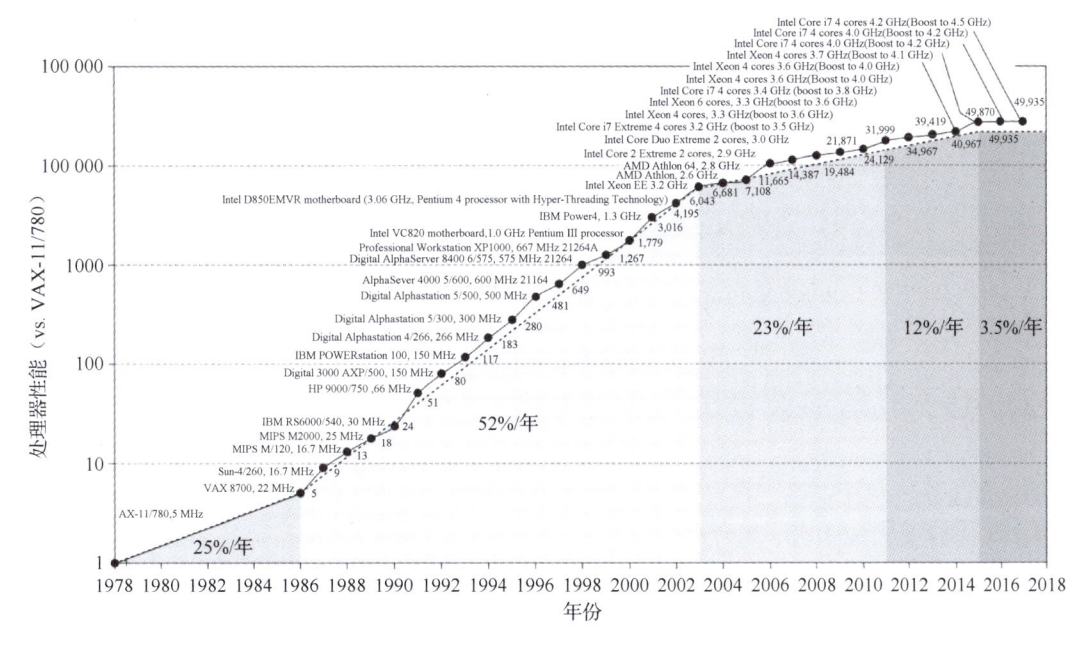

图 1-9 处理器性能的发展趋势

美国国防高级研究计划局（Defense Advanced Research Projects Agency，DARPA）近年来高密度投入电子器件的热设计技术研发，如图 1-10 所示。其提出的器件级电子散热技术（Technologies for Heat Removal in Electronics at the Device Scale，THREADS）明

确指出，其将于 2027 年实现散热能力提升 8 倍，促成射频功放芯片功率密度提升 16 倍。显然，若无法突破热设计技术瓶颈，则电子设备的性能将受到限制。

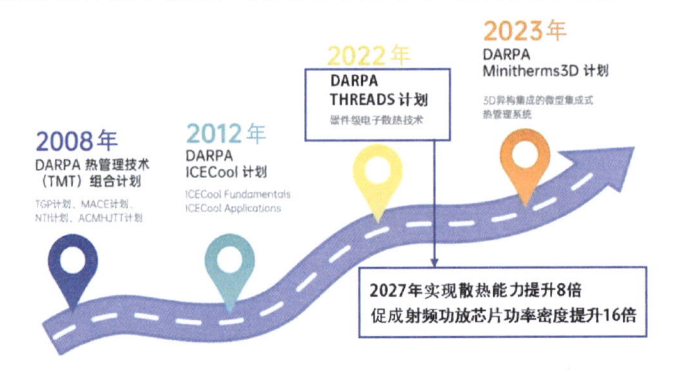

图 1-10　美国半导体先进热设计技术研发

4. 导致电子设备的可靠性降低

电子器件的失效率一般随着温度的上升呈指数增长，热设计不当将直接导致电子设备的可靠性降低。统计数据表明，电子设备的失效约 55% 是由与温度相关的问题造成的。

例如，俄罗斯 Express-AM6 通信卫星（见图 1-11）于 2014 年被送入轨道，预计服役寿命为 15 年。2020 年 3 月，卫星冷却系统运行异常，迫使 Ka 波段应答器关机，最终卫星上的 72 个应答器中有 30 个无法工作，通信功能失灵，致使卫星服役寿命仅达到预计服役寿命三分之一即暂停服务。又如，某车企于 2022 年召回 10 余万辆新能源汽车，起因是多起针对中控屏频繁黑屏和死机的投诉事件。该车企经过进一步调查发现，其新款车载娱乐系统的芯片算力大幅提升，芯片过热导致中控屏可靠性降低，进而引发大范围召回。

图 1-11　俄罗斯 Express-AM6 通信卫星

1.1.2　电子设备热设计的定义与目标

电子设备热设计以电子器件工作产生的废热和外部环境漏热等为管理对象，采用合理的方式（一般要求成本低、尺寸小、能耗低、可靠性高等）将热量从热源输送到最终热沉，使其工作温度不超过设计要求，以确保电子设备运行的安全性、可靠性及环境适应性等。

热沉一般是指一个近似无限大的热容器，其温度不随传递到它的热量大小而变化，它可以是大气、大地、大体积的水（海水、湖水等）或宇宙背景等。

（1）大气热沉：大气是最常见的热沉，绝大多数电子设备的热量最终均排到大气中。不同地区、不同季节的大气温度差异较大（近地面大气温度范围一般为 -40℃～50℃），设计时要充分考虑所处地区可能出现的极端大气温度。

（2）大地热沉：对于陆用固定设备而言，大地也可作为热沉，大地温度随着深度的不同而变化，通常可利用的大地热沉温度在20℃以下。

（3）海水、湖水热沉：对于舰船设备或利用湖水冷却的电子设备，海水或湖水是主要的热沉，不同水域的热沉温度可能存在差异，但通常都低于35℃。

（4）宇宙背景热沉：航天器上的电子设备主要依靠向宇宙背景空间发射热辐射实现散热，其空间环境温度约为-269℃，宇宙背景空间没有空气，是高真空的环境。

（5）其他特殊热沉：对于一些特殊的电子设备热设计方式，如储热方式，热沉可以理解为储热材料自身，而非外界环境。

图1-12所示为典型电子设备热量传递过程示意图。以芯片为例，芯片热量依次经过封装壳体、界面材料、热扩展板、散热器，通过热对流与热辐射方式传递至大气热沉，或者芯片热量依次经过封装壳体、界面材料、液冷冷板、输运管路，通过热对流方式传递至海水或湖水热沉。

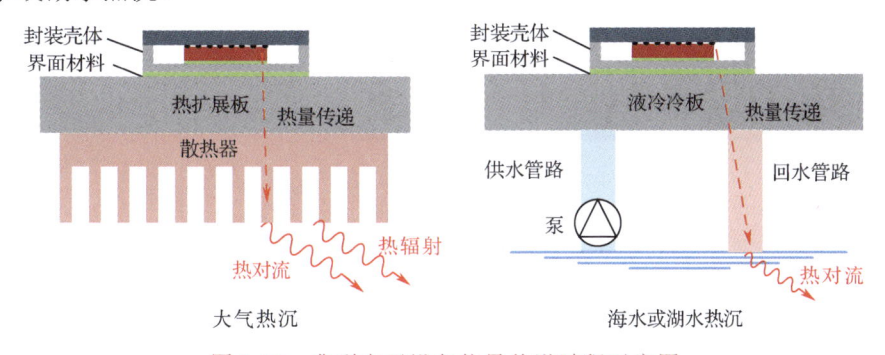

图1-12 典型电子设备热量传递过程示意图

电子设备热设计的目标是在确保所有电子器件的工作温度满足指标（一般而言，温度指标主要依据电子器件的耐温要求、电子设备的性能要求、系统的可靠性要求确定）要求的前提下，追求更优的成本、能耗、维修性、尺寸、质量、环境适应性等。对于不同种类电子设备的热设计，各项指标的侧重点不同。

（1）通信设备，常见的如5G基站，其热设计的侧重点是环境适应性要高，在全球有人活动的地区，如从城市到乡村、从海滨到珠峰都能部署。此外，这类设备的无人值守和免维护也是需要重点考虑因素。

（2）电力电子设备，常见的如新能源汽车电池，其热设计最关注的是运行（包括碰撞、穿刺等）的安全性、低温环境下的工作性能、电池内部的均温性等。

（3）终端及消费电子设备，常见的如手机，其热设计在满足性能要求的同时，还要满足人体的热舒适性要求。

（4）数据中心及超算中心，这类设备的总功耗极高，其热设计最关注的是冷却系统的能效比，并且需要综合考虑初期投入与运维费用等。

（5）军用电子装备，典型的如军用雷达，其热设计最关注的是宽域复杂使役环境（极端气候、复杂应力、复杂电磁环境）下的适应能力、极高的任务可靠性、冷却系统在战损后的快速修复能力等。

此外，同类电子设备在不同应用场景下的热设计需求也不同。例如，同为地基军用雷达，测控雷达与情报雷达的热设计需求就不完全相同。测控雷达一般是为特殊目标提供空间坐标等信息的雷达，跟踪与保障载人航天器发射、确保任务顺利完成是其第一热设计需求，其热设计需保证极高的任务可靠性，冷却系统绝对不允许出现单点故障；由于其任务期短，因此一般不允许在线维修，即使冷却系统部分设备出现故障，在热设计上仍要保证电子器件在短时间内不超过耐温极限，不影响短期内的任务执行。情报雷达的作用是收集防空预警等情报信息，长时间持续工作是其重要特征，其热设计需保证足够的冷却能力，使雷达器件长期工作在良好的温度条件下，保证雷达在寿命周期内的持续工作能力；冷却设备出现故障允许在线维修，以确保雷达不停机地长期工作。

综上所述，电子设备热设计是一项系统性、综合性、多学科融合的设计工作，不仅要解决电子设备的温度问题，还要充分考虑成本、能耗、维修性、尺寸、质量、环境适应性等诸多指标。在实际产品设计过程中，应根据产品需求、平台特征、应用场景等确定设计目标参数体系和权重值，并通过论证分析选出最佳设计方案。

1.2 电子设备热设计的挑战

随着电子技术的飞速发展，单位面积内集成的晶体管数量大幅增多，器件功率急剧升高，但其特征尺寸却越来越小，电子设备热设计难度持续提升。20 世纪 80 年代的单芯片功率仅为几瓦，21 世纪初增大至近 100W，当前 AI 芯片、高性能 CPU 和大容量网络交换芯片的功率已达到 1000W 量级。此外，电子芯片的特征尺寸作为衡量电子技术发展水平的重要标志，已从 20 世纪 70 年代的 10μm 量级发展到当前的 5nm 量级，并向 3nm、2nm 等更微小的量级持续发展，单芯片内集成的晶体管数量也相应地从最初的几十个发展到如今的几十亿个。与电子技术的发展相比，电子设备热设计技术的发展相对滞后，亟待突破新机理、新方法、新材料、新工艺瓶颈，以应对电子技术飞速发展所带来的严峻挑战。从引发的技术问题角度看，挑战主要分为以下几个方面。

1.2.1 热流密度急剧升高引发芯片过温风险

电子设备中的半导体材料，第一代为 20 世纪 50 年代出现的以硅（Si）、锗（Ge）为代表的材料，第二代为 20 世纪 80 年代出现的以砷化镓（GaAs）、磷化铟（InP）为代表的材料，第三代为 21 世纪初出现的以碳化硅（SiC）、氮化镓（GaN）为代表的材料。第三代半导体材料具有禁带宽、击穿电压高、热导率高、电子饱和速率高、抗辐射能力强等优越性能，在射频微波器件、激光器等军用高功率电子设备上展现出巨大的潜力，已逐步取代 GaAs 等第二代半导体材料。在半导体材料逐代发展的过程中，芯片功率急剧升高，而芯片特征尺寸却持续减小，GaN 芯片的功率密度已普遍达到 GaAs 芯片的数倍。相比几十瓦/平方厘米热流密度的 GaAs 芯片，目前在研的 GaN 芯片热流密度普遍达到 500W/cm^2，并将进一步突破 1000W/cm^2，在短短几十年间热流密度已提升两个数量级。芯片热流密度发展趋势如图 1-13 所示。

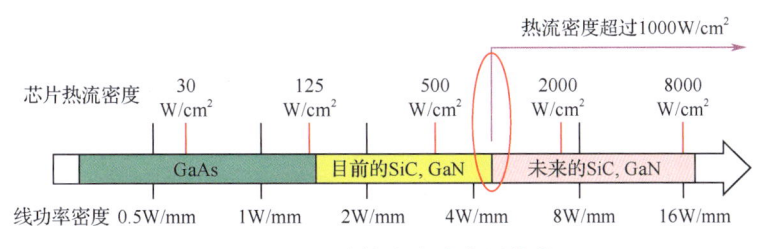

图 1-13 芯片热流密度发展趋势

当芯片热流密度突破 1000W/cm² 时，其热流密度量级将超过核弹爆炸、导弹再入大气层，达到与太阳表面相当的程度，如图 1-14 所示。未来 GaN 芯片热点处的热流密度有望突破 10 000W/cm²。与太阳表面约 6000K 的高温不同，芯片结温需控制在合理的工作温度范围内，如 GaN 芯片结温通常需控制在 225℃ 以内，军用电子设备为了保证其长期工作的可靠性，会按照相应的降额等级要求进行更严苛的温度控制，这对电子设备的热设计带来了巨大的挑战。传统的风冷、单相液冷、热管冷却等方法可应对百瓦/平方厘米量级及以下的中低热流密度电子设备的散热需求，受制于器件热传导、器件与散热器之间界面接触、散热器与外部热沉之间热对流与热辐射等固有的极高热阻和极大温升，传统的热控技术难以为继，热设计成为制约电子设备功率密度提升的瓶颈。

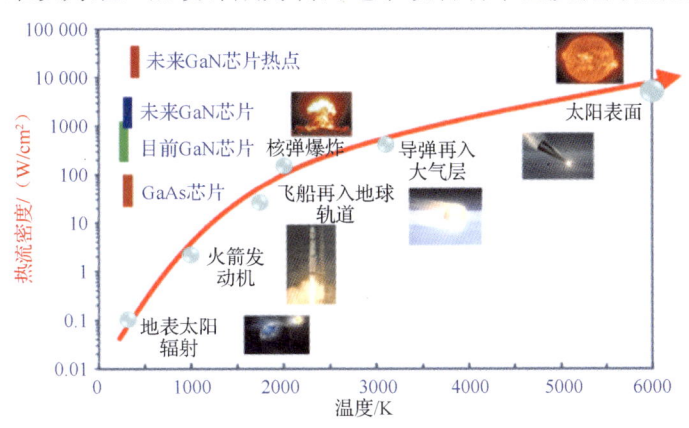

图 1-14 芯片热流密度量级

1.2.2 集成度与日俱增诱发热-力-电耦合问题

高性能、小型化是所有电子设备持续不断的追求，如今芯片的互连密度越来越高，而模块的封装尺寸越来越小。电子封装结构已经由早期的单芯片封装发展到 2D 多芯片封装，PoP、SiP、SoC 等高密度 2.5D/3D 封装形态也不断发展进步，如图 1-15 所示。TSV（Through Silicon Via，硅通孔）、3D 键合、混合键合等技术的突破使高密度层间垂直互连成为可能，高密度 3D 封装时代已经到来。例如，法国原子能委员会电子与信息技术实验室研制出了基于 TSV 转接板 3D 封装的射频组件，组件尺寸仅为 6.5mm×6.5mm×0.6mm，且具有优异的高频工作性能，有望在未来的毫米波射频微系统中推广应用。

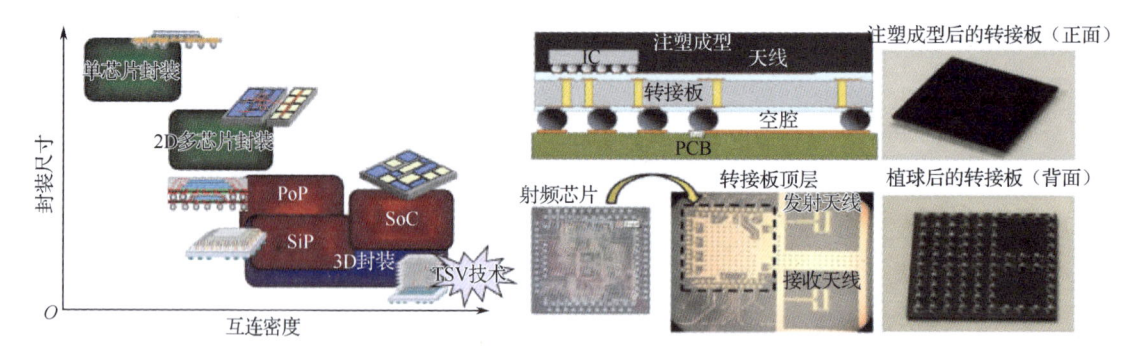

图 1-15　电子封装结构发展趋势

高密度封装集成是微电子发展的必然趋势，如典型的 Chiplet 技术，该技术先将大型集成电路拆分成更小、更模块化的部分，然后通过先进封装技术将小芯片集成在一起，但不同芯片的耐温指标可能存在很大差异，存在传热优化问题。如图 1-16 所示，相邻两个芯片的功耗与耐温指标差异较大，当两个芯片单独放置时，容易开展热设计以满足其耐温指标。然而，封装集成会导致高热耗芯片通过热传导提升低热耗芯片的温度，使后者超温。为了满足低热耗芯片的散热需求，往往需消耗过多的冷却资源，造成整体的过设计。显然，多芯片封装的热串扰及耐温差异成为热设计的挑战，封装内部的定向热输运已成为必须解决的问题。

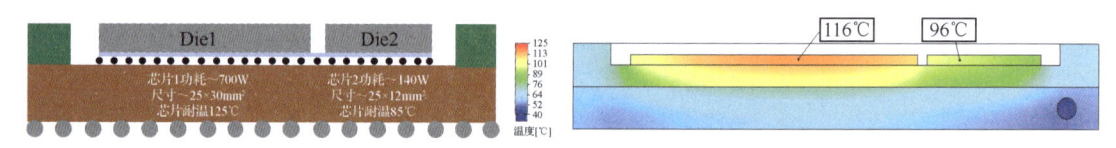

图 1-16　封装集成多芯片的散热问题

此外，封装芯片的三维异质异构特征对热设计提出新的挑战。异质互连材料具有不连续性，高热耗下的材料热膨胀会导致应力的不匹配，产生应力破坏，继而影响芯片的热可靠性。此外，互连器件的电学特性呈现与温度相关的函数关系，高密度封装集成器件产生的热会改变互连结构中的电学特性，形成热-电耦合。因此，高密度封装条件下的热-力-电耦合效应无法忽视，传统的热设计方法难以满足要求，对封装芯片进行热、力、电的协同分析与设计成为必然的发展趋势及要求。

1.2.3　功率大幅提升凸显热设计的资源难题

电子设备性能的提升常伴随着系统功率的提升。由于电子设备的高集成度设计，电子设备的尺寸规模可能保持不变，但冷却设备尺寸规模的增长需求却与功率的提升几乎呈线性关系。因此，基于传统冷却技术的冷却系统集成度低，无法匹配电子设备高功率、高集成度的发展速度，在电子武器装备等领域严重制约了电子设备的工作性能与机动性能。

例如，对于典型的电子武器装备，如大型高功率有源相控阵雷达，远程探测和反隐身探测是其重要发展方向。其中，最大探测距离 $R_{\max}$ 由增益因子 $G/(16\pi^2 P_{\min})$、雷达发射功率 P_t、雷达孔径 A_e、目标反射面积 A_r 决定：

$$R_{\max}^4 = \frac{G}{16\pi^2 P_{\min}} \cdot P_t A_e A_r$$

对于远程探测需求，在增益因子、雷达孔径、目标反射面积不变的前提下，追求越大的探测距离，势必导致雷达发射功率越高；对于反隐身探测需求，在最大探测距离、增益因子、雷达孔径不变的前提下，目标反射面积由早期 F-16 战斗机的平方米量级，降低至 F-35 战斗机的 $0.01m^2$ 量级，再至下一代隐身战斗机 NGAD 的 $0.001m^2$ 量级甚至更低，势必导致雷达发射功率呈现数量级的提升。以美国宙斯盾雷达为例，新一代 AMDR-S 雷达的平均发射功率较上一代已提升约 10 倍，且未来雷达功率会继续攀升，而雷达阵面尺寸无法显著变化，如图 1-17 所示。目前，该雷达热耗达 400～500 冷吨（1.4～1.8MW），传统风冷技术难以满足散热需求，即使采用液冷技术，受限于冷却资源需求（冷却系统尺寸、冷却液流量、管路质量、冷却能耗），冷却系统规模也与雷达阵面轻薄化、轻量化发展趋势相矛盾。若雷达功率继续提升，则液冷管路的直径、冷却机组的尺寸和质量等持续增大，直至超出装舰能力，进而制约雷达功率的提升与性能的发挥，因此热设计成为制约雷达系统发展的技术瓶颈。

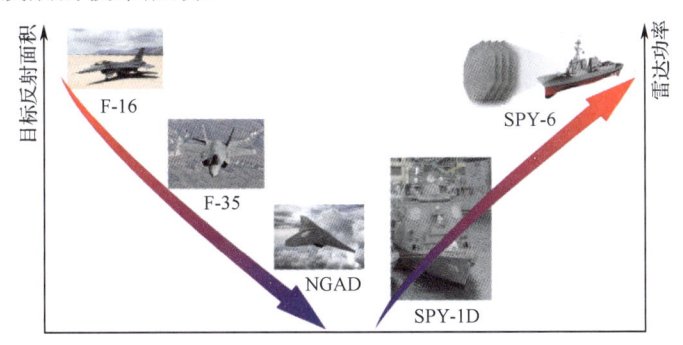

图 1-17 目标反射面积持续减小和雷达功率持续提升

以美国的低空防空反导雷达为例，新一代基于 GaN 技术的 360°空域覆盖有源相控阵雷达已超越并取代"爱国者"系列雷达，以应对高超声速武器等威胁，如图 1-18 所示。然而，受限于冷却设备较低的散热效率，位于雷达尾部的巨大冷却设备与位于雷达前部的高集成度阵面设备形成了鲜明对照，说明冷却系统的规模已严重制约防空反导雷达的高性能、高机动性发展。

图 1-18 美国的低空防空反导雷达

此外，设备功率的激增也会导致冷却系统的能耗激增。数据中心是目前公认的高耗能行业，2025 年我国数据中心电力消耗预计将接近 4000 亿千瓦时，占全国总电力消耗的 5%以上。根据赛迪顾问统计的中国数据中心能耗，由服务器、存储和网络通信设备等所构成的 IT 设备系统能耗仅占数据中心总能耗的 45%，而散热系统能耗高达 43%，已与 IT 设备系统能耗相当（见图 1-19）。

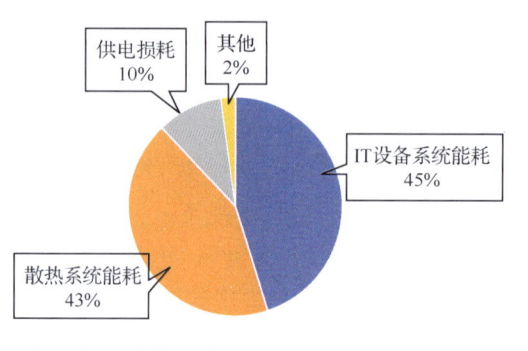

图 1-19　数据中心及能耗组成

电子设备热设计能力不足会导致异常高的系统能耗，随着电子设备系统大型化及超大规模特征日益凸显，电子设备的能源消耗也急剧攀升，与国家当前的"碳达峰与碳中和"战略目标背道而驰。因此，超大规模数据中心的节能降耗与碳排放控制需求对热设计提出严峻的挑战。

1.2.4　极端工况增多暴露传统热设计的局限性

电子设备（特别是军用电子设备）面临的极端工况不断增多，新研设备可能需在极端环境温度、高马赫数、微重力等条件下工作，热设计面临更严峻的技术挑战。

（1）极端环境温度：部分特殊场合要求电子设备在极低或极高的环境温度下工作。图 1-20（a）所示为"祝融号"火星车，夏季白天环境温度为 35℃，夜间环境温度低至 -73℃，冬季白天环境温度为-17℃到-107℃，夜间环境温度更可低至-133℃。图 1-20（b）所示为"玉兔二号"月球车，它除需在低温环境下工作以外，还需适应 160℃的月球极高温。在如此极端的环境温度下，即使经过严格筛选，电子设备也无法正常工作，目前仅能通过关闭电子设备以休眠方式度过极端环境温度的考验期，急需有效的热设计技术支撑电子设备在极端环境温度下全天候正常工作。

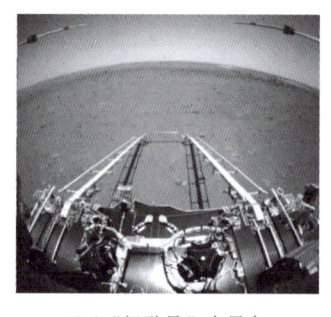

（a）"祝融号"火星车　　（b）"玉兔二号"月球车

图 1-20　航天探测器

（2）高马赫数：高马赫数飞行器对电子设备热设计提出特殊的挑战。图 1-21 所示为美国"黑鸟"飞机，其最大飞行速度为 3.5 马赫，空天飞行器 X-30 的最大飞行速度已达 25 马赫，且新一代飞行器的飞行速度仍在持续提升。飞行器内部的电子设备热耗随着功能复杂程度的提升而增加，飞行器外部的气动加热量随着马赫数的持续提升而增加，然而飞行器所处的邻近空间几乎没有合适的热沉，传统的热设计技术对此几乎束手无策。

（3）微重力环境：微重力环境也会对热设计产生影响。图 1-22 所示的 AMS-02 航天探测器采用具有气液两相态的工质进行相变冷却。由于空间微重力环境会对气泡的浮升力产生影响，导致地面上和空间中的气泡行为存在巨大差异，因此池沸腾和流动沸腾在微重力环境下的特性无法用常规热设计方法类比，地面试验结果缺少参考意义，需针对微重力环境发展相应的热设计方法。

图 1-21　美国"黑鸟"飞机　　　　图 1-22　AMS-02 航天探测器

1.2.5　精确控温要求严苛提升设备热设计难度

一些特殊的电子设备，如电动汽车电池、激光武器、相控阵雷达等，对电子器件的控温精度或均温性等要求极为严苛。

在电动汽车电池中，内部材料热导率的差异及表面散热速率的差异会导致电池内部及表面温度的不均匀分布，温度梯度较大时会严重影响电池的性能，如使电池容量衰减、诱导极片局部析锂、导致不均匀老化等。保持电动汽车电池良好的均温性非常重要，如特斯拉的高能量密度电池组要求所有单体间的温差控制在±2℃以内。

在高功率激光武器（见图 1-23）中，温度的不均匀性会导致内部产生热梯度和热应力，影响激光的光束质量。此外，温度的不均匀性还会引起密度分布的差异，激光在传输过程中经过不同密度的分界线时会发生折射，这会严重影响激光武器的效率和光束质量。因此，激光武器对均温性的要求极高，尤其是关键电子器件的均温性要求控制在±0.2℃以内甚至更低，传统热设计的控温精度难以满足如此严苛的要求。

图 1-23　美国诺格公司的激光武器

在有源相控阵雷达（见图 1-24）中，阵面由数十万个 GaAs 或 GaN 收发组件组成，探测精度要求越来越高，频率越来越高，高频状态对均温性的要求也越来越高。美国雷神公司对雷达组件均温性的指标要求如表 1-1 所示。例如，对于工作频率为 20GHz 的雷达，需要控制数十万个组件阵列间的温差，使其小于 5℃。如果采取的热设计措施无法满足控温要求，那么雷达的作战能力将直接受到影响。

（a）AN/TPQ-47 雷达　　　　（b）KuRFS 雷达　　　　（c）LTAMDS 雷达

图 1-24　美国雷神公司的有源相控阵雷达

表 1-1　美国雷神公司对雷达组件均温性的指标要求

雷达的工作频率/GHz	10	20	40	80
组件阵列间允许的最大温差/℃	10	5	2.5	1.3

综上所述，随着电子技术的持续发展，热设计面临一系列新挑战：电子设备热流密度的升高及封装集成度的提升，使传统热设计技术达到瓶颈，急需研究和应用新型热设计技术并对热-力-电耦合效应进行综合设计；大型与超大规模电子设备对更高效能及更高可靠性的热设计方法的需求更加迫切；面对极端工况及复杂场景应用需求，电子设备热设计要求更加多元化。电子设备热设计面临前所未有的挑战，技术创新与工程优化迫在眉睫。

1.3　电子设备热设计技术的分类和选择原则

1.3.1　电子设备热设计技术的分类

电子设备热设计采用加热或冷却技术对电子器件进行温度调控，加热技术相对简单成熟，不再赘述，本书主要对冷却技术进行介绍。电子设备冷却技术的本质是热量转移，将热量从功率器件（热端）转移到最终热沉（冷端）中。以典型的 GaN 功率器件为例，其热量传递链路为芯片→载片→基板→冷板→散热器→环境热沉，如图 1-25 所示。

热量转移一般会经过如下 3 个环节。

（1）功率器件封装内的传热。

（2）封装到散热器或冷板的传热。

（3）散热器或冷板到环境热沉的传热。

每个环节采用的热量转移方式（热设计技术）各不相同，可以单独使用或联合使用几种热设计技术。概括起来，电子设备热设计技术的分类如图 1-26 所示。

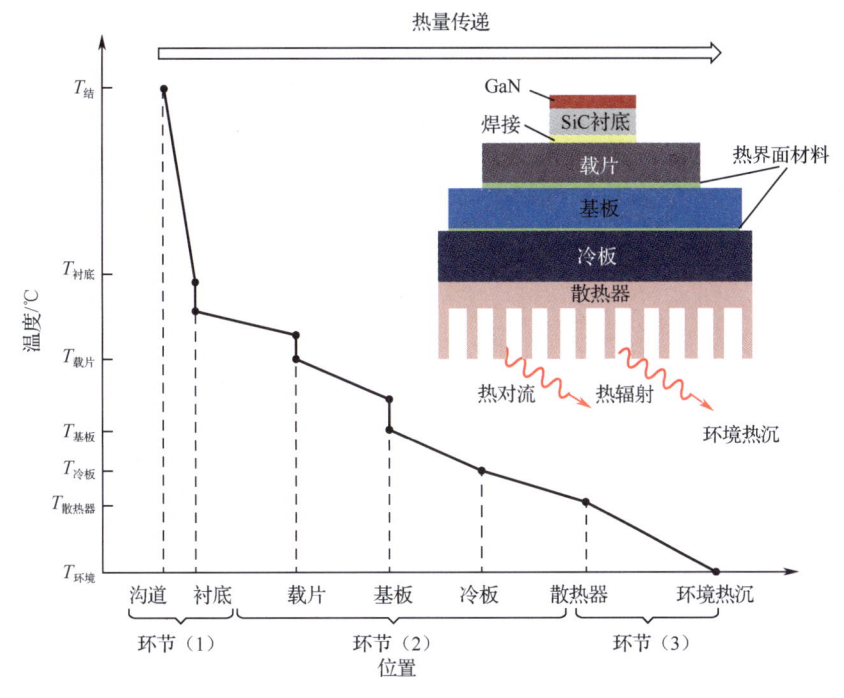

图 1-25 典型电子设备热量传递链路

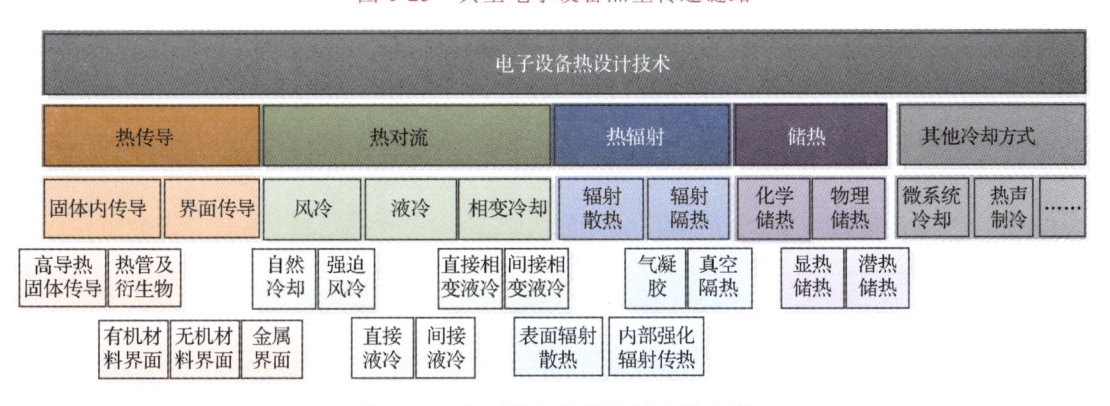

图 1-26 电子设备热设计技术的分类

热传导是热量通过固体、液体、气体或接触的两种介质转移的过程，涉及电子迁移或晶格的振动。热传导是固体内热量转移的主要方式。当两个固体表面相互接触时，实际固体与固体的接触仅发生在一些离散点或微小面积上，其余的空隙部分为真空或填充介质（如空气、水和油等），界面的热量传递过程主要也是热传导。

热对流主要是指固体与流体间相对速度不同造成的热量传递，主要有风冷、液冷和相变冷却等形式。风冷按照流体运动的驱动方式不同可分为自然冷却和强迫风冷。液冷按是否与电子设备直接接触可分为直接液冷和间接液冷，直接液冷可进一步分为浸没式直接液冷和喷淋式直接液冷。相变冷却与液冷分类方式相同，可分为直接相变液冷和间接相变液冷。

热辐射是指通过电磁波辐射的方式传递热量，电子设备用热辐射技术从功能上可分为辐射散热和辐射隔热。其中，辐射散热可采用高发低吸（高发射率、低吸收率）类材料，用于有太阳辐射的电子设备表面辐射散热，亦可采用高发高吸类材料，用于电子设备内部强化辐射传热。辐射隔热常采用气凝胶，以隔离外部高温/低温辐射环境对电子设备的影响。此外，常采用热控百叶窗、智能热控涂层等技术，兼顾散热、保温及降低热控功耗等多重需求。

储热是以储热材料为媒介将电子设备在一段时间内产生的热量存储起来的一类热设计技术，可避免电子设备在短时间内因温度过高而影响工作性能，且存储的废热可在需要时释放，解决由时间、空间或强度上的热能供给与需求不匹配带来的问题，提高系统的能源利用率。根据热沉蓄热过程不同，储热可分为化学储热和物理储热，物理储热可进一步分为显热储热和潜热储热。

其他冷却方式包括热声制冷、磁制冷等。热声制冷是指利用热声效应实现热量从冷端转移到热端的技术，其中热声效应可简单描述为，若在声波稠密时加入热量，在声波稀疏时放出热量，则声波得到加强；若在声波稠密时放出热量，在声波稀疏时加入热量，则声波得到削弱。此外，微系统冷却由于研究对象、研究范围、研究方法等有别于传统冷却，也常被单独视为一类冷却方式。热设计技术多种多样，此处不再枚举。针对产品的实际需求往往是多种技术方案的联合使用，如何选择出最具竞争力的热设计技术方案往往是热设计工程师面临的难点之一。常见的电子设备热设计技术可选方案如图 1-27 所示。

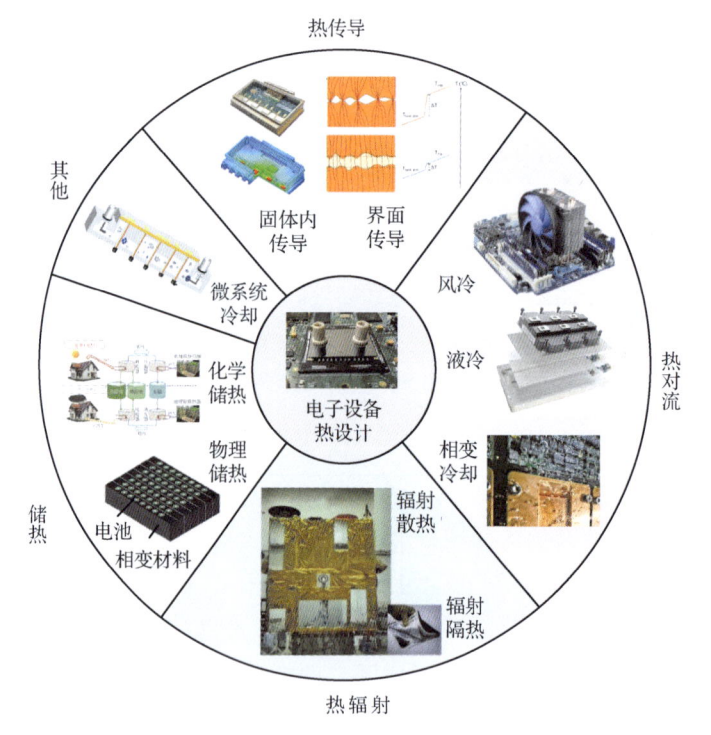

图 1-27　常见的电子设备热设计技术可选方案

1.3.2　电子设备热设计技术的选择原则

电子设备热设计的流程可参考图 1-28，从目标分析与指标定义开始，分别开展概念设计、详细设计、部件验证、集成验证、可靠性验证、量产质量监控、可靠性分析、市场问题诊断等一系列活动。其中，电子设备热设计的目标包括产品尺寸和质量、能效比、可靠性、维修性、电磁兼容、环境适应性、材料兼容性、力学性能及成本等，可根据应用场景进行目标参数的权重分析，依据目标分析结果选择冷却技术开展设计。

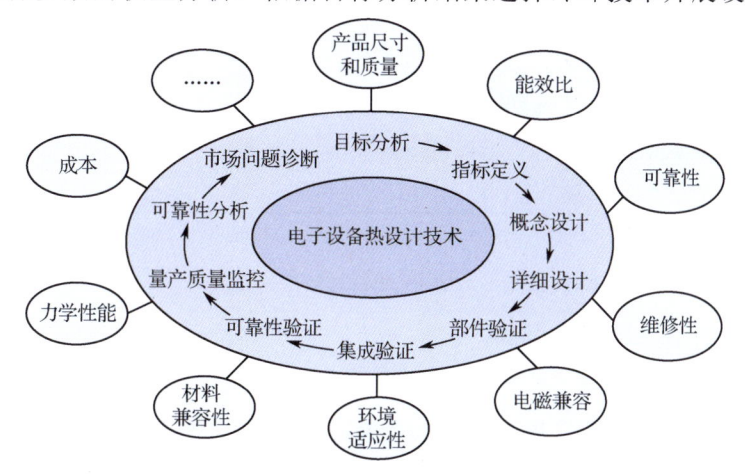

图 1-28 电子设备热设计的流程及目标示意图

电子设备热设计技术多种多样，目标也各不相同，针对不同应用场景进行电子设备热设计技术的选择往往是使热设计方案具有竞争力的关键。本节归纳出以下 3 个电子设备热设计技术的选择原则。

1. 简单至上原则

电子设备冷却技术通常可划分为自然冷却、强迫风冷、液冷、相变冷却等，在选择具体的冷却技术时可以电子设备热流密度为依据，如图 1-29 所示。在满足电子设备温度要求的基础上，散热方式越简单越好，主要体现为电子设备数量少且系统复杂程度低，散热系统的可靠性往往较高。

自然冷却不需要通风机或泵之类的冷却驱动装置，避免了因机械部件的磨损或故障影响系统可靠性的问题，具有可靠性高与成本低的优势，在电子设备热流密度低于 $0.1W/cm^2$ 的场合，通常优先选择自然冷却。强迫风冷的传热能力相比自然冷却高一个数量级，在电子设备热流密度为 $0.1\sim1W/cm^2$ 时，推荐选择强迫风冷，此种方法相比液冷具有设备简单与成本低的优势。液冷具有液体换热能力高、携热能力强的优势，冷却能力接近 $1000W/cm^2$，其较高的冷却效率可满足绝大多数电子设备的散热需求，但由于增加了驱动泵与气液热交换器等设备，其可靠性与经济性通常不及风冷。相变冷却在实验室条件下的最高冷却能力可突破 $1000W/cm^2$，适用于热流密度极高的电子设备，但是其冷却系统复杂度较高。

因此，按冷却能力由低到高排序，分别为自然冷却、强迫风冷、液冷、相变冷却，该排序也是冷却系统由简单到复杂的排序。在开展冷却设计时，在满足电子设备温度要求的基础上，若无特殊的应用边界条件限制，则推荐按自然冷却、强迫风冷、液冷、相变冷却的顺序选择冷却技术，尽可能满足简单可靠的要求。

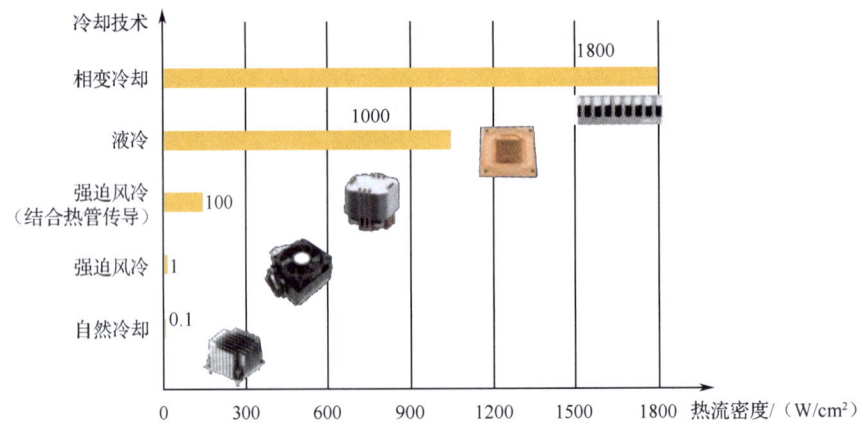

图 1-29 以电子设备热流密度为依据选择冷却技术

2. 近结优先原则

越是靠近发热芯片结点的热设计方式越有效。近结优先原则是指先进的热设计技术手段需优先使用在靠近发热芯片结点的位置处,即好钢用在刀刃上。

对于先进的高导热材料,应用位置越靠近芯片热源,其热扩展优势越显著。如图1-30(a)所示,采用高导热金刚石作为载片材料,其散热性能显著优于将高导热金刚石用作基板或冷板。

对于先进的低热阻界面材料,应用位置越靠近芯片热源,其减小接触温升的作用越显著。如图 1-30(b)所示,载片与基板之间使用低热阻界面材料,其散热性能显著优于将低热阻界面材料用在基板与冷板之间。

对于先进的微流道冷却技术,应用位置越靠近芯片热源,其冷却能力越强。如图1-30(c)所示,将冷却介质引入载片的微流道,可完全消除载片之外的界面热阻与传导热阻,冷却能力可达到 $1000W/cm^2$;将冷却介质引入基板的微流道,可消除热阻较高的基板-冷板界面热阻,将冷却能力提升至 $500W/cm^2$ 左右;将冷却介质引入冷板的微流道,在传统架构的基础上进行对流换热强化,其冷却能力的提升有限。

3. 用户体验为先原则

热设计不仅需保证电子设备工作的可靠性,在有用户使用的场合下,还需保障用户的使用舒适性。在用户与电子设备交互较频繁的场景下,用户体验为先应作为电子设备热设计技术选择的重要原则。有时即使遵循了简单至上、近结优先等原则,但若热设计方式造成用户感觉温度不适宜、噪声高等问题,则也需要考虑改变热设计方式,以提升用户的使用体验。

例如,军用电子方舱中使用的电子设备机箱,一般采用风冷方式,是满足简单至上原则的,但随着功率的不断提升,风机性能不断提升,带来的噪声问题越来越严重,这时就应该充分考虑用户体验为先原则,改变冷却方式,以采用液冷传导、液冷贯穿等冷却方式的静音机箱为佳。机箱热设计方式如图 1-31 所示。

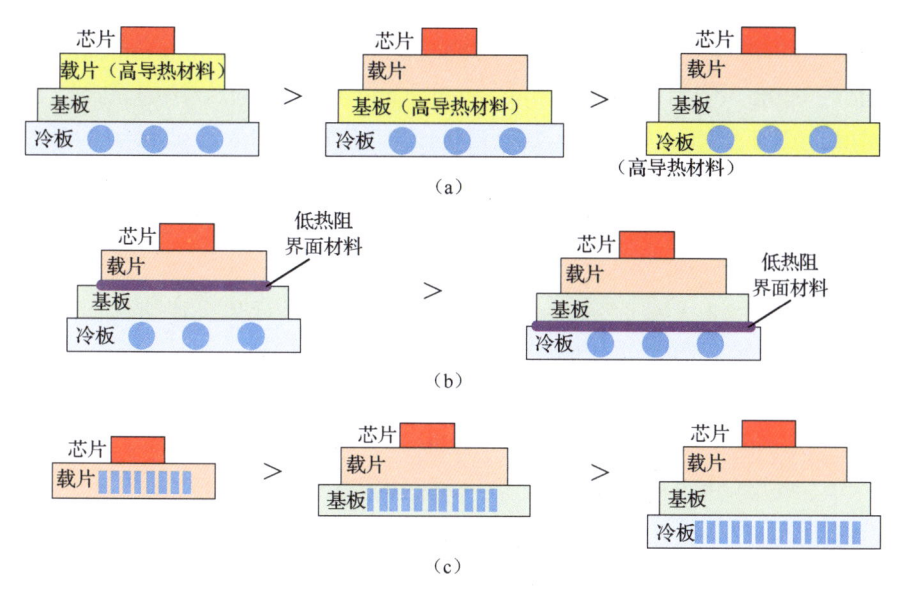

图 1-30　电子设备热设计技术的近结优先原则

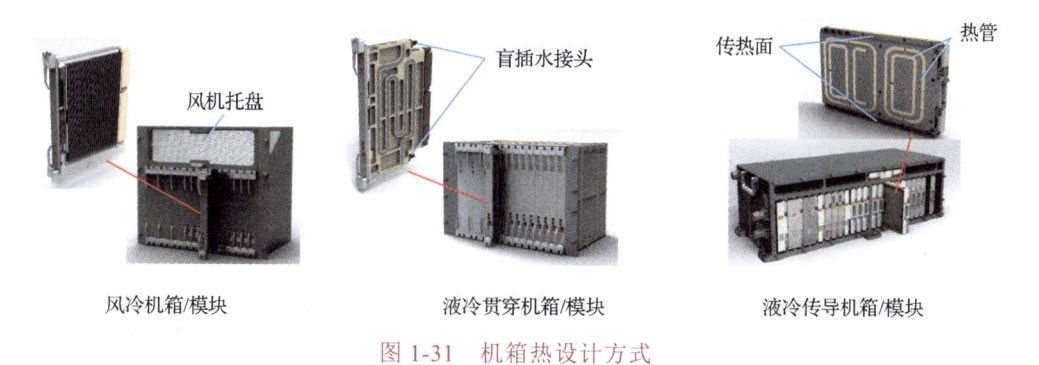

图 1-31　机箱热设计方式

综上所述，电子设备热设计技术由于设计目标多样，没有普适和单一的原则，是综合性较强的学科。因此，热设计师只有充分理解产品的需求，熟练掌握电信、结构、材料、工艺等多学科知识，综合权衡各种设计因素并灵活应用各种热设计方法，才能做出最合适的热设计方案。

参考文献

[1] 宣益民. 电子设备热管理学科发展战略研究报告[R]. 中国科学院技术科学部，2021.
[2] 平丽浩. 雷达热控技术现状及发展方向[J]. 现代雷达，2009，31（5）：1-6.
[3] 中国制冷学会数据中心冷却工作组. 中国数据中心冷却技术年度发展研究报告 2022[M]. 北京：中国建筑工业出版社，2023.
[4] 中国制冷学会，中国汽车工程学会. 中国新能源汽车热管理技术发展[M]. 北京：北京航空航天大学出版社，2022.

[5] KIM K M，JEONG Y S，BANG I C. Thermal analysis of lithium-ion battery-equipped smartphone explosions[J]. Engineering Science and Technology，2019，22（2）：610-617.

[6] BANDHAUER T M，GARIMELLA S，FULLERB T F. A critical review of thermal issues in lithium-ion batteries[J]. Journal of the Electrochemical Society，2011，158（3）：1-25.

[7] 冯旭宁. 车用锂离子动力电池热失控诱发与扩展机理、建模与防控[D]. 北京：清华大学，2016.

[8] 张传强，孟恒辉，耿利寅，等. 星载平板有源 SAR 天线热设计与验证[J]. 航天器工程，2017，26（6）：99-105.

[9] 张泉，李震. 数据中心节能技术与应用[M]. 北京：机械工业出版社，2018.

[10] HUANG J S. Reliability-extrapolation methodology of semiconductor laser diodes：is a quick life test feasible[J]. IEEE Transactions on Device and Materials Reliability，2006，6（1）：46-51.

[11] 秦硕，巩岩，袁文全. 大时间热响应常数投影物镜的超高精度温度控制[J]. 光学精密工程，2013，21（1）：108-114.

[12] HENNESSY J L，PATTERSON D A. Computer architecture：A quantitative approach[M]. 6th ed. San Diego：Morgan Kaufmann，2018.

[13] HE Z Q，YAN Y F，ZHANG Z E. Thermal management and temperature uniformity enhancement of electronic devices by micro heat sinks：A review[J]. Energy，2021，216：119223.

[14] 胡长明，魏涛，钱吉裕，等. 射频微系统冷却技术综述[J]. 现代雷达，2020，42（3）：1-11.

[15] WHELAN C S，KOLIAS N J，BRIERLEY S，et al. GaN technology for radars[C]. CS MANTECH Conference，Boston，2012.

[16] BAR-COHEN A. Embedded microfluidic cooling-path to high computational efficiency[C]. 16th International Heat Transfer Conference，Beijing，2018.

[17] 崔凯，王从香，胡永芳. 射频微系统 2.5D/3D 封装技术发展与应用[J]. 电子机械工程，2016，32（6）：1-6.

[18] BOUAYADI E，DUSSOPT L，LAMY Y，et al. Silicon interposer：A versatile platform towards full-3D integration of wireless systems at millimeter-wave frequencies[C]. 65th Electronic Components and Technology Conference，IEEE，2015.

[19] TU K N. Reliability challenges in 3D IC packaging technology[J]. Microelectronics Reliability，2011，51（3）：517-523.

[20] YONG L，LIANG L，IRVING S，et al. 3D Modeling of electromigration combined with thermal-mechanical effect for IC device and package[J]. Microelectronics Reliability，2008，48（6）：811-824.

[21] 中国电子技术标准化研究院. 绿色数据中心白皮书 2019[R]. 2019.

[22] ALBERTI G，ALVINO A，AMBROSI G，et al. Active CO_2 two-phase loops for the AMS-02 tracker[J]. IEEE Aerospace and Electronic System Magazine，2014，29（4）：

4-13.

[23] YU C, ZHU J G, WEI X Z. Research on Temperature Inconsistency of Large-Format Lithium-Ion Batteries Based on the Electrothermal Model[J]. World Electric Vehicle Journal, 2023, 14 (10): 271.

[24] 万渊, 陈菡, 杜嘉旻, 等. 星载激光雷达激光器热控技术研究[J]. 中国激光, 2023, 59 (14): 1-8.

[25] WILSON J S, PRICE D C. Material issues in thermal management of RF power electronics[C]. Thermal Materials Workshop, Britan, 2001.

[26] 王锐, 杨萍, 周杰, 等. 电子设备相变冷却技术研究进展[C]. 中国工程热物理学会多相流学术年会, 珠海, 2022.

[27] 平丽浩, 钱吉裕, 徐德好. 电子装备热控新技术综述（上）[J]. 电子机械工程, 2008, 24 (1): 1-10.

[28] 平丽浩, 钱吉裕, 徐德好. 电子装备热控新技术综述（下）[J]. 电子机械工程, 2008, 24 (2): 1-9.

[29] 何雅玲. 热储能技术在能源革命中的重要作用[J]. 科技导报, 2022, 40 (4): 1-2.

[30] WANG R, QIAN J Y, WEI T, et al. Integrated closed cooling system for high-power chips[J]. Case Studies in Thermal Engineering, 2021, 26: 100954.

第 2 章

电子设备的产热及热可靠性理论基础

【概要】

电子设备的稳定运行与器件的热可靠性密切相关。统计数据表明,电子设备的失效约 55% 是由与温度相关的问题造成的,因此温度是影响电子设备可靠性最主要的因素之一。不同器件的产热和温度失效机理并不相同,简单通过降低温度来提高可靠性的措施不具备通用性,可能会造成成本、尺寸和质量的增加。基于此,本章首先介绍电子设备的产热和温度失效机理,然后讨论电子设备的温度可靠性预计方法,最后阐述电子设备的温度降额设计及温度环境应力筛选方法,为读者开展电子设备热可靠性设计提供基本理论参考。

2.1 电子设备的产热和温度失效机理简介

为了准确评估温度对电子设备可靠性的影响,从事电路、结构、热控、可靠性研究工作的工程师们需要深入了解不同电子设备的产热和温度失效机理。组成电子设备的基本单元类型众多,温度对其可靠性的影响也不相同,需要分不同类型分别讨论温度失效机理。电子设备的基本单元为电子器件,主要分为无源器件和有源器件两大类:无源器件在工作时无须外加电源,一般用来传输信号、滤波和耦合等,如电阻器、电容器、电感器等;有源器件在工作时需要外加电源,一般用来进行信号放大、变换等,如二极管、场效应晶体管、集成电路等。常见电子器件的分类如图 2-1 所示。

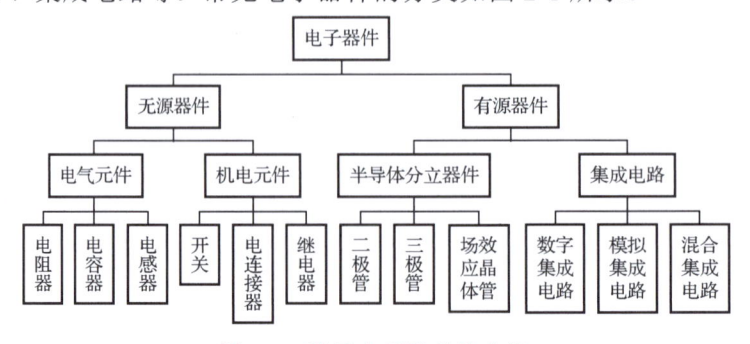

图 2-1 常见电子器件的分类

2.1.1 无源器件

本节简单介绍典型无源器件的产热机理及温度对其可靠性的影响。由于机电元件和电感器的工作性能对温度不敏感，且耐温较高，因此本节主要分析温度对电阻器和电容器的影响。

1. 电阻器

电阻器是一种限流元件，主要功能是限制通过它所连支路的电流大小。电阻器的类型多种多样，可分为膜电阻器、绕线电阻器、实心电阻器、箔式电阻器等。膜电阻器是以蒸镀等方法将一定电阻率的材料涂覆于绝缘材料表面制成的，经过切割调试成一定阻值，主要包括金属膜电阻器、碳膜电阻器等。绕线电阻器是用铜镍、康铜等合金丝在陶瓷骨架上绕制而成的，表面有保护漆或玻璃釉。实心电阻器是由碳与不良导体材料混合并加入黏结剂制成的。箔式电阻器通过在陶瓷基板上黏合金属箔制成，箔片通常有几微米厚。

电阻器的发热主要为电流通过时产生的焦耳热，其发热量与电流和电阻大小有关。电阻器与温度有关的参数主要有温度系数和额定功率。温度系数表示温度每变化 1℃ 电阻器阻值的变化比例，单位为 $1×10^{-6}$/℃，常写为 ppm/℃。温度系数越大，电阻器的温度稳定性越差。电阻器在储存或工作时，由于环境或自身发热会导致温度的变化，因此会造成阻值的偏移，进而影响设备的正常工作。额定功率是指电阻器可长时间连续承受的最大功率，与电阻器工作时所处的环境温度有关。电阻器的额定功率比例随环境温度的变化曲线如图 2-2 所示。当环境温度低于 70℃ 时，额定功率不随环境温度的变化而变化；当环境温度高于 70℃ 时，额定功率随环境温度的上升而线性下降。额定功率下降为零时的环境温度是电阻器的最高工作温度。在额定功率和环境温度一定的条件下，电阻器的消耗功率越大，电阻器的温升越大（见图 2-3），寿命越短，阻值漂移越大。因此，电阻器的实际消耗功率最好控制在其额定功率的一半左右，以提高其可靠性。

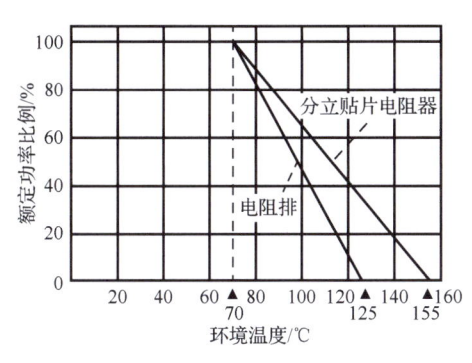

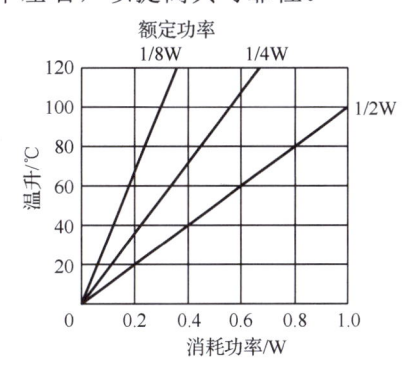

图 2-2 电阻器的额定功率比例随环境温度的变化曲线　图 2-3 电阻器的温升与消耗功率的关系

电阻器与温度有关的失效机理主要是稳态温度和温度变化，其中温度变化包括空间上的温度梯度和时间上的温度循环。稳态温度的升高会导致电阻器内部的物理化学变化加速，温度变化会导致材料膨胀、收缩从而产生应力，其失效模式主要分为机械失效、化学腐蚀失效和电气失效。

（1）机械失效：表贴电阻器的陶瓷基体厚度小、脆性大，本身就可能带有微小裂纹，焊接安装时局部端头受热，也可能会产生一些微裂纹或使原本存在的微裂纹扩展。电阻器安装在 PCB 上后，由于基体与其所安装的 PCB 的热膨胀系数有较大差异，因此当加电使用或周围环境温度发生变化时，基体会受到热机械应力作用，致使微裂纹继续扩展，累积损伤就有可能导致基体断裂。

（2）化学腐蚀失效：除贵金属及合金制成的电阻体以外，其他材料的电阻体都会在工作环境，特别是高温高湿环境中受到由各种化学变化导致的破坏，主要包括氧化、吸附和结晶化。电阻体的氧化将使电阻器阻值增大，高温环境会加速电阻体的氧化。膜电阻器的电阻膜在晶粒边界上或导电颗粒和黏结剂部分总能吸附非常少量的气体，从而影响阻值大小。因为温度是影响气体吸附的主要因素，所以温度对膜电阻器阻值的影响较为显著。此外，膜电阻器的导电膜层一般用气相沉积方法获得，膜层会以一定的速度趋于结晶化，这通常会引起阻值的减小，而温度升高会使结晶化速度加快。

（3）电气失效：大电流通过表贴电阻器时会产生大量的热，而电阻膜中心部位的热量最不易及时散出，该部位电阻膜最容易被烧毁，从而出现熔坑。此外，高温下电流通过导体时金属原子在电场力作用下迁移，使导体局部变薄或断裂，阻值异常。

2. 电容器

电容器是一种储能元件，主要作用是滤波、谐振、交流耦合、旁路和去耦等，其工作过程可以理解为充放电过程，它是由两块导电板及其中间的绝缘介质组成的。电容器按照介质材料可分为有机介质电容器、无机介质电容器、电解电容器、真空电容器等。有机介质电容器以聚酯薄膜、聚丙烯薄膜等有机薄膜为介质材料制成，多为卷绕式结构。无机介质电容器采用云母、陶瓷等无机材料制成。电解电容器以金属箔作为正极，以与正极紧贴的金属氧化膜作为电介质，导电材料、电解质及其他材料共同组成阴极，包括铝电解电容器、钽电解电容器等。真空电容器是以真空作为介质的电容器，其电极采用高导无氧铜带通过一整套高精度模具一道道引伸而成，被密封在一个真空容器中。

理想电容器只有容量成分，可认为不会产生热量。但实际电容器除有容量成分以外，还有电阻成分和电感成分。当交流电流通过电容器时，电阻成分引起的焦耳热会导致电容器发热。电容器与温度有关的参数主要有寿命、容量及损耗。电容器的寿命随着温度的升高而缩短，主要原因是温度升高会加速化学反应，从而使介质性能随时间退化。一般情况下，电容器的工作温度每升高 10℃，其寿命就会减半。电容器的容量随温度变化的大小称为电容器的温度系数，该系数从 22% 到 82% 不等，主要与电容器介质材料的温度特性及电容器的结构有关。一般电容器的温度系数越大，其容量随温度的变化就越大，越容易使电路产生漂移，造成电路工作的不稳定及损坏系统。温度越高，电容器容量的衰减越大。温度升高会导致电容器的损耗增加，并且随着温度的升高损耗速率显著增大。图 2-4 所示为陶瓷电容器的容量相对变化率随温度的变化曲线，可见不同型号产品的

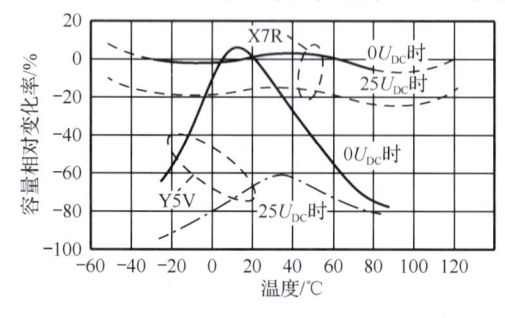

图 2-4　陶瓷电容器的容量相对变化率随温度的变化曲线

容量变化幅度及变化规律差别很大。例如，同为陶瓷电容器，在额定工作温度范围内，X7R 电容器的容量变化不超过 12%，而 Y5V 电容器的容量变化可达 70%以上。

电容器与温度有关的主要失效机理也是稳态温度和温度变化，其失效模式主要分为以下 3 类。

（1）机械失效：电容器在 PCB 上装配后需用环氧胶进行固定涂覆，在温度循环时环氧胶对电容器壳体的黏结处产生交变热应力，如果该热应力超过电容器壳体的强度承受能力，电容器壳体就会产生损伤，从而导致电容器失效。此外，电容器也会因自身温度梯度产生热应力，对电容器壳体造成损伤，使其产生裂纹。

（2）化学腐蚀失效：铝电解电容器在高温环境下长期工作时会导致阳极引出箔片因遭受电化学腐蚀而断裂，从而导致电容器开路。另外，以二甲基酰胺（DMF）为溶剂工作的电解液在高温环境下氧化能力更强，可能因阳极引出箔片与焊片的铆接部位生成氧化膜而引起电容器开路。在高温环境下，金属化纸介质电容器的纤维素会分解成游离状态的碳原子或碳离子，使导电能力增强，导致电容器电阻减小、损耗增大、电容减小。

（3）电气失效：钽电解电容器的介质氧化膜在有大电流时温度升高，离子排列发生变化，导致电容器性能恶化，直至被击穿失效。

2.1.2 有源器件

典型有源器件主要包括半导体分立器件和集成电路，下面分别简要介绍其产热机理及温度对其性能和可靠性的影响。

1. 半导体分立器件

半导体分立器件是导电性介于良导电体与绝缘体之间，利用半导体材料特殊的电学特性来完成特定功能的电子器件，可用来产生、控制、接收、变换、放大信号和进行能量转换。常见半导体分立器件的发热位置主要集中在器件的活性区域，包括 PN 结、基区、沟道等，如图 2-5 所示。在二极管中，P 型和 N 型半导体材料紧密接触形成 PN 结，当施加外部电压时，PN 结能控制电流的流动，实现整流、放大等功能。当二极管正向导通时，载流子在向 PN 结运动的过程中受到电场力等的作用产生焦耳热，导致器件发热。在三极管中，基区位于发射结和集电结之间，是控制电流流动的关键部分，通过基极电压控制电流的放大，基区中的电荷输运过程同样会产生热量。在场效应晶体管中，沟道位于栅极和源/漏极之间，沟道的导电性可以通过栅极电压来控制。载流子由源极向漏极输运，在沟道与漏极交界面附近形成局部的密集热点，从而导致器件发热。

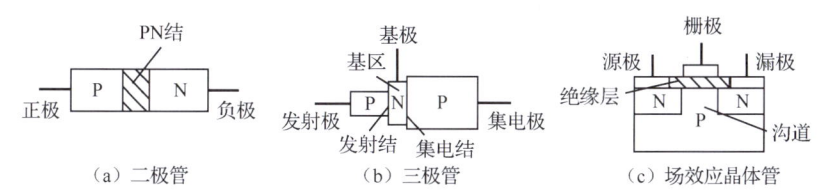

图 2-5 常见半导体分立器件示意图

（a）二极管 （b）三极管 （c）场效应晶体管

半导体分立器件活性区域内的产热导致其内部温度分布不均匀,热点通常分布在 PN 结附近,因此一般将半导体内部最高工作温度定义为结温。结温是决定半导体分立器件热可靠性的关键参数,也是半导体分立器件温度降额设计使用的重要指标。一般而言,PN 结的物理尺寸小于微米量级。另外,部分半导体分立器件(如射频器件)以脉冲形式工作,工作时间仅为微秒甚至纳秒量级,常规测温手段(如热电偶法、热电阻法等)无法满足高空间分辨率和高时间分辨率的结温测试要求。基于结温准确测试需求,半导体行业发展了电学法、红外辐射法、拉曼散射法、热反射法等测温手段,详见第 10 章。

半导体分立器件内部产生的热量经过多层封装材料传导至外壳,从 PN 结到封装外壳的热阻定义为结壳热阻 R_{jc}:

$$R_{jc} = (T_j - T_c)/Q \tag{2-1}$$

式中,T_j 为结温;T_c 为壳温;Q 为热耗。结壳热阻用来表征封装的散热性能,主要取决于封装材料(引线框架、热沉、管芯黏结材料等)和特定的封装设计(管芯和焊盘尺寸、热过孔等)。

对于不同的半导体分立器件而言,产热机理和温度影响的电学性能参数并不相同。下面以二极管和场效应晶体管为例,介绍半导体分立器件的产热机理和温度影响因素。

1)二极管

从宏观角度出发,二极管发热主要源于正向导通时正向电流产生的焦耳热。从微观角度出发,当不存在外加电压时,PN 结两侧载流子浓度差引起的扩散电流和空间电荷层的自建电场引起的漂移电流相等,即二极管处于平衡状态;当对二极管施加正向电压时,如图 2-6 所示,外界电场与自建电场的互相抑消作用使扩散电流增大,产生正向电流,即二极管处于导通状态,电子从 N 型区域经过 PN 结注入 P 型区域,空穴从 P 型区域经过 PN 结注入 N 型区域,在此过程中发生相互作用导致晶格振动,产生焦耳热。另外,电子和空穴的非辐射复合也会释放一部分热量。

二极管受温度影响的电学性能参数主要有反向漏电流、最大正向电流和正向压降。反向漏电流是指流过处于反向工作状态的 PN 结的微小电流,在较高温度区间,反向漏电流随温度升高而呈指数级增长。一般而言,温度每升高 10℃,反向漏电流可能会增大一倍。最大正向电流是二极管在长时间连续使用时允许通过的正向电流最大值,它决定了二极管功耗的高低,进而影响二极管的结温。正向压降由二极管的材料特性决定,随结温的升高而减小。不同结温下齐纳二极管的正向导通特性如图 2-7 所示,齐纳二极管正向压降的温度系数为 -1.4~-2mV/℃。

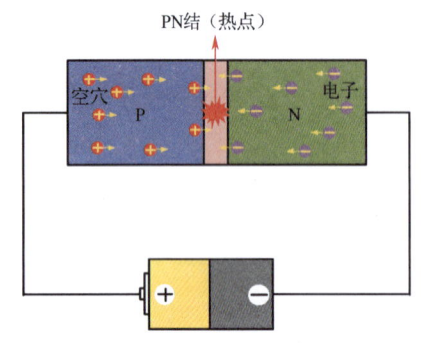

图 2-6 典型二极管的工作原理

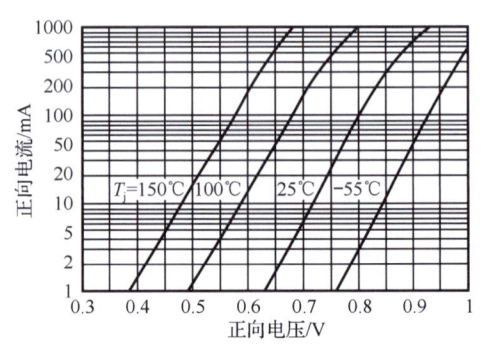

图 2-7 不同结温下齐纳二极管的正向导通特性

2）场效应晶体管

从宏观角度出发，对于如图 2-8（a）所示的单个场效应晶体管，电流在由源极经过沟道流向漏极的过程中会产生焦耳热，其构成了基本发热单元。值得注意的是，当在漏极施加的电压较大时，在沟道内靠近漏极的一侧将产生大量的激发态电子（热电子）。上述激发态电子会以辐射的形式释放出热量，从而引起温度升高。沟道内靠近漏极的区域，即电子结附近的区域（也称近结区域），局部热流密度可以达到 $10kW/cm^2$ 以上，是器件的热瓶颈所在，如图 2-8（b）所示。

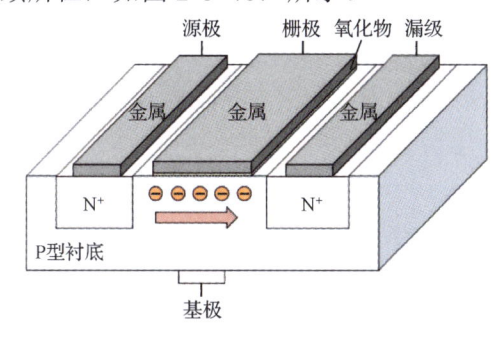

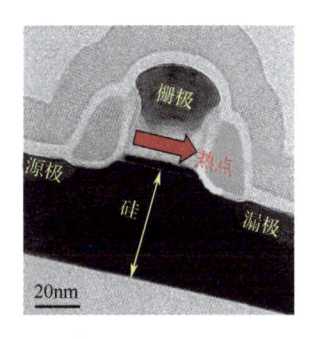

(a) 典型MOSFET的工作原理　　(b) 典型MOSFET的微观形貌及局部热点示意图

图 2-8　典型晶体管的工作原理及微观形貌

场效应晶体管受温度影响的电学性能参数有工作电流、增益、耐压、漏电流、功耗等。由图 2-9 可以看出，场效应晶体管的漏电流具有正温度系数，而栅源电压具有负温度系数。漏电流的正温度系数容易导致热电正反馈，从而产生二次击穿。

半导体分立器件与温度有关的失效模式也可分为机械失效、化学腐蚀失效与电气失效，主要与稳态温度和温度变化有关，其中温度变化包括空间上的温度梯度和时间上的温度循环。

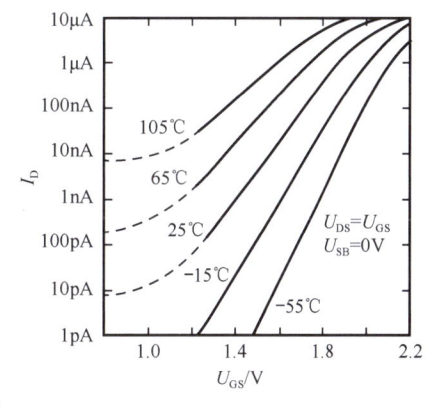

图 2-9　不同温度下场效应晶体管栅源电压-漏电流特性曲线

（1）机械失效：当不同热膨胀系数（Coefficient of Thermal Expansion，CTE）的材料被黏合在一起时，温度变化时产生不同形变量导致内部出现热应力，当热应力超过材料的屈服强度或界面黏结处的黏附强度时，材料或界面发生断裂分层，或者低强度力的重复施加导致产生疲劳断裂。具体故障包括引线疲劳、键合点断裂、芯片断裂、芯片与基板的黏合疲劳等。

（2）化学腐蚀失效：在使用过程中封装材料不可避免地会与周围环境中水蒸汽、粉尘和杂质发生化学反应，温度升高会加速此类化学反应。具体故障包括金属化层腐蚀、电化学腐蚀等。

（3）电气失效：温度过高导致器件内部因为电气过载而暂时或永久损坏。具体故障包括热击穿和电迁移等。热击穿主要是指热阻升高导致产生很大的温度梯度，黏结层空洞面积增大，使器件结温升高，从而导致设备损坏。电迁移是指大电流密度对金属化层的冲击使金属原子在电子流动方向堆积，导致导电薄膜产生空洞或小丘，进而引起开路或短路，而温度升高会加速这一过程。

2. 集成电路

集成电路是一种微型电子器件或部件，以典型的 CMOS 集成电路（见图 2-10）为例，其发热主要是由封装的晶体管等有源器件在运算时产生的，其产热机理与场效应晶体管等的产热机理类似，此处不再介绍。

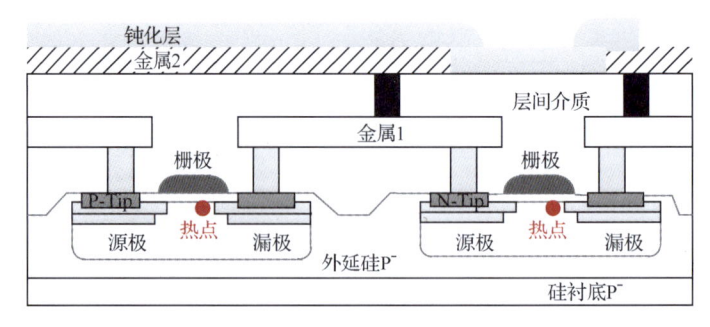

图 2-10　CMOS 集成电路

温度对集成电路可靠性的影响主要有以下 4 点：①在高温下，由于载流子迁移率的退化，晶体管的运行速度变慢；②漏电功率与温度产生的相互效应不断增大；③互连金属电阻增大，如铜在 120℃下的电阻比在 20℃下增大 39%，影响性能；④不同材料的热膨胀系数不匹配在温度变化时产生的应力会导致结构缺陷。集成电路与温度相关的失效机理也有以下 3 种。

（1）机械失效：具体故障包括芯片破裂、引线疲劳、塑料封装裂缝等。芯片、基板、引线框架、封装外壳通常具有不同的热膨胀系数，当温度循环和功率循环的幅度增大时，芯片中心部位产生张力、边缘部位产生剪力，使已经存在的缺陷有可能发展成裂缝。当裂缝达到临界尺寸时，芯片就会突然发生脆性破裂。引线键合互连的引线、键合区和基板具有不同的热膨胀系数，导致引线欠焊的键合点参数漂移，从而加剧引线键合疲劳失效，造成引线脱落或断裂。包封塑料与芯片钝化层热膨胀系数的不同使芯片表面存在剪切应力，从而使钝化层破裂，并且加热或冷却速率过高也会导致与内部温度梯度相关的热应力增大。此外，包封塑料吸收的潮气在高温下蒸发形成的内部压强也会引起裂痕，从而影响对杂质的阻挡能力，造成芯片表面互连线的横向位移，以及多层互连芯片的上下层互连线之间的短路。

（2）化学腐蚀失效：在使用过程中封装材料不可避免地会与周围环境中的水蒸汽、粉尘和杂质发生化学反应，温度升高会加速这一过程，从而影响腐蚀速率。具体故障包括金属化层腐蚀、电化学腐蚀等。金属化层腐蚀取决于两种温度应力，即稳态温度和与时间相关的温度变化，占空比较低时主要取决于稳态温度，占空比较高时主要取决于占空比而与稳态温度的关系很小。电化学腐蚀可以通过在金属结合处喷涂金属或电镀来减轻腐蚀。

（3）电气失效：温度过高导致器件内部因为电气过载而暂时或永久损坏。具体故障包括热击穿和电迁移等。器件的热性能取决于芯片、黏结层、基板材料的几何形状和体热导率，空洞的大小、形状和面积对热性能有重要影响。例如，黏结层空洞面积增大会使器件热阻显著升高,产生很大的温度梯度,从而导致芯片结温高于允许结温,器件发生热击穿。电迁移是指大电流密度对金属化层的冲击使金属原子在电子流动方向堆积,导致导电薄膜产生空洞或小丘,进而引起开路或短路,而温度会影响原子扩散系数,所以电迁移容易发生在温度梯度最大的地方。

2.1.3 温度失效机理小结

不论是无源器件还是有源器件,电子器件的产热机理都主要是焦耳热,电子在电场中运动并与晶格碰撞,将动能转化为晶格振动能,导致温度升高从而发热。不同电子器件与温度有关的失效模式和主要失效机理如表 2-1 所示,其失效机理主要与稳态温度和温度变化(时间上的温度循环和空间上的温度梯度)有关。在大多数情况下,高温会直接影响电子器件的正常使用,导致其可靠性降低,因此在进行热设计时主要关注稳态温度指标。然而,电子器件的工作环境温度一般为-55℃~125℃,稳态温度对电子器件部分失效模式的影响并不显著,只有当温度高到一定程度后才会表现出来(如电气过应力、正向二次击穿在 160℃以上的温度下才会发生)。在进行热设计时还要重视温度梯度和温度循环。在温度循环的条件下,电子器件界面处的结构与热耦合产生的热应力更容易导致疲劳失效。温度梯度过大,会导致电子器件内部结构的损伤。

表 2-1 不同电子器件与温度有关的失效模式和主要失效机理

电子器件类型	失效位置	失效模式	主要失效机理
电阻器	电阻体	氧化	稳态温度高
		结晶	稳态温度高
		老化	稳态温度高
		烧毁	稳态温度高
		吸附/解吸	稳态温度高
	电阻器外壳	开裂	温度变化大
电容器	介质	电解液挥发	稳态温度高
		电解质分解	稳态温度高
		电化学腐蚀	稳态温度高
		氧化	稳态温度高
		热击穿	稳态温度高
	电容器壳体	开裂	温度变化大
半导体分立器件	芯片	热击穿	稳态温度高
		电迁移	温度梯度大
		芯片断裂	温度变化大
	引线	引线疲劳	温度变化大
		键合点断裂	温度变化大

续表

电子器件类型	失效位置	失效模式	主要失效机理
半导体分立器件	封装	金属化层腐蚀	稳态温度高
		电化学腐蚀	稳态温度高
		封装裂缝	温度变化大
集成电路	芯片	热击穿	稳态温度高
		电迁移	温度梯度大
		芯片断裂	温度变化大
	引线	引线疲劳	温度变化大
		键合点断裂	温度变化大
		金属化层腐蚀	稳态温度高
	封装	电化学腐蚀	稳态温度高
		封装裂缝	温度变化大
		热击穿	稳态温度高

然而，目前在进行热设计时更多关注的是稳态温度，其他主要影响因素，如温度循环与温度梯度等容易被忽视。因此，在对电子设备进行可靠性分析时，需要深入研究各种失效模式和失效机理，以采取针对性措施保证可靠性。由此发展出基于失效物理模型的可靠性预计方法，该方法认为电子设备潜在的失效是由基本的机械、电、热和化学等应力作用所导致的。在进行可靠性预计时，应当从材料、结构、应力、强度和损伤累积等角度考虑，全面了解电子设备的失效模式和失效机理，准确评价其可靠性。

2.2 电子设备的温度可靠性预计

由于组成电子设备的电子器件种类繁多，各电子器件的失效机理也不相同，要确保每个电子器件的可靠性并不简单，在电子设备的生产、使用、维护各阶段都有可能出现可靠性问题。因此，为了满足电子设备的可靠性要求，在电子设备的设计阶段就需要分析各种影响可靠性的因素，对电子设备的可靠性进行预计，找到电子设备的薄弱环节，进而采取可靠性设计手段来提高电子设备的可靠性。可靠性预计是指在设计阶段根据电子设备的构成和结构特点、工作环境等因素定量估计组成器件及整个设备在给定条件下的可靠性。

2.2.1 基于手册的可靠性预计方法

稳态温度通常被认为是影响可靠性的重要参数。一般认为，降低温度就可以提高电子设备的可靠性，传统经验表明，温度每降低10℃，电子设备的可靠性就会提高1倍。这种可靠性预计方法一般建立在 Arrhenius 模型的基础上，在给定的温度条件下，平均

失效时间可表示为

$$\mathrm{MTTF} = \mathrm{MTTF}_{\mathrm{ref}} e^{\frac{E_a}{K_B}\left(\frac{1}{T} - \frac{1}{T_{\mathrm{ref}}}\right)} \tag{2-2}$$

式中，$\mathrm{MTTF}_{\mathrm{ref}}$ 是电子设备在给定参考温度 T_{ref} 下的平均失效时间；T 为稳态温度；K_B 为玻尔兹曼常数；E_a 是电子器件的激活能，一般通过实验数据和曲线拟合得到。

基于 Arrhenius 模型，国内外发布了众多可靠性预计手册，根据手册中的标准和方法能够方便快速地获得电子设备的可靠性信息，这种方法至今仍是主要的可靠性预计方法之一。早在 1962 年美国军方就发布了可靠性预计手册 MIL-HDBK-217，我国采用的可靠性预计手册为 GJB/Z 299。

在对电子设备进行可靠性预计的过程中，最关键的一步是确定电子设备内独立电子器件的失效率。手册中针对不同类型的电子器件分别给出了失效率计算模型，其主要与工作环境、器件质量等级、技术成熟度等条件有关，根据不同条件下的参考值可以得到可靠性参数。因此，基于手册的可靠性预计方法本质上是利用现场使用数据、实验室试验数据和数理统计数据的可靠性预计方法。以半导体单片数字电路为例，其失效率预计模型为

$$\lambda_\mathrm{p} = \pi_\mathrm{Q}[C_1 \pi_\mathrm{T} \pi_\mathrm{V} + (C_2 + C_3)\pi_\mathrm{E}]\pi_\mathrm{L} \tag{2-3}$$

式中，λ_P 为失效率；π_Q、π_T、π_V、π_E、π_L 分别为质量系数、温度应力系数、电压应力系数、环境系数、成熟系数；C_1、C_2 为电路复杂度失效率；C_3 为封装复杂度失效率。根据电子器件的实际工作条件，查阅手册中相应的表格数据，可以计算出电子器件的失效率。其中，与温度相关的关键参数为温度应力系数，它与电子器件的结温一般呈指数关系，如图 2-11 所示。

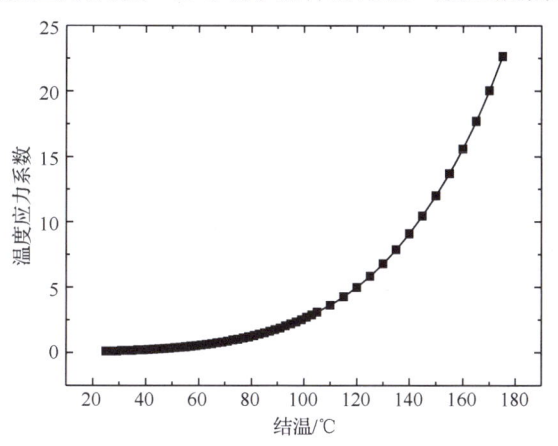

图 2-11　温度应力系数与结温的关系

在得到电子器件的失效率之后，将电子设备内各类电子器件的失效率相加，便可得出电子设备的失效率，进而可评估电子设备的平均故障间隔时间等可靠性指标。

2.2.2　基于手册的可靠性预计方法的不足

近年来，大量机构的研究结果表明，基于手册的可靠性预计方法由于预计的不准确性和缺乏对电子设备改进的指导作用而对电子行业造成了较大的损失，甚至阻碍了对新

技术的积极采用。其存在的问题可归纳为以下5个方面。

（1）当前手册中的数据没有更新，使用这些数据会带来很大的设计风险。设计师根据这些陈旧的数据对电子设备的失效机理进行分析，很可能得到与实际情况不相符的结果，从而导致过设计或设计缺陷。虽然后续可以对预计结果进行修正，但已经造成的损失难以挽回。

（2）电子设备在实际工作时的失效率并不是由预计模型得到的恒定值。手册在最初确定指数分布类型的恒定失效率时所采用的数据包括各种类型的数据，如信息不完整的失效数据、不同年代混杂的数据、不同工作环境条件下的数据等。恒定失效率的假设对现代高可靠性的电子设备一般是不适用的。

（3）为了使手册具有普适性，其中的数据是基于工业部门的平均水平确定的，并不针对特定的电子器件类型。不同的工艺和材料对电子器件的可靠性影响很大。不同制造商的质量控制水平各不相同,制造过程中的一些影响因素可能导致电子设备潜在的失效，虽然有可靠性筛选等控制措施，但并不能有效地剔除低质量的电子设备。

（4）手册把环境条件粗略地划分为多个类别，笼统地用环境系数来修正环境条件的影响，没有真正考虑电子设备的实际情况和失效时间的对应关系，并不涉及电子设备的失效模式、失效机理等信息，难免使可靠性预计产生较大偏差。如前文分析，电子设备的失效机理中的温度循环和温度梯度引起的失效并没有充分体现出来。

（5）基于手册的可靠性预计方法只能给出产品失效率的预计值，难以与产品设计师关注的材料、工艺、结构等设计要素相关联，也无法解释电子设备故障的根本原因，这就导致无论是电子器件设计，还是电子设备设计，这种预计方法与预计结果都难以准确指导设计师的工作。

正是由于这些问题，1991年美国军方不再更新MIL-HDBK-217。1996年2月，美国陆军明令停止使用MIL-HDBK-217,主要就是因为基于该手册预计的不准确性和误导性。之后在与供应商的合同中，只强调可靠性的具体要求，而不再规定如何实现。这样可促使供应商积极采用商业领域的先进技术和方法。当前我国的可靠性预计手册GJB/Z 299也停留在2006年版。

2.2.3 基于失效物理模型的可靠性预计方法

近年来，工业界和学术部门都意识到要准确地预计电子设备的可靠性，必须结合电子设备的设计信息和相应的预期环境条件，明确电子设备的失效模式和失效机理。在此基础上发展基于应力-损伤模型的可靠性预计方法，这就是基于失效物理模型的可靠性预计方法的基本思想，其可靠性预计和设计过程如图2-12所示。基本假设是，电子设备潜在的失效是由基本的机械、电、热和化学等应力作用所导致的。在进行可靠性预计时，应当从材料、结构、应力、强度和损伤累积等角度考虑，全面了解电子设备的失效模式和失效机理，以准确评价其可靠性。基于失效物理模型的可靠性预计，先针对电子设备的失效机理，利用失效物理模型、产品结构和材料参数、预期的环境载荷条件，预测不同失效机理的电子设备故障和可靠性特征量，再由各失效机理的可靠性特征量预计值综合得到电子设备的可靠性特征量预计值。因此,只要充分获取了电子器件的失效模式、失效机理和失效位置等信息,就能采取适当措施以防止这些潜在失效的发生。

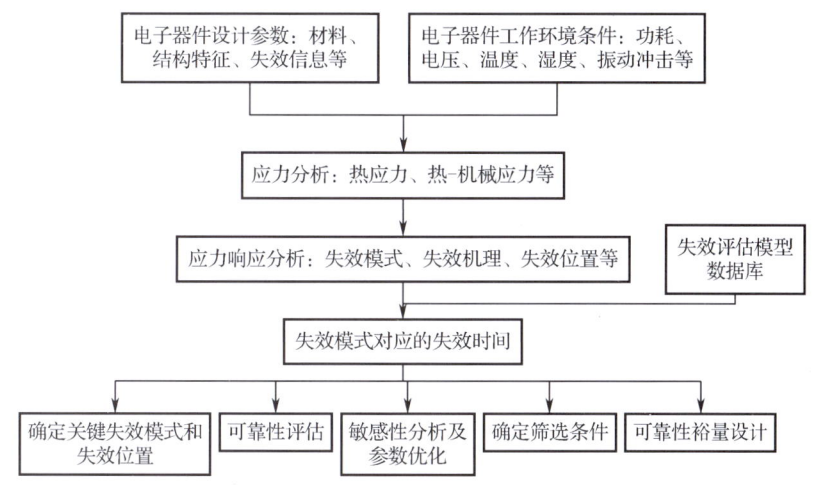

图 2-12 基于失效物理模型的可靠性预计和设计过程

随着失效物理模型研究的不断深入,相关的可靠性预计方法也得到了广泛的应用。美国国家标准协会于 2011 年批准发布了美国国家标准 ANSI/VITA 51.2,用于指导基于失效物理模型的电子设备可靠性预计,并在 2016 年进行了更新。这是目前美国最新的电子设备可靠性预计标准。该标准的核心部分是常用的基于失效物理模型的电子设备可靠性建模方法,分为板级、封装级和元器件级三大类,是对现有电子设备失效机理和失效物理模型的总结。马里兰大学 CACLE 中心提出了基于失效物理模型的可靠性预计方法,并开发出两套软件工具:CADMP-2(组件级)和 CACLE PWA(板级)。近年来,中国航空综合技术研究所、北京航空航天大学、工业和信息化部电子第五研究所都开发了基于失效物理模型的电子设备可靠性仿真软件,可以利用失效物理模型进行电子设备的失效模式确定、失效位置定位、总损伤度分析及电子设备的首次故障前时间预测。目前,在航空装备研制中已经广泛开展基于失效物理模型的可靠性预计,以在研制阶段早期发现设计薄弱环节,提高产品的固有可靠性设计水平。

进行基于失效物理模型的可靠性预计时,最有效的途径是与仿真技术相结合。在进行分析时,首先应确定电子器件的设计参数和工作环境条件,通过有限元等技术进行多物理场的应力分析,确定电子器件的局部载荷或应力分布。例如,热应力仿真是热与结构的耦合运算,包括热分析和热应力分析,先应用热分析求解在一定边界条件下的温度场,再将温度场的计算结果作为热载荷进行结构的力学分析,得到热应力的整个动态变化过程,详细内容可参考 10.1.4 节。然后通过材料和结构对应力的响应确定潜在的失效位置、失效模式和失效机理等。例如,热应力可导致电迁移、电介质击穿、热-机械疲劳失效等。一旦清楚失效机理,就可以引用量化的应力-损伤模型评估各种失效模式相应的失效时间。针对这些失效模式及其相应的失效时间信息,可通过风险评估法评估电子设备的可靠性寿命,并基于此进行电子器件筛选及可靠性裕量设计。

基于失效物理模型的可靠性预计方法,其预计准确的前提是失效机理识别正确,失效物理模型准确有效。但在实际应用过程中有很多失效机理对应的失效物理模型尚不完善，在进行可靠性预计时需要投入大量的时间、人员和资源。因此，需要众多组织机构开展失效物理模型的构建与验证研究工作，推动基于失效物理模型的可靠性预计方法的发展，建立统一的可靠性预计标准和规范。

2.3 电子设备的温度降额设计

电子器件制造商通常都会规定电子器件的额定工作参数，包括电压、功率、温度等。根据可靠性评估模型，电子器件在最大负荷状态下工作时失效率明显上升，而在低于最大负荷状态下工作时发生故障的可能性明显减小。因此，降额设计可以显著降低电子器件的失效率、提高其可靠性，但也要重视降额度，不能在成本、质量、体积等方面付出过大的代价。电压、功率等电学性能参数的降额对可靠性同样非常重要，本书不展开介绍。温度失效通常包括稳态温度高和温度变化大，其中温度变化中的温度梯度和温度循环与电子器件具体的结构形式及工作模式相关，没有统一的设计准则，但稳态温度的降低对于减小温度梯度和温度循环的影响有显著作用。因此，本节只介绍降额参数中的稳态温度降额。

2.3.1 温度降额的原则

降额是指使电子器件在使用过程中承受的应力低于其额定值，以达到延缓失效、提高可靠性的目的。如前文所述，影响电子器件热可靠性的主要因素包括稳态温度、温度循环和温度梯度等，实际上降低结温对上述3个因素均有改善，因此对于温度降额，主要手段就是降低电子器件温度（一般指结温）。在温度降额设计中，温度降得越多，需要的冷却资源和成本越多，电子设备的体积和质量越大。过度的降额会导致成本的大幅增加，还可能引入新的失效机理，反而会降低电子设备的可靠性。一般而言，电子器件有一个最佳的温度降额范围，在此范围内降低电子器件温度可显著降低失效率，并且不会在质量、体积、成本等方面付出过大的代价，易于实现。因此，在设计过程中需要综合考虑可靠性、成熟度、成本、维修难易程度等因素来确定降额等级。

进行降额设计时，应先对电子器件失效率下降起关键作用的参数进行降额。例如，集成电路的电路单元很小，在导体断面上的电流密度很大，因此在有源节点上可能有很高的温度。高结温是对集成电路破坏性最强的应力，因此集成电路温度降额的主要目的是降低高温集中部分的温度，降低由于电子器件的缺陷而可能失效的工作应力，延长电子器件的使用寿命。此外，高结温也是对二极管破坏性最强的应力，所以必须对二极管的功率和结温进行降额。电压击穿是二极管失效的另一个主要原因，因此二极管的电压也需要进行降额。二极管的降额参数主要有反向电压、正向电流、功率、最高结温，在实际中主要以反向电压为主。当出现多项参数的降额要求不能完全满足时，在满足关键参数降额要求的前提下，对失效率影响不大的降额量值可进行合理性变动。例如，对于开关来说,电压对其失效率的影响相对较小,若在使用过程中无法同时满足电流、功率、电压的降额要求,则可以根据实际使用情况弱化其电压的降额,以解决没有合适规格的电子器件可供选择或要以更大的代价选择合适的电子器件的问题。

降额等级表示元器件降额的不同范围,按国家军用标准一般分为3级。Ⅰ级降额是最大的降额,对元器件使用可靠性的改善最大。超过它的更大降额,对元器件使用可靠性的提高有限,且要付出的代价较大。Ⅰ级降额适用于电子设备的失效将导致人员伤亡或装备与设施的严重破坏,对电子设备有高可靠性要求的场合。Ⅱ级降额是中等降额,对元器件使用可靠性有明显改善,在设计上较Ⅰ级降额易于实现。Ⅲ级降额是最小的降额,在设计上最容易实现,对元器件使用可靠性改善的相对效益最大,但是其对使用可靠性改善的绝对效果不如Ⅰ级降额和Ⅱ级降额。

2.3.2 温度降额的指标

为了规定不同元器件在不同应用情况下降额的等级和指标,我国制定了相应的标准,如 GJB/Z 35—93《元器件降额准则》,针对不同的军用元器件,分别给出了需要降额的参数和在应用不同降额等级时的具体降额量值。例如,对于最高结温为200℃的二极管,Ⅰ级、Ⅱ级、Ⅲ级温度降额指标分别为 115℃、140℃、160℃。降额准则对电子设备可靠性设计的工程实践具有非常实用的价值,是国内电子设备设计师进行可靠性设计的重要依据。然而随着元器件的发展,降额准则在实际应用中也出现了一些重要的问题。

(1)降额准则制定时期较早,对元器件可靠性与温度的关系认识不够深入,仅给出了对应降额等级下的降额指标。随着元器件的广泛应用,人们对其失效模式的认识也更加深入,应当给出详细的应力计算方法和降额曲线,为准确评估不同条件下元器件的降额指标提供理论支撑。

(2)新材料、新工艺及新器件在电子设备中不断出现,但降额准则中没有给出详细的降额设计要求。例如,降额准则中对晶体管的降额指标是基于硅材料最高结温 200℃ 给出的,而第三代半导体材料的 GaN 器件耐温性能更好,但其最高结温评估较为保守且尚无统一的评估标准(有文献指出为225℃),并且相应的降额指标还有待评估。此外,降额准则中规定铝电解电容器不能承受低温和低气压,而目前出现的固体铝电解电容器采用固体电解质,使电子设备可以在-55℃~105℃的条件下工作,得到了广泛应用,相应的降额准则需要进行修正及补充。

2.3.3 温度降额的设计流程

温度降额设计的主要内容是确定电子器件的降额等级和降额因子,一般可以根据降额准则来确定,但不应将降额准则推荐的降额绝对化。在实际使用中允许对降额量值做出一些调整,但不应改变降额等级。

首先根据可靠性预计手册中的电子器件类型确定失效率模型,其主要与工作温度和降额因子有关。例如,晶体管的基本失效率模型为

$$\lambda_b = Ae^{N/(T+273+\Delta TS)}e^{(T+273+\Delta TS)/T_j P} \qquad (2\text{-}4)$$

式中，A 为失效率换算系数；N、P 为电子器件形状参数；T_j 为最高允许结温；T 为工作温度，ΔT 为 T_j 与额定功率最高允许温度之差；S 为降额因子或电应力比（工作电应力/额定电应力）。因此，某一型号规格的电子器件，其基本失效率仅与工作温度和降额因子有关。在相同的工作温度下，基本失效率随降额因子的减小而降低。在相同的降额因子条件下，基本失效率随工作温度的降低而降低。常用电子器件的基本失效率与降额因子的关系曲线如图 2-13 所示。

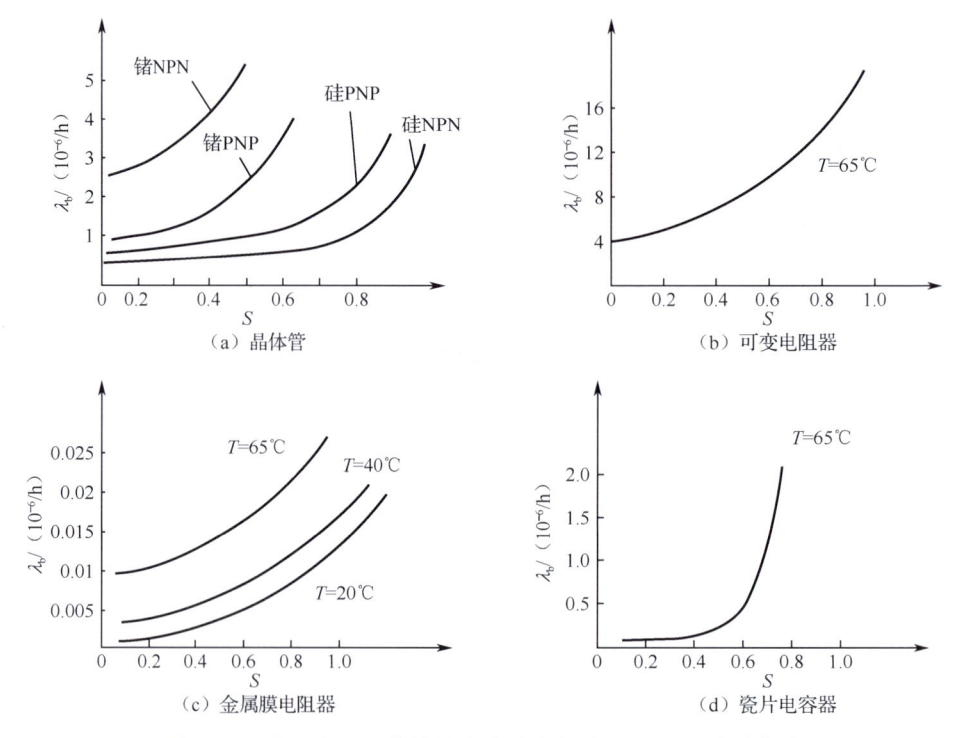

图 2-13 常用电子器件的基本失效率与降额因子的关系曲线

对于不同的电子器件，最佳的降额因子有可能不同。图 2-13（a）表明，要达到同样的基本失效率，锗晶体管的降额因子要比硅晶体管的降额因子大，如硅晶体管的降额因子为 0.5～0.6，而锗晶体管的降额因子为 0.3～0.4。在确定降额因子时，当基本失效率曲线呈平坦趋势时，表明降额因子的降低对基本失效率的影响减弱，降额过度。对于如图 2-13（d）所示的瓷片电容器，最大降额因子在 0.5 左右时比较合适。

确定降额因子后，基于电子器件的最大工作温度或结温曲线，可以得到电子器件的降额曲线。典型晶体管的降额曲线如图 2-14 所示。当工作环境温度或管壳温度低于某值时，最大允许功率不随温度的变化而变化，只能通过降低最大允许功率来降额；当工作环境温度或管壳温度高于某值时，可以通过降低温度和最大允许功率两种途径来降额。

随着电子技术的不断发展，越来越多的新工艺和新器件得到广泛应用。早期的失效率模型已不适用。例如，以 GaN 器件为代表的第三代半导体器件的降额准则未形成统一的认识，目前还没有权威的标准可供参考。因此，对于某特定 GaN 器件的降额需要单独设计，一般根据 Arrhenius 模型来预测器件在正常工作条件下的失效率，如式（2-2）所示。基于该器件的多次可靠性试验数据，可以计算出不同结温下的 MTTF。GaAs 器件和 GaN 器件在不同结温下的 MTTF 如图 2-15 所示。

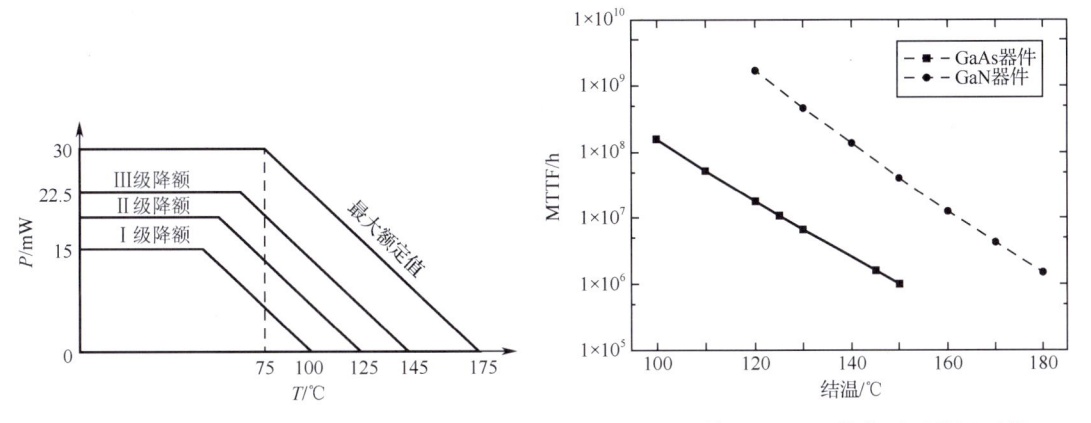

图 2-14　典型晶体管的降额曲线　　图 2-15　GaAs 器件和 GaN 器件在不同结温下的 MTTF

国外不同厂家对 GaN 器件结温与可靠性的统计数据表明，GaN 器件在 150℃～160℃ 结温下的 MTTF 等效于 GaAs 器件在 110℃ 结温下的 MTTF，与图 2-15 中的数据基本吻合。据此推断，GaN 器件在 135℃～140℃、160℃、180℃ 结温下的 MTTF 分别等效于 GaAs 器件在 100℃、125℃、145℃ 结温下的 MTTF。

依据相关标准规定的 Si 器件和 GaAs 器件最高结温的降额准则，可以得到这类器件最高结温的 I 级降额因子约为 0.57，II 级降额因子约为 0.7，III 级降额因子约为 0.8。GaN 器件使用的 SiC 衬底具有优异的导热特性，但其热导率随温度升高而下降。参照 Si 器件和 GaAs 器件最高结温的降额准则，有研究者提出 GaN 器件最高结温的 I 级降额因子约为 0.6，II 级降额因子约为 0.7，III 级降额因子约为 0.8。此外，降额设计的基础是准确表征和测量器件的最高结温，然而目前仍无统一公认的结温测量标准，结温相关的设计与测量技术仍有待进一步研究。

2.4　电子设备的温度环境应力筛选

通过评估电子设备的基本失效率和寿命，可以确定电子设备适宜的工作条件，进而提高电子设备的可靠性。但是在电子设备的制造过程中，由于大量复杂工艺可能会引入各种缺陷，而潜在的缺陷无法使用常规手段检测出来，因此电子设备的实际可靠性与设计可靠性之间存在较大差异。GJB 450B—2021 规定，电子设备在研制过程中必须开展环境应力筛选，通过对产品施加规定的环境应力来发现电子设备的早期失效，剔除制造过程中的不良电子器件并消除工艺缺陷，从而有效提高电子设备的可靠性。

2.4.1　温度环境应力筛选分类

根据电子设备与温度相关的两类典型失效模式，相应的温度环境应力是恒定高温和温度循环。根据美国环境科学学会的报告，在各种常用的温度环境应力中，温度循环的筛选效益最高，可达到 77%。因此，有效地开展温度环境应力试验对提高电子器件的温度可靠性意义重大。

1. 恒定高温筛选

恒定高温筛选也称高温老化，是指当电子设备在规定高温下连续不断地工作时，通过电荷额外的热作用，迫使缺陷发展，使早期故障出现。通过恒定高温筛选，可以激发的故障模式有电解电容器因高温而发生电解液泄漏、未加防护的金属表面氧化导致接触不良、部分绝缘损坏处发生绝缘击穿、塑料封装软化破裂等。

恒定高温筛选的应力参数是上限温度、恒定高温持续时间及环境温度。恒定高温筛选度的计算公式如下：

$$SS = 1 - \exp\{-0.0017(R+0.6)^{0.6}t\} \tag{2-5}$$

式中，R 为温度变化量，即上限温度与环境温度之差；t 为恒定高温持续时间。恒定高温筛选的缺陷故障率为 $\lambda = [-\ln(1-SS)]/t$。

按式（2-5）可以计算出不同温度变化量和恒定高温持续时间下的恒定高温筛选度。当温度变化量为 40℃、恒定高温持续时间为 192h 时，恒定高温筛选度能达到 0.9509。某电子设备通常选用的恒定高温持续时间为 48h、温度变化量为 25℃，其恒定高温筛选度只能达到 0.435，筛选效率偏低。由于恒定高温筛选方法耗时相对较长，且恒定高温筛选度低，因此目前越来越多的电子设备采用温度循环筛选方法。

2. 温度循环筛选

当电子设备经受温度循环时，内部膨胀与收缩产生热应力和应变，如果电子设备内部相邻材料的热膨胀系数不匹配，则这些热应力和应变会加剧，在电子设备具有潜在缺陷的地方会起到应力提升的作用。随着温度循环的加载，缺陷不断增大，最终演变为故障而被发现。不管温度变化有多大，温度循环筛选的效果都远优于恒定高温筛选。温度循环激发的故障模式有材料上的各种微观裂纹扩大、焊点接触电阻增大或开路、粒子污染、密封失效等。

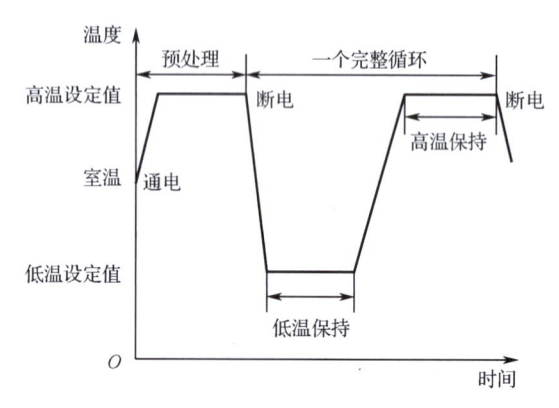

图 2-16 温度循环程序

温度循环筛选试验一般在试验箱中进行。温度循环程序如图 2-16 所示。进行温度循环筛选试验时，必须考虑温度循环筛选度，即当产品中存在对某一特定筛选敏感的潜在缺陷时，该筛选将缺陷以故障形式析出的概率。在实际筛选过程中需要评估温度循环筛选度，以表征经温度循环筛选后发现的缺陷数与筛选前电子设备中存在的缺陷数的比值，该比值太低会失去筛选意义，太高则会增加生产成本。温度循环筛选度的计算公式如下：

第2章 电子设备的产热及热可靠性理论基础

$$SS = 1 - \exp\{-0.0017(R+0.6)^{0.6}[\ln(e+V)]^3 N\} \quad (2\text{-}6)$$

式中，R 为温度变化量；V 为温度变化速率；N 为温度循环次数；e 为自然对数底。温度循环筛选的缺陷故障率为 $\lambda = [-\ln(1-SS)]/N$。

（1）温度变化量。

温度变化量是指上限温度和下限温度的差值，增大温度变化量可以提高温度循环筛选度。由于各种组件中所用的电子器件类型、等级及配装工艺不同，因此必须从不损坏良好电子器件的角度出发设置温度变化量。一般上限温度和下限温度取电子器件的工作极限温度或超过电子器件的工作极限温度，但不能超过电子器件的设计极限温度。

（2）温度变化速率。

一般来说，温度变化速率越高，试验效果越好，但是由于受到试验箱内风速及试件自身热容量的影响，试件的温度响应与试验箱的热输出并不一致。另外，温度循环筛选的试验强度并不总是随着温度变化速率的提高而增大，当温度变化速率达到某一特定值后，再增大温度变化速率对试验的影响甚微，此时试件对温度变化的响应不敏感，试件的温度变化明显滞后于试验箱的温度变化。温度变化速率一般不小于 10℃/min。

（3）温度循环次数。

温度循环次数与温度变化量、温度保持时间等参数，以及电子设备的复杂程度息息相关，主要根据缺陷的析出度和经验确定。在较高的温度变化速率、较大的风速、足够大的容积及足够长的温度保持时间条件下，可以经过较少的温度循环次数达到故障析出的目的。缺陷剔除的温度循环次数一般不少于 10，无故障检验的温度循环次数一般不少于 10，在具体筛选过程中可根据电子器件的情况进行剪裁。

（4）温度保持时间。

温度保持时间是为了使试件在筛选温度下充分运行，使缺陷处的应力提升到一定程度，以便潜在缺陷在有限的温度循环次数内能尽快析出的时间。温度保持时间取决于试件温度达到周围环境温度时的热平衡时间，应根据热时间常数来选择温度保持时间。试验时温度保持时间一般选择 3～5 倍的热时间常数。

根据温度循环筛选度公式可知，温度循环筛选度取决于温度变化量、温度变化速率及温度循环次数。提高温度变化量及温度变化速率可以加速电子设备的热胀冷缩，提升温度应力，同时温度循环次数的增加可以促进这种作用的发挥。因此，任何一个参数增大均能增强温度循环筛选效果。通常，电子设备的温度变化范围是一定的，一般选取电子设备的工作温度范围或储存温度范围，而且暴露出缺陷所需的温度循环次数越少越好，以便节省试验时间、减少试验经费。因此，从理论上讲，要增强温度循环筛选效果，必须提高温度变化速率。

以某电子设备为例，其温度循环筛选条件如下：温度变化范围为-30℃～60℃，温度变化速率为 5℃/min，温度循环次数为 10，温度保持时间为 4h。通过计算可得，温度循环筛选度的期望值为 0.886。通过热电偶测量电子设备内部的温度变化速率可以发现，当温度变化速率为 5℃/min 时，电子设备内部的温度变化速率只有 1.89℃/min，温度循环筛选度为 0.6，筛选作用大幅削弱。其原因在于电子设备内部的温度受到自身热容量和热惯性的影响，实际温度变化速率远低于试验箱内的温度变化速率，只有外表面的温度变化速率与设定值接近。因此，为了增强温度循环筛选效果，可以对参数进行适当调整。由于电子设备的工作极限温度都有一定的裕度，可以增大温度变化范围至-35℃～70℃。此外，可以考虑选取更高的温度变化速率。但是当温度变化速率提高到某一特定值后，再提高温度变化速率对试验的影响很小，一般温度变化速率在（10～20）℃/min 范围内就能达到较好的筛选效果。同时，在较高的温度变化速率下，电子设备的温度响应时间也会缩短，从而可以缩短温度保持时间。通过提高温度变化速率且使温度保持时间足够长，可以在一个循环内形成一定的筛选强度，经过较少的温度循环次数就可以达到故障析出的目的。综合以上措施，改进后的温度循环筛选条件如下：温度变化范围为-35℃～70℃，温度变化速率为 10℃/min，温度循环次数为 8，温度保持时间为 2.5h。在该条件下电子设备内部的实际温度变化速率为 4.5℃/min。和原来的方案相比，在温度保持时间减少的情况下，其实际温度循环筛选度可达到 0.9 以上，能有效剔除潜在故障。

尽管恒定高温筛选是一种暴露早期失效的有效手段，但其出发点是基于失效机理与稳态温度的，因此对于许多失效，恒定高温筛选并没有起到暴露早期失效的作用。在预先不了解需要通过温度环境应力筛选暴露哪种失效机理时，直接进行温度环境应力筛选可能会导致失效免除效应，达不到预期的效果，还会造成很高的系统使用成本。因此，在进行温度环境应力筛选试验时，首先需要确定潜在的失效机理、失效位置和失效应力，针对主要的失效机理，设计合理的温度环境应力筛选参数，如稳态温度、温度循环次数、温度梯度、温度变化速率等，以此暴露出失效结果。经过温度环境应力筛选试验后，针对失效电子器件进行失效分析，查找根本原因，确认失效机理，评估温度环境应力筛选效果。在试验过程中，试验参数可能会使有缺陷的电子器件通过试验，或者导致根本不会失效的良好电子器件损坏，因此还要通过分析失效结果对参数进行修正。以上步骤需要重复多次，直到所有电子设备都达到预期的可靠性为止。

除以上在生产阶段开展的温度环境应力筛选试验以外，在设计研发阶段还可采用高加速寿命试验（Highly Accelerated Life Testing，HALT），利用快速振荡的高低温变换激发对温度敏感的设计薄弱点，在短时间内暴露电子设备的设计缺陷，缩短研发周期并提高电子设备的可靠性。

2.4.2　温度环境应力筛选流程

电子设备的筛选可划分为"三级"筛选，即电子器件筛选、组件（模块）筛选、整机筛选。通过筛选可有效剔除引发电子设备早期失效的缺陷，保障电子设备的高可靠性。

1. 电子器件筛选

电子器件是构成电子设备的基本单元，从电子设备的制造等级来说，属于最低等级。电子器件的高可靠性是保证电子设备可靠性要求的基础。电子器件制造工艺缺陷、仓储流转过程中引入的损伤、设计和使用过程中的问题、假冒翻新问题等，都会造成电子器件在使用过程中出现意外或早期失效，从而造成整机装备的故障。据统计，约有 75%的军用电子装备故障是由电子器件失效造成的。因此，电子器件可靠性是影响整机可靠性的主要因素之一。

电子器件筛选以剔除有缺陷的电子器件为目的，并且不能在筛选过程中引入额外的破坏，因此电子器件筛选所选择的试验项目均为非破坏性项目。电子器件筛选是指对采购的电子器件进行 100%检验，以保证电子器件的高可靠性。电子器件的缺陷可能来源于原材料质量问题、制造工艺的波动、制造设备的不稳定，以及一些人为因素造成的电子器件损伤，这些缺陷不是电子器件自身的可靠性问题。电子器件筛选不能改变电子器件的固有可靠性，只能提高电子器件的使用可靠性。

电子器件筛选主要通过恒定高温筛选和温度循环筛选等试验手段来激发电子器件内部的缺陷响应，通过外观检查、电学测试、密封性检查及其他非破坏性分析手段，将有缺陷的电子器件剔除，从而保证整批交付的电子器件的高可靠性。在制订电子器件筛选方案时，可根据具体电子器件的特征及其对应的失效机理有选择地确定筛选条件。以常见的 MOSFET 为例，其结构包括芯片、引线和封装，芯片上存在沟道结构、氧化层、金属化层，封装上存在空腔密封结构。因此，在制订筛选方案时，需要考虑沟道失效、键合失效、芯片裂纹、制造错误、管壳缺陷、密封缺陷、金属化层缺陷和氧化层缺陷等。针对沟道失效、金属化层缺陷和氧化层缺陷，可采取恒定高温筛选试验手段；针对引线失效、芯片裂纹，可采取温度循环筛选试验手段。

2．组件和整机筛选

根据电子设备生产流程，筛选后的电子器件要先进行 PCB 组装，然后进行组件和整机装配。在这个过程中，电子器件会进行流转、运输，经过插件、装板等的机械作用，回流焊、波峰焊或手工焊的高温作用，以及清洗的化学作用后，进行组件级的装配，装配后存在一定的机械装配应力的影响，在进一步进行整机装配时有一些电连接操作。这些工序中都存在多种应力综合作用于电子器件、组件和整机，同时这些工序中的工艺也存在波动，将会引入一些缺陷。这些缺陷在初级系统调试时可能不会马上表现出对整机性能的影响，往往会在一定的环境应力下被激发出来，进一步造成整机功能故障。为了保证高装配等级电子设备的高可靠性，也可采用筛选方法，剔除有缺陷的电子器件。根据装配等级的高低，实施以组件为主的"二级筛选"和以整机为主的"三级筛选"。

电子设备的可靠性设计是一项涉及多个专业领域的系统工程，了解电子器件的失效模式和失效机理对于提高电子设备的可靠性十分重要。从根本上确定电子器件的失效模式，针对不同的失效机理，进行合理的降额设计，采用有效的筛选方法，可以大幅减少有缺陷的电子器件数量，从而提高电子设备的可靠性。

参考文献

[1] 王如竹，丁国良，吴静怡，等. 制冷原理与技术[M]. 北京：科学出版社，2003.
[2] REMSBURG R. Thermal design of electronic equipment[M]. Boca Raton：CRC Press，2001.

[3] TONG X C. Advanced materials for thermal management of electronic packaging[M]. Berlin：Springer，2011.

[4] JIANG G S，DIAO L Y，KUANG K. Advanced thermal management materials[M]. Berlin：Springer，2013.

[5] SHABANY Y. 传热学：电力电子器件热管理[M]. 余小玲，吴伟烽，刘飞龙，译. 北京：机械工业出版社，2013.

[6] 徐震原，王如竹. 空调制冷技术解读：现状及展望[J]. 科学通报，2020，65（24）：15.

[7] 国防科学技术工业委员会. GJB/Z 27—92 电子设备可靠性热设计手册[S]. 1992.

[8] 庄奕琪. 电子设计可靠性工程[M]. 西安：西安电子科技大学出版社，2014.

[9] 刘玮，高东阳，席善斌，等. 某机载电子设备中片式厚膜电阻器失效机理分析[J]. 电子质量，2018（3）：23-25.

[10] 曹玉保，周兆庆，吴凯. 金属氧化膜电阻的失效分析方法研究[J]. 中国集成电路，2017（11）：69-72.

[11] 赵宇翔，项永金，王少辉，等. 引线式电阻器失效分析与研究[J]. 电子产品世界，2021（2）：93-96.

[12] 陈德舜. 片式膜电阻器的典型失效模式、机理及原因分析[J]. 电子产品可靠性与环境试验，2017，35（3）：1-6.

[13] 张放，王波，丁亭鑫. 片式厚膜电阻器长期可靠性及失效模式研究[J]. 电子工艺技术，2020，41（2）：118-121.

[14] 李松，卞楠. 片式多层陶瓷电容失效原因分析[J]. 理化检验（物理分册），2016，52（9）：663-666.

[15] 刘锐，陈亚兰，唐万军，等. 片式多层陶瓷电容失效模式研究[J]. 微电子学，2013，43（3）：449-452.

[16] 刘家欣，肖大雏，徐征. 片状钽电容失效分析[J]. 电子工业专用设备，2004（7）：79-81.

[17] REMSBURG R. Thermal design of electronic equipment[M]. Boca Raton：CRC Press LLC，2001.

[18] 杨凯龙. 功率分立器件封装热阻与热可靠性试验数值模拟研究[D]. 上海：上海交通大学，2014.

[19] 恩云飞，来萍，李少平. 电子元器件失效分析技术[M]. 北京：电子工业出版社，2015.

[20] LALL P，PCCHT M G，HAKIM E B. 温度对微电子和系统可靠性的影响[M]. 贾颖，张德骏，刘汝军，译. 北京：国防工业出版社，2008.

[21] 杨妙林，任瑛. 集成电路分层的失效分析[J]. 电子产品可靠性与环境试验，2022（S1）：36-40.

[22] ESMAEILI S E，KHACHAB N I. Efficiency of components region-constrained placement to reduce fpga's dynamic power consumption[C]. 14th IEEE International Conference on Electronics，Circuits and Systems，2007.

[23] 平丽浩. 雷达热控技术现状及发展方向[J]. 现代雷达，2009，31（5）：1-6.

[24] 中国人民解放军总装备部. GJB/Z 299C—2006 电子设备可靠性预计手册[S]. 2006.

[25] 李永红,徐明. MIL-HDBK-217可靠性预计方法存在的问题及其替代方法浅析[J]. 航空标准化与质量,2005（4）：40-43.

[26] ANSI/VITA 51.3-2016. Physics of failure reliability predictions[S]. 2016.

[27] WHITE M,BERNSTEIN J B. Microelectronics reliability：physics-of-failure based modeling and lifetime evaluation[R]. Jet Propulsion Laboratory,2008.

[28] 张伟,王文岳,钱思宇,等. 基于失效物理的可靠性仿真技术发展现状研究[J]. 电子世界,2020（3）：25-28.

[29] 董少华,朱阳军,丁现朋. 基于ANSYS的IGBT模块的失效模式[J]. 半导体技术,2014,39（2）：147-153.

[30] 徐静,侯传涛,李志强,等. 电子产品可靠性预计方法及标准研究[J]. 强度与环境,2020（5）：48-54.

[31] 国防科学技术工业委员会. GJB/Z 35—93 元器件降额准则[S]. 1993.

[32] 张晧东. 元器件降额准则分析[J]. 电子产品可靠性与环境试验,2013（4）：64-67.

[33] 孙丹峰,季幼章. 解读元器件降额准则[J]. 电源世界,2016（3）：26-34.

[34] 吴家锋,赵夕彬,徐守利,等. 高可靠GaN内匹配功率器件降额研究[J]. 半导体技术,2022（7）：518-523.

[35] 国防科学技术工业委员会. GJB/Z 34—93 电子产品定量环境应力筛选指南[S]. 1993.

[36] 曹耀龙,黄杰. 电子组件温度循环试验研究[J]. 封装、检测与设备,2011,36（6）：487-491.

[37] 陈柯源. 电量传感器高可靠性试验技术[J]. 兵工自动化,2015,34（12）：26-28.

[38] 中央军委装备发展部. GJB 1032A—2020 电子产品环境应力筛选方法[S]. 2020.

[39] 白照高. 浅析某军用电子产品高低温筛选及建议[J]. 工业仪表与自动化装置,2012（1）：93-95.

[40] 梁志君,白照高,郭涛. 电子产品温度循环筛选效果探析[J]. 舰船电子工程,2005（3）：117-119.

[41] 张超,吴泉城,岳龙,等. 军用电子装备筛选概述[J]. 现代雷达,2019,41（12）：21-26.

[42] 罗道军,倪毅强,何亮,等. 电子元器件失效分析的过去、现在和未来[J]. 电子产品可靠性与环境试验,2021,39（S2）：8-15.

Chapter 3

第 3 章
电子设备热传导技术

【概要】

热传导是电子设备散热过程中的首要环节,几乎所有电子设备的热设计都必然涉及热传导过程。本章首先介绍电子设备热管理材料的导热机理及导热强化方法,基于扩展热阻理论分析和导热方程的火积耗散极值原理,分别给出电子设备热传导设计中的结构尺寸-热优化准则和热导率分布优化准则;其次介绍常用电子设备热管理材料的分类及应用,包括热块体材料和热界面材料;最后介绍基于相变传热的热管及其衍生物在电子设备热设计方面的应用。

3.1 热传导及强化方法

电子设备热传导过程主要发生在物质内部及界面之间。由于电子器件的点源发热特征,热传导过程包含横向扩展和纵向传导两个维度。提高热传导能力,不仅可以降低传导热阻,还可以通过热扩展进一步降低热流密度,这有利于降低后续的对流或辐射等热阻。因此,强化热传导对于提高电子设备的散热能力具有十分重要的意义。

3.1.1 导热机理

1. 固体导热机理

按对物质认识的近代观点,固体是由自由电子和原子组成的,原子被约束在规则排布的晶格中。相应地,热能的传输是由两种作用实现的:自由电子迁移和晶格振动(固体物理学用声子描述晶体中规律的晶格振动)。在纯金属中,电子对导热的贡献最大,而在非导体和半导体中,声子的贡献起主要作用。

分子运动理论给出的热导率表达式为

$$k = \frac{1}{3}Cc\lambda_{\mathrm{mfp}} \tag{3-1}$$

对于金属导体，$C=C_e$ 为基于体积的电子比热容；c 为电子平均速度；$\lambda_{\mathrm{mfp}}=\lambda_e$ 为电子平均自由程，其定义是一个电子在与材料中的缺陷或声子碰撞前的平均行程距离。对于非金属导体，$C=C_{\mathrm{ph}}$ 为声子比热容；c 为平均声速；$\lambda_{\mathrm{mfp}}=\lambda_{\mathrm{ph}}$ 为声子平均自由程，它也是按与材料中的缺陷或其他声子的碰撞来定义的。在所有情况下，热导率都随能量载流子（电子或声子）平均自由程的增大而增大。

当电子和声子携带热能在固体中促成导热时，热导率可表示为

$$k = k_e + k_{\mathrm{ph}} \tag{3-2}$$

初步近似认为电子运动导致的热导率 k_e 与电阻率 ρ_e 成反比。对于纯金属，ρ_e 很小，k_e 比声子碰撞引起的热导率 k_{ph} 大很多。对于合金，ρ_e 比较大，k_{ph} 对 k 的贡献不可忽略。对于非金属固体，k 主要由 k_{ph} 确定，当原子和晶格之间相互作用的频率降低时，k_{ph} 增大。晶格排列的规则性对 k_{ph} 有重要影响，有序排列的晶体（如石英）材料的热导率比非晶体（如玻璃）材料的高。事实上，一些晶体非金属材料（如金刚石和氧化铍）的 k_{ph} 相当大，可以超过像铝这样的良导体的热导率。

得益于碳元素较小的质量，以及较强的碳—碳键，金刚石与石墨烯中振动的传播非常顺畅，刚性晶格具有高振动频率，因此声子具有较大的比热容 C_{ph} 与声速 c，并且由于晶格的高振动频率，金刚石与石墨烯的德拜特征温度①很高。当应用温度低于德拜特征温度时，声子平均自由程与德拜特征温度呈正相关关系。在常见的应用中，极高的德拜特征温度使得金刚石与石墨烯的声子平均自由程 λ_{ph} 很大。因此，由式（3-2）可知，金刚石与石墨烯具有很高的热导率。

图 3-1 所示为有代表性的金属和非金属固体的热导率随温度变化的情况。关于固体热导率更详细的论述可参阅相关文献。

然而，在有些技术领域，如微电子技术领域，材料的特征尺寸可能是微米或纳米量级的，此时就必须考虑当物理尺寸变小时可能会发生的热导率变化。对薄膜材料而言，当厚度较大（较大的 L/λ_{mfp}）时，边界对能量载流子平均自由程减小的影响较小，热导率的变化规律与常规材料中的相同。但是当薄膜变薄时，材料的物理边界能使能量载流子平均自由程减小。此外，边界对在薄方向（假设为 y 轴方向）运动的能量载流子（表示薄方向的导热）的影响比对在厚方向（假设为 x 轴方向）运动的能量载流子的影响大得多。因此，对于厚度较小的薄膜，有 $k_y<k_x<k$，此处 k

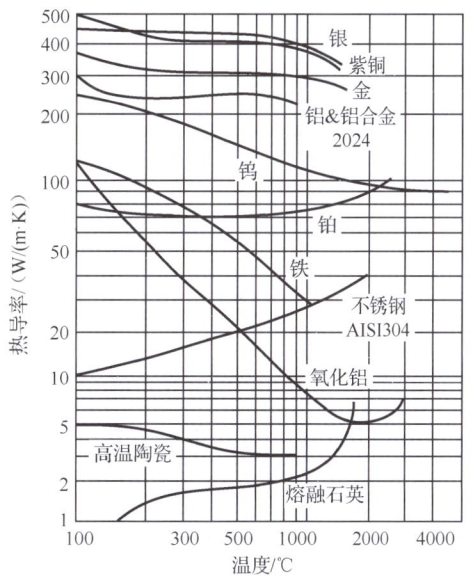

图 3-1 有代表性的金属和非金属固体的热导率随温度变化的情况

---

① 德拜特征温度：用于描述固体中原子在热力学零度以上的热振动。

为薄膜材料的整体热导率。对于 $L/\lambda_{\mathrm{mfp}} \geq 1$ 的情况，k_x 和 k_y 的预测值按式（3-3）估算，误差可在 20%以内。式（3-3）表明，若 $L/\lambda_{\mathrm{mfp}}>7$（对 k_y）和 $L/\lambda_{\mathrm{mfp}}>4.5$（对 k_x），k_x 和 k_y 的值与整体热导率之差约在 5%以内：

$$k_x/k = 1 - 2\lambda_{\mathrm{mfp}}/(3\pi L), \quad k_y/k = 1 - \lambda_{\mathrm{mfp}}/(3L) \tag{3-3}$$

例如，Fe_3O_4 块体材料在 300K 温度下的热导率约为 6W/(m·K)，而当材料特征尺寸减小到微纳尺度时，该薄膜材料在厚度方向的热导率显著下降，分别为 3.51W/(m·K)（厚度为 400nm 时）、1.85W/(m·K)（厚度为 300nm 时）、0.52W/(m·K)（厚度为 100nm 时）。

2．流体导热机理

流体包括液体和气体。由于与固体相比流体的分子间距大得多，分子运动的随机性更大，所以流体中基于导热的能量传输能力较低。因此，液体和气体的热导率通常比固体的低。温度、压力和化学组分对气体热导率的影响可用气体分子运动理论解释。根据这个理论，气体的热导率正比于气体的密度 ρ、平均分子速度 c 及平均自由程 λ_{mfp}，其中最后一项的定义是一个能量载流子（一个分子）经历一次碰撞之前的平均行程距离。气体热导率的表达式为

$$k = \frac{1}{3}C\rho c\lambda_{\mathrm{mfp}} \tag{3-4}$$

由于 c 随温度的升高和分子量的减小而增大，所以气体的热导率随温度的升高和分子量的减小而增大（见图 3-2）。由于 ρ、λ_{mfp} 分别正比和反比于气体压力，所以在真空低压条件下，气体的热导率与压力有明显关系，而在常压条件下二者几乎无关。一般来说，氢气、氦气等轻质气体具有较高的热导率，这是因为其分子量较小、密度小，所以 c 和 λ_{mfp} 较大，分子间碰撞的频率增加，热导率显著提高。与之相对，氩气和二氯二氟甲烷等稠密气体的热导率较低，这是因为其分子量较大，c 和 λ_{mfp} 都较小。

和固体的情况一样，当流体系统的特征尺寸变小时，整体热导率有可能发生变化，特别是在较小的 L/λ_{mfp} 情况下。当流体被物理尺寸太小的容积封闭时，分子平均自由程会受到限制，导致流体导热性能下降。

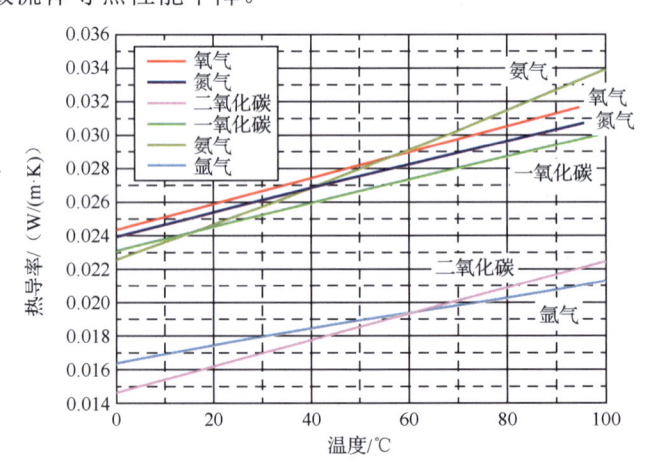

图 3-2 常压下某些气体的热导率随温度变化的情况

3. 界面导热机理

除上述单一材料内部的热传导以外,热量在界面处的传导也不容忽视。由于不同材料的分子或晶格结构不同,因此声子在不同材料中的振动频率不匹配,在不同材料形成的界面处将发生散射(见图3-3),表现为当热量传递至界面时将发生温度的跳变,即存在界面热阻 R_b,其表达式为

$$R_b = \Delta T/Q \quad (3-5)$$

式中,ΔT 为界面两侧的温差;Q 为通过界面的热流密度。从微观层面出发,当界面的特征尺寸与能量载流子(电子或声子)平均自由程接近时,界面热阻将表现出明显的微观结构依赖性,即界面热传导将受到界面缺陷、界面粗糙度、界面形貌、晶格取向及界面结合方式等诸多因素的影响。

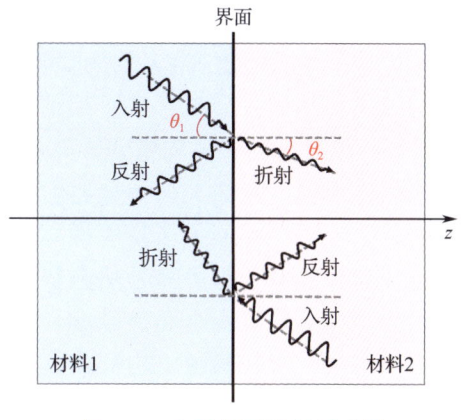

图 3-3 声子界面散射示意图

如前文所述,对于半导体和绝缘材料,声子是主要的能量载流子;对于金属材料,电子与声子均是主要的能量载流子。以金属与半导体材料形成的界面为例,当热量通过该界面时,金属一侧的电子与声子会发生相互作用,导致金属内电子温度与声子温度不相等,此时界面热传导会受到电声耦合作用的影响。

图 3-4(a)所示为 HEMT 的高角环形暗场结构示意图,可以看出,其内部包含由 GaN 与 AlGaN 构成的半导体-半导体界面、由 Si 与 AlN 构成的半导体-电介质界面及由 AlGaN 与 Ni 构成的半导体-金属界面等。图 3-4(b)所示为三星公司 14nm 晶体管的 TEM 微观形貌图,可以观察到 Si 翅片与金属材料之间存在复杂的多层结构与异质界面,包括半导体-电介质界面及电介质-金属界面等。热量在经过上述异质界面时主要通过声子与声子间的散射作用完成传递。此外,对于半导体-金属界面,热量传递过程还涉及电子与声子的散射。

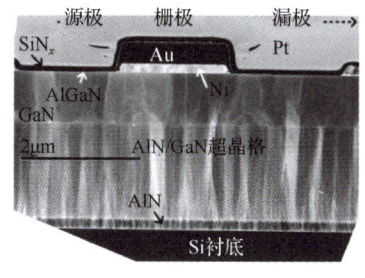

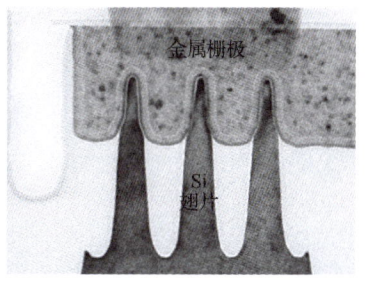

(a)HEMT的高角环形暗场结构示意图 (b)三星公司14nm晶体管的TEM微观形貌图

图 3-4 不同类型晶体管的微观形貌图

随着芯片内器件尺寸逐渐达到纳米量级,器件面积与体积的比值不断增大,导致异质界面的密度大幅提升,由此形成的界面热阻对于芯片内的热量传递造成了严重阻碍。以采用 SiC 基底的 GaN HEMT 为例,GaN 局部热流密度非常高,SiC 与 GaN 之间的界面热阻一般较高,结温随着界面热阻下降而大幅降低,因此强化界面导热对于减小器件温升至关重要。

3.1.2 导热强化

电子设备热管理材料既要有较高的热导率，又要有与电子器件相匹配的热膨胀系数，还要具有轻质等特点，其中高热导率、低热膨胀系数是现代热管理材料必须考虑的两大基本因素。以铝合金、铜合金为代表的金属材料虽然具有较高的热导率和良好的加工性，但其较高的热膨胀系数常常引起芯片失效。在非金属材料中，金刚石、定向热解石墨等碳单质，以及氮化铝、碳化硅等陶瓷材料的热膨胀系数和半导体材料接近，且热导率高，但机械性能较差，而其他非金属材料普遍存在热导率低的问题。

因此，传统的单一热管理材料已不能满足日益发展的现代封装技术对材料的要求，热管理材料的复合化成为必然趋势。复合材料是不同成分的组合，具有各组分综合的优异性能，能够同时满足高热导率、可调的热膨胀系数、低密度、高强度等要求，是极具发展前景的热管理材料。热管理材料按照组成不同可以分为碳/碳复合材料（CCCs）、金属基复合材料（MMC）、陶瓷基复合材料（CMC）和树脂基复合材料（PMC）。

复合材料热导率的提高主要通过在基体中添加导热增强相实现，增强相可以是颗粒、连续纤维、非连续纤维、编织物等，如图 3-5 所示。典型的增强相包括各类碳单质（金刚石、热解石墨、碳纤维、石墨烯、碳纳米管等）、金属（银、铜等），以及高热导率且绝缘的陶瓷材料（碳化硅、氧化铍、氮化铝、氮化硼等）。

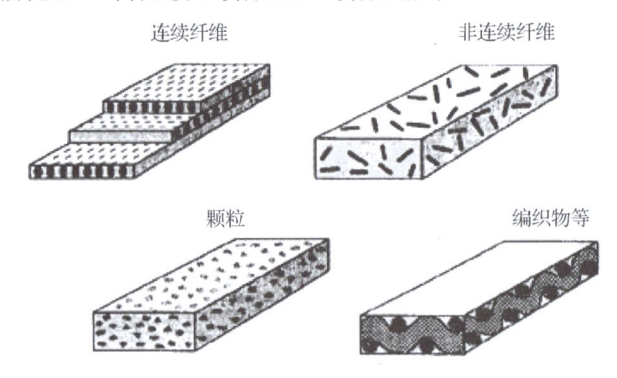

图 3-5 复合材料中增强相的分类

复合材料热导率的预测和计算一直以来都是研究者所关心的问题，在描述两相体系显微结构与导热性能定量关系的理论模型中，用得最多的是有效介质理论。从有效介质理论出发，针对不同情况、不同假设演变出了多种不同形式，其中很大一部分是基于球形颗粒增强相在基体中掺杂的复合材料热导率计算，包括经典的 Maxwell 模型，该模型并未考虑两相之间界面热阻对热导率的影响，在此基础上发展出至今仍被广泛应用的 Hasselman-Johnson（H-J）模型，该模型引入了界面热阻对复合材料热导率的影响。

非连续纤维或圆片增强相复合材料的热传导理论不如颗粒增强相复合材料的成熟。因为与颗粒增强相复合材料相比，影响热量在非连续纤维或圆片增强相复合材料中传导的因素较多，对于非连续纤维或圆片增强相复合材料，还需考虑其热导率的各向异性、取向、长径比及增强相在基体中的分布状况等。南策文等考虑了界面热阻、增强相的形状和取向等因素对热导率的影响,在 Maxwell-Gamett 有效介质近似(Effective Medium Approach,EMA)模型基础上,提出了普适的 EMA 模型,用来描述非连续纤维增强相复合材料的热导率,在金刚石/硫化锌、碳化硅晶须/锂铝硅酸盐玻璃陶瓷复合材料热导率的计算中,理论预测值与实验值能够较好地吻合。

1. Maxwell 模型

Maxwell 模型适用于计算连续介质中随机分布、彼此间无相互作用的复合材料的热导率,其计算公式为

$$K_c = K_m \cdot \frac{(K_p + 2K_m) + 2V_p(K_p - K_m)}{(K_p + 2K_m) - V_p(K_p - K_m)} \tag{3-6}$$

式中,K_c 为复合材料的热导率;V_p 为增强相的体积分数;K_p 为增强相的热导率;K_m 为基体的热导率。

2. Hasselman-Johnson 模型

Hasselman-Johnson 模型考虑了界面热阻及颗粒尺寸的影响,但其适用条件是增强相的体积分数较小、颗粒分散在基体中,其计算公式为

$$K_c = K_m \cdot \frac{2\left(\dfrac{K_p}{K_m} - \dfrac{K_p}{ah_c} - 1\right)V_p + \dfrac{K_p}{K_m} + \dfrac{2K_p}{ah_c} + 2}{\left(1 - \dfrac{K_p}{K_m} + \dfrac{K_p}{ah_c}\right)V_p + \dfrac{K_p}{K_m} + \dfrac{2K_p}{ah_c} + 2} \tag{3-7}$$

式中,a 为颗粒的直径;h_c 为界面传热系数。当 $a \to 0$ 时,相当于基体中颗粒所在处为空洞的情形,此时复合材料热导率最小,式(3-7)可简化为

$$K_c = K_m \cdot \frac{1 - V_p}{1 + 0.5V_p} \tag{3-8}$$

当 $a \to \infty$ 时,相当于不考虑界面热阻的情形,此时式(3-7)转化为 Maxwell 模型,即式(3-6)。

3. 普适的 EMA 模型

在 EMA 模型的基础上,南策文等提出了普适的计算复合材料热导率的公式,可用于一定长径比的非连续纤维增强相复合材料热导率的计算,其计算公式为

$$K_x = K_y = K_m \cdot \frac{2 + f[\beta_{11}(1 - L_{11})(1 + \cos^2\theta) + \beta_{33}(1 - L_{33})(1 - \cos^2\theta)]}{2 - f[\beta_{11}L_{11}(1 + \cos^2\theta) + \beta_{33}L_{33}(1 - \cos^2\theta)]} \tag{3-9}$$

$$K_z = K_m \cdot \frac{1 + f[\beta_{11}(1 - L_{11})(1 - \cos^2\theta) + \beta_{33}(1 - L_{33})\cos^2\theta]}{1 - f[\beta_{11}L_{11}(1 - \cos^2\theta) + \beta_{33}L_{33}\cos^2\theta]} \tag{3-10}$$

式中,

$$\beta_{ii} = \frac{K_{ii}^e - K_m}{K_m + L_{ii}(K_{ii}^e - K_m)}, \quad i = 1, 3$$

K_m 为基体的热导率;f 为增强相的体积分数;K_{ii}^e 为增强相的有效热导率;L_{11} 和 L_{33} 为增

强相的形状因子。

复合材料的热传导，从物质导热机理来看，声子、电子导热及声子与电子的相互作用对复合材料热导率的影响更为复杂，主要包括以下 3 个方面。

（1）化学成分。

任何材料的化学组分越复杂，杂质含量越高，或者加入另一组分形成的固溶体越多，材料热导率的降低就越明显，主要是因为第二组分和杂质的引入会引起或产生晶格扭曲、畸变及位错，破坏晶体的完整性，引起声子或电子的散射概率增大，从而导致热导率的降低。

（2）内部缺陷。

材料中的各种缺陷都是声子散射的中心，会减小声子平均自由程、降低材料热导率。单晶颗粒中的杂质、位错、裂纹等晶格缺陷，以及复合材料中的气孔都会增大声子散射概率，对热导率有很大影响。

（3）晶体结构和界面。

晶体结构对热导率的影响主要表现在 3 个方面：单晶结构越复杂，热导率越低；相比单晶，多晶在结构上的完整性和规则性都比较差，晶界上的杂质和畸变等因素也会使声子散射增强；由于非晶体的"晶粒"尺寸与晶格间距大小相近，因此其声子平均自由程始终处于低限值。因此，界面是对完整晶体结构的一种破坏，总是会形成界面热阻，从而降低热导率。

以金刚石-铝复合材料（见图 3-6）为例，其热导率随着金刚石粒径、体积分数的增加而升高，随界面热阻的升高而降低。这是因为金刚石粒径越小，比表面积越大，限制声子平均自由程的界面越多，使得复合材料的热导率越低。随着金刚石粒径的增大，比表面积减小，限制声子平均自由程的界面减少，声子传递的通道更为连续，复合材料的热导率也逐渐增大。金刚石颗粒的体积分数越大，增强相在复合材料热导率中的权重越大，等效热导率也越高。金刚石与铝的润湿性差，一方面容易在界面处出现大量空隙，从而抑制声子的传递；另一方面在高温制备过程中会形成 Al_4C_3 脆性相。两者都会使界面热阻升高，严重降低复合材料的导热性能。目前针对界面热阻，主要的解决方法是在金刚石表面覆 Ti、Si、Cr 等涂层，以有效抑制不良界面反应及改善润湿性。表面覆有 Cr 涂层的金刚石颗粒如图 3-7 所示。

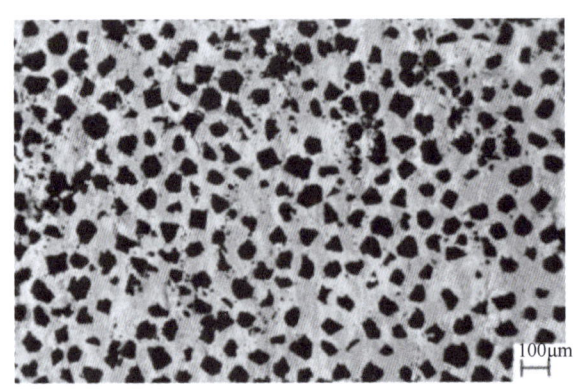

图 3-6　金刚石-铝复合材料的微观结构

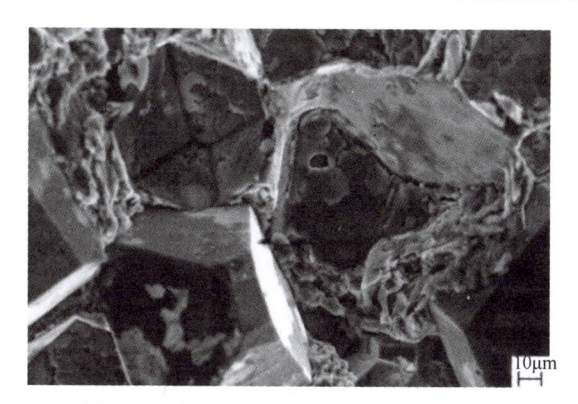

图 3-7 表面覆有 Cr 涂层的金刚石颗粒

除采用金刚石颗粒增强金属导热性能以外,以碳纤维增强的金属基复合材料由于具有极低的热膨胀系数及较高的热导率同样应用广泛。铜/碳纤维复合材料的导热性能与组分含量、纤维分布方式、长径比、取向等因素密切相关。如式（3-9）、式（3-10）所示，碳纤维体积分数的增加将增强碳纤维热导率对复合材料热导率的影响，使得声子的导热作用增强但自由电子的导热作用减弱，而由于碳纤维的本征热导率只有150W/(m·K)，同时增加的碳纤维界面也增强了电子和声子在界面处的散射，复合材料连续性被破坏，最终导致复合材料热导率下降。由于碳纤维结构的取向性，沿碳纤维的方向和垂直于碳纤维的方向导热性能相差数倍，导热方向垂直于碳纤维方向对材料导热不利，而将碳纤维沿一个方向排列，可显著提高该方向的导热性能。此外，铜与碳之间不发生化学反应，不形成碳化物，界面热阻较高。因此，目前在铜/碳纤维封装材料制备过程中多采用化学镀和电镀等方法改善铜/碳纤维界面的结合情况，以解决两组元之间的相容性问题，实现界面的良好结合。

常见电子设备热管理材料的热性能如表 3-1 所示。

表 3-1 常见电子设备热管理材料的热性能

形态	类别	材料	热导率/（W/(m·K)）	热膨胀系数（ppm/K）
固体	半导体	GaAs	54	6.5
		GaN	130	5.6
		SiC	150	6.58
		SiO_2	1.5	0.5
		Si	124~148	4.1
	载片	可伐合金	17	5.9
		钼铜合金（70%Mo、30%Cu）	150	6.3
	封装壳体	AlSiC（65%SiC）	210	8.1
		AlSiC（55%SiC）	200	9.0
		AlSi（50%Si）	120	11.9
	冷板	铝 5A05	120	23.75
		铝 6063	200	23.4
		铜	400	17.8

续表

形态	类别	材料	热导率/(W/(m·K))	热膨胀系数（ppm/K）
固体	环氧基板	PCB4层	典型值：轴向 0.25, 面内 16.5	典型值：轴向 32, 面内 12～15
		PCB8层	典型值：轴向 0.28, 面内 32.7	
		PCB12层	典型值：轴向 0.29, 面内 41.1	
	陶瓷基板	Al_2O_3	15～33	6.9
		AlN	82～320	4.5
	焊料	80Au20Sn	57	16
		SB220（Sn/AgTi）	48	19
	热界面材料	导热硅脂	2～5	—
		导热凝胶	3～10	—
		相变合金	30～50	—
		环氧树脂材料	0.19	—
		聚酰亚胺	0.18	—
		环氧玻璃	0.35	—
流体	单相冷却液	乙二醇水溶液	0.315～0.360	—
		水	0.59	—
		45号变压器油	0.12	—
	相变冷却液	R134a	0.081	—
		R245fa	0.088	—
		R1336mzz	0.072	—
		Novec7000	0.061	—
		Novec7100	0.054	—
	气体	氦气	0.15	—
		空气	0.026	—

3.1.3 导热优化

一维传导热阻主要与导热距离和热导率有关，如下式所示：

$$R = d/k \tag{3-11}$$

式中，d 表示导热距离；k 表示热导率。由此可知，导热距离 d 越小，热导率 k 越大，一维传导热阻 R 越小，导热性能越好。然而，实际电子设备的热传导，纵向存在多层热传导结构，横向有多个点热源，是典型的三维热传导结构。因此，开展各层结构的尺寸热优化、热导率的分布优化，需要相关的优化方法。

如图 3-8 所示，当热沉载片厚度 d 由 5mm 减小至 1mm 时，功率管温度反而上升 10℃，其主要原因可以归结为热沉载片过薄导致热量无法及时扩散，大量热量淤积在功率管下方，导致功率管温度升高。

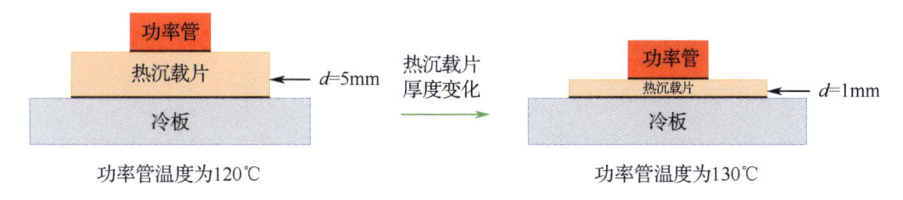

图 3-8　载片厚度和功率管温度的关系

如图 3-9 所示，仅提高热沉载片的热导率，开始时功率管温度可以快速降低，但当热沉载片热导率升高到一定程度时，功率管温度将基本不变。上述现象可以解释为导热瓶颈已经转移到其他层结构上，此时若再提高其他层的热导率，功率管温度可进一步降低。另外，提高不同位置材料的热导率，对降低功率管温度的效果也不相同。

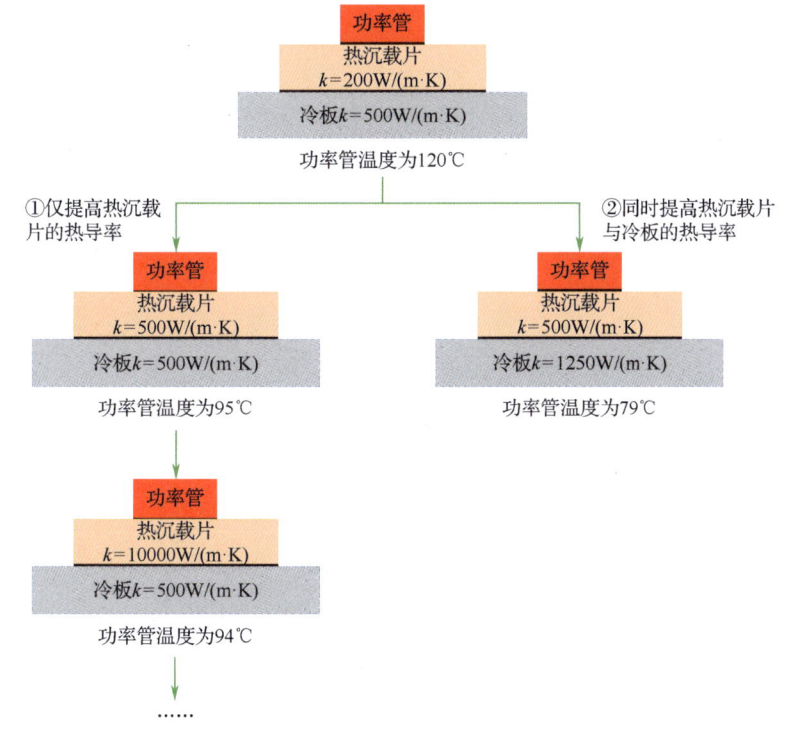

图 3-9　热导率提高对功率管温度的影响

由以上案例可知，在实际的电子设备热设计中，传导热阻与导热距离 d 和热导率 k 并非呈现简单的线性相关关系，需要结合实际应用场景进行结构尺寸与热导率的优化设计。

1. 结构尺寸-热优化准则

典型电子设备的传热结构普遍存在点热源问题。发热芯片的面积往往比基板、散热器的面积小很多，导致发热芯片与热源接触面上的温度梯度较大，邻近热源区会出现更高的局部温度，由此产生扩展（或收缩）热阻，扩展热阻产生于散热途径上任意具有截面变化的位置。因此，降低扩展热阻对电子设备的散热至关重要。

以典型圆形热源和冷板扩展热阻为例，厚度、半径等参数对扩展热阻具有较大影响，结合工程应用推导出相关参数的工程最优值，并建立相应的尺寸准则，可以指导基板、冷板等传热结构的优化设计。

1）扩展热阻问题物理描述

对于圆形热源和冷板的散热问题，冷板散热模型如图 3-10 所示，冷板半径为 b，热导率为 k，厚度为 t，下表面中间有半径为 a 的均匀热流热源，上表面为对流边界条件（对流换热系数为 h，环境温度为 T_∞），其余侧壁均绝热。由于热源到冷板的传热面积突然变大，因此冷板的总传导热阻 R_t 除包括一维传导热阻 R_{1d} 以外，还包括扩展热阻 R_s，其定义为

$$R_t = R_s + R_{1d} = \frac{T_h - \overline{T}_f}{Q} \tag{3-12}$$

式中，T_h 为热源温度；$\overline{T}_f$ 为冷板上表面平均温度；Q 为热源与冷板之间的传热量。

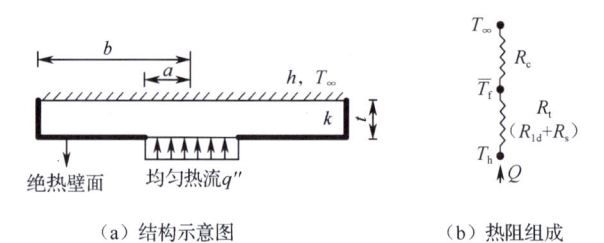

（a）结构示意图　　　（b）热阻组成

图 3-10　冷板散热模型

除圆形热源和冷板以外，实际中更多的情况为不规则热源和冷板。Sadeghi 研究了任意形状热源置于半无穷大平面的散热问题，发现只要保持面积和长宽比不变，热源均可近似等价为椭圆形（见图 3-11）；Muzychka 研究了矩形散热通道与圆形散热通道的几何等效条件，发现只要保持相应的面积和厚度不变（见图 3-12），两者的计算误差在±10%以内。

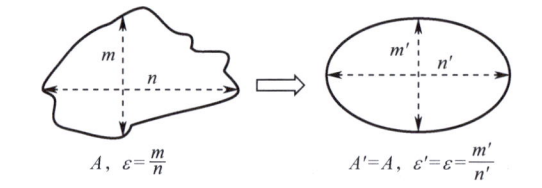

图 3-11　任意形状热源的几何等效（等效为椭圆形）

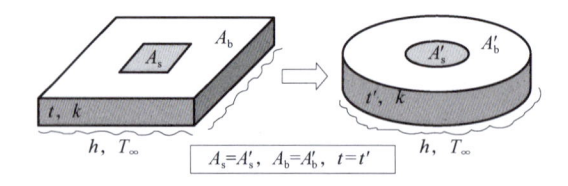

图 3-12　矩形热源及冷板的几何等效（等效为圆形）

2）热模型

上述圆形热源和冷板散热的控制方程为二维、无内热源、柱坐标形式的热传导方程（拉普拉斯方程）：

$$\frac{1}{r}\frac{\partial}{\partial r}\left(rk\frac{\partial^2 T}{\partial r}\right) + k\frac{\partial^2 T}{\partial z^2} = 0 \tag{3-13}$$

其边界条件如下：

$$r = 0, \quad \frac{\partial T}{\partial r} = 0 \tag{3-14}$$

$$r = b, \quad \frac{\partial T}{\partial r} = 0 \tag{3-15}$$

$$z = 0, \quad -k\frac{\partial T}{\partial z} + h(T - T_\infty) = 0 \tag{3-16}$$

$$z = t, \quad k\frac{\partial T}{\partial z} = \begin{cases} q, & 0 \leq r \leq a \\ 0, & a \leq r \leq b \end{cases} \tag{3-17}$$

式（3-13）~式（3-17）存在无穷级数形式的解析解。总传导热阻可写成如下函数形式：

$$R_{\mathrm{ta}} = \frac{T_{\mathrm{ha}} - \overline{T}_{\mathrm{f}}}{Q} = f_1(a, b, t, k, h) \tag{3-18}$$

$$R_{\mathrm{tm}} = \frac{T_{\mathrm{hm}} - \overline{T}_{\mathrm{f}}}{Q} = f_2(a, b, t, k, h) \tag{3-19}$$

式中，T_{ha} 为热源平均温度；T_{hm} 为热源最高温度；$\overline{T}_{\mathrm{f}}$ 为冷板上表面平均温度。根据热源温度取值的不同，R_{ta} 为平均总传导热阻，R_{tm} 为最大总传导热阻。根据量纲法则，式（3-18）和式（3-19）可以简化为无量纲形式：

$$R_{\mathrm{ta}}^* = f_1(\varepsilon, \tau, \mathrm{Bi}) \tag{3-20}$$

$$R_{\mathrm{tm}}^* = f_2(\varepsilon, \tau, \mathrm{Bi}) \tag{3-21}$$

式中，R_{ta}^* 为无量纲的平均总传导热阻；R_{tm}^* 为无量纲的最大总传导热阻；ε 为无量纲的热源半径，$\varepsilon = b/a$；τ 为无量纲的冷板厚度，$\tau = t/a$；Bi 为无量纲的对流换热系数，$\mathrm{Bi} = ha/k$。由式（3-20）和式（3-21）可以看出，无量纲的平均总传导热阻与无量纲参数 ($\varepsilon, \tau, \mathrm{Bi}$) 有关。

式（3-13）~式（3-17）的无穷级数形式的解析解过于复杂，不便于工程应用，其封闭形式的简化解如下：

$$R_{\mathrm{ta}}^* = \frac{\tau}{\varepsilon^2 \sqrt{\pi}} + \frac{1}{2}(1 - \varepsilon^{-1})^{\frac{3}{2}} \cdot \Phi_{\mathrm{c}} \tag{3-22}$$

$$R_{\mathrm{tm}}^* = \frac{\tau}{\varepsilon^2 \sqrt{\pi}} + \frac{1}{\pi}(1 - \varepsilon^{-1}) \cdot \Phi_{\mathrm{c}} \tag{3-23}$$

式中，$\Phi_{\mathrm{c}} = \dfrac{\tanh\left(\lambda_{\mathrm{c}} \cdot \dfrac{\tau}{\varepsilon}\right) + \dfrac{\lambda_{\mathrm{c}}}{\mathrm{Bi} \cdot \varepsilon}}{1 + \dfrac{\lambda_{\mathrm{c}}}{\mathrm{Bi} \cdot \varepsilon}\tanh\left(\lambda_{\mathrm{c}} \dfrac{\tau}{\varepsilon}\right)}$，$\lambda_{\mathrm{c}} = \pi + \dfrac{\varepsilon}{\sqrt{\pi}}$。

3）模型分析和优化准则

在实际的工程应用中，通常需要关注最大总传导热阻 R_{tm}^*。下面针对结构参数 (τ, ε) 对最大总传导热阻 R_{tm}^* 的影响展开分析，以寻求结构参数的最优值，使 R_{tm}^* 在一定的工程条件下取得最小值。在一般工程使用范围内：$k \in 10 \sim 1000\mathrm{W/(m \cdot K)}$，$h \in 10 \sim 2000\mathrm{W/(m^2 \cdot K)}$，$\varepsilon \in 2 \sim 10$。

（1）冷板厚度 τ。

根据 R_{tm}^* 是否受 Bi 的影响，可将最大总传导热阻随冷板厚度的变化曲线，即 R_{tm}^*-τ 曲线分为 3 个区域，如图 3-13 所示。

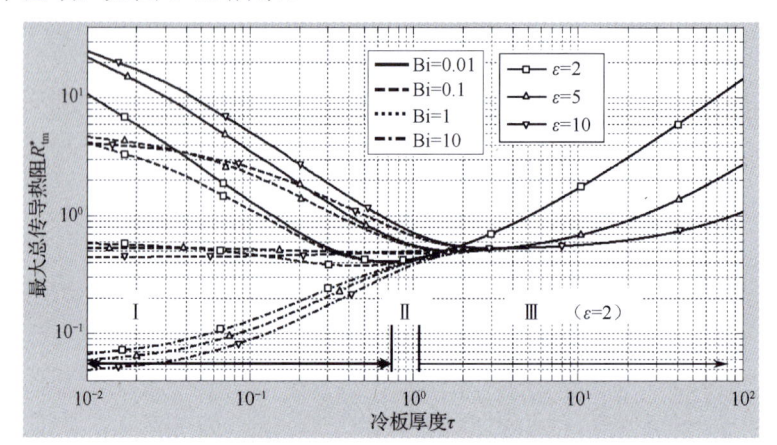

图 3-13　最大总传导热阻 R_{tm}^* 与冷板厚度 τ 的关系（改变 ε 和 Bi）

Ⅰ区（未完全扩展区）：在该区，冷板厚宽比 τ/ε 较小，自身未达到完全扩展状态，最大总传导热阻 R_{tm}^* 受 Bi 的影响明显。一维传导热阻 R_{1d}^* 很小可忽略，而扩展热阻 R_s^* 在最大总传导热阻中占主导地位（见图 3-14）。热阻变化有如下特点。

τ 一定，Bi 越大，即对流热阻越小，越有利于扩展，R_{tm}^* 越小。

Bi 一定，随着 τ 增大，R_{tm}^* 变化较复杂。当 Bi 较小（Bi<1）时，冷板处于未完全扩展状态，τ 增大有利于增强扩展性，R_s^* 明显减小，R_{tm}^* 变小；当 Bi 较大（Bi>1）时，R_s^* 本身较小，随着 τ 增大反而明显增大。

Ⅱ区（过渡区）：在该区，冷板处于过渡状态，最大总传导热阻 R_{tm}^* 受 Bi 的影响较小，且一维传导热阻 R_{1d}^* 仍很小可忽略（见图 3-14），基本达到稳定值。

Ⅲ区（完全扩展区）：在该区，冷板已达到完全扩展状态，最大总传导热阻 R_{tm}^* 完全不受 Bi 的影响，而一维传导热阻 R_{1d}^* 开始占主导地位，随着 τ 增大，R_{1d}^* 增大，R_{tm}^* 增大。

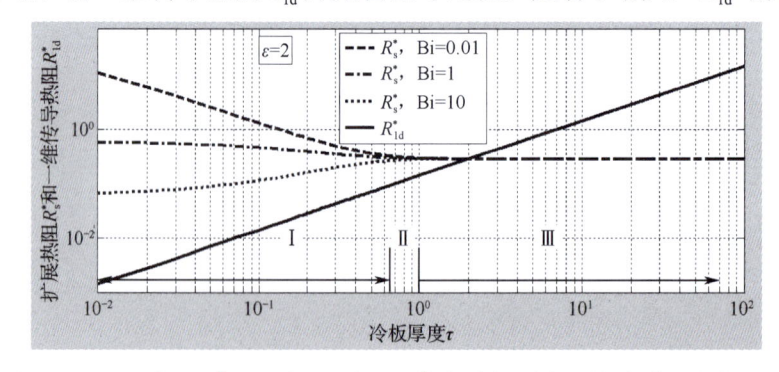

图 3-14　扩展热阻 R_s^*、一维传导热阻 R_{1d}^* 与冷板厚度 τ 的关系（改变 Bi）

在工程应用范围内，一般有 Bi≪1，由图 3-13 可知，R_{tm}^*-τ 曲线近似为 U 形曲线：当 ε 一定时，存在两个厚度 τ_1 和 τ_2，前者使 R_{tm}^* 取得最小值，后者使 R_{tm}^* 完全不受 Bi 的

影响。通过计算不同的 ε 得到对应的 τ_1 和 τ_2，结果如图 3-15 所示，通过线性拟合得到：

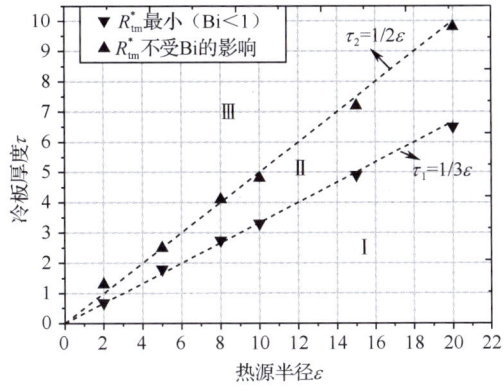

$$\tau_1 = 1/3\varepsilon \tag{3-24}$$
$$\tau_2 = 1/2\varepsilon \tag{3-25}$$

图 3-15　当 ε 一定时存在最优冷板厚度 τ_1 使 R_{tm}^* 取得最小值（Bi<1）

在实际工程应用中，封装材料厚度均较小，一般处于未完全扩展区，为了使 R_{tm}^* 取得最小值，应适当增加封装材料厚度，使 τ 接近 $1/3\varepsilon$ 的理论最优值。

如图 3-16 所示，以方形载片、单点热源为例进行说明，研究不同载片厚度方案的热源温升，不同方案的参数如表 3-2 所示，热源的最高温度如图 3-17 所示。在保持载片面积与 Bi 一定的条件下，存在一个最优载片厚度使最大总传导热阻取得最小值，理论值为 1.3mm，在上述情况下，载片厚度处于 $t=1$mm 附近时热源温升最小，与理论值相符。

表 3-2　不同方案的参数

方案	芯片面积 A_s/mm²	载片面积 A_b/mm²	载片厚度 t/mm	载片热导率 k/（W/(m·K)）
1			0.5	50
2	12	50	1	100
3			2	200

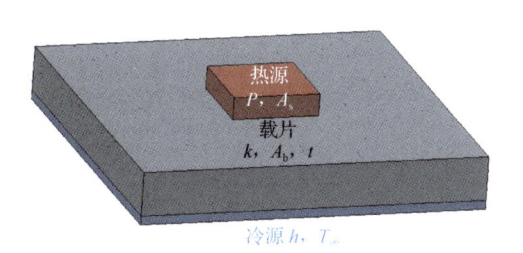

图 3-16　热源、载片示意图

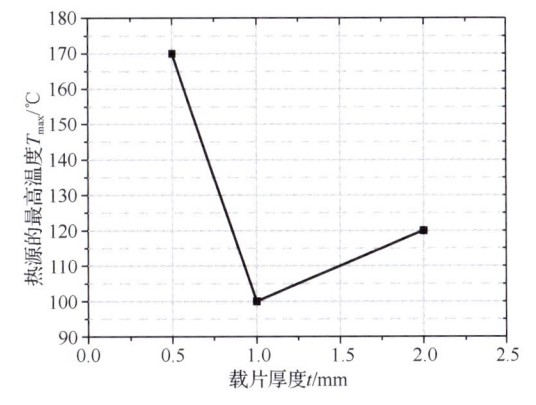

图 3-17　当载片面积一定时存在最优载片厚度 t 使 R_{tm}^* 取得最小值

（2）热源半径 ε。

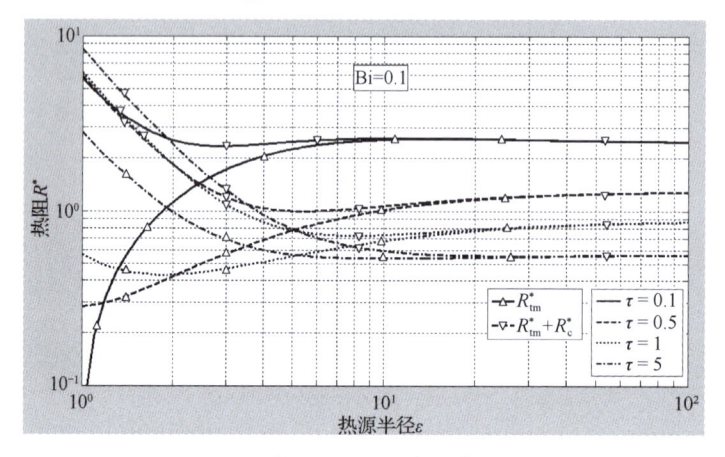

图 3-18 所示为总传导热阻 R_{tm}^*、总热阻 $R_{tm}^*+R_c^*$ 与热源半径 ε 的关系。当 τ 和 Bi 一定时，ε 越大，$R_{tm}^*+R_c^*$ 越小。R_{tm}^* 变化较复杂，当 $\tau<1$ 时，随着 ε 增大，R_{tm}^* 逐渐增大到稳态；当 $\tau\geq1$ 时，随着 ε 增大，R_{tm}^* 先变小再逐渐增大到稳态。

图 3-18　总传导热阻 R_{tm}^*、总热阻 $R_{tm}^*+R_c^*$ 与热源半径 ε 的关系

在 τ 一定的条件下，当 ε 增大到一定值 ε_1 时，$R_{tm}^*+R_c^*$ 减小至恒定值，基本不再变化，称 ε_1 为最优热源半径。图 3-19 给出了 τ-ε_1 曲线。与 ε-τ 曲线呈线性且和 Bi 无关不同，τ-ε_1 曲线变化较复杂。当 Bi 一定时，τ 越大，ε_1 越大；当 τ 一定时，ε_1 随 Bi 增大而减小，表示较低的对流热阻有利于减小所需的最小热扩展面积。另外，总热阻（最优半径条件满足时）随 τ 增大和 Bi 增大而减小。

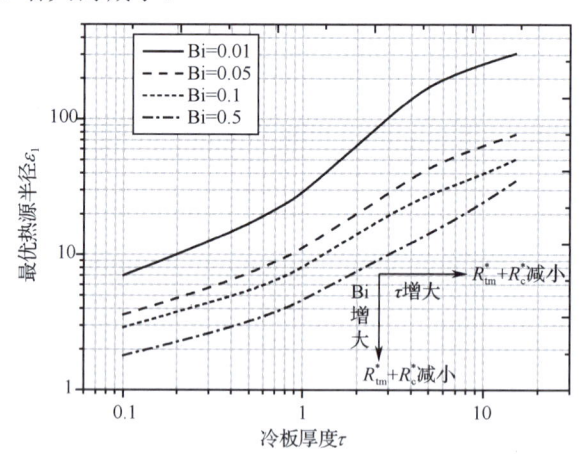

图 3-19　当 τ 一定时存在最优热源半径 ε_1 使 $R_{tm}^*+R_c^*$ 取最小值

在工程应用范围内，一般有 $0.2<\tau<1$，$Bi<1$，从图 3-19 中可以得出，最优热源半径范围为 $5<\varepsilon_1<25$。综合考虑热阻、成本和质量等因素，工程上建议选取理论最优热源半径的 60%～80% 作为工程最优值。

上述分析表明，冷板或扩热板的厚度与半径存在最优值，该值可使传导热阻取得最小值，在工程设计中，应考虑结构尺寸-热优化准则，以实现最佳传热性能。

2. 热导率分布优化准则

程新广在《(火积)及其在传热优化中的应用》中提出，传热优化中存在两种情况：一种是在给定热流的条件下，寻求某一个或几个变量的最优分布使传热温差最小；另一种是在给定温差的条件下，寻求变量的最优分布使传递的热流最大。电子设备热传导问题就属于第一种，即在给定发热芯片的热流条件下，使结构的传导温差最小，此时传热优化问题可以表示为

$$\delta(\Delta T) = \delta f(x,y,z,\tau,T,k,q,\rho,c_p,\cdots) = 0 \quad (3\text{-}26)$$

上述问题可简化为如图 3-20 所示的简单导热系统，系统中只有一个给定热流 Q_t 的热流入口和一个给定温度 T_{out} 的热流出口，没有内热源，其他边界绝热。根据能量守恒定律，给定温度边界上的热流也是 Q_t。

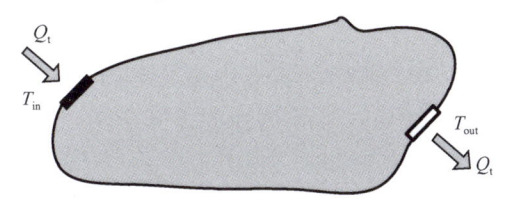

图 3-20 简单导热系统

定义温差 $\Delta T = T_{in} - T_{out}$，其最小值可表示为

$$\delta \Delta T = 0 \quad (3\text{-}27)$$

对于上述一维稳态导热系统，由导热方程可建立变分，即

$$\delta \left\{ \iiint_V \left[\frac{1}{2} k (\nabla T)^2 \right] dV - \iint_{S_q} q_0 T dS \right\} = 0 \quad (3\text{-}28)$$

式中，q_0 为给定热流边界的热流密度。移项后，式（3-28）变为

$$Q_t \delta \Delta T = \delta \iiint_V \left[\frac{1}{2} k (\nabla T)^2 \right] dV \quad (3\text{-}29)$$

定义火积耗散函数 E_φ 和体积积分火积耗散函数 ϕ_h 为

$$E_\varphi = k(\nabla T)^2 \quad (3\text{-}30)$$

$$\phi_h = \iiint_V k(\nabla T)^2 dV \quad (3\text{-}31)$$

式（3-29）左边为温差，代表流入系统的火积流，右边为系统内部的火积耗散，代表在传热区域内部由不可逆性导致的热量传递能力的损失，这样就建立了边界传热特性与传热物体内部物理量的关系。同时从式（3-29）中可以发现，传递相同热量，当火积耗散最小时，传热温差最小。因此，式（3-29）就是最小火积耗散原理在一维传热问题中的数学表达式。对于多维传热问题（如系统中有多个给定热流的热流入口和一个给定温度的热流出口），情况类似，只是要用加权平均温差来代替传统温差。

传热都是在一定约束条件下进行的，在一定约束条件下通过对 ϕ_h 变分可以求得最小火积耗散时场的分布，从而确定最大导热效率。考虑到系统总导热能力一定，即热导率在区域内的体积积分为常量，在此约束条件下的泛函为

$$J = \iiint_V [k(\nabla T)^2 + ck] dV \qquad (3-32)$$

式中，c 为拉格朗日乘子，由于约束条件为等周条件，所以 c 为常数。应用变分原理，得到的结论为

$$\nabla T = \text{const} = q/k \qquad (3-33)$$

由式（3-33）可知，在稳态导热条件下，温度均匀分布时导热效率最大，这就是以导热温差最小为目标的导热优化准则，也是热导率分布优化准则，即热导率分布存在理论最优值，具体表现为热导率分布应当与热流密度成正比，在热流密度高的位置及方向设置高热导率材料能够达到最佳导热效果。

以下举例来阐明热导率分布优化对热设计的影响，如图 3-21 所示，热源置于均匀热沉载片的四角，热沉载片下方为恒温冷源。假设热源热耗为单点 100W，冷源温度为 40℃。第一种情况：假设热沉载片的热导率为均匀的 200W/(m·K)。第二种情况：假设存在一种特殊的非均匀材料，由其制成的热沉载片四角热导率较高，达到 500W/(m·K)，中间大部分区域热导率较低，仅为 100W/(m·K)，其平均热导率仍为 200W/(m·K)。两种情况下的热源温升即可表明热导率分布优化对于导热性的提升作用。

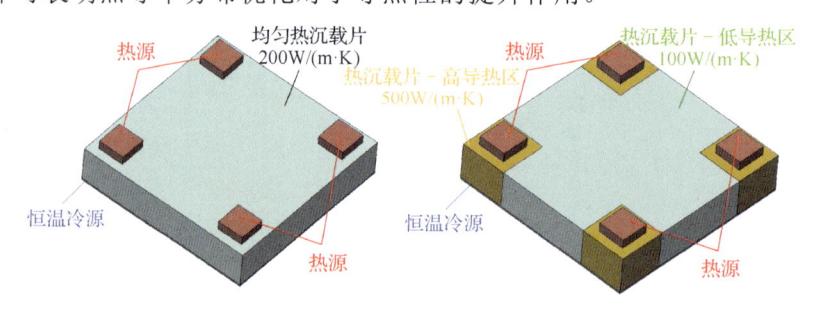

图 3-21　器件结构示意图

器件温度图如图 3-22 所示。当热沉载片热导率为均匀的 200W/(m·K)时，热源的最高温度达到 121℃，而热沉载片的平均温度也达到 51.6℃。第二种情况下热源的最高温度仅为 86℃，相比第一种情况降低 35℃，而热沉载片的平均温度也降低 4℃以上。

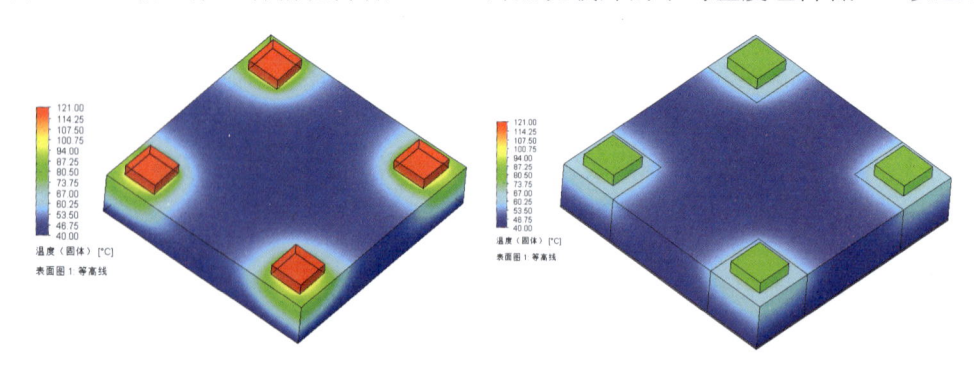

图 3-22　器件温度图

以上只以简化版的热导率分布为例进行了优化说明，以便读者理解，在实际的热导率优化过程中，热导率的分布应当是连续积分形式的，具体可参考程新广的《(火积)及

其在传热优化中的应用》。

热导率分布优化准则在工程上具体表现为材料热导率分布与热流密度相匹配,即热流密度高的位置选择高热导率材料。以典型的雷达射频组件为例,功放芯片产生的热量经热沉载片、封装壳体最后传至冷板,沿着热量的传递路径,由于尺寸的不断扩大,热流密度呈现不断降低的趋势,因此热沉载片一般选择热导率相对较高的材料(如铝金刚石、金刚石),封装壳体选择热导率次之的材料(如铝硅、铝碳化硅),冷板选择热导率相对较低的材料(如铝合金)。

3.2 常用电子设备热管理材料

电子设备热管理材料基本可以分为两大类：热块体材料（Thermal Block Material，TBM）和热界面材料（Thermal Interface Material，TIM）。除要具有良好的导热性能以外，上述材料还要满足不同应用场景下对应的结构强度、塑性、密度、制造成本等要求。合理选择热块体材料与热界面材料，保证材料间形成最优的相互作用,对于电子设备的热设计至关重要。

3.2.1 热块体材料

从材料的导热性能出发,本节将常用的热块体材料分为 3 代,如图 3-23 所示。第一代热块体材料以 Invar 合金和 Kovar 合金为代表,具有与半导体器件相匹配的热膨胀系数,兼具良好的焊接性能,然而其热导率过低,不超过 20W/(m·K),通常用于低功率密度电子器件。第二代热块体材料钨-铜合金、钼-铜合金同样实现了热膨胀系数的降低,并且获得了较理想的热导率[200W/(m·K)左右],但其密度较大,超过 10g/cm^3,随着电子器件朝向轻量化、高功率密度发展,该类材料逐渐难以满足散热与轻量化集成需求。在此基础上,人们开发出以碳化硅颗粒增强的铝、铜基复合材料,这类材料具有更高的热导率[200～300W/(m·K)]、适当的密度及较低的热膨胀系数,其中铝-碳化硅复合材料作为轻质电子封装材料在一系列先进的航空航天器中得到应用。此外,目前正在研发和应用的第三代热块体材料以高导热石墨、石墨烯和金刚石颗粒等作为增强相,进一步提高了热导率[达到 400W/(m·K)以上],其中金刚石颗粒增强相金属基复合材料成为人们关注的焦点,有望较好地解决目前高功率密度电子器件的散热难题。对于未来更高功率密度电子器件的散热需求,可采用石墨烯、碳纳米管、金刚石等新型碳基导热材料,其热导率达到 1000W/(m·K)以上,具有较理想的热膨胀系数,还具有轻量化等优势。另外,高热流密度蒸汽腔（Vapor Chamber，VC）技术能够轻松突破传统材料的热导率上限,其等效热导率可达到 10 000W/(m·K)以上。这些都是未来电子设备热块体材料的主要发展方向。

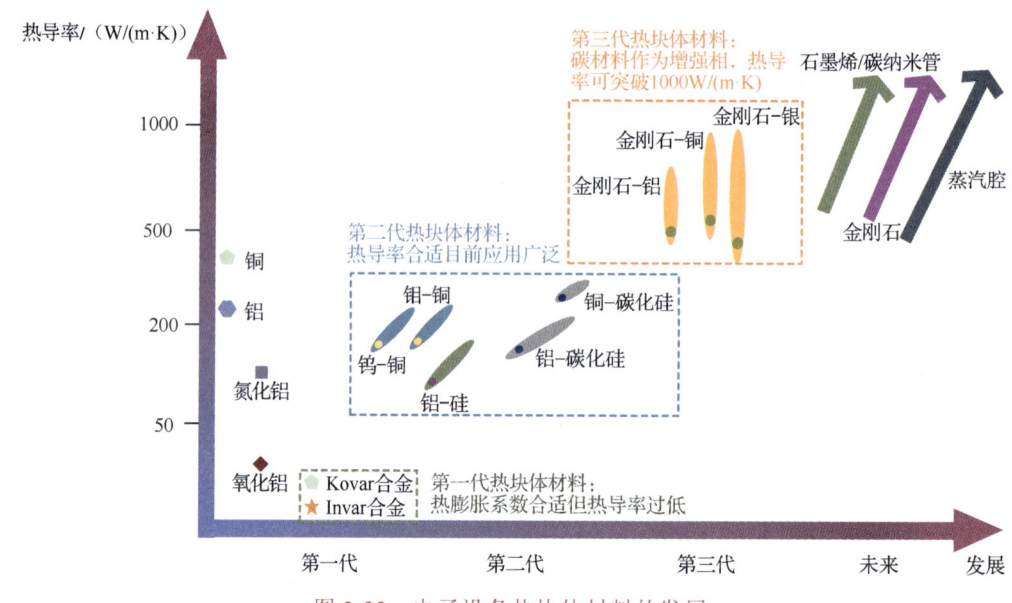

图 3-23 电子设备热块体材料的发展

1. 第一代热块体材料

在传统家电和通信设备中,纯金属是主要的热管理材料,常见的有铜、铝和钨等。其中,铜的热导率为 400W/(m·K),铝的热导率为 247W/(m·K),纯金属不仅具有较高的热导率,还具备一定的强度和优秀的加工成型性。然而,铜的热膨胀系数高达 17ppm/K,远高于半导体芯片材料的热膨胀系数;铝的热膨胀系数更高,达到 23ppm/K。纯金属材料过高的热膨胀系数会严重影响电子器件的可靠性,从而制约其在高功率密度电子封装领域的应用。

为了调控金属材料的热膨胀系数,研究人员通过合金化方法设计开发出了具有低热膨胀系数的 Invar 合金和 Kovar 合金。纯金属和第一代热块体材料的热学性能参数如表 3-3 所示,可以看出,Invar 合金和 Kovar 合金的热膨胀系数分别为 1.3ppm/K、5.9ppm/K,实现了与半导体芯片材料的匹配,从而成为第一代低热膨胀系数的电子封装热块体材料。

表 3-3 纯金属和第一代热块体材料的热学性能参数

材料		热导率/(W/(m·K))	热膨胀系数/(ppm/K)	密度/(g/cm³)
纯金属热块体材料	铜	400	17.8	8.9
	铝	247	23.6	2.7
	钨	170	4.4	19.3
	钼	138	5.3	10.2
第一代热块体材料	Invar 合金	11	1.3	8.1
	Kovar 合金	17	5.9	8.3

Invar 合金是一种铁镍合金,在常温下具有很低的热膨胀系数,能在很宽的温度范围内保持体积相对固定,被广泛应用于测量仪器、传输电路等领域。Kovar 合金是一种铁

基合金，由于其氧化膜致密，易于焊接、熔接，并且有较好的可塑性等特性，因此已经被大量地研究并广泛地应用于真空电子、电力电子等行业。图 3-24 所示为第一代热块体材料在电子设备热设计中的应用。

（a）Invar 合金封装壳体　　　　（b）Kovar 合金封装壳体　　　　（c）Kovar 合金封装材料

图 3-24　第一代热块体材料在电子设备热设计中的应用

虽然 Invar 合金和 Kovar 合金的热膨胀系数低，但大量合金元素的添加导致材料热导率急剧下降，两者的热导率仅为 11~17W/(m·K)，是目前常用热块体材料的 1/20 左右。除此之外，Invar 合金和 Kovar 合金还存在密度高、刚度低、制备成本高等问题。综上，第一代热块体材料 Invar 合金和 Kovar 合金无法满足电子器件对封装和散热日益发展的需求，逐步被能够同时满足高热导率、低热膨胀系数、轻量化等要求的热块体材料替代。

2. 第二代热块体材料

由第一代热块体材料可以发现，在金属材料体系中，单一的金属或合金存在明显的性能不足，高热导率、低热膨胀系数与低密度往往难以兼得。因此，不同材料之间的复合化成为电子封装材料的进一步发展方向，其中金属基复合材料以其优异的综合性能成为电子封装材料的研究和开发重点。

金属基复合材料的基体材料有很多，但经过研究和发展，用于电子封装的基体材料主要是铜、铝、银等。常见的增强相材料包括金属、硅、碳化硅，以及最近出现的各种碳质材料（金刚石颗粒、碳纤维、石墨）。随着增强相材料的发展，逐步形成了第二代、第三代热块体材料。

第二代热块体材料最初是指以钨-铜、钼-铜、铝-硅等金属"合金"为代表的金属基复合材料，虽然被称为"合金"，但它们中所添加的合金元素主要以第二相形态存在于金属基体中，用来调控复合材料的性能。该类热块体材料在热导率与热膨胀系数方面具有较为优异的表现，然而钨、钼元素的大量添加会使热块体材料的密度急剧升高。例如，钨-铜合金的密度高达 14~17g/cm^3，钼-铜合金的密度为 9.8~10g/cm^3。

随着电子设备的不断发展，航空航天、便携电子仪器等领域对于轻量化的需求愈发迫切，该类热块体材料已不适用于上述对密度较为敏感的场景。为了解决这一难题，研究人员进一步提出了具有三维双联通结构的高体积分数碳化硅颗粒增强相金属基复合材料，如铝-碳化硅、铜-碳化硅等。在热导率方面，该类热块体材料达到 200~300W/(m·K)，相较于合金材料提升不多；在密度方面，该类热块体材料仅为 3~7g/cm^3，相较于合金材料得到了极大的改善。横向来看，碳化硅颗粒增强相金属基第二代热块体材料具有显著的综合性能优势。常见的第二代热块体材料的热学性能参数如表 3-4 所示，可以看出，电子封装材料的热导率已由第一代热块体材料的不足 20W/(m·K)提高到 300W/(m·K)。

表 3-4 常见的第二代热块体材料的热学性能参数

材料	热导率/(W/(m·K))	热膨胀系数/(ppm/K)	密度/(g/cm^3)
钨-铜	160～230	5.7～9.0	14～17
钼-铜	160～270	6.8～11.5	9.8
铜-Invar-铜	164	8.4	8.4
铜-钼-铜	220～260	6.0～7.8	9.7
铜-钼铜-铜	255	9.5	9.2
铝-硅	120～180	6.5～17	2.5
Al-55%SiC	200	9.0	2.95
Al-60%SiC	209	8.3	2.97
Al-65%SiC	210	8.1	2.99
Cu-SiC	300	6.5～9.5	6.8

研究人员将铜作为金属基体，将钨或钼作为增强相，研制开发出了钨-铜合金和钼-铜合金。在钨-铜合金中，钨具有较低的热膨胀系数和一定的热导率，将其添加到铜基体中后，得到的钨-铜合金既有钨的低热膨胀性，又有铜的高导热性。钨-铜合金的热导率可以通过调整材料的组成比例在 160～230W/(m·K)的范围内调控，且其热膨胀系数为 5.7～9.0ppm/K，与半导体芯片材料相匹配。

钼-铜合金是由金属钼和金属铜组成的合金材料，具有高热导率、低热膨胀系数。相较于钨-铜合金，钼-铜合金的热导率相似但密度更低，且可以进行冲压加工，适合大批量生产。在电子设备中，钨-铜合金和钼-铜合金常被用作电子设备的热沉，包括散热片和壳体等，具体如图 3-25 所示。

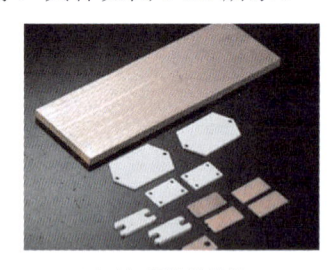

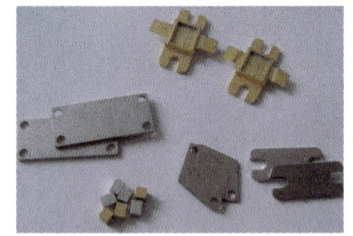

（a）钨-铜散热材料　　（b）钨-铜和钼-铜散热片　　（c）钼-铜封装材料

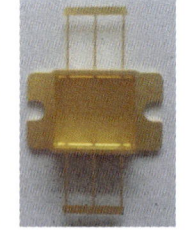

图 3-25　钨-铜合金和钼-铜合金在电子设备热设计中的应用

铜-钼-铜合金是具有类似三明治结构的夹层合金材料，芯材为钼，双面覆铜，其热导率、热膨胀系数等可以通过调整铜和钼的厚度进行调节。铜-钼-铜合金在电子设备热设计中的应用如图 3-26 所示。铜-钼铜-铜合金与之类似，芯材通常为 Mo70Cu30，相比铜-钼-铜合金具有更高的热导率。多层铜-钼-铜合金是一种五层或七层结构的夹层合金材料，相比铜-钼-铜合金具有更高的导热性和抗形变性能。

(a)铜-钼-铜封装材料 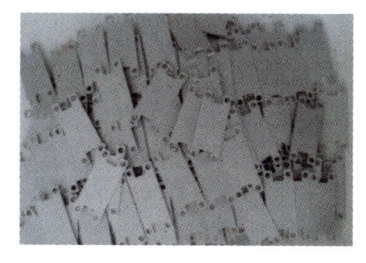　　　　　　(b)铜-钼-铜散热片

图 3-26　铜-钼-铜合金在电子设备热设计中的应用

除钨/钼-铜系列合金外，铝-硅合金也得到了广泛应用，如图 3-27 所示。铝-硅合金是通过向金属铝中添加硅元素，并加入少量铜、铁、镍等元素制备出的共晶高硅铝合金，硅的含量在 22%以上。由于硅具有较优异的综合性能，因此实现了对复合材料性能的有效优化。铝-硅合金的热导率为 130～160W/(m·K)、密度约为 2.5g/cm^3，具有质量轻、比强度高、耐磨、耐腐蚀等优点，被广泛应用在电子封装领域，用作电子设备的基板、壳体、盖板等可以达到良好的散热目的。

(a)铝-硅散热片 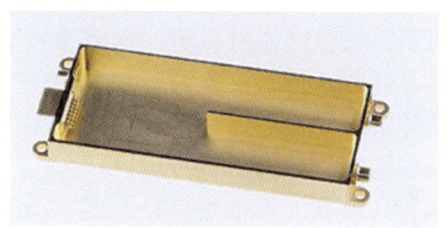　　　　　　(b)铝-硅壳体

图 3-27　铝-硅合金在电子设备热设计中的应用

碳化硅颗粒增强相金属基复合材料是由 30%～70%的碳化硅颗粒与铝或铝合金（铜或铜合金）复合而成的，可以通过调整碳化硅颗粒的含量来调控复合材料的性能。作为增强相的碳化硅具有较低的热膨胀系数（3.7ppm/K）、合适的密度（3.2g/cm^3），以及合适的热导率[80～400W/(m·K)]，并且碳化硅的制备工艺简单、成本低，因此碳化硅成为比较理想的增强相材料。

在铝-碳化硅复合材料中，碳化硅骨架是多孔材料，金属铝渗入后形成了两套网络结构。当金属铝受热膨胀时，碳化硅骨架限制金属铝的热膨胀，而金属铝又能将电子器件的热量集中传导出来。铝-碳化硅复合材料将陶瓷材料和金属材料的性能优点集于一身，其显著特点是质量轻、导热性好、热膨胀系数合适。铝-碳化硅复合材料的热导率为 150～272W/(m·K)，是 Kovar 合金的十多倍，与钨-铜合金接近，但其密度仅为钨-铜合金的 20%，满足了电子封装材料的轻量化要求。铝-碳化硅复合材料的制备工艺较为成熟，早在 20 世纪 80 年代起便被广泛应用在电子封装材料中，也是在航空航天和电子领域中最合适、最通用的金属基复合材料之一。铝-碳化硅复合材料也被应用于 F-18"大黄蜂"战斗机、"台风"战斗机和火星"探路者"探测器。图 3-28 所示为铝-碳化硅复合材料在电子设备热设计中的应用。

对于铜-碳化硅复合材料，虽然铜的热导率比铝的更高，但由于碳化硅和铜界面之间的润湿性较差，导致产生较高的界面热阻，因此铜-碳化硅复合材料的表观热导率偏低。此外，铜的热膨胀系数相对较高，为了降低热膨胀系数必然要加入更多的碳化硅，这也会导致铜-碳化硅复合材料的热导率进一步降低。尽管可以采取更加先进的方法和手段解决上述问题，但高性能的铜-碳化硅复合材料的制备工艺较为复杂且成本较高，目前还无法进行规模化的制备和应用。

（a）铝-碳化硅封装材料　　（b）铝-碳化硅散热冷板　　（c）铝-碳化硅作为 TR 组件的壳体

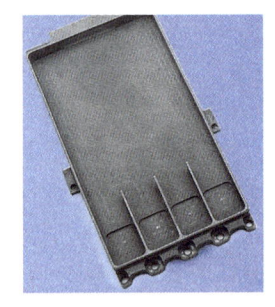

图 3-28　铝-碳化硅复合材料在电子设备热设计中的应用

综上，在第二代热块体材料中，以碳化硅复合材料为代表的低热膨胀系数热块体材料，相较于合金材料在低密度方面有较大的改善，基本满足电子封装材料对高热导率、轻量化、低成本的要求，成为目前高热流密度电子封装材料中的主流。但随着电子器件散热功率进一步增大，第二代热块体材料逐渐难以满足电子器件对散热日益发展的需求。为了提高导热性，研究人员将高导热石墨、金刚石等碳材料作为增强相与金属材料进行复合，从而发展出了具有超高热导率的第三代热块体材料。

3．第三代热块体材料

碳基材料具有超高的热导率，可达传统金属材料铜、银及铝的 10 倍左右，同时还具有低密度、低热膨胀系数、良好的高温力学性能等优点。随着碳基材料的蓬勃发展，研究人员将碳纤维、金刚石颗粒、石墨片等作为增强相与金属材料进行复合，从而制备出了以金刚石-铝、金刚石-铜、石墨-铝、石墨-铜等为代表的第三代热块体材料。常见的第三代热块体材料的热学性能参数如表 3-5 所示，可以看出，第三代热块体材料的热导率普遍在 400W/(m·K) 以上，甚至可突破 1000W/(m·K)。

表 3-5　常见的第三代热块体材料的热学性能参数

增强相	基体	面内热导率/(W/(m·K))	垂直热导率/(W/(m·K))	热膨胀系数/(ppm/K)	密度/(g/cm³)
碳纤维	铜	300	200	6.5～9.5	6.8
	铝	190～230	120～150	3.0～9.5	2.4～2.5
金刚石颗粒	铜	465～930		4.0～9.5	5.0～5.5
	铝	410～760		5.7～10.0	2.9～3.1
	银	350～980		4.5～7.5	5.0～6.4
石墨片	铝	324～783	36～96	4～7	2.3～2.4

金刚石是自然界中热导率最高的物质，其热导率约为 2000W/(m·K)，并且兼具低热膨胀性、低密度的特性，这使其成为轻质、高热导率、低热膨胀系数金属基复合材料的理想增强相。采用金刚石作为增强相的金属基复合材料是第三代热块体材料的重要研究方向，如金刚石-铝复合材料、金刚石-铜复合材料、金刚石-银复合材料。这三种金刚石-金属复合材料具有不同的特点。

（1）金刚石-铝复合材料：不仅具有与半导体材料的热膨胀系数相匹配、密度低的优点，而且相较铝-碳化硅复合材料，热导率提高了 1 倍以上，能够达到 410～760W/(m·K)。铝基复合材料的密度低，可以更好地满足航天航空等领域对轻量化的要求。此外，铝和金刚石之间会发生化学反应并生成碳化铝（Al_4C_3），这一界面产物的生成可显著改善复合材料的界面结合，从而优化复合材料的性能。因此，金刚石-铝复合材料成为金刚石基复合材料中的代表。

（2）金刚石-铜复合材料：铜具有高热导率和低廉的价格，使金刚石-铜复合材料成为目前国际上研究最广泛的金刚石基复合材料之一。金刚石-铜复合材料的热导率高达 465～930W/(m·K)，热膨胀系数为 4.0～9.5ppm/K，不仅可以满足电子设备热设计对于高导热性和低热膨胀性的要求，还具有良好的耐热、耐蚀性能与化学稳定性。

（3）金刚石-银复合材料：银在金属中具有最高的导电性和导热性，以及良好的塑性和加工性，可冲制成复杂形状的零件，在大气条件下不易氧化、不分解、易保存。金刚石-银复合材料具有优异的导热、导电性能，可用于制造对导热和导电性能有双重高要求的电子设备。但银的成本较高，限制了金刚石-银复合材料的大规模使用。

国外金刚石-金属复合材料的研究起步较早，部分研究成果已趋于成熟，实现了商业化。目前，美国、日本、德国、奥地利在金刚石-金属复合材料的研发和批量生产方面处于领先地位，金刚石-金属复合材料在其微电子、光电子、真空电子封装领域得到了广泛推广和应用。金刚石-金属复合材料在电子设备热设计中的应用如图 3-29 所示。

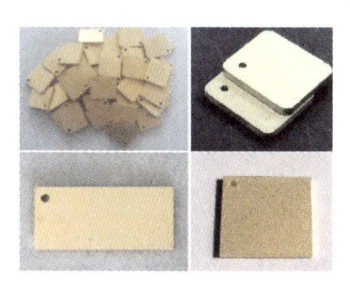

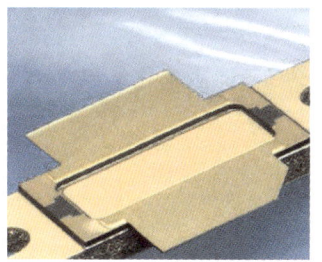

（a）镀金后的金刚石-铝复合材料　（b）金刚石-铜用于功率管热沉　（c）PC 处理器封盖

图 3-29　金刚石-金属复合材料在电子设备热设计中的应用

近年来，国内金刚石-金属复合材料得到快速发展，逐步在激光器、射频器件等大功率、高热耗领域得到应用。图 3-30 所示为某雷达 TR 组件所应用的金刚石-铝高导热散热底板。

虽然金刚石-铜/铝复合材料在热性能方面远优于传统电子封装材料，但是金刚石的硬度较高，通过传统的机械加工手段难以得到表面质量令人满意的金刚石-铜/铝复合材料。另外，含有高体积分数金刚石的复合材料焊接性能较差，再加上原料、工艺成本的限制，金刚石-铜/铝复合材料在工业化应用道路上遇到了不小的阻力。

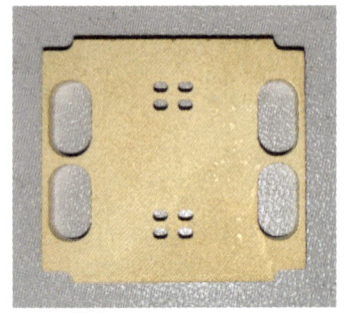

（a）片式组件散热底板　　　　　　　　（b）砖式组件散热底板

图 3-30　某雷达 TR 组件所应用的金刚石-铝高导热散热底板

相比金刚石，石墨的成本较低，在层片方向也具有较高的导热性能，因此，石墨-金属复合材料也是一种非常具有潜力的电子封装材料。石墨-金属复合材料在电子设备热设计中的应用如图 3-31 所示。石墨片-铝复合材料的面内热导率可达 324～783W/(m·K)，厚度方向热导率为 36～96W/(m·K)；石墨片-铜复合材料的面内热导率可达 330～880W/(m·K)，厚度方向热导率为 67～108W/(m·K)。石墨-金属复合材料具有超高的面内热导率，能够实现热量的快速二维扩散，并且其成本低、加工性能好，是极具潜力的热管理材料。但由于石墨热导率的各向异性，其在厚度方向的热导率仅为 3～10W/(m·K)，这种取向性严重限制了石墨-金属复合材料的应用。

（a）石墨-铝散热器　　　（b）石墨-铜散热片　　　　　（c）石墨-铝扩热板

图 3-31　石墨-金属复合材料在电子设备热设计中的应用

4．小结

以钼-铜、铝-硅、铝-碳化硅等为代表的第二代热块体材料是目前功率器件的主流封装材料，以金刚石-金属复合材料为代表的第三代热块体材料具有更高的热导率，逐渐在大功率电子器件（如射频器件、IGBT 等）中得到应用。

随着第三代半导体材料的进一步发展，目前的热块体材料难以满足未来高热流密度芯片的热扩展需求。石墨烯、碳纳米管、金刚石等新型碳基导热材料的热导率可突破 1000W/(m·K)，同时还具有热膨胀系数可调、轻量化等优势，是未来热块体材料的发展方向之一。但需要突破碳基低维材料的可控生长与器件一体化组装的关键技术，解决大规模工程化应用难题。另外，具备超薄、低热膨胀系数、超高热流密度特征的新型蒸汽腔，其等效热导率比目前第三代热块体材料还有数量级的提升，是真正能突破材料热导率极限的技术，因此必然是未来最主要的技术发展方向之一。

3.2.2 热界面材料

接触热阻主要是由于物体间的不完全接触导致的，热量仅通过少数触点传导，实际接触面积只有不到宏观接触面面积的 10%，其余部分均为充满空气的空隙，空气热导率仅为 0.03W/(m·K)，是热的不良导体，最终导致热传输路径中的热通道收缩。接触热阻将直接影响电子设备的可靠性和满载性能，因此增强接触界面的传热、抑制相邻电子器件界面间的接触热阻具有重要的现实意义。

采取热界面材料来填充界面空隙是目前应用范围较大、涉及领域较广的接触热阻抑制手段。热界面材料在电子设备热设计中扮演着"热桥"的角色，用于扩展热传输路径中的热通道，抑制界面间的接触热阻。

图 3-32 所示为热界面材料界面热阻的原理图。当在两个接触的固态表面之间加入热界面材料时，界面位置的有效热阻 R_{TIM} 包含热界面材料的体积热阻 R_{bulk} 及热界面材料和相邻固体之间的接触热阻 R_c 两部分，其中 R_{bulk} 是由热界面材料本身的热导率所决定的。因此，R_{TIM} 可以表示为

$$R_{TIM} = \frac{BLT}{k_{TIM}} + R_{c1} + R_{c2} \tag{3-34}$$

式中，BLT 为热界面材料的黏结线厚度（Bond Line Thickness）；k_{TIM} 为热界面材料的热导率；R_{c1} 和 R_{c2} 为热界面材料相接触表面的接触热阻。在很多场合下，R_{c1} 和 R_{c2} 在 R_{TIM} 中的占比是显著项，因此，增大热界面材料的热导率未必能显著降低接触热阻。也就是说，在热界面材料的选型过程中不能只注重材料本体的热导率，也要关注热界面材料的填隙能力。

相邻两基板热界面材料的接触热阻之和为

$$R_c = R_{c1} + R_{c2} = \frac{\sigma_1 + \sigma_2}{2k_{TIM}} \cdot \frac{A_{nominal}}{A_{real}} \tag{3-35}$$

式中，σ_1 和 σ_2 为基板表面粗糙度；$A_{nominal}$ 为名义传热面积；A_{real} 为实际传热面积。

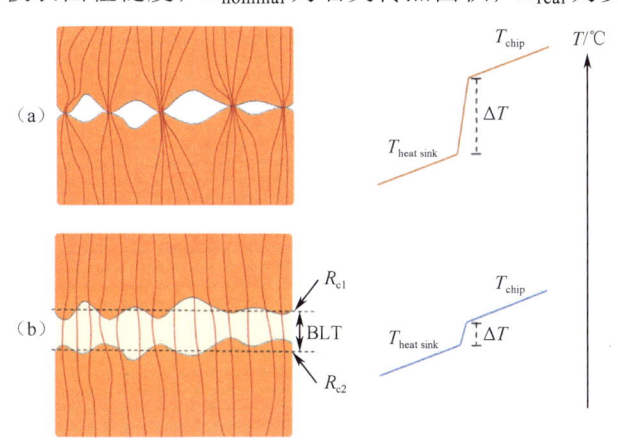

图 3-32 热界面材料界面热阻的原理图

热界面材料热设计的重要目标是减小 R_{TIM}，这可以通过减小 BLT、增大 k_{TIM} 和减小

R_c（R_{c1} 和 R_{c2}）来实现。但考虑到减小 BLT 在某些情况下会受到限制，所以两个最可行的方法是使热界面材料具有高热导率和高适应性。

常用的热界面材料可以分为有机热界面材料、无机非金属热界面材料和金属热界面材料三类，如图 3-33 所示。

(a) 有机热界面材料　　(b) 无机非金属热界面材料　　(c) 金属热界面材料

图 3-33　常用的三类热界面材料

1. 热界面材料的选择标准

近年来，电子设备集成化的发展带动了热界面材料的工程需求。不同种类和状态的热界面材料应根据一定的标准进行选择，以适应不同的应用场景，实现低接触热阻，解决电子设备集成化带来的高热流密度散热问题。在实际应用中，热界面材料的选择标准总结如下。

1）热导率

热导率用来衡量材料传导热量的能力，与材料的厚度无关。热导率越高，材料传递热量的能力越强；热导率越低，材料传递热量的能力越弱。这会导致界面处存在更大的温度差。金属热界面材料和石墨/石墨烯等无机非金属热界面材料通常具有高热导率。有机热界面材料的基体热导率偏低，常常通过填充一些高分子颗粒物（如铝、氧化铝和氮化硼颗粒）来提高热导率。由式（3-34）和式（3-35）可知，在相同压力情况下，k_{TIM} 和 BLT 都随着填料体积分数的升高而变大，这样就有一个使 R_{TIM} 取得最小值的最佳填料体积分数。

2）填充性

需要散热的组件与热沉之间的界面是凹凸不平的，界面空隙中存在许多空气，会影响热流在界面间的传递。材料的填充性决定了它在界面安装压力下扩散及填充界面空隙的能力。由式（3-35）可知，名义传热面积与实际传热面积的比值会影响接触热阻，界面空隙被热界面材料填充得越多，实际传热面积越大，界面之间的热阻越低。热界面材料的填充性对比如图 3-34 所示。

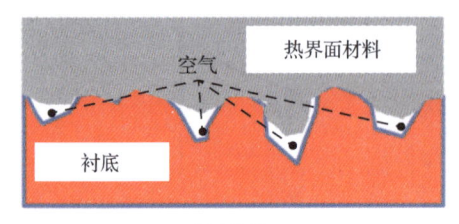

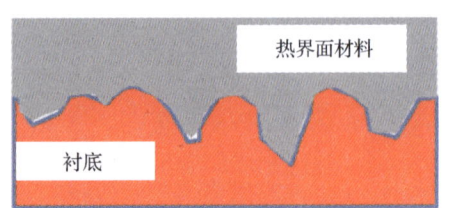

(a) 填充性差　　(b) 填充性好

图 3-34　热界面材料的填充性对比

3)电导率

热界面材料可以是导电的,也可以是绝缘的,现在许多电子封装应用中都不提倡使用导电类热界面材料。在通常情况下,陶瓷材料化合物是绝缘的,而大多数金属热界面材料是导电的,聚合物基复合材料既可以导热又可以导电。导电类热界面材料可以用于那些不会导致短路或期望加强屏蔽电磁干扰性能的场合,如在射频组件壳体与冷板之间出于接地考虑采用导电类热界面材料,而绝缘类热界面材料用于电子器件与热沉之间存在短路风险的场合,如电源组件内部的整流管散热。

4)长期可靠性

热界面材料的长期可靠性是指即使在长期使用情况下依然能保证良好的结构性能与热性能。质量差的热界面材料在长期使用情况下可能会发生热失效,如电子器件散热常用的导热硅脂就可能在长期使用情况下出现泵出(Pump Out)效应,泵出的多余物会影响周边电子器件的正常工作。图 3-35 所示为某产品的导热硅脂在长期使用情况下的失效现象。

对于热界面材料,通常可以采用电子通信行业标准要求的双 85 实验、高温老化实验、温循实验等方法评估其在长期使用情况下的可靠性。其中,双 85 实验的实验条件是 85℃的环境温度、85%的环境湿度。高温老化实验及温循实验根据热界面材料的种类及相应的可靠性要求,选择不同的高温老化温度。通常高温老化实验选择 150℃或 200℃开展实验,温循实验的高温端选择 150℃,低温端选择-55℃进行实验。以上可靠性实验推荐以 GB/T 2423 系列标准、IEC 60068 系列标准及 JESD22 系列标准为依据。

图 3-35 某产品的导热硅脂在长期使用情况下的失效现象

5)工艺装配性能

在实际应用中,一些散热器是被粘接在电子器件上的,热界面材料的工艺装配性能要求其能轻松地移除、方便地清洁和更换。这种工艺装配性能要求导致一些特定类别的热界面材料,如导热脂、填充态相变材料及某些导热凝胶类材料,在某些工程应用中被限制。

表 3-6 所示为在电子设备热设计中应用的典型热界面材料的特性。

表 3-6 在电子设备热设计中应用的典型热界面材料的特性

材料种类		典型组成	优点	缺点	热导率 W/(m·K)
导热脂		AlN, Ag, ZnO, 硅油	体积热导率高,填补表面不平,无须固化,可重复使用	存在泵出效应、相分离、电迁移	3~5
导热凝胶	单组分凝胶	Al, Ag, 硅油, 烯烃	应力小,压缩性高,润湿性好,界面热阻低	回弹性差,无残余应力,有开裂下滑风险	3~10
	双组分凝胶		可靠性好,有回弹性	需要固化时间	
导热衬垫		Al_2O_3, BN, 硅油	工艺装配性能优异,使用简便	BLT 大,热阻高	0.5~14

续表

材料种类	典型组成	优点	缺点	热导率 W/(m·K)
相变材料	石蜡，多元醇，含 BN、Al_2O_3 填充物的丙烯酸树脂	填补表面不平，无须固化，无分层，易于处理，可重复使用	热导率低，连接层厚度不均匀	0.5～5
相变合金	纯铟，铟基合金，锌/银/铜合金	热导率高，可重复使用	可能完全熔化，形成空洞	30～50
焊料	纯铟，铟基合金，锌/银/铜合金	热导率高，易于处理，无泵出效应	需要回流焊，存在应力开裂、分层，不能重复使用	30～86
柔性石墨	石墨	耐高温，柔韧性好，热膨胀性低，垂直方向的热导率较高	存在掉粉、分层的情况	10～100

2. 有机热界面材料

不同形式的有机热界面材料已得到大规模商业应用，根据特性差异大致可以分为导热脂、导热弹性体及相变材料三类。有机热界面材料的特点是材料本体的热导率普遍不高[通常在 10W/(m·K)以下]，因此体积热阻偏高，但其具有硬度低、填充效果好的优势，接触热阻 R_c 通常较低。在保持低接触热阻 R_c 的前提下，提高材料热导率，降低体积热阻 R_{bulk}，往往是该类材料的主要研究方向之一。

1）导热脂

导热脂又称导热膏，是一种传统热界面材料。界面热阻为 $0.1～1.0K·cm^2/W$。导热脂呈液态或膏状，具有一定的流动性，在一定压强（一般为100～400Pa）下可以在两个固体表面形成一层很薄的膜，能极大地降低接触界面的界面热阻。

导热脂给电子器件提供了极佳的导热效果，具有广泛的适应性，可以用于微波通信、电子传输等微波器件，以及晶体管、芯片、IGBT 等发热器件的散热。

导热脂常用的基体材料为聚二甲基硅氧烷和多元醇酯。导热填料主要为 AlN 或 ZnO，也可选用 BN、Al_2O_3、SiC 或银、石墨、铝粉及金刚石粉末等。导热脂工艺操作简单，无须固化，成本较低，是市场上颇受欢迎的热界面材料。

但是，导热脂具有流动性，在应用的过程中容易溢出工作区污染电子器件，且不易清洁，对使用对象亲和力差。在长期使用情况下，导热脂基体材料和导热填料容易分离，出现"溢油"现象，导热脂可能出现干涸失效情况。因此，Henkel 等先进热界面材料公司提出一种新的导热脂类热界面材料制备工艺，采用聚氨酯和环氧树脂等材料作为基体，制备出了不含硅酮的导热脂，但这种导热脂的硬度很高，限制了导热填料的占比，所以相比含硅油的导热脂，其热导率要低一些。

2）导热弹性体

导热弹性体是包含导热填料的弹性材料，在商业上的应用广泛，主要包括导热衬垫、导热凝胶和导热胶。

导热衬垫又称导热硅胶垫（见图3-36），通常是以硅橡胶作为高分子聚合物的基体，以高导热填料合成的片状热界面材料，这些弹性体厚度为 0.1～5mm，硬度为 5～85HS。

导热衬垫主要用于填充发热电子器件和散热片或金属热沉之间的空隙,在完成两者之间热传递的同时起到减重、绝缘和密封等作用。导热衬垫能够满足设备小型化、超薄化的设计要求,是具有良好工艺性和使用性的热界面材料,被广泛应用于电子设备散热。

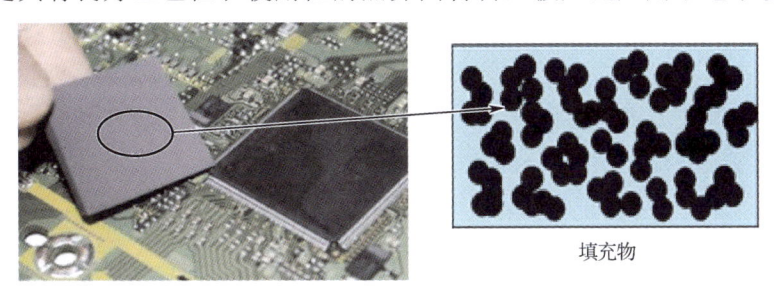

图 3-36 导热衬垫及其填充物

导热衬垫的基体以有机硅聚合物为主,有机硅特殊的分子结构使其具备优异性能,如在高温下介电性能稳定、耐氧化、绝缘性好、耐水阻燃和易加工等。填充物以氮化物(AlN、BN)或金属氧化物(ZnO、Al_2O_3)为主。填充物的填充量和配比等参数会影响导热衬垫的热导率。如果应用场景对绝缘性要求不高,则建议选用具有高导热、非绝缘的填充物的导热衬垫,以获得更高的热导率。导热衬垫的尺寸及厚度可以自由裁剪配置,范围为 0.5~5mm,一般每 0.5mm 为一级,有利于自动化生产和产品维护。

导热衬垫随着时间的推移和温度的升高,在硅油挥发后容易发生机械强度降低、振动磨损的情况,长期使用可能失效。图 3-37 所示为导热衬垫在工程应用中的典型失效情况。从图 3-37 中可以看出,导热衬垫在长期使用过程中逐渐磨损,直至碎片化。

图 3-37 导热衬垫在工程应用中的典型失效情况

导热凝胶是一种凝胶状的热界面材料,通常在具有较好弹性的基体(硅胶、石蜡)中添加高导热的颗粒,并经过固化交联反应制造而成,主要包括单组分凝胶和双组分凝胶。导热凝胶的热导率为 3~10W/(m·K),在施加较大压力的情况下,其厚度可以达到 0.1mm,界面热阻可以低至 $0.6K·cm^2/W$。

导热凝胶具有较低的硬度,在施加一定压力的情况下,能够充分填充界面空隙,进而挤出界面空隙中的空气,达到降低热阻的目的。导热凝胶在使用时不存在溢出或相分离的情况,也不会污染 PCB 和环境,使用和处理都很方便。与导热衬垫相比,导热凝胶质地更加柔软,表面亲和性更强,装配应力小,可有效提高电子器件的稳定性。

导热凝胶的失效机理往往和固化交联反应不充分有关,在压紧力不够的情况下,导热凝胶很难充分填充界面空隙,无法实现有效的散热效果。

导热胶又称导热硅胶，是以有机硅胶为主体，添加导热填料制成的，如二氧化硅、氧化铝、氮化铝、氮化硼等。导热胶的热导率主要取决于导热填料的类型和填充量。一般导热胶的热导率为 0.6~2.0W/(m·K)，高热导率导热胶的热导率可以达到 4.0W/(m·K) 以上。导热胶的优点在于黏度低、抗冲击性好、附着能力强、绝缘性好、防潮、防霉、耐腐蚀等，但在使用过程中需要进行调配且需要较长的固化时间。导热胶常用于将变压器、晶体管和其他发热器件粘接到 PCB 或散热器上，也可用于电容器、电感器等电子器件在模块壳体内的导热灌封。

3）相变材料

相变材料在通常情况下的状态为薄膜片状固态，在超过一定温度时会吸热熔融变为液态。相变材料在液态下可以充分润湿热传递界面，加强传热，在温度下降后会恢复为固态。

相变材料结合了导热脂和导热衬垫的优点。电子器件在刚开始运行时温度较低，低于相变材料的熔点，此时相变材料是固态的，具有良好的弹性和恢复性，装配容易且不会出现溢出现象。随着发热器件的工作运行，温度迅速升高，当超过相变材料的熔点时，相变材料开始熔融，由固态变为流动状态，从而润湿部件与热沉之间的界面，充分填隙，进而降低材料界面间的接触热阻。润湿、填隙之后，发热器件恢复到工作温度，相变材料恢复为固态。

此外，相变材料具有热量缓冲的作用，通过相变过程的热量吸收和释放，额外增加储热环节，有利于热量的平稳传播，防止温度急剧变化，有利于延长电子器件的使用寿命。

相变材料及其载体的总热导率取决于载体材料的热导率。常用的相变材料主要是有机高分子相变材料。石蜡、脂类、醇类等有机物具有性能稳定、成本低等优点，这类材料的相变温度为 50℃~120℃，基本满足电子设备热设计工程应用需求。但高分子相变材料的聚合物基体（如玻璃纤维和聚酰亚胺）热导率低，因此需要添加高导热填料以提高热导率。

相变材料的选择需要从热力学特性、经济特性、化学特性及运动特性等方面综合考虑。相变材料的特性如表 3-7 所示。

表 3-7 相变材料的特性

类 别	要 求	类 别	要 求
热力学特性	① 理想工作温度范围内的熔点 ② 单位体积高容量潜热 ③ 高比热容、相对高密度和高热导率 ④ 相变时较小的体积变化和操作温度下较低的蒸汽压力	化学特性	① 化学稳定性 ② 完全可逆的凝固/熔化循环 ③ 在大量凝固/熔化循环后性能不退化 ④ 无腐蚀性、无毒性、无易燃性、无爆炸性
经济特性	① 低成本 ② 大范围可获得性	运动特性	① 高成核率 ② 高晶体生长率

3. 无机非金属热界面材料

无机非金属热界面材料基于高导热的无机低维材料（如纵向石墨、碳纳米管等）制造而成，成品表现出超高的热导率，有望解决超高热流密度散热问题，具有极大的工程应用潜力。无机非金属热界面材料的特点是热导率高[通常在 50W/(m·K)以上]，体积热阻 R_{bulk} 较低，接触热阻 R_c 通常较高，如何降低接触热阻 R_c 通常是此类材料在工程应用中主要需解决的问题之一。

1）纵向石墨

纵向石墨在垂直于界面的方向上具有较高的热导率。石墨与芯片和散热器界面相垂直，为芯片和散热器之间的热传导提供了更好的通路。石墨具有极高的热导率[3000～5000W/(m·K)]，并且石墨基热界面材料具有高封装密度、多形态、易功能化、能够与表面结合等优点。

图 3-38 所示为基板间化学气相沉积生长纵向石墨片层的示意图。化学气相沉积技术可以用来在基板界面间生长纵向石墨片，这一过程不需要催化剂，对基板材质无明确要求。理论上来说，纵向石墨的热导率约为 1500W/(m·K)，并且这种热界面材料具有不分离、不干裂、不泵出等优势。

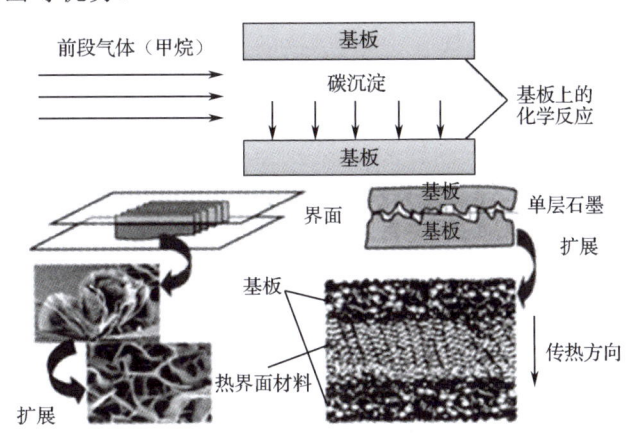

图 3-38 基板间化学气相沉积生长纵向石墨片层的示意图

2）碳纳米管

碳纳米管主要由六边形网面排列的碳原子构成数层到数十层的同轴圆管，它们通常具有 1～50nm 的直径范围，长度可以做到微米级。相比传统热界面材料，碳纳米管垂直阵列在热传递方向上具有高热导率、低热膨胀系数、可适应接触面粗糙度、轻质、抗老化等特点。

有研究人员使用金属键合层及铟焊料将碳纳米管垂直阵列转移到金属生长基板上以固定碳纳米管垂直阵列，随后将它们从金属生长基板上剥离，测得碳纳米管垂直阵列尖端界面热阻约为 $0.3K·cm^2/W$，比未键合的界面热阻降低了一个数量级，这表明电子器件与热沉界面之间形成了高热导率的金属键，如图 3-39 所示。在工程应用方面，雷神公司采用垂直生长的双面多壁碳纳米管，实现了 GaN 芯片和热沉的互连，其界面热阻比焊接热阻更低。

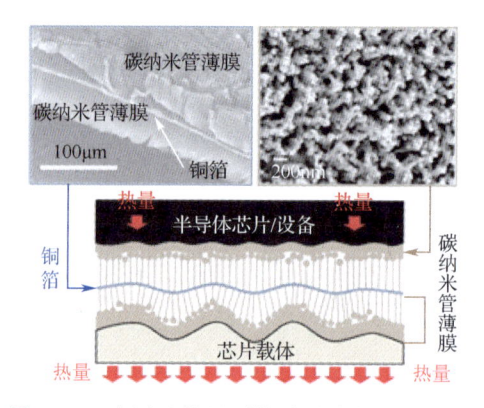

图 3-39 应用于热界面的碳纳米管垂直阵列

3）纵向石墨烯衬垫

纵向石墨和碳纳米管采用键合等界面交联技术，限制了它们在发热器件与散热器的装配界面中的使用。纵向石墨烯衬垫具有高热导率[≥1000W/(m·K)]、高回弹性（≥70%）、低密度（≤0.5g/cm³）的优点，同时其形态与常规导热衬垫相似，可直接按需裁剪成相应形状，制成不同厚度，装配在发热器件与散热器之间，无须进行化学气相沉积/键合交联等复杂预处理，使用方便，具有较好的应用前景。

图 3-40 所示为纵向石墨烯衬垫及其微观连续导热结构。纵向石墨烯衬垫的外部形态与常规导热衬垫相似，但其内部结构不同于常规衬垫内的非连续传热路径，纵向排布的石墨烯将传热路径导通，形成高效连续传热通路。同时纵向石墨烯表面柔性碳基微纳结构可以在范德华力的作用下和应用界面紧密贴合，高效填充界面空隙，大大降低纵向石墨烯衬垫与发热器件、散热器接触面的接触热阻，最终实现整体界面热阻的降低。

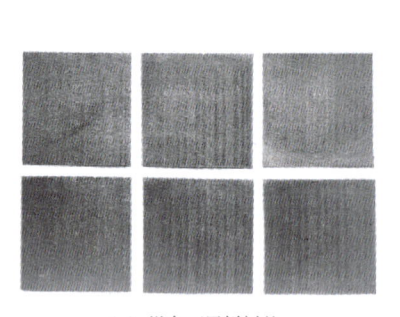

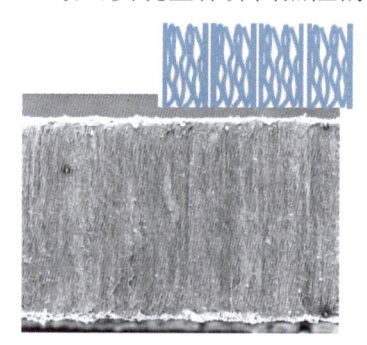

（a）纵向石墨烯衬垫　　　　（b）纵向石墨烯衬垫的微观连续导热结构

图 3-40 纵向石墨烯衬垫及其微观连续导热结构

4．金属热界面材料

金属热界面材料通常包含焊料、液态金属和微纹理金属等，其最大的优势在于热导率高[接近甚至大于 50W/(m·K)]、体积热阻 R_{bulk} 低。金属热界面材料在大尺寸封装条件下的填充性较差，通常只适用于小尺寸封装。提升金属热界面材料的填充性、降低接触热阻 R_c 是此类材料的主要研究方向。

1) 焊料

较为典型的商用金属热界面材料是焊料，尤其是回流焊焊料。回流焊是使用焊料将一个或多个电子器件粘接在一起的工艺。焊料被加热熔化后，可将界面粘接起来。根据工程实际应用经验，高温电子器件热膨胀可能会对金属热界面材料产生挤压力，因此含铋（Bi）的脆性合金不适合用作焊料，推荐使用铟（In）或铟合金作为焊料，因为铟具有高热导率（86W/(m·K)）和柔软度，能够充分润湿界面。在工程中可用作金属热界面材料的回流焊焊料如表3-8所示。

表3-8 在工程中可用作金属热界面材料的回流焊焊料

焊料合金的类型	组成（牌号名称）	熔点/℃	热导率/（W/(m·K)）	热膨胀系数/(ppm/℃)	金属热界面材料形式
铟及其化合物	Indalloy 4	157	86	29	黏结/预制
	100In	157	84	32.1	黏结/预制
	21.5Inl6Sn62.5Ga	10.7	35.0	—	黏结/预制
	51In16.5Sn32.5Bi	60	—	—	黏结/预制
	66In34Bi	72	40.0	—	黏结/预制
	52In48Sn	118	34.0	—	黏结/预制
	97In3Ag	143	73.0	—	黏结/预制
锡及其化合物	42Sn58Bi	138	18.5	14	黏结
	63Sn37Pb	183	50.0	—	黏结/预制
	96.5Sn3.5Ag	221	33.0	—	黏结/预制
	100Sn	223	73.0	22	黏结/预制
	80Au20Sn	280	57.0	—	黏结/预制
活性焊料	SB115（In/SntTi）	115～120	—	—	预制
	SB140（Bi/SntTi）	135～150	—	—	预制
	SB220（Sn/AgtTi）	190～232	48.0	19	预制
	SB400（Zn/AltTi）	390～415	80.0	32	预制

2) 液态金属

液态金属主要包括铟合金、铋合金、镓合金、锡合金和银合金。以镓基液态金属为例，常压下其熔点小于29.7℃。作为金属热界面材料，液态金属的性能优势在于其本征热导率是水的数十倍，同时兼具出色的流动性。液态金属优越的本征属性使得其既能保证界面间的热桥接，又可以降低热应力应变带来的损害。典型的低熔点液态金属如表3-9所示。

表3-9 典型的低熔点液态金属

液态金属	液态温度/℃	相变温度/℃
61Ga/25In/13Sn/1Zn	7.6	6.5
62.5Ga/21.5In/16.0Sn	10.7	10.7
75.5Ga/24.5In	15.7	15.7

续表

液态金属	液态温度/℃	相变温度/℃
95Ga/5In	25.0	15.7
100Ga	29.78	29.8
44.7Bi/19.1In/6.3Sn/22.6Ph/5.3Cd	47.2	47.2
49Bi/21In/12Sn/18Pb	58	58
32.5Bi/51In/16.5Sn	60	60
49Bi/18In/5Sn/18Pb	69	58
33.7Bi/66.3In	72	72
57Bi/26In/17Sn	79	79
54.02Bi/29.68In/16.3Sn	81	81

然而，在作为金属热界面材料应用时，液态金属对于交互界面的润湿性亟须改善。由于具有较大的表面张力，液态金属难以与接触表面实现紧密贴合。此外，由于溶解侵蚀、晶界腐蚀等的影响，液态金属容易对其他固体金属产生腐蚀作用。上述因素限制了液态金属的应用推广。

3）微纹理金属

除液态金属的开发以外，还有很多研究基于微纹理结构来降低金属材料的模量，增加其塑性，从而开发出高性能的金属热界面材料。国外相关机构已经在微纹理金属方面做出了一些应用成果，美国的铟泰公司公开了一系列微纹理金属箔技术，其基于金属表面的定制化纹理开发了微纹理金属，在接触界面间构筑了高导热通路。微纹理金属热界面材料的原理图如图 3-41 所示。在金属基体表面构筑微结构阵列，使金属在界面间受力压缩后充分填充界面空隙，增大传热面积，降低界面热阻。

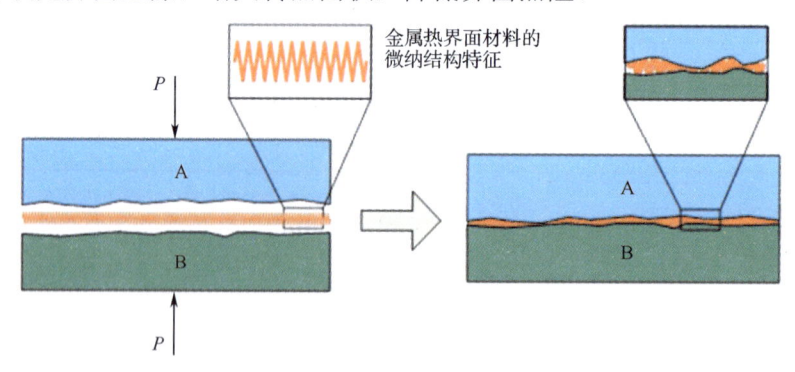

图 3-41 微纹理金属热界面材料的原理图

微纹理金属的表面设置小尺寸（0.1～1mm）的凸起纹理，当纹理在接触界面上时，会提供塑性变形以适配接触界面，改善填充性。实验研究和工程应用实际测试结果表明，采用铟基微纹理金属能够显著降低界面接触热阻，其接触热阻只有铟箔接触热阻的 1/3 左右，从而可显著降低电子设备的运行温度。采用高温老化实验对微纹理金属的可靠性进行评估，结果表明，在 1000h 高温老化实验过程中，微纹理金属的热性能未发生变化。

某种微纹理铟基合金及其表面特征如图 3-42 所示。微纹理金属压缩前、后，微纹理受到压缩产生形变，从而填充界面空隙。

（a）压缩前

（b）压缩后

图 3-42 某种微纹理铟基合金及其表面特征

5. 小结

电子设备常见界面材料的接触热阻取值范围如下：一般来说，电子设备应用场景下焊料和导电胶的接触热阻较低（$0.01\sim0.1\text{K}\cdot\text{cm}^2/\text{W}$），导热硅脂的接触热阻中等（$0.2\sim0.5\text{K}\cdot\text{cm}^2/\text{W}$），导热凝胶、导热衬垫、铟箔等的接触热阻稍高（$0.5\sim3.0\text{K}\cdot\text{cm}^2/\text{W}$）。

热界面材料种类繁多，应用场景多样，其选择标准有热导率、填充性、电导率、长期可靠性、工艺装配性能等。聚合物衬垫普遍应用于热导率需求不大于 $10\text{W}/(\text{m}\cdot\text{K})$、界面填隙不小于 0.2mm 的常规场景。针对聚合物衬垫不适用的场景，导热凝胶/导热脂的界面填隙兼容性好。金属热界面材料和石墨基热界面材料能够满足大于 $10\text{W}/(\text{m}\cdot\text{K})$ 的高热导率需求，当前基于微纳结构的微纹理金属热界面材料已投入商用，其接触热阻较聚合物衬垫降低了 1 个数量级。

面对未来电子设备超高热流密度负荷条件，国内外企业与科研机构基于微纳技术和先进材料正在研发新型低热阻热界面材料，重点关注金属热界面材料和无机非金属热界面材料，以满足高导热性、低模量的应用需求。另外，研究人员也在探索界面形貌控制技术，通过控制接触表面粗糙度、结合形状等，进一步降低界面热阻。

3.3 热管及其衍生物

3.3.1 热管的工作原理

热管的工作原理示意图如图 3-43 所示。典型的热管由管壳、吸液芯和端盖组成，将管内抽成 $10^{-1}\sim10^{-4}$Pa 的负压之后，充以适量的工质，使紧贴管内壁的吸液芯毛细多孔材料中充满液体后进行密封。通常热管的一端为蒸发段（加热段），另一端为冷凝段（冷却段），根据应用需要可在两段中间设置绝热段。若为一根热管布置多个热源和热汇，则热管具有多个蒸发段和冷凝段。外部热源施加到蒸发段部分的热量经过管壁与吸液芯传导，使吸液芯中的液体蒸发汽化，压力升高；蒸汽在压差的驱动下进入冷凝段；在冷凝段中，蒸汽放出热量凝结成液体，液体沿吸液芯依靠吸液芯的毛细力作用流回蒸发段，完成一次循环。只要有足够的毛细力驱动冷凝液体流回蒸发段，这个循环过程就不会停止，从而实现热量高效传输。

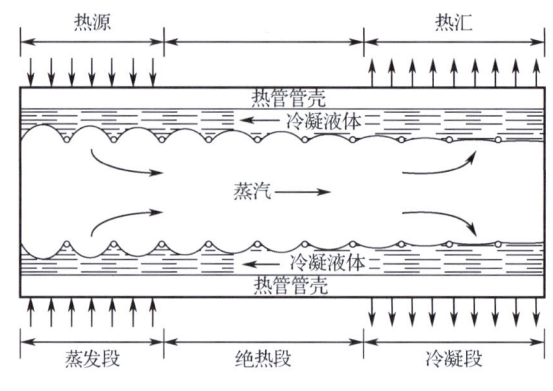

图 3-43 热管的工作原理示意图

热管实现热量传输的过程包含以下 6 个相互关联的主要过程。
（1）热量从热源通过热管管壁和充满工作液体的吸液芯传递到液-气界面。
（2）液体在蒸发段内的液-气界面上蒸发。
（3）蒸汽腔内的蒸汽从蒸发段流到冷凝段。
（4）蒸汽在冷凝段内的气-液界面上凝结。
（5）热量从气-液界面通过吸液芯、液体和管壁传给冷源。
（6）在吸液芯内由毛细力驱动冷凝液体流回蒸发段。

蒸汽压力沿热管轴向的变化受到摩擦力、惯性力及蒸发和冷凝的影响，而液体压力的变化主要是由摩擦力引起的。在非常小的蒸汽流速下，冷凝器端盖附近的局部压力梯度趋于零。图 3-44 所示为液-气界面压力的典型轴向变化图。

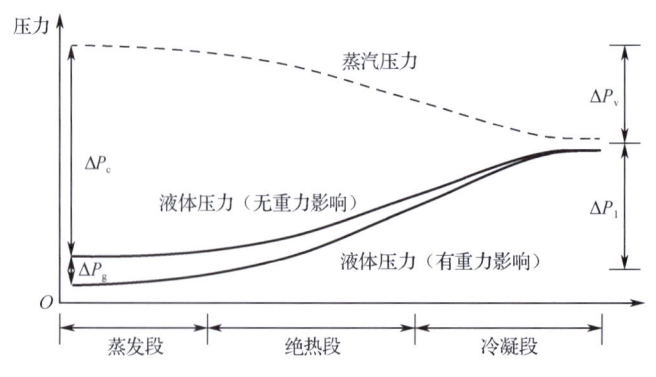

图 3-44 液-气界面压力的典型轴向变化图

图中，ΔP_c 为毛细力，即热管内部工作液体循环的推动力；ΔP_v 为蒸汽从蒸发段流向冷凝段的压降；ΔP_l 为冷凝液体从冷凝段流回蒸发段的压降；ΔP_g 为重力场对液体流动引起的压降（可以是正值、负值或零，视热管在重力场中的位置而定）。最大的局部压差发生在蒸发器端盖附近，当有重力影响时，液体的压降更大。因此，若要使热管正常工作，则应使吸液芯的毛细力最大值大于热管内的总压降，即

$$\Delta P_{c,max} > \Delta P_v + \Delta P_l + \Delta P_g \tag{3-36}$$

3.3.2 热管的相容性及寿命

在热管的应用过程中，需要考虑热管的相容性问题，即在预期的设计寿命内管内工质和壳体、吸液芯不发生显著的化学反应或物理变化，或者有变化但不足以影响热管的工作性能。只有长期相容性良好的热管才能保证稳定的传热性能、较长的使用寿命及工业应用的可能性。

热管的相容性存在诸多影响因素，归结起来热管不相容的主要形式有以下三种，即产生不凝性气体，工质物性恶化，以及管壳、吸液芯材料的腐蚀、溶解。

（1）产生不凝性气体：工质与管壳材料发生化学反应或电化学反应，产生不凝性气体，在热管工作时该气体被蒸汽流吹扫到冷凝段聚集起来形成气塞，从而使有效冷凝面积减小、热阻升高、传热性能恶化。这种热管不相容最典型的例子就是在碳钢-水热管中，碳钢中的铁与水发生反应产生的不凝性氢气使热管传热性能恶化，导致热管传热能力降低甚至失效。通过化学处理的方法可以有效解决碳钢与水的化学反应问题，使碳钢-水热管在工业中大规模使用。

（2）工质物性恶化：有机工质在一定温度下会逐渐分解，这主要是因为有机工质的性质不稳定，或者在与壳体、吸液芯材料发生化学反应时其物理性能改变，如甲苯、烷、烃类等有机工质易发生该类不相容现象。

（3）管壳、吸液芯材料的腐蚀、溶解：工质在管壳内连续流动，温差、杂质等因素使管壳、吸液芯材料发生溶解和腐蚀，从而导致流阻增大、热管传热能力降低。管壳被腐蚀后，强度会下降，甚至会发生腐蚀穿孔，使热管完全失效。这类现象常发生在碱金属高温热管中。

通过合理选择热管的材料、工质、吸液芯结构等，可使热管长期有效地服役于其工作温度环境。常用热管的工作温度范围与典型的工质及其相容壳体材料如表3-10所示。

表3-10 常用热管的工作温度范围与典型的工质及其相容壳体材料

种 类	工 质	工作温度/℃	相容壳体材料
深冷热管	氦	−271~−269	相容性相关研究较少 常用壳体材料为不锈钢、镍
	氢	−258~−243	
	氖	−248~−233	
	氮	−203~−158	
	氧	−213~−143	
	甲烷	−173~−103	
	乙烷	−93~17	

续表

种类	工质	工作温度/℃	相容壳体材料
低温热管	氨	−60～100	铝、不锈钢、低碳钢
	R21（CHCl$_2$F）	−40～100	铝、铁
	R11（CCl$_3$F）	−40～120	铝、不锈钢、铜
	R113（CCl$_2$F·CClF$_2$）	−10～100	铝、铜
常温热管	己烷	0～100	黄铜、不锈钢
	丙酮	0～120	铝、铜、不锈钢
	乙醇	0～130	铜、不锈钢
	甲醇	10～130	铜、不锈钢、碳钢
	甲苯	0～290	不锈钢、低碳钢、低合金钢
	水	30～250	铜、碳钢（内壁经化学处理）
中温热管	萘	147～350	铝、不锈钢、碳钢
	联苯	147～300	不锈钢、碳钢
	导热姆-A	150～395	铜、不锈钢、碳钢
	导热姆-E	147～300	不锈钢、碳钢、镍
	汞	250～650	奥氏体不锈钢
高温热管	钾	400～1000	不锈钢
	铯	400～1100	钛、铌
	钠	500～1200	不锈钢、因康镍合金
	锂	1000～1800	钨、钽、钼、铌
	银	1800～2300	钨、钽

通常情况下，热管在常温下要求具有 10 年以上的寿命，一般难以开展实际的寿命试验研究，美国的 NASA、Thermacore 公司和日本的古河电气工业株式会社等进行了部分热管的长期实际寿命试验。在工程应用中也可采用加速寿命试验方法来预估热管寿命。一般采用阿伦尼乌斯公式进行预计，即提高样品的工作环境温度至 T_2，通过式（3-37）推测其在温度 T_1 下的寿命：

$$\mathrm{EH}_1 \geqslant H_2 \left(2\mathrm{e}^{\frac{\Delta T}{10}} \right) \tag{3-37}$$

式中，EH_1 为样品在温度 T_1 下的等效寿命；H_2 为样品在温度 T_2（加速寿命试验高温）下的寿命；ΔT 为 T_1 与 T_2 之差。

3.3.3 热管及其衍生物分类

1. 微小型热管

Cotter 首先提出微型热管的概念。微型热管被定义为气-液界面的平均曲率在数量上和液体总流通截面水力半径的倒数相当的一种热管。典型的微型热管有凸面、锐角的截面（如多边形截面），水力半径范围为 10～500μm。

对于小型热管，其最小的截面直径为 1mm 量级，由于这种热管的体积不是很小，所以和常规热管的差别不是非常明显。在小型热管内部增加的吸液芯结构，较为常见的是烧结结构、丝网结构、干道结构、槽道结构等。

其中，烧结结构是较常用的吸液芯结构，金属粉末通过烧结粘接在热管内壁面。这种吸液芯结构能够提供较强的毛细力，使得热管在运行过程中受重力的影响较小。当重力对热管运行没有影响时，如在太空环境中，可以考虑采用丝网结构或槽道结构。槽道结构的主要优点是成本较低，而丝网结构可以使热管厚度做得更薄。不同吸液芯结构的特点如表 3-11 所示。

表 3-11 不同吸液芯结构的特点

吸液芯结构	截 面 视 图	典型管径/mm	特　　点
槽道结构	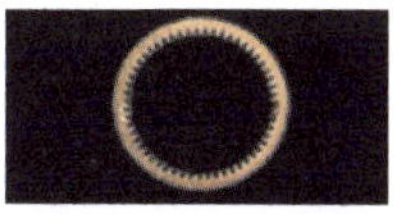	3，4，5，6，8	长期可靠性高
烧结结构	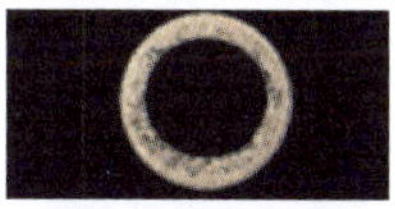	4，5，6，8	受重力的影响小
薄烧结结构	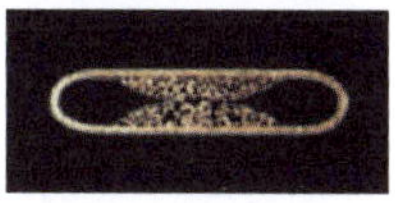	5，6，8	厚度薄
混合结构		6，8	换热速率高
丝网结构	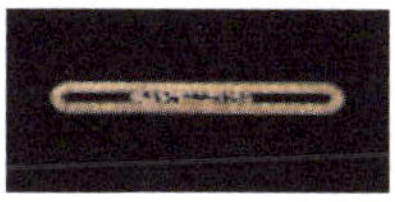	2，5，6	厚度薄，小于 1.0mm

2. 蒸汽腔和平板热管

蒸汽腔是一种二维热管，可在二维平面内传输热量，具有优异的热扩展性能。通常的蒸汽腔结构包括一个密封的真空腔体（见图 3-45），腔体内壁面具有一层吸液芯结构（见图 3-46），抽真空后充入适量的工质。工作过程中热量施加于蒸汽腔的一侧（蒸发段），液体工质发生汽化，产生的蒸汽扩散至整个腔体的内部空间，并在蒸汽腔的另一侧（冷凝段）冷凝。冷凝液体通过吸液芯的毛细力作用流回蒸发段，参与下一个循环。相比热管在一维直线方向上传输热量，蒸汽腔可以在二维平面内传输热量，从而实现热扩展，以增大传热面积、提高散热性能，因此蒸汽腔特别适合用于点热源热扩展。

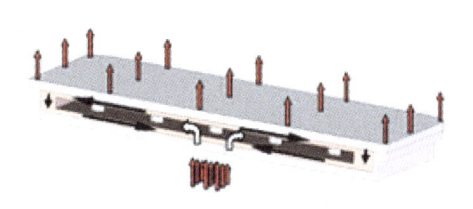

图 3-45 蒸汽腔结构及运行过程 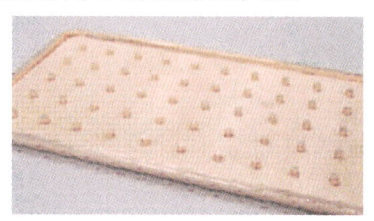　　　　图 3-46 蒸汽腔内的吸液芯结构

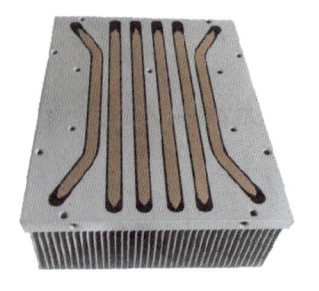

图 3-47 热管嵌入式的平板热管

另外，还有一种热管嵌入式的平板热管，可以用于部分替代蒸汽腔，如图 3-47 所示。传统的蒸汽腔内部为一个整体，其一旦失效，整个装置的散热能力将丧失，极易使电子器件发生过温烧毁。热管嵌入式的平板热管具有多根热管，个别热管失效时其余热管依然具有热量传输能力，起到相互备份的作用，装置的可靠性得到大幅提升。

目前应用较为广泛的蒸汽腔主要有铜蒸汽腔和铝蒸汽腔，如图 3-48 所示。铜蒸汽腔的壳体材料为铜，常采用水作为工质，当量热导率一般可达 2000W/(m·K)以上。基于航空航天等领域对于轻量化的极致需求，近年来铝蒸汽腔得到了大量应用。铝蒸汽腔的壳体材料为铝合金，其密度显著低于铜壳体，工质采用丙酮、氟利昂或氨，内部吸液芯结构主要有烧结结构和丝网结构。

图 3-48 铜蒸汽腔和铝蒸汽腔的实物图

蒸汽腔的一个重要发展方向是超薄蒸汽腔（Ultra-Thin Vapor Chamber，UTVC）。UTVC 被认为是高集成度电子设备理想的被动式散热元件。然而，蒸汽腔过薄会导致其等效热导率和极限传输功率迅速降低。如图 3-49 所示，当蒸汽腔厚度小于 0.3mm 时，蒸汽腔传热热阻会急剧升高，极限超薄与高性能之间的矛盾成为困扰业界的研究难点。

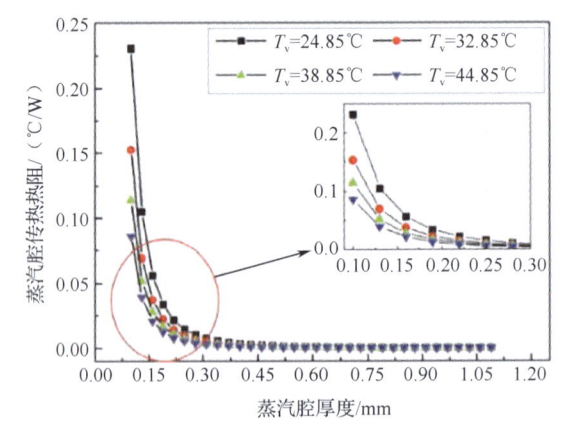

图 3-49 蒸汽腔厚度对蒸汽腔传热能力的影响

在蒸汽腔这种二维热管的基础上，发展出三维的一体化均温技术，即 3D VC 散热技术，如图 3-50 所示。通过焊接工艺将基板空腔与翅片内腔相连，形成一体式腔体。腔体内充注工质并封口，工质在靠近芯片端的基板内腔蒸发，在远热源端的翅片内腔冷凝，通过重力驱动及回路设计形成两相循环，可实现优异的均温效果。在不引入外部运动部件强化散热的情况下，3D VC 通过基板和散热翅片的一体化设计，以及三维结构的热扩散，可以更高效地将芯片热量传递至翅片远端散热，增加了基板和散热翅片的均温性，进一步降低了传热温差，具有高效散热、均匀温度分布、减少热点等优势，可满足大功率器件散热、高热流密度区域均温的需求，为电子设备的小型化、轻量化设计提供了可能。

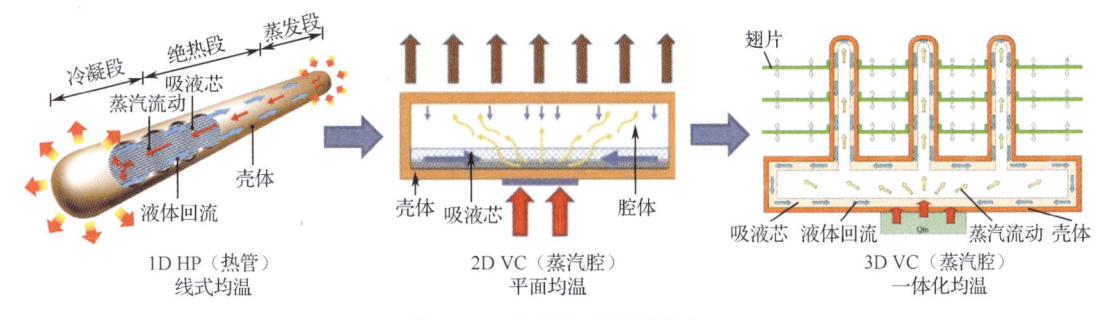

图 3-50 热管技术发展趋势

3D VC 散热器在高性能工作站和 AI 服务器上得到了大规模应用。2016 年，Cool Master 公司发售了市场首款 3D VC 风冷散热器——MasterAir Maker 8，用于 CPU 散热，其外观如图 3-51 所示。在均温板散热器顶部加工有 4 根 3D VC 热管，与均温板实现了无障碍连接，均温板底部产生的蒸汽流向热管顶部，借助高密度、大面积散热鳍片及 4 根 U 形热管，可以实现 250W 的散热需求。惠普公司的工作站 CPU（Intel Xeon E5-1680 v3）就采用了该交错六角翅片 3D VC 风冷散热器，以适应其热耗由 95W 至 140W 的剧增，在保持轻巧机箱设计的同时，使冷却风扇的噪声降低了 25%～30%。

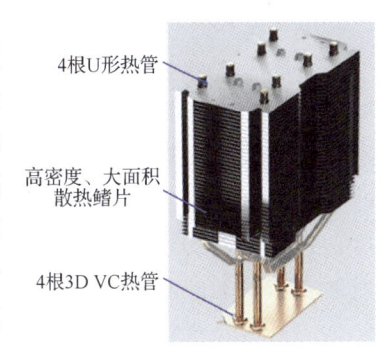

图 3-51 3D VC 风冷散热器

3. 毛细泵回路和环路热管

热管作为高效传热元件已被广泛地应用于各个领域，然而受地面重力环境影响，如果热管的蒸发段位于冷凝段之上，其传热能力就将受到限制。为了实现长距离、小温差、逆重力传热，美国 NASA Lewis 研究中心于 1966 年提出了毛细泵回路（Capillary Pumped Loop，CPL）概念，苏联科学家 Gerasimov 和 Maydanik 于 1972 年提出了环路热管（Loop Heat Pipe，LHP）概念。两者的工作原理与普通热管基本相似，都是利用工作液体的相变传热，依靠自身毛细结构提供的毛细力驱动冷凝液体回流，进而形成蒸发-冷凝循环。毛细泵回路和环路热管的结构与运行原理如图 3-52 所示。

以毛细泵回路为例，其主要由蒸发器、冷凝器、蒸汽管路、液体管路、两相流体的贮存器及控制系统（加热器、温度传感器）组成。工作液体在蒸发器内从热源吸收热量而蒸发汽化，产生的蒸汽经过蒸汽管路进入冷凝器，蒸汽在冷凝器内向热源放出热量而凝结成液体，凝结液由毛细结构提供的毛细力驱动流回蒸发器。如此循环，工作液将热源的热量源源不断地传到热汇。贮存器用于温度调控和蒸发器的启动（以及运行过程中任何情况下的再启动）。实际上，毛细泵回路中还应加入液体过冷器，以保证液体管路中没有气泡的存在。只有蒸发器中存在毛细结构，而非整个热管内部都存在毛细结构。

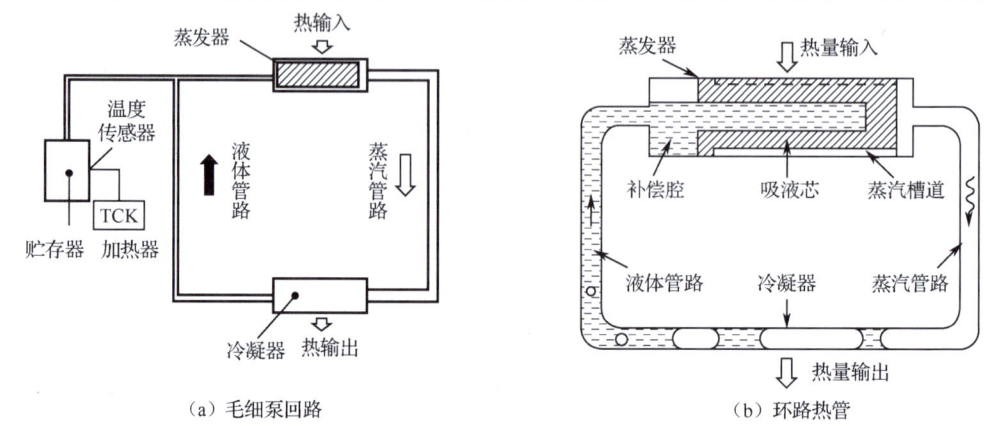

图 3-52　毛细泵回路和环路热管的结构与运行原理

毛细泵回路具有以下工作特点。

（1）具有较高的传热能力。由于毛细泵回路中蒸汽管路与液体管路基本上是完全分开的，所以不存在热管中的携带极限，毛细泵回路的传热能力通常比普通热管高 1～2 个数量级，而且系统的等温性极佳。

（2）具有优良的温控性能。毛细泵回路可以利用贮存器和控制系统将回路的工作温度调控为要求的状态。由于贮存器与回路相连，因此它们具有相同的工作压力，可通过对贮存器的加热和冷却来调节回路的工作压力，从而控制其饱和工作温度。

（3）热分享特性。蒸发器可以多个并联，每个蒸发器的热负荷可以有很大的不同，即使有的蒸发器没有热负荷，也可以分享其余蒸发器的热负荷，使系统温度保持一致，从而使安装在其上不同发热设备的温度相同。

（4）压力灌注特性。当个别蒸发器因热负荷意外超载而干涸时，可在系统继续运行过程中，通过加热贮存器进行压力灌注，从而恢复干涸蒸发器的工作。

（5）热二极管特性。因为冷凝器内无毛细结构，所以热量只能从蒸发器传向冷凝器。如果冷凝器部分受到外部加热使热量倒流，则由于工作液体在冷凝器中蒸发后无毛细力作用将其抽吸回来，不能形成循环，因此传热终止，从而起到了热二极管的作用。

毛细泵回路可以实现小温差、长距离、无附加动力的热量传输，其典型的不足之处是蒸发器的设计和制造较复杂，需要预留专门的蒸汽槽道，热阻较高，在紧凑小尺寸结构条件下的应用往往比热管或蒸汽腔方案具有更大的温升。此外，远距离传输是以高工作压力为代价实现的，因此需要较大的结构冗余设计以保证耐压。这些特性限制了毛细泵回路在电子设备冷却装置中的普遍应用，但在航天热控领域，毛细泵回路由于具有出色的远距离热量传输能力和灵活的管路布置特点及无运动部件等突出优势，因此应用前景极好。

例如，某卫星的 6 台镉镍电池组要求维持较窄的温度波动范围，借助毛细泵回路可将镉镍电池组产生的热量传输到设置在星体外的低温辐射器，使镉镍电池组之间的温差不超过 5℃。卫星经过近半年的在轨运行，毛细泵回路工作正常稳定，镉镍电池组的温度控制在5℃～10℃的范围内，6 台镉镍电池组之间的温差小于 3℃。当卫星进入太阳背阴面时，太阳电池副阵无电功率输出，毛细泵回路停止工作。辐射散热器的温度处于较低水平，但高于工质氨凝固点的温度，工质未凝固。当卫星进入太阳光照区时，太阳电池副阵受到太阳光的照射，向半导体致冷器供电来冷却贮存器并启动毛细泵回路，将镉镍电池组及卫星的部分热量传输到辐射散热器上。

同理，环路热管在航天领域也得到了广泛应用。表 3-12 所示为环路热管在部分航天器上的应用情况。

表 3-12 环路热管在部分航天器上的应用情况

序 号	航天器型号	工 质	结构特点	研究内容和主要结论
1	Gorizont	氟利昂 11	列管式冷凝器，3个并行蒸发器	飞行器在太阳背阴面运行时，以氟利昂 11 为工质的环路热管启动温度过低
2	Granat	丙烯	圆柱形冷凝器	丙烯环路热管在输入热流为 40/80/120W 时，均可正常启动和稳定运行
3	Obzor	液氨/丙烯	常规	1 根丙烯环路热管、2 根液氨环路热管作为光学仪器的热控制元件，可在太空中稳定运行 1 年
4	KC-13	HFC-152a	螺旋结构液体传输线路	进行微重力下启动特性研究，证明环路热管的启动温度与含气量和气液分布方式有关
5	Colunbia STS-8	液氨	螺旋结构管路	瞬态启动性能测试和稳态传热能力测试，工作温度为-27℃～66℃，最大热耗为 388W
6	STS-107	液氨	旁路阀和加热器	进行多次不同热负荷的启动实验，证明环路热管可以可靠运行

4．两相闭式热虹吸管

两相闭式热虹吸管（Two-Phase Closed Thermosyphon）又称重力热管，简称热虹吸管，其结构及工作原理如图 3-53 所示。与普通热管一样，热虹吸管也利用工质的蒸发和冷凝来传递热量，且不需要外加动力，工质自行循环。但与普通热管不同的是，热虹吸管内没有吸液芯，冷凝液体从冷凝段流回蒸发段不是靠吸液芯产生的毛细力，而是靠冷凝液体自身重力实现的。因此，热虹吸管的工作具有一定的方向性，蒸发段必须置于冷凝段的下方，这样才能使冷凝液体靠自身重力流回蒸发段。

由于热虹吸管内没有吸液芯，所以和普通热管相比，它不仅结构简单、制造方便、成本低，而且传热性能优良、工作可靠，在地面上的各类传热设备中都可作为高效传热元件。热虹吸管的应用领域不断增多，在各行各业的热能综合利用和余热回收中表现出巨大的优越性。

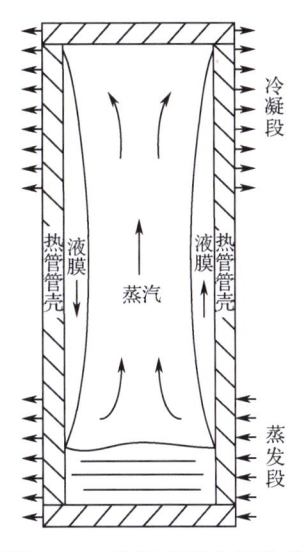

图 3-53 热虹吸管的结构及工作原理

5. 可变导热管

由于普通热管的工作温度是由热源和热汇的条件确定的，因此改变热负荷或蒸发段的温度就会引起热管工作温度的改变。对于普通热管来说，其热导率很高，但接近一个常量。然而在某些应用场合下，要求冷凝段（或蒸发段）的温度随着热负荷的变化而保持不变，这个要求是热导率接近常量的普通热管无法满足的，因此产生了可变导热管（Variable Conductance Heat Pipe，VCHP）。可变导热管的基本原理如图 3-54 所示，这是简化了的热管基本热阻模型。

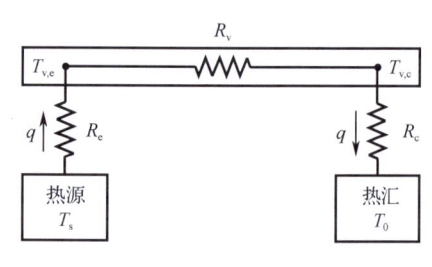

图 3-54 可变导热管的基本原理

在这个模型中，R_e 表示热源与热管内蒸汽之间所有热阻之和，R_v 表示热管由蒸汽流动等因素引起的热阻，R_c 表示热管内蒸汽与热汇之间所有热阻之和。热源与热汇之间的总热阻为

$$R_t = R_e + R_v + R_c \tag{3-38}$$

总热导为

$$C_t = 1/R_t \tag{3-39}$$

传热率为

$$q = C_t \Delta T \tag{3-40}$$

式中，ΔT 为热源温度 T_s 与热汇温度 T_0 之差。

由式（3-38）～式（3-40）可知，任意一项热阻的变化都将导致总热导的改变，热管的传热率也将随之发生变化。

可变导热管可以分成两大类：一类是随着热源温度或热负荷的变化保持热管温度不变的可变导热管；另一类是保持热源温度不变的可变导热管。如果要保持热管温度不变，那么当热负荷增加时，由于热源与热汇之间的热阻发生变化，因此热源温度也将发生变化，这通常不需要进行温度反馈控制，即被动地改变热导；如果要保持热源温度不变，那么当热负荷增加时，需要调整热源与热汇之间的热阻，使热管温度下降，这通常需要进行较复杂的温度反馈控制，即主动地（或被动地）改变热导。

Thermacore 公司开发的可变导热管通过改变冷凝面积来控制蒸发温度，如图 3-55 所示。热管内充入少量不凝气体，环境温度的降低会导致工质的蒸汽压力降低，使不凝气体体积增大，从而使冷凝面积减小。该产品在没有运动部件的情况下，可在-5℃～65℃环境温度下实现高效运行。

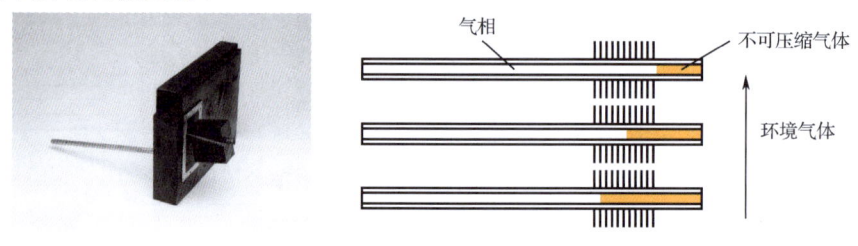

图 3-55 Thermacore 公司开发的可变导热管及其原理图

6. 脉动热管

脉动热管由 Akachi 在 1994 年最先提出，可分为非环路型脉动热管和环路型脉动热管，如图 3-56 所示，对脉动热管抽真空，充入一定量的工质，会形成液塞、气塞，液塞和气塞交替分布。运行时蒸发段的液塞和气塞都会吸收热量，液体会不断蒸发，使得蒸发段气塞内部压力迅速升高，推动蒸发段的液体向冷凝段移动。从蒸发段来的液塞和气塞在冷凝段进行冷却，传出热量，气塞的体积迅速减小、内部压力迅速降低，从而使得蒸发段和冷凝段之间存在压力差。同时在相邻铜管间压力也会不平衡，管内工质会在蒸发段和冷凝段之间脉动和环形流动，蒸发段的热量会通过管内工质的脉动流动和相变传热传递到冷凝段。该传热过程的驱动力来自脉动热管本身，不需要外界驱动设备。

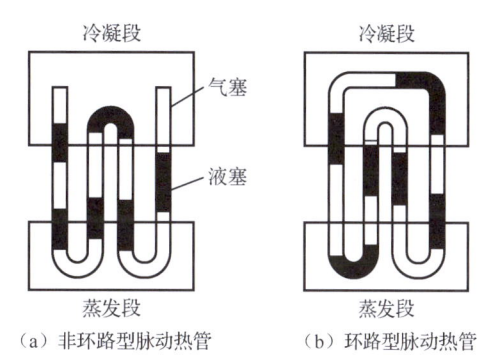

图 3-56 脉动热管示意图
（a）非环路型脉动热管　（b）环路型脉动热管

脉动热管具有如下优点。

（1）脉动热管由一系列蛇形排列且相互连接的毛细管组成，其传热过程不需要吸液芯，结构简单，成本低。

（2）脉动热管内工质脉动和环形流动的驱动力来自脉动热管本身，不需要外界驱动设备。

（3）小管径内脉动流动和相变传热可以大大提高热通量，完全满足电子设备体积日益减小而热流密度逐渐升高的设备散热需求。

（4）脉动热管可以多次弯折，管截面形状可以选择（有圆形、三角形、矩形），蒸发段与冷凝段的尺寸、部位、数量都可以根据传热需求而改变。

（5）脉动热管的传热性能与其内部工质的轴向脉动频率和物性有关，随着热负荷的增加，有效热导率会升高。

然而，脉动热管存在启动性能较差、工程实用的热阻较高等问题，目前在产品上成功应用的案例较少。

7. 小结

不同热管的特点及应用场合如表 3-13 所示。其中，微小型热管由于小尺寸的优势被广泛应用于笔记本电脑芯片散热、数据中心板卡散热、IGBT 散热等场合；蒸汽腔具有良好的平面热扩展性能，多用于分布式点热源散热场合，如计算机芯片散热、LED 灯散热及手机散热等；毛细泵回路/环路热管具有抗重力性能优良、传输距离远、传热能力高等特点，主要用于航天器等发热设备；热虹吸管无吸液芯，临界热流密度比有芯热管高 1.2~1.5 倍，主要应用于机柜散热和大型换热器；可变导热管带有储气室，工作温度随着热负荷的变化而保持不变，主要应用于需要精确控温的电子设备；脉动热管无吸液芯，通过工质脉动流动和相变实现传热，主要应用于大功率电子设备散热。

表 3-13　不同热管的特点及应用场合

类　型	特　点	应 用 场 合
微小型热管	长管形（截面为圆形、椭圆形、矩形等形状），当量热导率是常规金属材料的上百倍	笔记本电脑芯片散热、数据中心板卡散热、IGBT 散热等
蒸汽腔	具有良好的平面热扩展性能	多用于分布式点热源散热场合，如计算机芯片散热、LED 灯散热及手机散热等
毛细泵回路/环路热管	环状回路结构，具有抗重力性能优良、传输距离远、传热能力高等特点，传热能力比普通热管高 1~2 个数量级	在航天热控中有少量应用
热虹吸管	无吸液芯，依靠液体重力实现工质循环，热源必须布置在热管下方，临界热流密度比有芯热管高 1.2~1.5 倍	机柜散热和大型换热器
可变导热管	带有储气室，具有精确温控功能，工作温度随着热负荷的变化而保持不变	需要精确控温的电子设备
脉动热管	无吸液芯，通过工质脉动流动和相变实现传热，结构简单、成本低、布置形式灵活，随热负荷增加，有效热导率升高	大功率电子设备散热

热管的出现极大地提高了风冷电子设备的散热能力，但是随着电子设备热流密度的不断提高，液冷越来越成为主流散热手段，热管的作用有所减弱。另外，随着热流密度越来越高，传统热块体材料越来越无法胜任芯片的热扩展工作，急需开发具有超薄、低热膨胀系数、超高热流密度等特征的热管衍生物，这是未来热管的一个主要研究方向。

参考文献

[1] BAR-COHEN A，ALBRECHT J D，MAURER J J. Near-junction thermal management for wide bandgap devices[C]. IEEE Compound Semiconductor Integrated Circuit Symposium，2011.

[2] PANDEY H D，LEITNER D M. Thermalization and thermal transport in molecules[J]. Journal of Physical Chemistry Letters，2016，7（24）：5062-5067.

[3] WACHUTKA G K. Rigorous thermodynamic treatment of heat generation and conduction in semiconductor device modeling[J]. IEEE Transactions on Computer-Aided Design of Integrated Circuits and Systems，1990，9（11）：1141-1149.

[4] FLIK M I，CHOI B I，GOODSON K E. Heat transfer regimes in microstructures[J]. Journal of Heat Transfer，1992，114（3）：666-674.

[5] VINCENTI W G，KRUGER C H. Introduction to physical gas dynamics[M]. New York：Wiley，1986.

[6] ZHANG Z，OUYANG Y，CHENG Y，et al. Size-dependent phononic thermal transport in low-dimensional nanomaterials[J]. Physics Reports，2020，860：1-26.

[7] SASANGKA W A，SYARANAMUAL G J，GAO Y，at el. Improved reliability of AlGaN/GaN-on-Si high electron mobility transistors（HEMTs）with high density silicon

nitride passivation[J]. Microelectronics Reliability, 2017, 76-77: 287-291.

[8] CHENG Z, MU F, YATES L, et al. Interfacial thermal conductance across Room-Temperature-Bonded GaN/Diamond interfaces for GaN-on-Diamond devices[J]. ACS Applied Materials & Interfaces, 2020, 12（7）: 8376-8384.

[9] 黄强, 顾明元. 金燕萍电子封装材料的研究现状[J]. 材料导报, 2000, 9（14）: 28-32.

[10] ZWEBEN C. Advanced materials for optoelectronic packaging[J]. Electronic Packaging and Production, 2002, 42（9）: 37-38, 40.

[11] ZWEBEN C. Ultrahigh-thermal-conductivity packaging materials[C]. Semiconductor Thermal Measurement and Management Symposium, 2005.

[12] OTT H J. Thermal conductive of composite materials[J]. Plastics & Rubber Processing & Application, 1981, 1（1）: 9-24.

[13] HASSELMAN D P H, JOHNSON L F. Effective thermal conductivity of composites with interfacial thermal barrier resistance[J]. Journal of Composite Materials, 1987, 21(6): 508-515.

[14] NAN C W, BIRRINGER R, CLARKE D R. Effective thermal conductivity of particulate composites with interfacial thermal resistance[J]. Journal of Applied Physics, 1997, 81（10）: 6692-6699.

[15] NAN C W, LI X P, BIRRINGER R. Inverse problem for composites with imperfect interface: determination of interfacial thermal resistance, thermal conductivity of constituents, and microstructural parameters[J]. Journal of the American Ceramic Society, 2000, 83（4）: 848-854.

[16] 周良知. 微电子器件封装: 封装材料与封装技术[M]. 北京: 化学工业出版社, 2006.

[17] 田民波. 电子封装工程[M]. 北京: 清华大学出版社, 2003.

[18] SADEHI E, BAHRAMI M, DJILALI N. Analytic solution of thermal spreading resistance: generalization to arbitrary-shape heat sources on a half-space[C]. ASME 2008 Summer Heat transfer Conference, 2008.

[19] MUZYCHKA Y, YOVANOVICH M, CULHAM J. Thermal spreading resistances in rectangular flux channels part 1: Geometric equivalences[C]. 36th AIAA Thermophysics Conference. Orlando: AIAA press, 2003.

[20] 程新广. （火积）及其在传热优化中的应用[D]. 北京: 清华大学, 2004.

[21] VENUGOPALAN D, SAHU S. Thermal expansion properties of cast Invar-typealloys [C]. Proceedings of the One Hundred First Annual Meeting of the American Foundrymen's Society, 1997.

[22] LUO D, SHEN Z. Oxidation behavior of Kovar alloy in controlled atmosphere[J]. Acta Metallurgica Sinica, 2008, 21（6）: 409-418.

[23] YAO J T, LI C J, LI Y, et al. Relationships between the properties and microstructure of Mo-Cu composites prepared by infiltrating copper into flame-sprayed porous Mo skeleton[J]. Materials and Design, 2015, 88: 774-780.

[24] GUI M，KANG S B，EUH K. Thermal conductivity of Al-SiCp composites by plasma spraying[J]. Scripta Materialia，2005，52（1）：51-56.

[25] KIM Y S，KWON N Y，JEONG Y K，et al. Fabrication of Cu-30 vol% SiC composites by pressureless sintering of polycarbosilane coated SiC and Cu powder mixtures[J]. Korean Journal of Materials Research，2016，26（6）：337-341.

[26] HUANG C，WANG H，CHENG P，et al. Preparation and characterization of the graphene-Cu composite film by electrodeposition process[J]. Microelectronic Engineering，2016，157：7-12.

[27] MA S，ZHAO N，SHI C，et al. Mo2C coating on diamond：Different effects on thermal conductivity of diamond/Al and diamond/Cu composites[J]. Applied Surface Science，2017，402：372-383.

[28] LONG X，BAI Y，ALGARNI M，et al. Study on the strengthening mechanisms of Cu/CNT nano vomposites[J]. Materials Science and Engineering A，2015，645：347-356.

[29] 刘骞. 非连续石墨/铜复合材料的制备与热性能研究[D]. 北京：北京科技大学，2016.

[30] HATHAWAY J A，BRUNONE D J，REYES M M. Method of producing an advanced RF electronic package：USO6261872B1[P]. 2001-07-17.

[31] 郭宇. 高导热铝硅合金设计制备及其导热机理[D]. 哈尔滨：哈尔滨理工大学，2020.

[32] SOLTANI S，KHOSROSHAHI R A，MOUSAVIAN R T，et al. Stir casting process for manufacture of Al-SiC composites[J]. Rare Metals，2015，36：581-590.

[33] 车子璠. 金刚石增强铝基复合材料界面形成机理及导热性能[D]. 北京：北京科技大学，2017.

[34] 黄宇. 高导热石墨膜/铝复合材料的设计、制备与性能研究[D]. 上海：上海交通大学，2017.

[35] PRASHER R，SHIPLEY J，PRSTIC S，et al. Thermal resistance of particle laden polymeric thermal interface materials[J]. Journal of Heat Transfer，2003，125（6）：1170-1177.

[36] PRASHER R. Thermal interface materials：historical perspective，status，and future directions[J]. Proceedings of the IEEE，2006，94（8）：1571-1586.

[37] TONG X C. Advanced materials and design for electromagnetic shielding[M]. Boca Raton：CRC Press，2009.

[38] PARK W，GUO Y，LI X，et al. High-performance thermal interface material based on few-layer graphene composite[J]. The Journal of Physical Chemistry C，2015，119（47）：26753-26759.

[39] PENG J，HUANG H，WEI T, et al. Experimental study on a novel Indium-based alloy thermal interface material with low contact thermal resistance[C]. Proceedings of the seventh asia international symposium on mechatronics. Singapore：Springer，2020.

[40] KEMPERS R，KERSLAKE S. In situ testing of metal micro-tectured thermal interface materials in telecommunications applications[C]. Journal of physics：Conference series，2014.

[41] COTTER T P. Theory of heat pipes[R]. Los Alamos Scientific Lab，1965.

[42] CHI S W. Heat pipe theory and practice[M]. New York：McGraw-Hill，1976.

[43] MA T Z，JIANG Z Y. Heat pipe research and development in China[J]. Heat Recovery Systems&CHP，1989，9（6）：499-512.

[44] 庄骏，张红. 热管技术及其工程应用[M]. 北京：化学工业出版社，2000.

[45] 勒明聪，陈远国. 热管及热管换热器[M]. 重庆：重庆大学出版社，1986.

[46] HEINE D，GROLL M. The Compatibility of organic liquid and industry material in heat pipe[C]. 5th IHPC，1985.

[47] 马卫东，吕长志，李志国，等. Arrhenius 方程应用新方法研究[J]. 微电子学，2011，41（4）：621-626.

[48] 李聪. 基于不同热负荷的超薄均热板传热传质特性研究[D]. 广州：华南理工大学，2018.

[49] 侯增祺，郭舜，邵兴国，等. 毛细抽吸两相回路（CPL）工作模型的试验研究[C]. 第四届全国热管会议，1994.

[50] GERASIMOV Y F，MAIDANIK Y F，SHCHEGOLEV G T，et al. Low-temperature heat pipes with separate channels for vapor and liquid[J]. Journal of Engineering Physics and Thermophysics，1975，28（6）：683-685.

[51] 赵小翔. CPL 技术在 FY-1C 卫星中的应用[J]. 上海航天（中英文），2001，18（2）：44-50.

[52] MAIDANIK Y F. Capillary-pump loop for the systems of thermal regulation of spacecraft[C]. Proceedings of the 4th European Symposium on Space Environmental and Control Systems，1991.

[53] GONCHAROV K A，NIKITKIN M N，GOLOVIN O A，et al. Loop heat pipes in thermal control systems for 'Obzor' spacecraft[C]. International Conference on Environmental Systems，1995.

[54] KURWITZ C，BEST F R. Experimental results of loop heat pipe start up in microgravity[C]. AIP Conference Proceedings，1997.

[55] LATAOUI Z，JEMNI A. Experimental investigation of a stainless steel two-phase closed thermosyphon[J]. Applied Thermal Engineering，2017，121：721-727.

[56] GROLL M，ROSLER S. Operation principles and performance of heat pipes and two-phase thermosyphons[J]. Journal of Non-Equilibrium Thermodynamics，1992，17（2）：91-151.

[57] INCROPERA F P，DEWITT D P，BERGMAN T L，et al. Fundamentals of heat and mass transfer[M]. New York：John Wiley & Sons，2011.

[58] CHI R G，CHUNG W S，RHI S H. Thermal characteristics of an oscillating heat pipe cooling system for electric vehicle Li-Ion batteries[J]. Energies，2018，11（3）：655.

[59] PARK N W，LEE W Y，KIM J A，et al. Reduced temperature-dependent thermal conductivity of magnetite thin films by controlling film thickness[J]. Nanoscale Research Letters，2014，9（1）：96.

Chapter 4

第 4 章

电子设备风冷技术

【概要】

本章介绍电子设备风冷技术,包括自然冷却和强迫风冷。风冷技术是目前在电子设备中应用最广泛的热设计技术之一,适用于热耗、热流密度较低,空间尺寸较大的场合。风冷技术的优点是设备结构相对简单、设备量少、可靠性高、易于维护,相较于其他冷却技术,风冷技术在安全性、可靠性、成本等方面具有明显优势。本章介绍自然冷却和强迫风冷的原理、强化方法、系统设计,以及典型风冷系统设计案例,可为电子设备风冷设计提供必要的参考。

4.1 自然冷却

4.1.1 自然冷却原理

自然冷却是一种不借助外部动力(如风机、泵和压缩空气等提供的动力)实现电子设备散热的冷却方式。自然冷却的基本原理为发热器件产生的热量经安装结构件传导至散热器,散热器温度上升,导致周围空气温度上升、密度降低,产生浮升力,形成空气自然对流,通过自然对流换热及散热器表面热辐射将产生的热量排到周围环境中。

典型电子设备自然冷却结构示意图如图 4-1 所示,其主要由发热器件和散热器等组成。热耗低或耐温较高的器件一般可直接通过器件表面散热。热耗高的器件,如微波功率器件,需要安装在散热器上,通过散热器向周围环境散热。自然冷却包括自然对流换热和辐射散热两部分,本节重点介绍自然对流换热,辐射散热将在后续章节展开介绍。

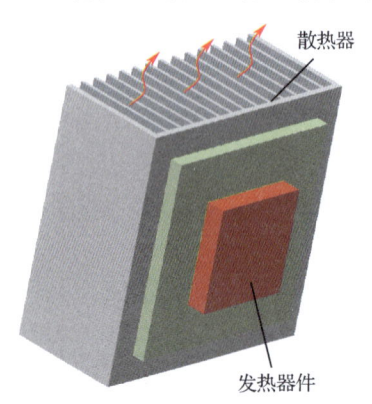

图 4-1 典型电子设备自然冷却结构示意图

自然冷却适用于热流密度较低、空间尺寸较大的电子设备。由于这种冷却方式无运动部件、免维护、零能耗，并且具有成本低、可靠性高等优势，被广泛应用于 LED 灯、通信基站、变压器等电子设备，如图 4-2 所示。

(a) LED 灯 　　　　(b) 通信基站 　　　　(c) 变压器

图 4-2　自然冷却电子设备

评估自然对流换热性能的基本计算公式是牛顿冷却公式，即

$$Q = \int h \Delta t \mathrm{d}A \tag{4-1}$$

式中，Q 为对流总传热量，单位为 W；h 为局部自然对流换热系数，单位为 W/(m²·K)；A 为对流换热面积，单位为 m²；Δt 为局部壁面温度 t_w 与环境温度 t_f 之差，单位为 ℃。

自然对流换热系数的计算准则方程为

$$\frac{hl}{\lambda} = C(\mathrm{GrPr})^n \tag{4-2}$$

$$\mathrm{Gr} = \frac{g\alpha\Delta t\, l^2}{\nu u_0} \frac{u_0 l}{\nu} = \frac{g\alpha\Delta t\, l^3}{\nu^2} \tag{4-3}$$

式中，Gr 为格拉晓夫数，是浮升力与黏滞力的比值，数值越大表明浮升力作用越强，空气流动越剧烈，换热性能越好；l 为特征长度，对于竖直放置的翅片，为翅片长度，单位为 m；λ 为热导率，单位为 W/(m·K)；C、n 为常数，与换热面的形状和位置、热边界条件及层流或湍流的不同流态有关；Pr 为普朗特数；g 为重力加速度，单位为 m/s²；$\alpha = 1/T$，为体积膨胀系数，其中 T 为壁面开尔文温度和环境开尔文温度的平均值；ν 为运动黏度，单位为 m²/s；u_0 为速度，单位为 m/s。自然对流是由流体自身温度场的不均匀所引起的，一般情况下，不均匀温度场仅发生在靠近换热壁面的薄层之内。在贴壁处，流体温度等于壁面温度 t_w，在离开壁面方向上逐步降低，直至达到周围环境温度 t_f。Δt 可认为是壁面温度 t_w 与环境温度 t_f 之差。

自然冷却在可靠性、成本等方面具有显著优势，因此也是最受青睐的热控技术之一，但散热能力低是制约其应用的关键因素。针对此问题，业内开展了广泛且深入的强化方法研究，以提升自然冷却的散热性能，扩展其应用范围。式（4-1）表明，自然冷却的强化途径主要包括对流换热系数强化和对流换热面积强化，具体强化方法详见 4.1.2 节。

4.1.2　自然冷却的强化方法

1. 对流换热系数强化

对流换热系数强化主要依据式（4-2）和式（4-3）对相关变量进行优化，以增大对流换

热系数。对于电子器件自然冷却,式(4-2)中 n 可取 0.25,自然对流换热系数的计算准则方程可写成如下形式:

$$\frac{hl}{\lambda} = C\left(\frac{g\alpha\Delta t l^3}{v^2}\frac{\rho c v}{\lambda}\right)^{0.25} \tag{4-4}$$

对式(4-4)进行简化,假设 $a = g\alpha\rho c / v\lambda$,仅与物性参数有关,且受温度的影响不大,则有

$$h = C\lambda a^{0.25}\left(\frac{\Delta t}{l}\right)^{0.25} \tag{4-5}$$

式中,λ、a 仅与物性参数有关。由式(4-5)可知,自然对流换热系数与空气温差和特征长度有关,增大空气温差的本质是提高浮升力,减小特征长度是为了破坏流动边界层,下面从这两个方面来介绍对流换热系数强化方法。

1)增大空气温差

常规的翅片散热器顶部为开放式结构,在进行自然冷却时外部冷空气会不断补充,翅间空气与外部冷空气温差小,浮升力低,翅间流速低。利用烟囱效应,在翅片顶部增加盖板形成封闭通道,以限制沿途新风补充,使翅片进出口空气温差增大,提高浮升力,从而提高翅间流速,增大对流换热系数。以某电子设备为例,在翅片顶部增加盖板形成封闭通道后,同一位置的空气流速从原来的 0.304m/s 增大至 0.382m/s,空气流速提升约 26%,热源温度降低 3℃以上,如图 4-3 所示。

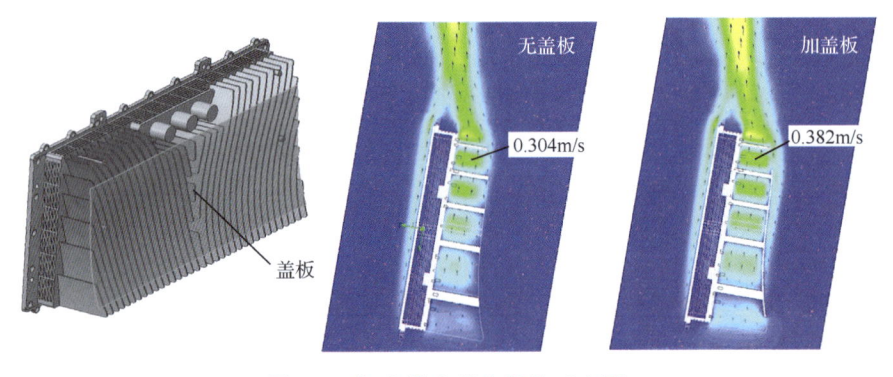

图 4-3 烟囱效应强化散热示意图

烟囱效应可对翅片间的自然上升气流产生加速作用,增大对流换热系数,但同时空气平均温度也会升高,导致壁面温度升高。在实际设计过程中可通过在盖板上开设通风孔增加外部冷空气的补给,兼顾空气温度和空气流速的需求,通过仿真迭代确定合理的盖板开孔结构形式,实现最优散热效果,如图 4-4 所示。

2)减小特征长度

当翅片长度较大时,空气在翅间自下而上流动,边界层不断变厚,相邻边界层之间发生合并,导致流阻增大,严重影响对流换热性能。对此可采用间断翅片和交错翅片两种形式来减小特征长度,以增大对流换热系数。

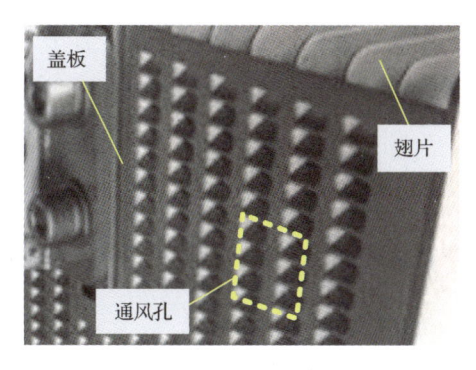

图 4-4　盖板开孔结构形式

间断翅片是指在翅片长度方向上加工多个间断，直接减小翅片的特征长度；使空气在翅片表面的流动边界层不断被破坏，以减小边界层厚度，提高对流换热性能。间断翅片边界层示意图及应用案例如图 4-5 所示。但随着间断数量的增加，散热面积减小，阻力升高，对流换热性能反而恶化。针对一个具体的自然散热翅片，间断数量存在最优值。例如，对于 600mm×300mm 的散热器，在相同翅片间距（30mm）、翅片高度（70mm）、间断宽度（10mm）的条件下，散热量为 200W，当间断数量为 8 个时，壁面平均温度最低，如图 4-6 所示。因此，自然冷却在增大对流换热系数的同时还需要考虑对流换热面积、流阻的影响，以使对流换热性能达到最佳。

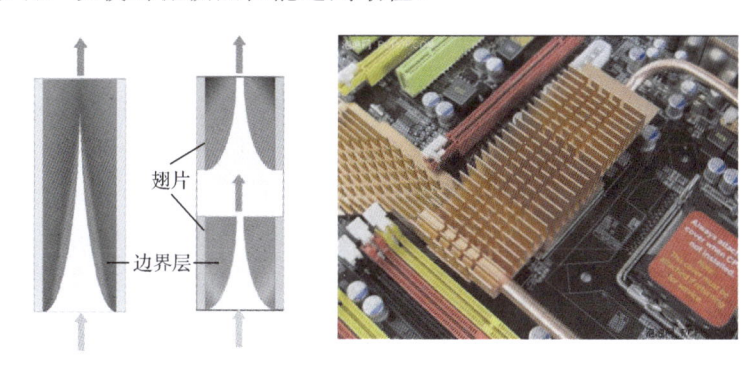

图 4-5　间断翅片边界层示意图及应用案例

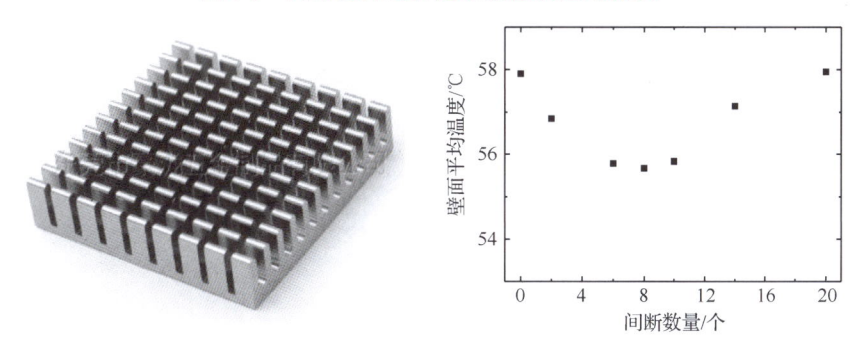

图 4-6　壁面平均温度随间断数量的变化情况

在间断翅片的基础上还发展出一种交错翅片，沿流动方向相邻翅片发生横向错位，如图 4-7 所示。通过翅片交错设计，可以进一步增强翅片间的扰动，抑制边界层发展，实现减小特征长度的目的,从而提高散热性能。例如,对于上述间断数量为 8 个的散热器,当散热量为 200W 时,交错翅片表面平均温度相比间断翅片可降低 2.6℃。

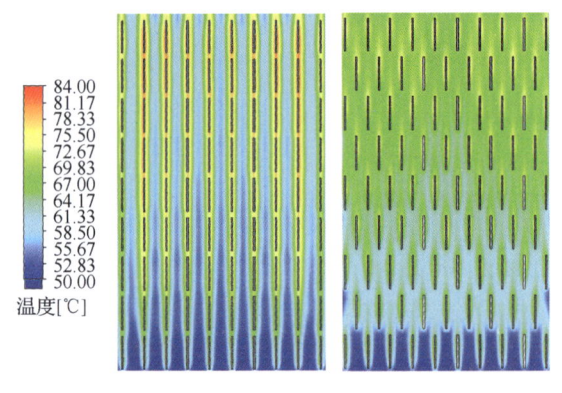

图 4-7 间断翅片与交错翅片的温度场对比

2. 对流换热面积强化

对流换热面积强化最直接的方式是在电子器件表面安装翅片散热器,以有效增大散热面积。增大翅片散热器散热面积的措施有增加翅片数量、增加翅片高度及增大散热器底板有效散热面积。

1) 增加翅片数量

在散热器底板尺寸不变的情况下,增加翅片数量可以显著增大翅片散热器的表面积,从而提高自然对流换热能力。然而,当翅片数量增加到一定程度时,会导致翅片间距过小,翅片相邻边界层相互重叠,从而导致流阻增大,平均对流换热系数减小,自然散热性能恶化。因此,存在一个最佳翅片间距,使对流换热面积和对流换热系数的综合强化效果最优,在设计中需要重点关注。在恒壁温的理想条件下,最佳翅片间距的计算公式为

$$S = 2.71(Ra_L/L^4)^{-1/4} \quad (4\text{-}6)$$

式中,Ra_L 是以翅片长度 L 为特征长度的瑞利数。

某基站翅片散热器如图 4-8 所示,翅片长度 $L=600\text{mm}$。根据式(4-6)计算,最佳翅片间距 S 为 16mm,与实际优化结果基本一致。

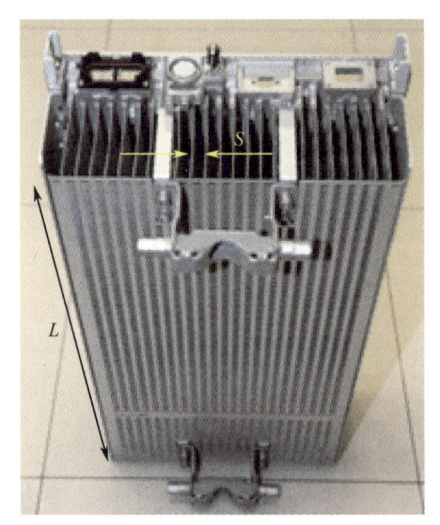

图 4-8 翅片散热器

2) 增加翅片高度

在翅片数量一定的情况下,增加翅片高度也可以增大对流换热面积。但是翅片温度从翅根沿高度方向逐渐降低,翅顶温度 t_H 为翅根温度 t_0 与环境温度 t_f 之间的某个值,换热量不断减小。以如图 4-9 所示的等截面矩形翅片为例,翅顶温度与环境温度之差为

$$t_H - t_f = \frac{t_0 - t_f}{\cosh(mH)} \tag{4-7}$$

式中，$m = \sqrt{hP/\lambda A_c}$，其中 h 为换热系数，P 为翅片截面周长，λ 为翅片热导率，A_c 为翅片截面积。翅顶过余温度定义为 $\frac{t_H - t_f}{t_0 - t_f} = \frac{1}{\cosh(mH)}$，当 $mH \approx 3$ 时，翅顶温差 $t_H - t_f$ 仅约为翅根温差 $t_0 - t_f$ 的十分之一，如图 4-10 所示。翅片的总散热量 Φ 为

$$\Phi = \lambda A_c m(t_0 - t_f)\tanh(mH) \tag{4-8}$$

当 h、λ、b、δ 及 $t_0 - t_f$ 一定时，式（4-8）反映出翅片散热量与翅片高度之间的关系，可写成无量纲形式，即 $\frac{\Phi}{\lambda A_c m(t_0 - t_f)} = \tanh(mH)$。从图 4-10 中可以看出，当翅片高度较小时，散热量随翅片高度的增大而增大，当 $mH \approx 3$ 时，散热量达到最大值。继续增大翅片高度，无助于散热量的增加，反而会造成质量、体积增大和材料浪费。通常采用翅片效率，即翅片实际散热量与假设整个翅片表面处于翅根温度时的散热量之比来表示翅片的强化效果：

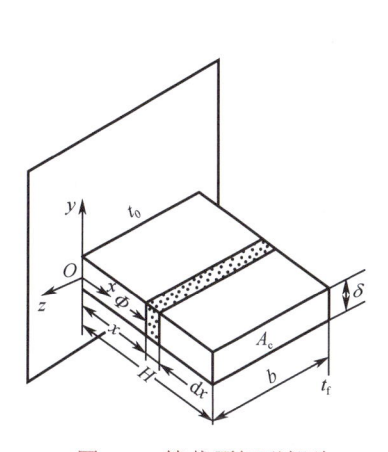

$$\eta = \frac{\tanh(mH)}{mH} \tag{4-9}$$

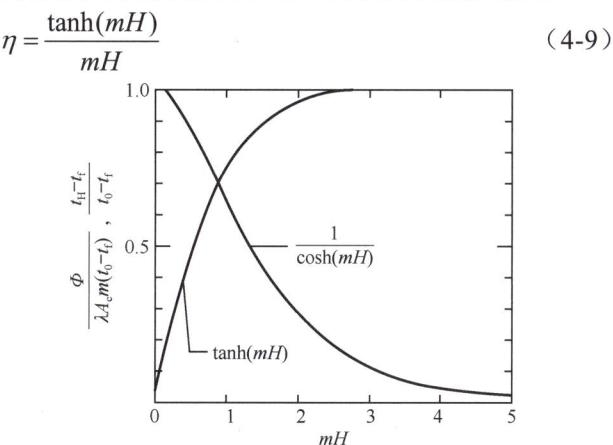

图 4-9　等截面矩形翅片　　　图 4-10　翅片的总散热量和翅顶过余温度随翅片高度的变化曲线

因此，在 mH 不能进一步增大的条件下，为了增大翅片高度 H，可以减小 m，即增大热导率 λ，进而增大有效对流换热面积。增大翅片的热导率可借助相变传热技术实现，如采用高导热吹胀热管型翅片（见图 4-11），利用翅片内的工质进行相变传热，等效热导率较常规铝翅片可增大 10 倍以上。

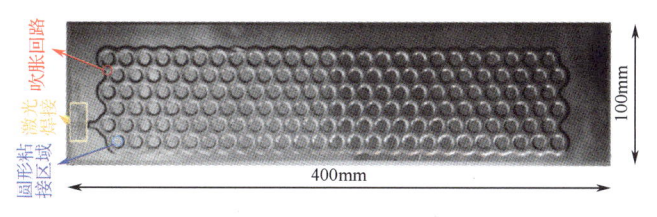

图 4-11　高导热吹胀热管型翅片

3）增大散热器底板有效散热面积

电子设备中发热芯片的封装尺寸一般较小，属于典型的点热源，在发热芯片的外部安装散热器，其底板面积通常大于发热芯片的面积。然而，与增加翅片高度类似，受材

料导热性能的制约，随着散热器底板面积的不断增大，边缘散热区域的温度与环境温度之差减小，热量难以在散热器底板上有效扩展，呈现中间高、四周低的温度分布，限制了有效散热面积的增大。因此，在增大散热器底板面积的同时，需要考虑散热器底板的导热性能，以增大有效散热面积，消除热点。

通常采用高导热材料（如热解石墨、高导热石墨烯复合材料等）或相变传热元件（如热管、均温板等）提高散热器底板的导热性能。工程上在散热器底板内埋热管或直接采用均温板作为散热器底板，如图4-12所示，热导率达铝合金的十倍甚至几十倍，可将热源处的热量向四周高效扩展，提高散热器底板的热扩展效率，起到"削峰填谷"的效果。

图4-12 热管散热器与均温板散热器

类似于翅片效率，也可以定义散热器底板的热扩展效率，即散热器底板实际散热量与假设整个底板表面处于热源中心温度时的散热量之比来表示底板的扩热效果：

$$\eta = \frac{Q}{hA(t_w - t_f)} \quad (4\text{-}10)$$

在总散热量不变的条件下，热管/均温板散热器上对应的底板热扩展效率越高，热源位置的温度 t_w 就越低。对于尺寸为 30mm×30mm 的 20W 热源及尺寸为 0.2m×0.2m 的散热器，将普通散热器改为均温板散热器后，散热器底板有效散热面积从 $0.0272m^2$ 增大至 $0.038m^2$，热扩展效率由 68%提高至 96%，热源温度可降低 3.5℃，底板温差从 4.9℃减小至 0.5℃，如图4-13（a）所示。随着热流密度的升高，如热源功率增大至40W，底板的热扩展效率由63%提高至95%，温度可降低7℃，如图4-13（b）所示。由此可见，在高热流密度下，增大散热器底板有效散热面积对于强化换热更有效，在低热流密度下一般不需要均温板散热器也是这个原因。

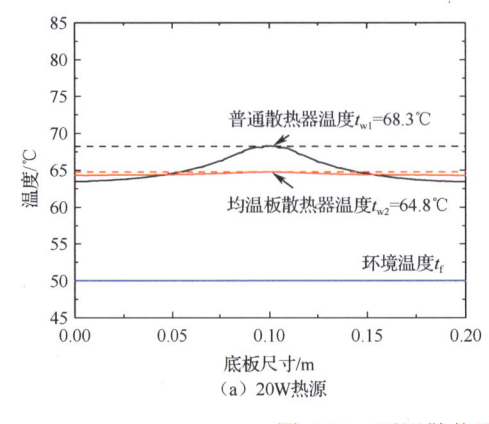

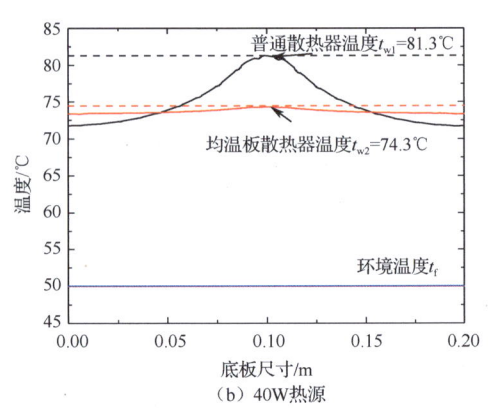

（a）20W热源

（b）40W热源

图4-13 不同散热器底板温度分布示意图

3. 协同强化

由以上强化方法可以看出,在对自然冷却性能进行优化时需要综合考虑对流换热系数和对流换热面积的影响,持续增大对流换热面积可能会导致流阻增大,反而减小对流换热系数。因此,两者相互耦合存在一个最优结构,可使综合换热效果最好,工程上一般借助设计经验和仿真分析对散热结构进行迭代优化,但缺乏理论支撑。清华大学过增元院士从机理上揭示了两者的相互影响,从流场和温度场相互配合的角度提出了对流换热强化的场协同原理:速度与温度梯度之间的协同越好,在其他条件相同的情况下换热就越强烈。

场协同效应示意图如图 4-14 所示,采用速度与温度梯度的局部夹角(协同角)β 作为反映局部协同性的指标,速度与温度梯度的夹角越偏离 90°,矢量点积的绝对值就越大,换热效果越好,如式(4-11)所示。当速度与温度梯度垂直时,流体中只发生导热,矢量点积为 0,无论流速多大都对传热强化毫无效果,此时换热效果最差。当速度与温度梯度同向时,是最理想的对流传热,此时对流传热与流体速度成正比,换热效果最佳。

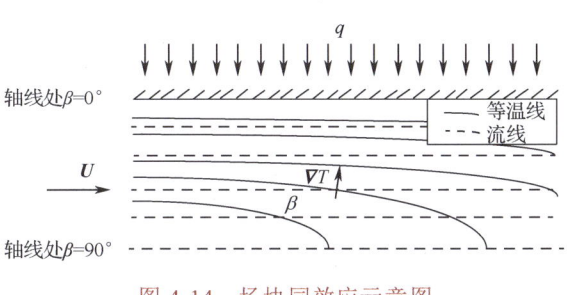

图 4-14 场协同效应示意图

$$\boldsymbol{U} \cdot \nabla T = |\boldsymbol{U}||\nabla T|\cos\beta \tag{4-11}$$

基于场协同原理分析不同结构形式翅片的协同角分布,如图 4-15 所示,其中树叶形翅片的速度与温度梯度的平均协同角最小,相较平直翅片减小了 4.62°,温度降低了 2.2℃。场协同原理揭示了强化传热的物理机制,基于场协同原理可以定量评估不同强化方法的换热强化效果,找出强化结构中的瓶颈并进行针对性的优化。

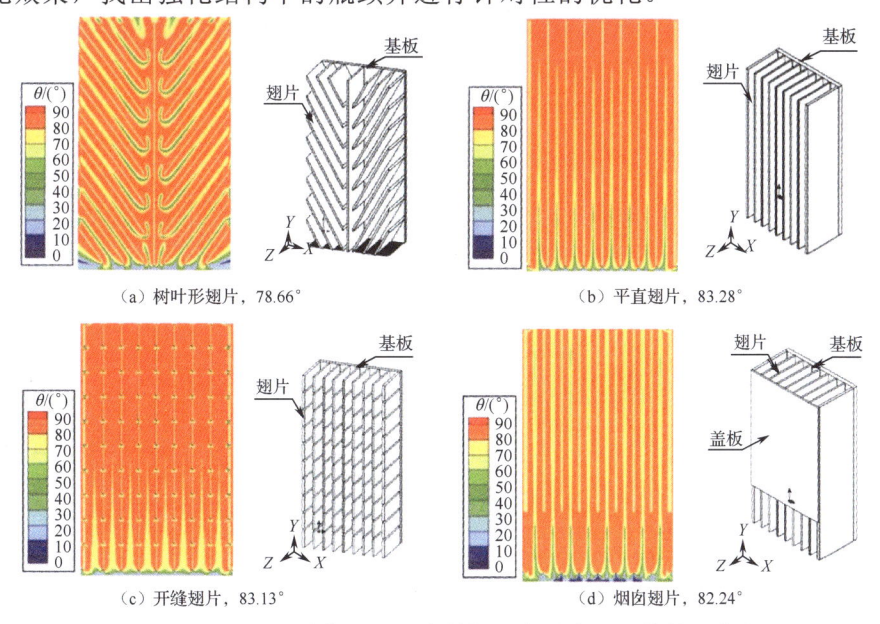

(a) 树叶形翅片,78.66°

(b) 平直翅片,83.28°

(c) 开缝翅片,83.13°

(d) 烟囱翅片,82.24°

图 4-15 不同结构形式翅片的协同角分布和平均协同角

综上，自然冷却的强化方法主要有对流换热系数强化、对流换热面积强化及协同强化，具体包括烟囱效应、间断翅片、热管、高导热吹胀热管型翅片等。在实际应用中可根据项目具体边界条件组合使用各种强化方法，进一步提高自热冷却能力，扩展可靠、低成本自然冷却强化方法的应用范围。

4.2 强迫风冷

4.2.1 强迫风冷原理

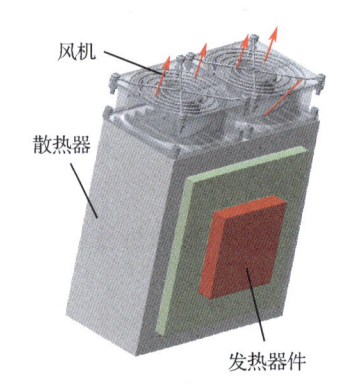

当电子设备的热流密度较高时，单靠自然冷却已不能有效解决散热问题，需要采用强迫风冷等其他冷却方式。强迫风冷是指利用风机等机械设备驱动空气流经电子设备或散热器，将电子设备产生的热量排到自然环境中，确保器件温度在允许范围内。强迫风冷装置的结构示意图如图 4-16 所示。

相比自然冷却，强迫风冷的空气流速更大，散热能力更强，产品结构设计更为灵活，适用于较大功率电子设备的散热，如个人计算机、服务器、新能源电池、高功率电源等。强迫风冷散热设备如图 4-17 所示。

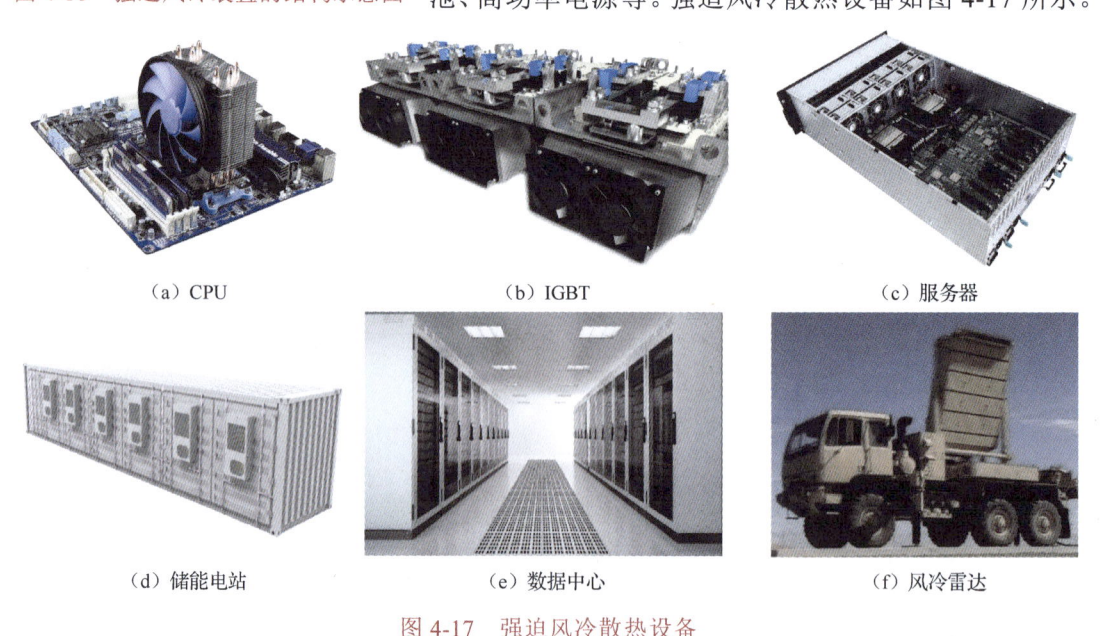

图 4-16 强迫风冷装置的结构示意图

(a) CPU　　(b) IGBT　　(c) 服务器

(d) 储能电站　　(e) 数据中心　　(f) 风冷雷达

图 4-17 强迫风冷散热设备

强迫对流换热性能的基本计算公式与自然对流换热性能一致，如式（4-1）所示。强迫对流换热系数的计算准则方程为

$$h_c = Jc_p G \text{Pr}^{-2/3} \tag{4-12}$$

式中，J 为考尔本数；c_p 为定压比热容，单位为 J/(kg·℃)；G 为单位面积质量流量，单位为 kg/(m²·s)；Pr 为普朗特数。

考尔本数 J 取决于雷诺数及风道结构尺寸与形状。当 200≤Re≤1800、风道高宽比大于或等于 8 时，有

$$J = \frac{6}{\text{Re}^{0.98}} \tag{4-13}$$

当风道高宽比等于 1 时，有

$$J = \frac{2.7}{\text{Re}^{0.95}} \tag{4-14}$$

当 10000≤Re≤120000 时，有

$$J = \frac{0.023}{\text{Re}^{0.2}} \tag{4-15}$$

与自然冷却类似，强迫风冷的强化也可以从对流换热系数和对流换热面积两个方面入手。

4.2.2 强迫风冷的强化方法

1. 对流换热系数强化

根据式（4-12）～式（4-15），强迫对流换热系数的计算准则方程可写为

$$h_c = mv^{n-2/3}(\rho c \lambda^2)^{1/3} \frac{u^{1-n}}{l^n} \tag{4-16}$$

式中，u 为流速；l 为特征长度；v、ρ、c、λ 均为物性参数；m、n 为常数，与风道尺寸和雷诺数有关。由此可知，强迫对流换热系数与流速和特征长度有关，下面主要从这两个方面进行介绍。

1）提高流速

对于强迫风冷，提高流速是增大对流换热系数最直接的方式。可以使用性能更强的风机，通过增大空气流量来提高流速。但是当流速升高到一定程度时，表面温度的降低幅度不断减小，此时的降温主要源于翅片内空气平均温度的降低。不同翅片间距的翅片散热器如图 4-18 所示。对于翅片间距为 5mm 的翅片散热器，流速从 4.6m/s 升高至 9.3m/s 温度约可降低 60℃，而流速从 13.9m/s 升高至 18.5m/s 温度仅降低 6℃，如图 4-19 所示。因此，对于该散热结构，流速不宜超过 14m/s。对于翅片间距为 20mm 的翅片散热器，流速从 13.9m/s 升高至 18.5m/s 温度可降低 15℃。因此，不同翅片结构，即使流速提高幅度相同，换热效果也存在较大差异。同时，随着流速的不断提高，散热器流阻显著增大，会导致系统功耗和噪声显著提升。因此，存在一个最优流速。表面温度的降低幅度有限，不能导致过大的流阻，并且不同散热结构的最优流速也不同，需要根据实际情况分析优化。

图 4-18 不同翅片间距的翅片散热器

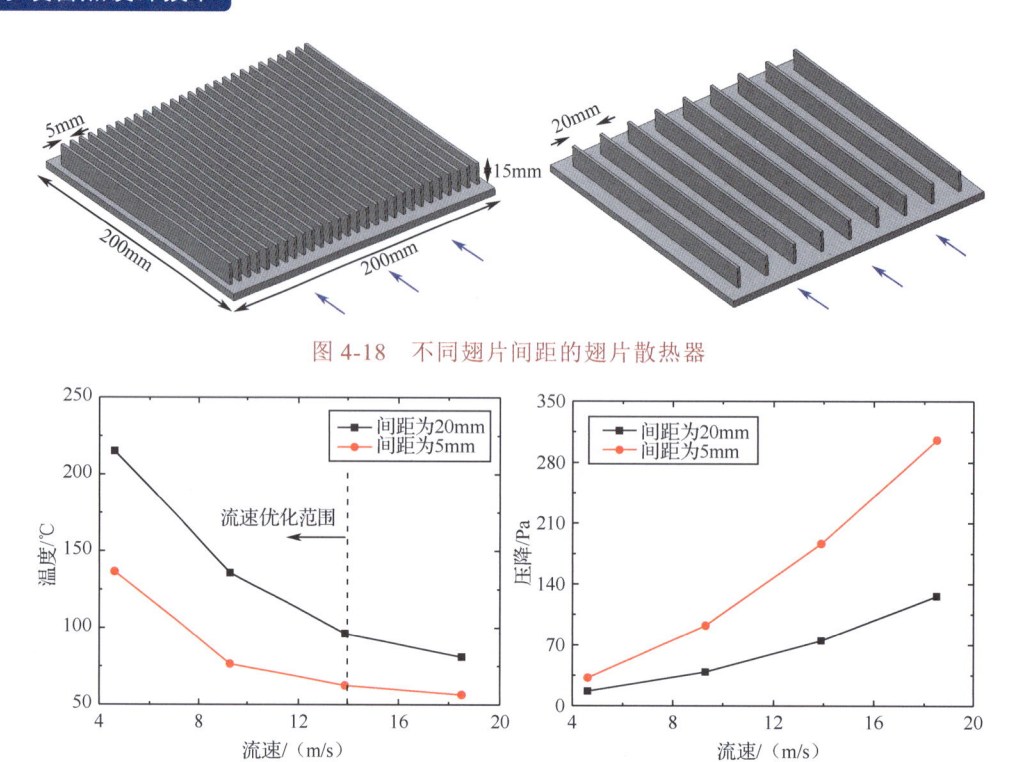

图 4-19 温度和压降随流速的变化情况

2）减小特征长度

与自然冷却类似，当沿流动方向的翅片长度较大时，边界层不断变厚，严重影响对流换热性能。因此，采用间断翅片来减小特征长度也可用于强迫风冷的对流换热系数强化。如图 4-20 所示，某翅片强迫风冷冷板的翅片间距为 5mm，间断距离为 10mm。在热流密度为 $0.3W/cm^2$、风量为 $20m^3/h$、空气温度为 20℃ 的条件下，间断数量对散热性能的影响如图 4-21 所示。随着间断数量进一步增加，对流换热面积减小，反而导致换热性能恶化。此外，与自然冷却边界条件不同，强迫风冷需要由风机提供动力，间断数量越多，流动压降就越大，这对风机性能提出了更高的要求，需要结合实际条件进行优化设计。

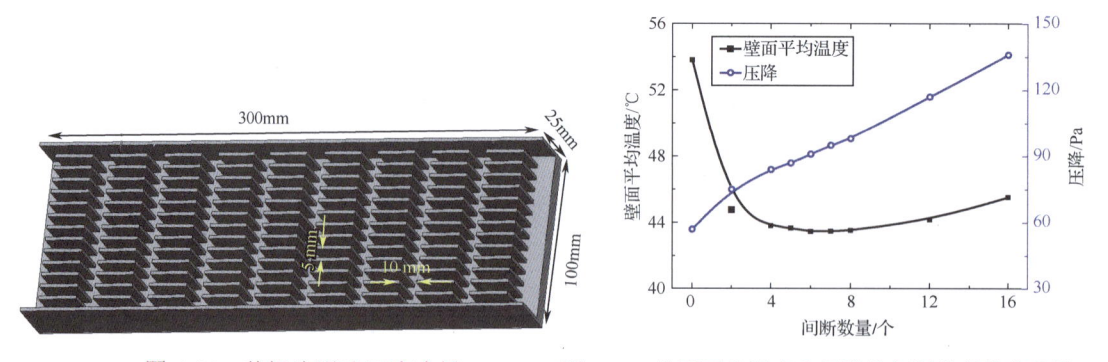

图 4-20 某翅片强迫风冷冷板

图 4-21 壁面平均温度和压降随间断数量的变化情况

在平直翅片的基础上，还可以将翅片压成波纹、锯齿等形状，以减小特征长度，如图 4-22 所示。当空气在其中流动时，流向会不断地改变形成紊流，从而减小边界层厚度，强化换热效果。常见的波纹翅片有梯形波纹翅片、三角形波纹翅片、正弦波纹翅片等。一般来说，波幅越大，波纹越密集，对换热效果的强化越明显，但流阻也会越大。同时，弯曲结构的设计也是一个挑战，其加工难度大且成本高，因此不能无限制地增大波幅和波纹密度，应使两者达到最优匹配。

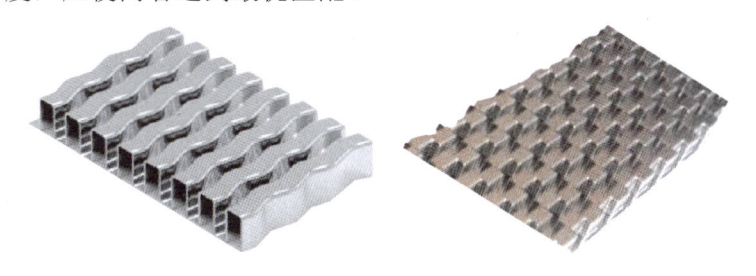

图 4-22　波纹翅片和锯齿翅片

此外，还可在风道的合适位置安装涡发生器，以产生旋涡强化扰动，打破边界层的不断发展，实现与减小特征长度相同的效果，其散热性能的强化效果为 10%～100%。散热性能强化取决于旋涡的强度、旋向、走向和涡间的相互干扰等，而这些与涡发生器的结构、形状、大小、方位、数量等因素有关，同时也需要考虑流阻增大对系统的影响，平衡散热性能与流阻增大之间的矛盾。常见的涡发生器结构主要有三角形和矩形翼结构，以及立方、半球和锥形突出结构等，如图 4-23 所示。

(a) 三角形和矩形翼结构　　(b) 立方、半球和锥形突出结构

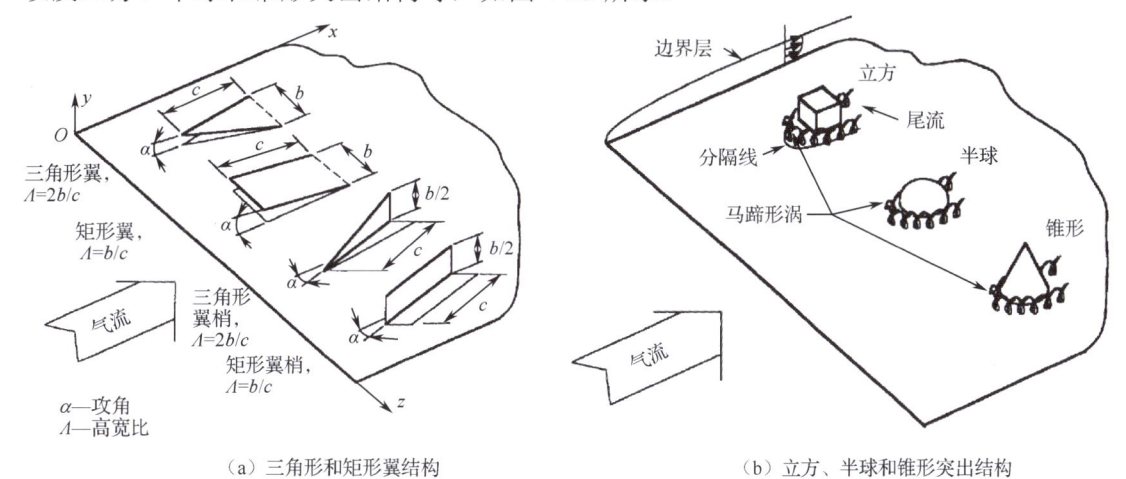

图 4-23　常见的涡发生器结构

以上方法是通过改变结构实现无源强化散热的。由于实现强迫风冷本就需要消耗外界能量，因此将外界能量直接对换热位置进行输出，实现有源强化换热，是一种可行的选择。佐治亚理工大学封装研究中心提出了用于强化风冷散热的微射流冷却技术。压电射流激励器的原理示意图及其实验纹影图如图 4-24 所示。通过对压电陶瓷施加周期性交流电压信号，振子发生上下反复振动，引起腔内气体压强变化，在出口处发生周期性"吹吸"现象形成射流。射流冷却时空气沿法向冲击传热表面，速度与温度梯度的协同性最好，具有很高的传热效率。微射流冷却技术作为一种典型的主动控制技术，具有无气源管路、无转动部件、结构紧凑、易于控制等优点。

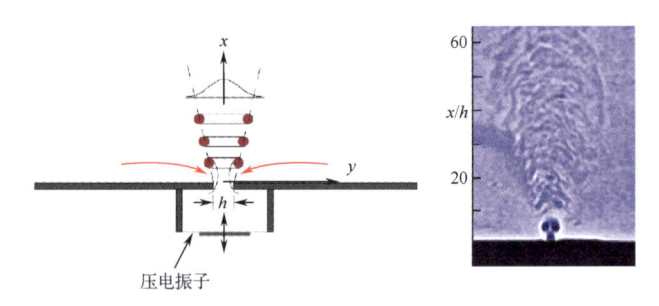

图 4-24　压电射流激励器的原理示意图及其实验纹影图

基于相同原理，Frore Systems 公司开发出一款主动散热器 Airjet，如图 4-25 所示。利用 MEMS 技术制造的微小压电薄膜以超声波频率振动，产生强大的气流，使冷空气通过顶部的通风口进入散热器，并从侧边的通风口带走芯片产生的热量。在一些小型化应用场景中，该散热器比传统风机更有优势。然而其环境适应能力还需要进一步验证，如验证黏附的微粒是否会改变膜的共振特性，从而影响换热性能等。

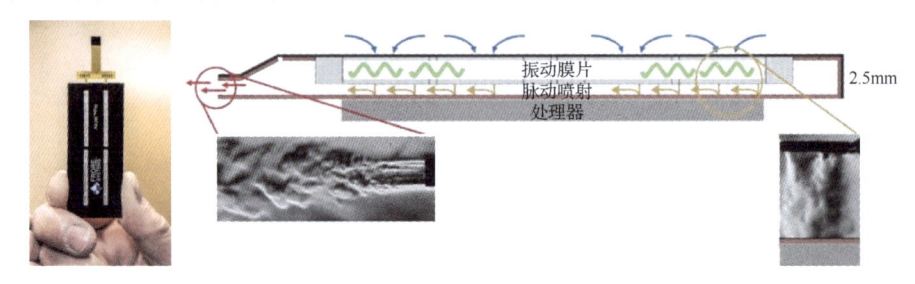

图 4-25　Airjet 散热器的实物图及工作原理示意图

2. 对流换热面积强化

1）增大翅片面积

强迫风冷增大翅片面积的方法与自然冷却相似，可以通过增加翅片数量和高度实现。由于强迫风冷具有外部动力，因此可以适当牺牲一部分流阻来进一步增大翅片面积。强迫风冷翅片有拉制翅片、扣压翅片、铲齿翅片等，如图 4-26 所示。这类翅片具有翅片间距小、翅片高宽比大的特点，相比自然冷却翅片，其换热面积更大，可以显著增大对流换热面积。与自然冷却对流换热面积强化类似，强迫风冷的翅片结构也存在最佳翅片高度和翅片间距，主要与风机的性能参数有关，在设计时需要综合考虑，找到最佳结构尺寸。

（a）拉制翅片　　（b）扣压翅片　　（c）铲齿翅片

图 4-26　强迫风冷翅片

2）增大散热器底板有效散热面积

与自然冷却对流换热面积强化增大散热器底板有效散热面积相同，高导热材料（如热解石墨、高导热石墨烯复合材料等）及相变传热元件（如热管、均温板等）也可用于强迫风冷提高散热器底板的导热性能，实现"削峰填谷"、降低热源温度的目的。此外，热管及均温板散热器还具有热量搬迁作用，可以提高散热器表面不同发热芯片的温度均匀性，有效利用散热面积。

例如，某电子设备工作在海拔 15 000m 的高空，空气温度低至-60℃，但由于空气密度小，仅为 0.19kg/m^3，因此在风机相同体积流量（16m^3/h）的条件下，质量流量显著减小，散热器进出口温升达 120℃。若采用传统的铝散热器，则进出口不同位置的局部热流密度基本相同，在相同对流换热系数情况下对流温升差异不大。在散热器进口区域空气温度低，器件温度较低，而在散热器出口区域受到上游器件加热的影响，空气温度显著升高，器件温度也升高，导致进出口器件温差达 20℃以上，如图 4-27 所示，严重影响电子设备性能。若在散热器底板内嵌入热管，则发热器件的温差可控制在 2℃以内。其原因在于，借助热管的超高导热性能，将下游发热器件产生的热量向上游搬迁，提高进口处散热功率，增大对流温升，提高上游发热器件温度。同时减少下游区域的散热量，减小出口处器件温升，将陡峭的温度分布曲线"拉平"，面积扩展效率从 80%提高至 96%以上，如图 4-28 所示。

图 4-27 铝翅片散热器温度分布

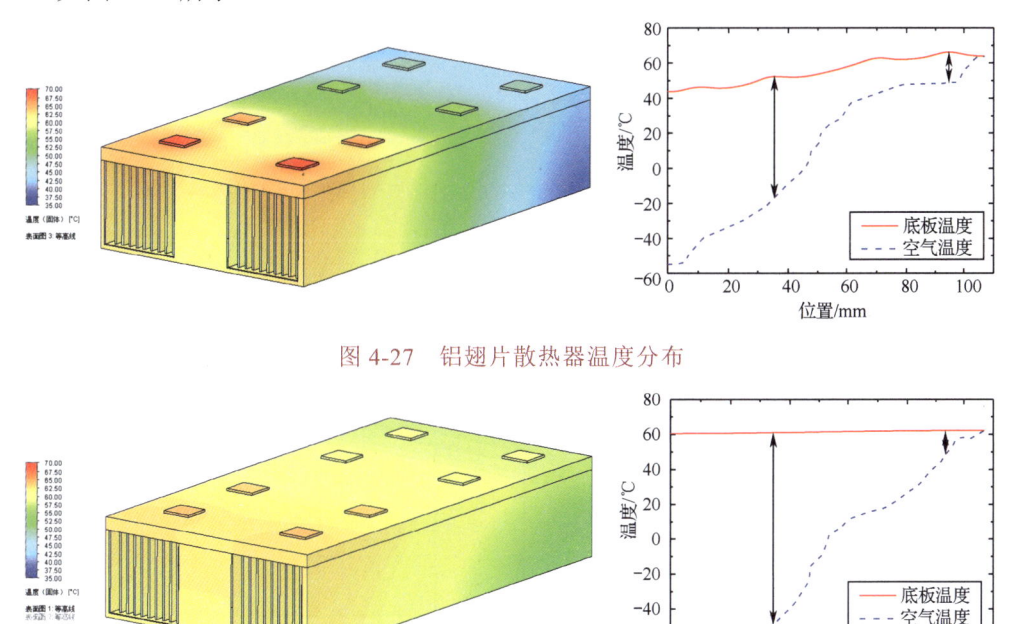

图 4-28 热管翅片散热器温度分布

3．协同强化

虽然强迫风冷借助风机可以提高流速，进而强化对流换热性能，但流速不可能无限提高，一方面流速的提高对风机性能与能耗提出了更高的要求，另一方面对流换热系数的增大幅度随流速的提高而不断减小。因此，在外部资源有限的情况下，需要找到散热性能和系统能耗的平衡。

借助场协同原理可以揭示散热性能和流阻特性的内在关系，并评估不同结构的综合性能。假设速度与温度梯度之间的夹角（协同角）为 β，速度和压力梯度之间的夹角（协同角）为 θ。基于场协同原理，当 β 的平均值小于 90° 时，β 越小，对流换热系数越大。θ 的平均值越小，驱动流体运动的能耗越低。

$$\beta = \arccos \frac{\boldsymbol{U} \cdot \nabla T}{|\boldsymbol{U}||\nabla T|} \tag{4-17}$$

$$\theta = \arccos \frac{\boldsymbol{U} \cdot \nabla P}{|\boldsymbol{U}||\nabla P|} \tag{4-18}$$

可以据此评估不同结构的优化效果。例如，在对波纹翅片进行优化时，借助协同角综合分析不同折弯半径和翅片间距对换热与流动特性的影响。原型和改进型波纹翅片通道示意图如图 4-29 所示。分析结果如图 4-30 所示，当入口空气速度为 5～9m/s 时，改进型波纹翅片的速度与温度梯度的协同角 β 始终比原型波纹翅片的小，表明改进型波纹翅片的速度与温度梯度的协同性更好，换热性能提高 5%。同时改进型波纹翅片的速度与压力梯度的协同角 θ 也始终比原型波纹翅片的小，在入口空气速度较小时协同角 θ 减小的幅度更大，流阻减小 14%。

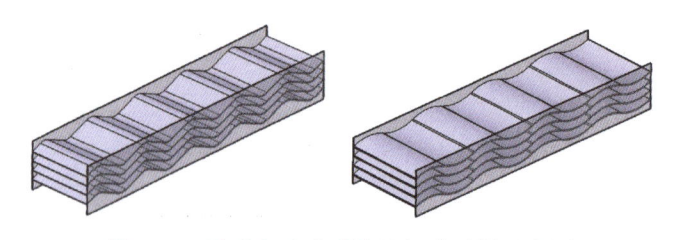

图 4-29 原型和改进型波纹翅片通道示意图

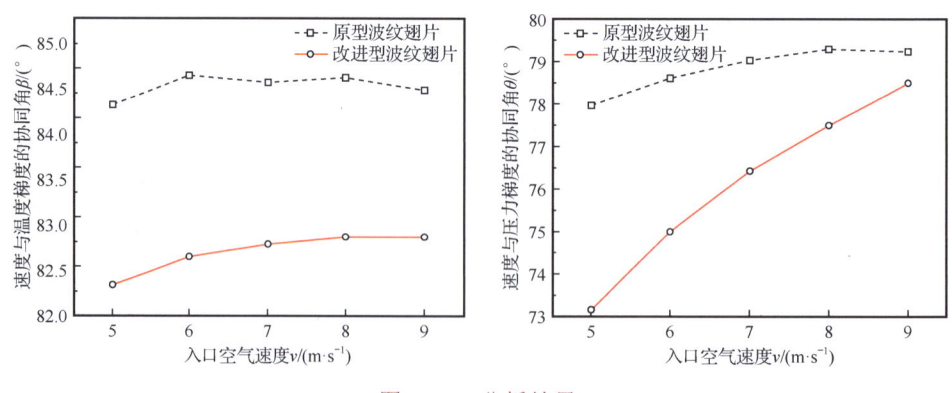

图 4-30 分析结果

场协同原理可以用来定量评估各种结构的流阻和散热的综合特性，是检验各种散热手段优劣的有效依据。同时，协同强化为减小流阻、强化散热结构的优化指出了方向，基于场协同原理找出流动与传热过程中局部协同性最差的位置，在该处采取针对性措施，可以有效提升整体的协同效果。

4.3 典型风冷系统设计案例

自然冷却系统的设计较为简单，不需要外部冷却资源，主要从散热需求入手进行设计优化，兼顾加工成本、质量等因素，但需要注意大型系统在自然对流条件下的热量累积会导致温度差异大的难题。强迫风冷的设计相对复杂，典型强迫风冷系统的设计流程如图4-31所示。强迫风冷系统设计需要先根据设备的散热需求确定冷却资源，对风冷组件进行设计，确定整个系统所需的冷却资源（Down-Top）。再进行气流组织设计，确定风道结构，从而对冷却资源进行分配，并对资源分配情况和散热指标进行校核，确保冷却资源的合理分配（Top-Down）。以上过程循环进行，直到满足整体散热需求为止。在整个设计过程中，还需要充分考虑其他边界条件对结构设计进行迭代优化，在保证散热性能的前提下满足其他边界条件（如噪声和成本）的要求。

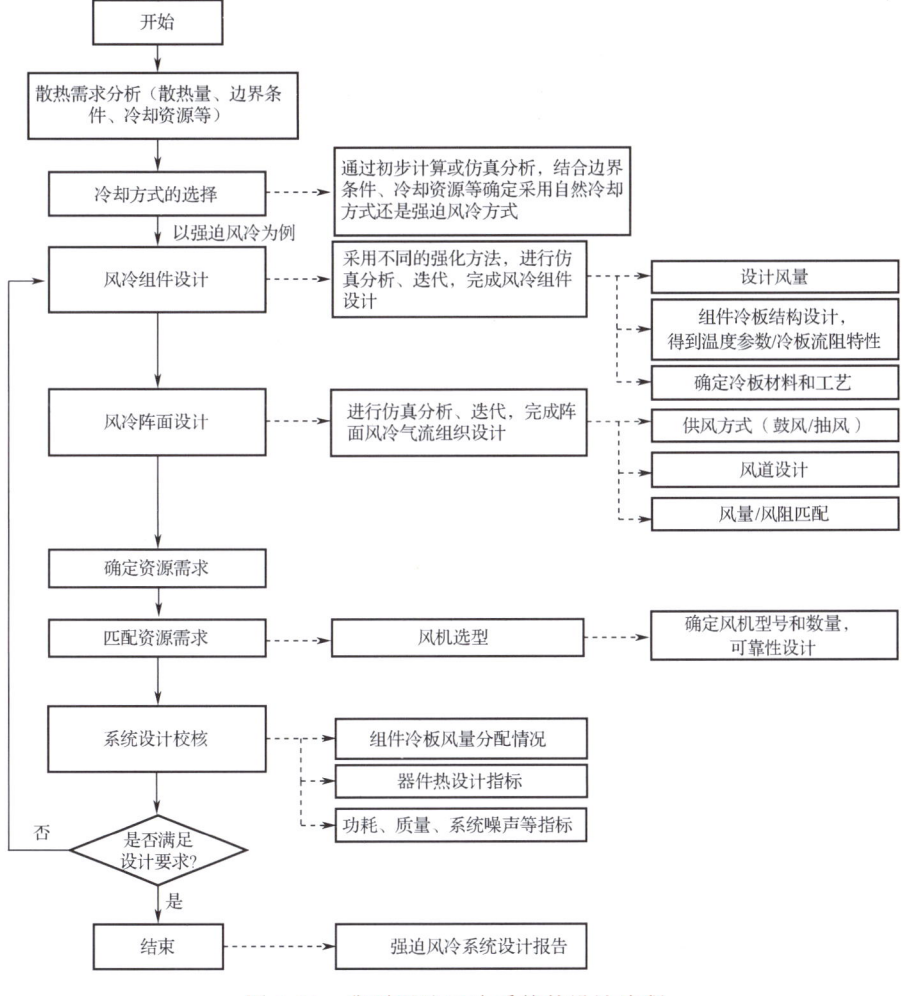

图 4-31 典型强迫风冷系统的设计流程

本节以某雷达阵面为例,介绍强迫风冷系统设计,主要包括以下6点。

(1) 综合考虑散热量、边界条件、冷却资源、加工成本等因素,分析散热需求和设计目标。

(2) 对比不同冷却方式的散热性能,初步确定冷却方式。

(3) 进行风冷组件设计,采用不同的强化方法,进行仿真分析、迭代,对比散热性能,最终确定散热器结构、风量、流阻等参数。

(4) 合理布局风冷组件,设计阵面单个模块的供风方式及风道结构,并进行气流组织优化,确保风量分配满足风冷组件需求,确定系统所需冷却资源。

(5) 根据系统流阻曲线进行风机选型,并综合考虑空间布局、可靠性指标等因素,确定风机型号及数量。

(6) 系统设计校核,确认总资源分配情况,校核设计是否满足指标要求。

4.3.1 散热需求分析和冷却方式选择

1. 主要指标要求

(1) 环境温度为-40℃～50℃。
(2) 芯片热流密度≥32W/cm^2。
(3) 芯片壳温≤115℃。
(4) 芯片温度一致性≤±4℃。
(5) 阵面噪声≤85dB(A)。

2. 散热需求分析

(1) 该雷达采用大功率风冷组件,热流密度高,芯片温度一致性要求高,且所处环境最高温度达50℃,风冷散热难度大。

(2) 天线阵面对结构轻薄化要求较高,阵面尺寸受限,集成度高,风冷静压腔尺寸受限,风量分配均匀性、不同位置芯片的温度一致性设计困难。

(3) 装备对任务可靠性和噪声的要求高,需要合理设计系统,降低对风机压头和风量的需求,并进行冗余备份,以提高任务可靠性。

3. 冷却方式选择

根据结构尺寸、边界条件进行初步设计,风冷散热器底板面积为1400cm^2,核算出散热器表面热流密度约为0.21W/cm^2,超出自然散热能力(最高为0.08W/cm^2),强迫风冷可满足散热需求,因此选择强迫风冷方式。

4.3.2 风冷组件设计

风冷组件主要由射频前端、电源模块及其他低热耗器件等组成,其外形图如图4-32

所示。热耗较高的为射频前端功放芯片，功放芯片的传热过程如图4-33所示，其热量依次经过载片、壳体及界面材料传递至风冷冷板。其他位置的器件，如电源模块等的热量通过界面材料直接传递至风冷冷板。热量最终通过空气对流换热排到周围环境中。

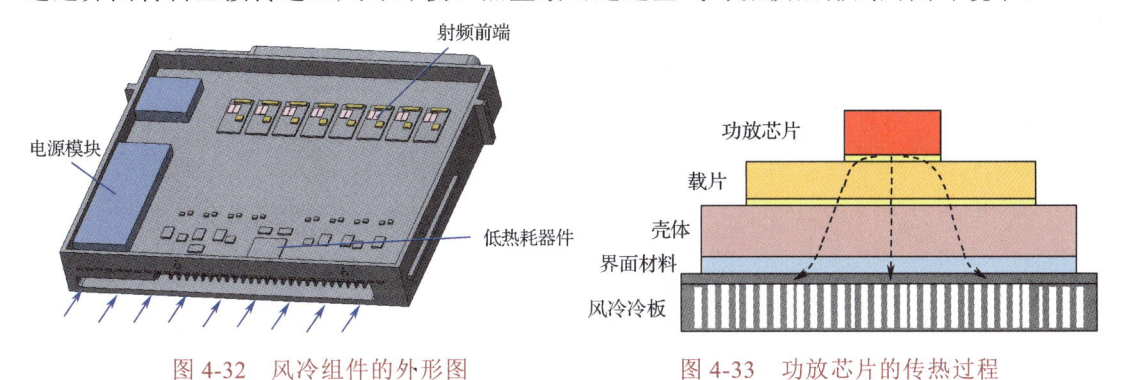

图 4-32　风冷组件的外形图

图 4-33　功放芯片的传热过程

风冷组件的设计流程如下。

（1）根据各器件的热耗和允许最高温度，初步设计器件排布形式。

在对不同器件进行排布时，不耐热的器件应放在靠近进风口的位置，并位于高热耗器件的上游，远离高温器件，避免辐射的影响。本身发热而又耐热的器件应放在靠近出风口的位置，不能承受较高温度的器件要放在进风口附近。大功率器件尽量分散布局，避免热量集中。不同尺寸的器件尽量均匀排列，使风量分布均匀。当然，在工程实际设计过程中，器件排布还需要考虑电路设计需求，同时兼顾散热需求。

综上，由于射频前端热耗较高且耐温性较好，其他器件热耗低且耐温性较差，因此其他器件位于流动方向上游，而射频前端位于流动方向下游，避免空气先流经射频前端导致温度升高，从而造成耐温性差的其他器件温度过高。

（2）确定空气的进风温度及温升，计算风冷组件冷却所需风量。

整个风冷组件散热量约为300W，工作环境最高温度为50℃，空气设计温升初步取10℃，单个风冷组件所需风量应满足

$$Q \geq \frac{P}{\rho c_p \Delta t} = 100 \text{m}^3/\text{h} \tag{4-19}$$

式中，P 为组件散热量；ρ 为空气密度；c_p 为空气比热容；Δt 为空气温升。

（3）初步选择风冷翅片结构。

根据结构设计边界条件，初步选择平直翅片，按照常规加工手段，翅片尺寸参数设计为高度25mm、厚度2mm、间距5mm，如图4-34所示。

图 4-34　平直翅片

（4）通过仿真计算得出，功放芯片壳温达 127℃，大于 115℃，超过温度指标要求。对仿真结果进行分析发现，组件流阻仅为 15Pa，存在优化空间。可以从对流换热系数强化和对流换热面积强化两个方面进行改进。

在对流换热系数强化方面，通过增大风量可以提高流速，进而增大对流换热系数。将风量增大至 200m³/h，功放芯片壳温为 114℃，流阻增大至 50Pa，如图 4-35 所示。随着风量的翻倍，功放芯片壳温降低 13℃，但流阻显著增大。尽管功放芯片壳温和流阻在可接受范围内，但是风量增大会导致沿程阻力增大，不利于风量的分配，需要选用更大尺寸的风道，占用过大的体积空间，不利于阵面轻薄化设计。同时风量增大对风机性能要求更高，并且会带来更大的噪声。

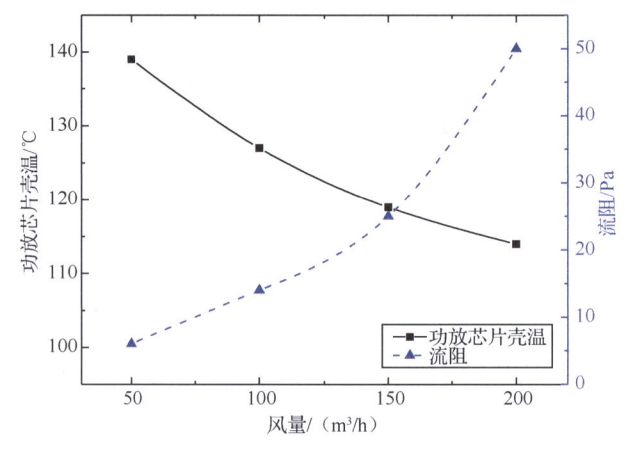

图 4-35　功放芯片壳温和流阻随风量的变化情况

另外，还可以采用波纹翅片或锯齿翅片，通过打断边界层增大对流换热系数，如图 4-36 所示，翅片的厚度和间距与平直翅片保持一致。锯齿翅片的热仿真结果如图 4-37 所示。对于波纹翅片而言，功放芯片壳温为 119℃，温度降低 8℃，流阻增大至 39Pa，换热效果提升有限。对于锯齿翅片而言，功放芯片壳温为 112℃，温度降低 15℃，流阻增大至 90Pa，对边界层的扰动更大。与波纹翅片相比，锯齿翅片的散热能力更强，但流阻更大。

在对流换热面积强化方面，将翅片间距由 5mm 减小至 3mm，翅片数量几乎翻倍，从而大幅增大对流换热面积。在相同风量条件下，功放芯片壳温可降低至 109℃，但流阻增大至 110Pa。尽管其散热效果比锯齿翅片更好，但流阻偏大，对风机性能要求较高。

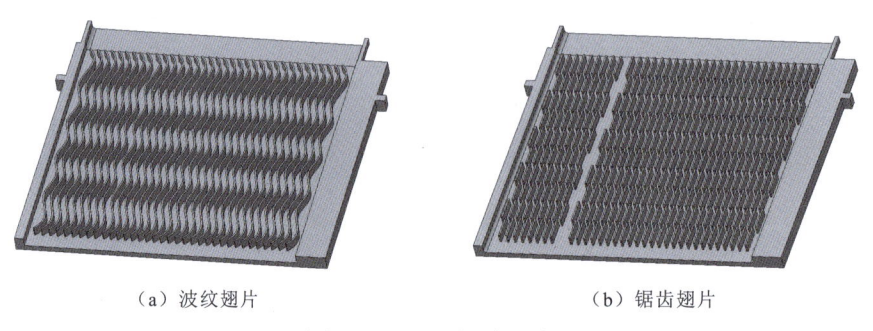

（a）波纹翅片　　　　　　　（b）锯齿翅片

图 4-36　不同翅片形式

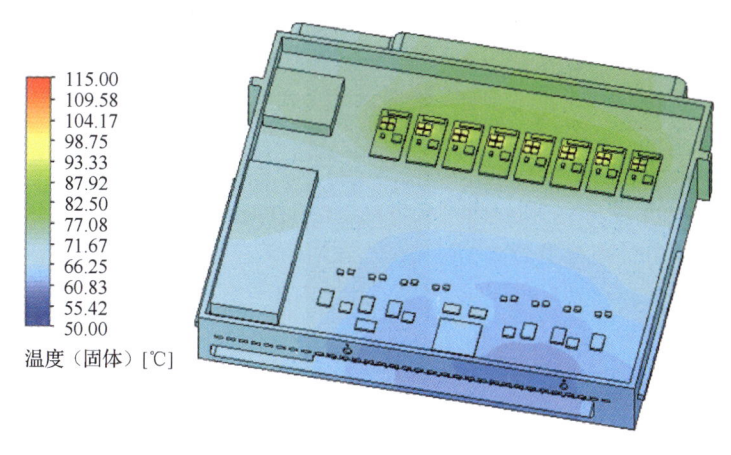

图 4-37　锯齿翅片的热仿真结果

综合以上不同强化方法，从温度指标来看，增大风量、采用锯齿翅片及增大对流换热面积三种手段都能满足散热需求。但是增大风量和增大对流换热面积对风机性能要求更高，会带来更大的噪声，并且会占用过大的体积空间，而锯齿翅片的流阻在可接受范围内，因此最终选择锯齿翅片作为组件冷板结构形式。

4.3.3　风冷阵面设计

风冷阵面由多个组件组合在一起，其内部不同位置组件的流量可能存在差异，需要对阵面的气流组织进行设计优化，主要内容包括两个方面：一是风道结构优化，减小流阻，节约能耗，防止气流短路；二是保证风量的合理分配，满足不同组件的散热需求。以下是一些设计的基本原则。

（1）尽量采用直风道，避免气流的转弯。在气流急剧转弯的地方，应采用导风板使气流逐渐转向，使压力损失达到最小。

（2）尽量避免风道骤然扩展和骤然收缩。进风口和出风口尽量远离，防止气流短路。同时还要避免风道的高、低压区短路，避免上游器件的热量被带入下游器件，影响其散热，可以采用独立风道，分开散热。

（3）风道设计应保证内部组件散热均匀，避免在回流区和低速区产生热点。

（4）对于并联风道，应进行流阻匹配设计，根据不同组件的散热需求按需分配风量。

风冷供风方式分为抽风和鼓风两种。抽风方式气流均匀，适用于发热器件分布均匀、风道复杂的情况；鼓风方式适用于发热器件集中的情况，风机出风口对准集中发热器件。

对于由多个组件模块构成的风冷阵面，由于模块分布均匀，且散热需求一致，因此适合采用抽风方式进行散热，各个组件采用并联方式供风，以降低对风机压头的需求。为了进一步减小风道阻力，并避免组件风程不同带来的风量分配差异问题，将阵面沿高度方向分为上、下对称的两部分，风机选择在阵面上、下两侧布置，以减小风程，降低对静压腔尺寸的需求，从而减小空气流阻，如图 4-38 所示。

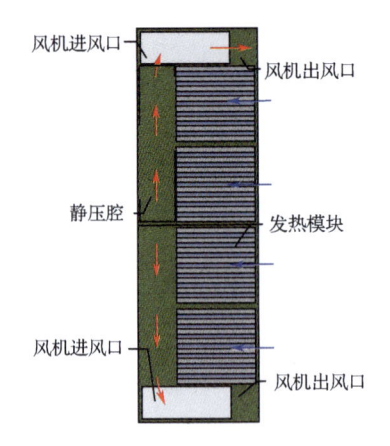

图 4-38 阵面气流组织设计

根据 4.3.2 节的仿真结果，组件风冷冷板压损为 90Pa，考虑进风口风阻及其他线缆遮挡，组件压损取 100Pa，当裕度系数取 1.2 时组件压损为 120Pa。由于组件至风机出风口的总风程存在差异，为了保证不同组件功率芯片壳温的一致性，设计应保证各组件进风口风量一致，组件风冷冷板压损≥2 倍静压腔压损。阵面流场压损分配如表 4-1 所示。

表 4-1 阵面流场压损分配

序 号	设 备 名 称	压损分配/Pa
1	组件	120
2	静压腔	60
3	风机蜗壳	50
合计		230
裕度系数取 1.2		276

考虑组件进风口滤网、静压腔内穿线等结构件的影响，全程压损按 300Pa 设计。建立仿真模型，仿真结果如图 4-39 所示。此时静压腔厚度为 120mm，静压腔内压损为 36Pa，小于 60Pa，满足设计要求。

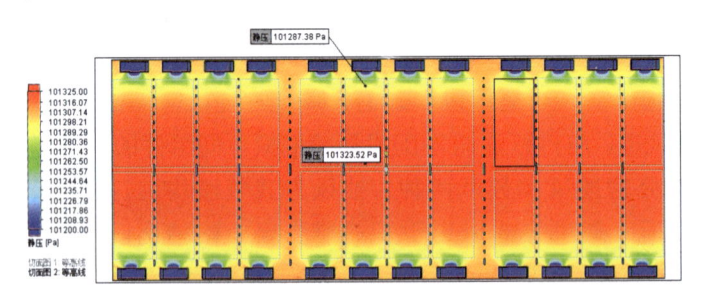

图 4-39 静压腔压损仿真结果

4.3.4 风机选型

电子设备风冷采用的风机主要有轴流风机和离心风机两类。轴流风机进、出风口与叶轮轴线平行,具有风量大、风压小的特点;离心风机先利用高速旋转的叶轮将气体加速,然后在风机壳体内将气体减速,并改变气流方向,将动能转换为压力能,其特点是风压较高。

风机特性曲线是在额定转速下风量与总压之间的关系曲线,反映了风机的工作状况。系统阻力曲线是空气流量与流阻的特性曲线,通常与流量的平方成正比。根据风机特性曲线和系统阻力曲线可以确定整个系统的流动参数,图4-40中曲线的交点就是风机的工作点,在实际应用中可根据系统对风量和风压的需求选择合适的风机。

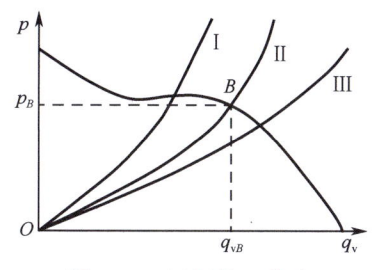

图 4-40 风机的工作点

当单台风机不能满足需求时,可采用多台风机串并联的方式,如图4-41所示。当风机串联时,风量比单台风机的风量略有增大,风压叠加;当风机并联时,风压稍有提高,风量叠加。对于多台风机并联的情况,一般要考虑冗余备份,当某台风机发生故障时可以增大其他风机的风量,仍可保证风量不小于设计风量,且系统流场分布基本一致。在选择风机时还应考虑使用环境条件、噪声等方面的要求,在沙漠、海岛等特殊环境下需要选用防护等级高的风机,必要时应采取特殊的防护措施。

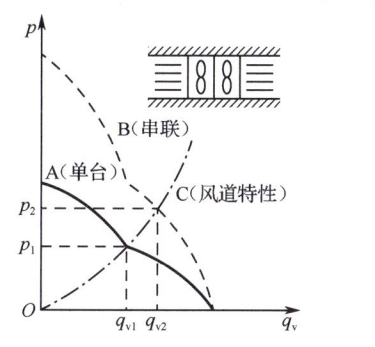

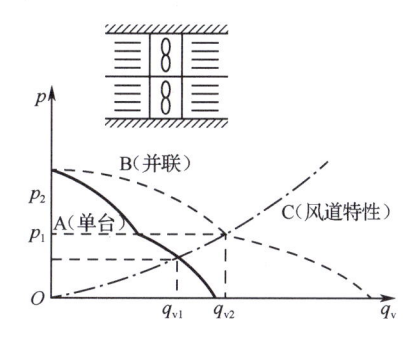

图 4-41 风机的串并联使用

针对阵面气流组织设计要求,风道在阵面内存在直角转弯,可在此处安装离心风机,改变气流方向,并提供较高的风压。单台风机工作点风量为 $1650\text{m}^3/\text{h}@300\text{Pa}$,整个阵面选用 24 台风机并联即可满足总风量要求。为了提高阵面冷却的可靠性,风机需要考虑热备份冗余,共采用 28 台风机同时工作,其中阵面上、下两侧各热备份 2 台风机,如图4-42所示。

在以往的风冷系统设计中,主要考虑散热问题,对噪声的控制不够,容易出现噪声超标问题。在设备结构确定后再进行降噪补救效果有限,难以保证散热和降噪共赢。因此,在设备的结构设计和热设计阶段都要进行噪声设计,这样才能确保散热和噪声都满足指标要求。常用的噪声设计措施主要分为风机调速、流场优化及控制噪声传播。

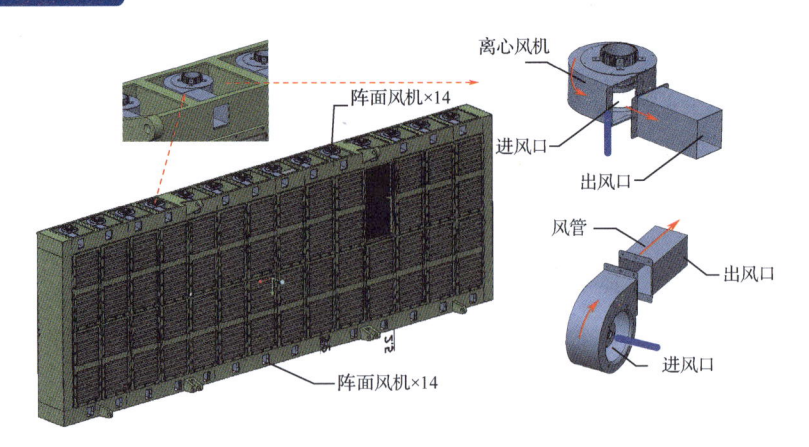

图 4-42　阵面风机布局

在进行风冷组件设计时，空气温升和风量一般根据最高环境温度确定，因此设计温升较小、风量偏大，需要选择性能强的风机并使其按最高转速工作，导致噪声偏大。在实际工作时，环境温度不会一直处于最高值，当供风温度较低时可适当增大空气温升，减小对风量的需求，从而可降低风机转速，实现降噪目标。对于转速分别为 3390r/min、2800r/min、2250r/min、1700r/min 的风机，其性能曲线如图 4-43 所示。

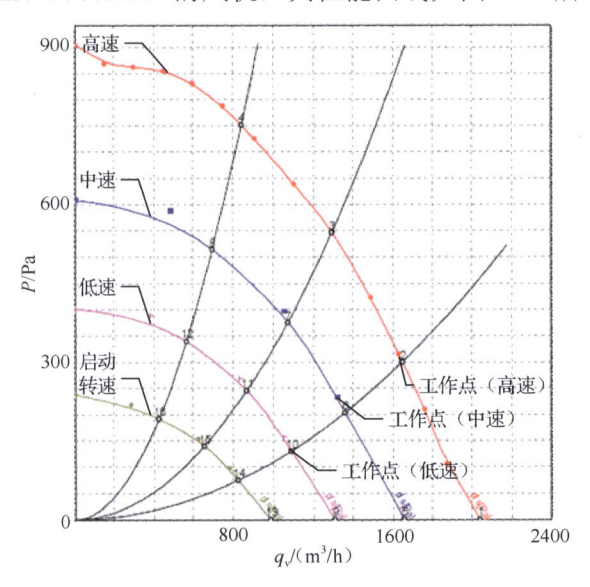

图 4-43　风机性能曲线

根据环境温度对风机进行分挡调速控制，单台风机安装在阵面上后在高、中、低 3 种转速下的噪声与环境温度的关系如表 4-2 所示。

表 4-2　风机工况与噪声

序　号	环境温度/℃	风　机　转　速	（单台）风机噪声/dB（A）
1	$T \leqslant 30$	低	73
2	$30 < T \leqslant 45$	中	78
3	$T > 45$	高	82

4.3.5 系统设计校核

1. 风量分配情况

为了校核阵面风量分配的一致性，选取阵面最小并联单元建立仿真模型，该模型共包含 16 个组件。仿真结果显示，组件翅间风速范围为 4.2~8.9m/s，翅间风速差异较大，风量分配不均匀，导致芯片温度差异达±4.5℃。针对风量分配不均匀问题，需要在组件进风口处增加具有阻力调节作用的多孔板，增大靠近风机出风口的组件的阻力，降低风速，调整组件风量分配。多孔板调节前后风速分布如图 4-44 所示，可以看出，组件翅间风速范围为 6.5~7.5m/s，差异较小，风量为 102~119m³/h，芯片温度差异降低至±1.8℃，满足要求。

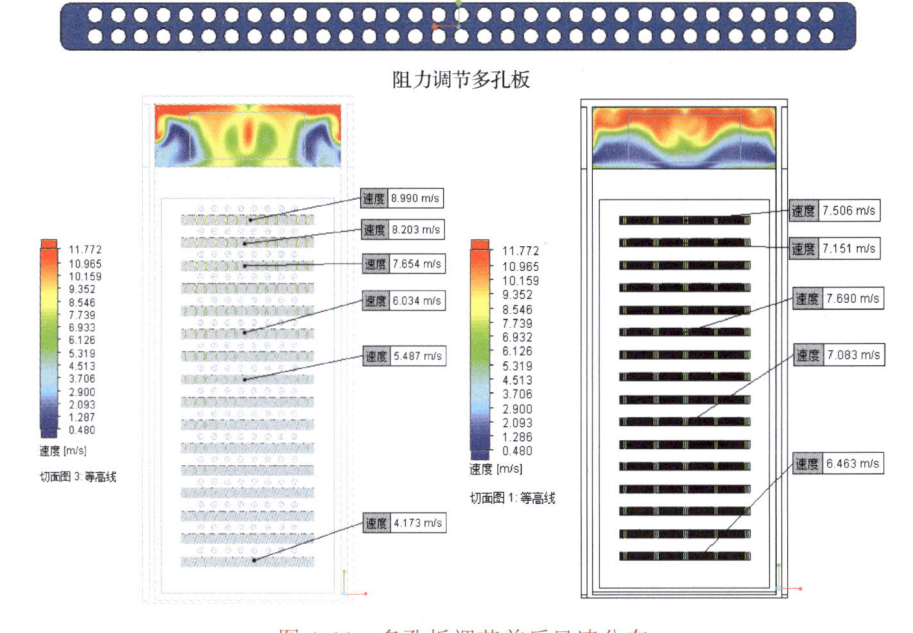

图 4-44　多孔板调节前后风速分布

2. 系统设计指标复核

系统设计结果与指标要求对比如表 4-3 所示，可以看出，系统设计结果均满足要求。

表 4-3　系统设计结果与指标要求对比

性 能 参 数	指 标 要 求	设 计 结 果
芯片壳温/℃	≤115	112
组件风量/（m³/h）	≥100	102~119
阵面噪声/dB（A）	≤85	82
温度一致性/℃	≤±4	±1.8

4.3.6 小结

本设计案例结合某雷达阵面强迫风冷系统设计简单介绍了强迫风冷系统的设计流程，为强迫风冷系统的设计提供了参考。本设计案例从散热需求分析和冷却方式选择入手，对风冷组件的风量需求与散热设计、风冷阵面的气流组织与风道设计、风机的选型与布局、组件风量校核及降噪设计进行了阐述。针对各个组件的需求评估所需冷却资源，按照 Down-Top 的设计思路，结合多维度需求目标，评估资源需求合理性，进而进行资源优化分配迭代，得到系统总的资源需求。确定总资源需求后，按照 Top-Down 的思路对资源分配情况进行校核和优化，确保系统设计结果满足各项指标要求。不同项目设计的重要关注点或重要约束条件不尽相同，如有的项目关注能耗，有的项目关注噪声，有的项目关注可靠性。在实际设计中需求分析非常关键，对显性指标和隐性需求均应进行详细分析，设计中在考虑器件温度、温度一致性等热设计指标的同时，还应充分考虑设计需求、边界条件、约束条件，有针对性地进行系统设计，最终得到最适合的工程方案。

参考文献

[1] STEINBERG D S. 电子设备冷却技术[M]. 2 版. 李明锁，丁其伯，译. 北京：航空工业出版社，2012.

[2] 朱一丁，张篁葳，周波，等. 基于烟囱效应的 5G AAU 密闭式外罩通风改造研究[C]. 5G 网络创新研讨会，2019.

[3] 张国旺，韩彦军，罗毅，等. 基于烟囱效应的集成封装半导体照明光源散热结构优化设计[J]. 半导体光电，2013，34（5）：732-737.

[4] 龚恒翔，谢世列，邹政，等. 基于太阳能烟囱效应的光伏组件强化散热装置设计与数值模拟研究[J]. 可再生能源，2016，34（7）：990-996.

[5] 李本红，刘海林. 烟囱效应在大功率 LED 灯具散热器设计中的影响分析[J]. 电子器件，2014，37（2）：221-224.

[6] 李静，姬升涛，刘建勇，等. 电子元件散热装置的烟囱效应分析[J]. 电子与封装，2011，11（6）：36-40.

[7] 李文铨，王海波，朱月华，等. 对引入烟囱效应的 LED 平板散热器的优化及分析[J]. 光电子·激光，2017，28（12）：1302-1309.

[8] 吴进凯，钱吉裕，魏涛. 基于烟囱效应的电子设备自然散热设计[J]. 电子机械工程，2020，36（6）：42-45.

[9] SHABANY Y. 传热学：电力电子器件热管理[M]. 余晓玲，吴伟烽，刘龙飞，译. 北京：机械工业出版社，2013.

[10] 余建祖，高红霞，谢永奇. 电子设备热设计及分析技术[M]. 2 版. 北京：北京航空航天大学出版社，2008.

[11] DENG L Q,LI Y,XIN Z F,et al. Thermal study of the natural air cooling using roll bond flat heat pipe as plate fin under multi-heat source condition[J]. International Journal of Thermal Sciences,2023(183):107834.

[12] GUO Z Y,TAO W Q,SHAH R K. The field synergy (coordination) principle and its applications in enhancing single phase convective heat transfer[J]. International Journal of Heat and Mass Transfer,2005,48(9):1797-1807.

[13] 过增元,黄素逸,等. 场协同原理与强化传热新技术[M]. 北京:中国电力出版社,2004.

[14] 王文奇,王飞龙,何雅玲,等. 一种新型树叶形翅片的数值与实验研究[J]. 工程热物理学报,2018,39(11):2470-2475.

[15] JACOBI A M,SHAH R K. Heat transfer surface enhancement through the use of longitudinal vortices:a review of recent progress[J]. Experimental Thermal and Fluid Science,1995,11:295-309.

[16] SMITH B L,GLEZER A. The formation and evolution of synthetic jets[J]. Physics of Fluids,1998,10(9):2281-2297.

[17] GLEZER A,AMITAY M. Synthetic jets[J]. Annual Review Fluid Mechanics,2002,34:503-529.

[18] LIU W,LIU Z C,MING T Z,et al. Physical quantity synergy in laminar flow field and its application in heat transfer enhancement[J]. International Journal of Heat and Mass Transfer,2009,52(19-20):4669-4672.

[19] 任智达,阎凯,王硕,等. 波纹翅片通道传热特性的三维数值模拟及场协同原理分析[J]. 铁道机车与动车,2021(S1):33-35.

[20] 李志信,过增元. 对流传热优化的场协同理论[M]. 北京:科学出版社,2010.

[21] 国防科学技术工业委员会. GJB/Z 27—1992 电子设备可靠性热设计手册[S]. 1992.

第 5 章
电子设备液冷技术

【概要】

随着电子设备功率、集成度的不断提高,风冷技术已不能满足高热流密度电子设备的冷却需求,散热能力更强的液冷技术应运而生。液冷技术以其换热能力强、噪声小、结构紧凑等优点被广泛应用于数据中心、汽车电子、电力系统、军用电子装备等领域。本章从液冷原理出发,介绍液冷的分类及工质选型,重点介绍液冷强化技术及其应用,针对液冷系统腐蚀、泄漏等问题给出典型的解决方案,结合具体案例介绍典型液冷系统的设计流程及方法。

5.1 液冷原理与分类

5.1.1 液冷原理

电子设备的液冷原理示意图如图 5-1 所示。液冷利用液体作为冷却介质。液冷工质通过管网被输送至电子设备处,与电子设备表面或冷板流道表面进行热交换,将电子设备产生的热量带走,保证电子元器件工作在安全的温度范围内。液冷工质吸收电子设备的热量后温度升高,在泵或其他外部动力的作用下经过换热器,通过换热器将热量排至大气、水、大地等热沉,液冷工质温度降低后再次被输送至电子设备处,不断循环,实现电子设备的温度控制。

由于流体物理性质的差异,如比热容、热导率、黏度、密度等的差异,液冷技术相比风冷技术具有以下优点。

(1)散热能力强:通常来说,液体的热性能远远优于空气,其热导率为空气的 15～25 倍,体积比热容为空气的 1000～3500 倍。

(2)传输距离远:借助管路可以将热量从电子设备表面输送至远端热沉,可利用多种自然冷源(如大气、大地、海水、湖泊等)散热。

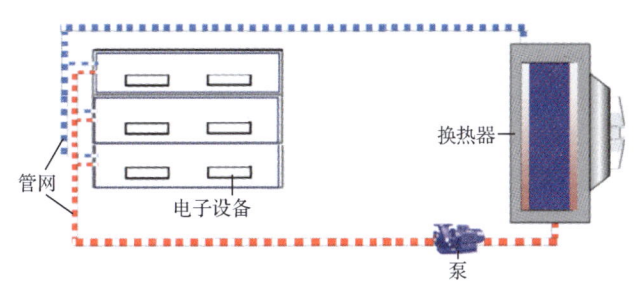

图 5-1 电子设备的液冷原理示意图

（3）系统噪声小：液冷系统所使用的冷却机组一般远离电子设备布置，可达到电子设备局部静音的效果，减小对人员的噪声危害。

（4）集成度高：液冷散热效率高，相比风冷散热器，液冷冷板的尺寸大幅减小，可实现电子设备高集成度设计。

（5）环境适应性强：采用液冷技术可有效隔离采用风冷技术普遍要面临的尘埃、水汽、盐雾等，其环境适应能力较风冷技术更强。

液冷技术以其上述优点被广泛应用于各种高功率电子设备，如电动汽车、数据中心、计算机、电力系统、激光武器、相控阵雷达等，如图 5-2 所示。特斯拉 Model 3 电动汽车热管理系统采用乙二醇水溶液作为冷却液进行冷板式液冷，极大地提高了电池散热性能。阿里巴巴 2017 年探索了全球首个商用浸没式直接液冷服务器集群，节省空间约 75%，可实现机房静音，单位体积计算能力提升了一个量级。现代相控阵雷达芯片热流密度高，结构紧凑，且对环境要求苛刻，传统风冷技术在散热性能、结构尺寸等方面往往不能满足需求，因此大多采用更加高效的液冷散热方案。

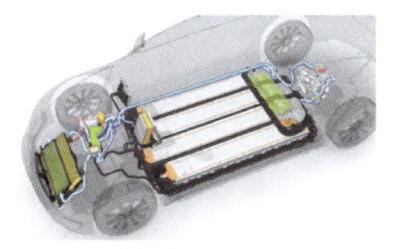

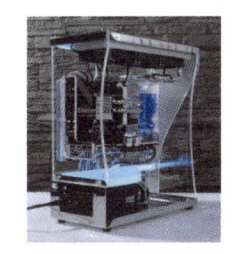

（a）电动汽车　　　　（b）数据中心　　　　（c）计算机

（d）电力系统　　　　（e）激光武器　　　　（f）相控阵雷达

图 5-2 电子设备液冷应用场合

液冷工质是液冷系统的"血液"，关乎液冷系统的散热能力和运行可靠性。液冷工质应具有良好的热力学性能，同时应具有较好的化学稳定性，主要包括以下几个方面。

（1）相容性。液冷工质应与液冷系统内相接触的材料长期相容，不易变质或性能退化。这些材料通常包含各类金属和橡胶，其中金属主要包括铝、黄铜、铜、不锈钢、钎料等，橡胶主要包括氟橡胶、氟硅橡胶、三元乙丙橡胶、氢化丁腈橡胶等。液冷工质与常用液冷系统材料的相容性如表 5-1 所示。需要指出的是，表 5-1 中只是单一材料的相容性，液冷系统中通常存在异种金属，在使用过程中有可能发生电位腐蚀，必要时需要采取相关防腐措施。此外，液冷系统复杂，包含多种材料，同时难免存在有害离子，在实际系统相容性设计中需要考虑具体的环境条件、系统材料等，在液冷工质中添加相应的缓蚀剂等，以提高系统相容性。

表 5-1 液冷工质与常用液冷系统材料的相容性

材料	水	乙二醇水溶液（含缓蚀剂）	丙二醇水溶液（含缓蚀剂）	矿物油（矿物油、PAO 等）	氟化液（HFE、FC 等）
铝	×	√	√	√	√
黄铜	√	√	√	√	√
铜	√	√	√	√	√
不锈钢	√	√	√	√	√
氟橡胶	√	√	√	√	×
氟硅橡胶	√	√	—	√	×
三元乙丙橡胶	√	√	√	×	×
氢化丁腈橡胶	√	√	√	√	×

注：√推荐，表示发生化学反应或腐蚀的可能性很小或不会发生；×不推荐，表示可能会发生化学反应或腐蚀；—不明确，表示相关资料不充分。

（2）工作温度。液冷工质应确保在所有应用环境下都保持稳定，即冰点和沸点满足电子设备的高低温存储及工作条件。液冷工质的沸点一般都能满足电子设备工作温度的要求。但是电子设备可能在低温（如-40℃）环境下工作，此时需要选用冰点较低的液冷工质，如乙二醇水溶液等。

（3）换热能力。换热能力与流体的密度、比热容、热导率、黏度有关。液冷工质的热导率和比热容越大，换热能力越强。常见液冷工质的物性参数（20℃）如表 5-2 所示。水的热导率和比热容较大，从换热能力上看是最理想的液冷工质。但水的工作温度范围较窄，一般向水中添加其他低冰点液冷工质（如乙二醇等）形成的水溶液也具有较大的热导率和比热容。相比而言，矿物油、氟化液等的热导率和比热容较小，从换热角度看其比水差很多，但由于其具有绝缘性，因此可采用浸没等方式减小接触热阻和传导热阻，进而提高整体散热性能。由此可见，液冷工质的导热性能越好，其绝缘性能一般越差，在应用上存在矛盾。因此，寻求导热和绝缘等综合性能最优的液冷工质是重要的发展方向。

表 5-2 常见液冷工质的物性参数（20℃）

液冷工质	冰点/℃	沸点/℃	热导率/(W/(m·K))	比热容/(J/(kg·K))	密度/(kg/m³)	黏度/(mm/s)	相对介电常数@1kHz	电阻率[②]/(Ω·cm)
45#变压器油	-48[①]	218	0.13	1900	924	56	2.1	10^{12}

续表

液冷工质	冰点/℃	沸点/℃	热导率/(W/(m·K))	比热容/(J/(kg·K))	密度/(kg/m³)	黏度/(mm/s)	相对介电常数@1kHz	电阻率[②]/(Ω·cm)
氟化液 FC-72	-90	56	0.057	1100	1680	0.38	1.75	10^{15}
氟化液 HFE-7000	-122	34	0.075	1040	1797	0.32	6.7	10^8
水	0	100	0.599	4183	998	1.0	78.5	10^6
PAO 冷却液	-73	280	0.14	2260	780	5.29	2.5	10^{12}
乙二醇水溶液（65#）	-65	108	0.345	3153	1080	3.3	64.9	10^4
低电导率冷却液	-65	110	—	2982	—	4.17	—	10^6

① 表示倾点，不建议在-20℃以下使用。
② 表示近似值，部分液冷工质成分不完全相同，其电阻率存在一定差异。

（4）安全性。液冷工质应不可燃、无毒或有弱口服毒性，一旦发生泄漏，造成的次生危害应尽可能小，如在允许时间内不发生电路短路等故障。

液冷技术按照液冷工质是否与电子设备直接接触分为直接液冷和间接液冷，其中直接液冷包括浸没式直接液冷和喷淋式直接液冷，间接液冷主要包括冷板式间接液冷及其衍生方式，如图 5-3 所示。

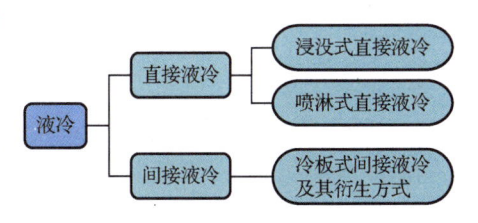

图 5-3　电子设备液冷技术分类

5.1.2　直接液冷

直接液冷是指液冷工质与发热的电子设备直接接触进行热交换，热量直接传给液冷工质，并由液冷工质将热量传递出去。直接液冷按电子设备与液冷工质的接触方式可分为浸没式直接液冷和喷淋式直接液冷。

浸没式直接液冷系统如图 5-4 所示。电子设备被直接浸入液冷工质，通过热传导和液冷工质热对流实现电子设备散热。该系统主要由泵、换热器、电子设备、浸没机柜、液冷管路等组成。泵是浸没式直接液冷系统的心脏，负责系统中液冷工质的驱动；换热器是浸没液冷工质与外部液冷工质进行热交换的载体，负责浸没液冷工质的降温；液冷管路是连接浸没机柜与换热器的桥梁，与泵共同作用实现液冷工质输运及系统流量分配。

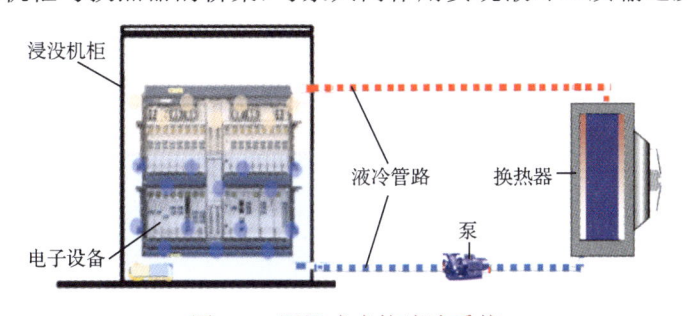

图 5-4　浸没式直接液冷系统

阿里巴巴开发的浸没式直接液冷数据中心如图 5-5 所示。与风冷数据中心相比，同等规模的液冷数据中心能耗可降低 35%以上。当 10 万台服务器运行时，每年可以节省约 2.35 亿千瓦时的电力和 20 万吨的碳排放。在物理空间方面，浸没式直接液冷系统可节省 IT 设备约 75%的占地空间。同时，密封服务器不受振动、空气湿度或空气中粉尘颗粒的影响，提高了设备可靠性。

图 5-5　阿里巴巴开发的浸没式直接液冷数据中心

喷淋式直接液冷系统如图 5-6 所示。与浸没式直接液冷系统类似，该系统除包括泵、换热器、电子设备、液冷管路以外，还包括储液罐、喷淋装置等。储液罐位于机柜上方，泵驱动储液罐中的液冷工质从顶部对电子设备进行喷淋，实现电子设备散热。与浸没式直接液冷技术相比，这种方式利用重力和泵驱力，将液冷工质以液滴的形式喷向电子设备表面，以提高其散热能力。此外，浸没式直接液冷系统的冷却液用量较大，需要特制密封压力容器或卧式液冷箱体，而喷淋式直接液冷系统可在传统机柜上进行改造，但需要增加密封腔、喷淋装置、液体接口等。

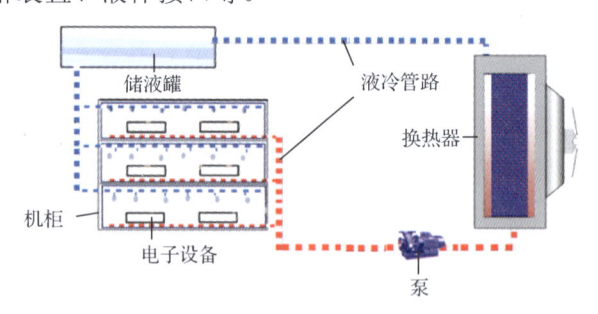

图 5-6　喷淋式直接液冷系统

某机柜散热采用喷淋式直接液冷技术，如图 5-7 所示，将绝缘液冷工质面向芯片直接精准喷淋，流量可控、按需供给，与风冷散热相比可使数据中心功率密度提高 10 倍，整体能耗降低 50%，空间使用节约 70%，实现安静和高效节能散热，同时芯片算力提升 50%，20 个 21kW 机柜每年节省电量超过 170 万千瓦时，减碳 1700t。

图 5-7 喷淋式直接液冷机柜

在直接液冷系统中,由于工质与电子设备直接接触,能直接接触到所有热源,换热效率高,系统所需流量小,因此泵功耗低,这使得直接液冷适用于对能效要求较高的数据中心的服务器冷却。但同时该系统也要求工质与电子设备具备极高的长期相容性,对工质选型要求极其苛刻,满足条件的工质其热物性参数往往较差,制约其散热性能的充分发挥,而且工质成本较高,维修维护过程相对复杂,这在一定程度上限制了其广泛应用。研发低成本、高性能的工质是直接液冷技术未来重要的发展方向。

直接液冷工质由于与电子设备直接接触,因此一般都具有优异的绝缘性能和材料相容性。常用的直接液冷工质包括碳氟类冷却液、碳氢类冷却液及有机硅冷却液等。

(1)碳氟类冷却液:用氟取代与碳链相连的氢而形成的非导电性工程流体,具有优异的介电常数、相容性及润湿性,稳定的化学性能,极低的表面张力和运动黏度等,被广泛应用于数据中心等的直接液冷。常用的碳氟类冷却液包括氢氟烃(HFC)、全氟碳化合物(PFC)、氢氟醚(HFE)等。

(2)碳氢类冷却液:主要包括天然矿物油和人工合成油。矿物油成分相对简单,具有成本低、不易挥发、绿色环保等优点。但其稳定性会受到温度、氧化作用和催化物质的影响,这些因素的影响会导致其绝缘强度降低,产生的酸性物质和污染物会对电子设备的可靠性造成很大的影响,甚至可能导致局部腐蚀,因此需要定期检测和分析矿物油的酸性、黏度等指标。矿物油适用于对绝缘性要求高、维护需求少的场合,如变压器冷却。合成油是用人工合成的化合物再加上适当的添加剂制成的,其中 PAO 具有较好的低温流动性、较高的闪点和燃点及较好的化学稳定性,适用于直接液冷系统。

(3)有机硅冷却液:主要是指硅油,又称硅氧烷化合物,按所需的沸点、黏度一般以甲基和二甲基为主,具有良好的耐热性、绝缘性、耐候性、稳定性及较小的表面张力。通过控制分子量可以得到不同黏度的产品,黏度越低,越有利于在直接液冷系统中循环流动,消耗的泵功率越低,但同时闪点也越低,在使用上存在一定的安全风险。因此,需要在应用要求的低黏度和安全要求的高闪点之间找到平衡,实现最优的使用性能。硅油的分子量小、渗透性强,适用于高压绝缘场合及特殊的军用场合,其成本介于变压器油和碳氟类冷却液之间。

5.1.3 间接液冷

间接液冷是指液冷工质不与发热的电子设备直接接触，而将电子设备安装在一个由液体冷却的冷板上。典型间接液冷系统示意图如图5-8所示。该系统主要由泵、换热器、电子设备、液冷管路及安装电子设备的冷板等组成。间接液冷的传热路径如下：电子设备产生的热量先通过热传导传给冷板，再通过液冷工质与冷板流道壁面的对流换热传给液体工质，液体工质在泵的驱动下不断将热量传导至换热器，最后散发到环境中。冷板是一种典型的紧凑式换热器，是液冷系统的核心部件，是电子设备与液冷工质完成换热的载体，其换热效率的高低直接影响电子设备的工作温度。

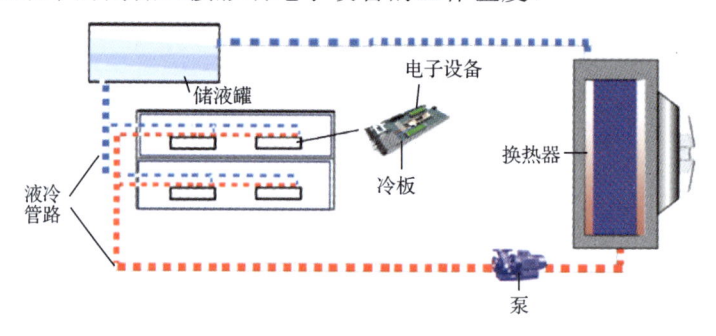

图 5-8 典型间接液冷系统示意图

对间接液冷系统而言，工质不与电子设备、连接线缆等接触，只需考虑工质与冷板、液冷管路、密封件等的材料相容性。对于某些具有特殊形状和结构（如线圈和磁芯等）的电子设备，其热量不易传递到冷板，不能通过冷板实现全部电子设备的冷却，还需要辅以风冷。间接液冷工质选型范围较广，大多采用水溶液，其热导率、比热容等热物性参数更优，可提高换热性能。但工质与电子设备之间存在多层界面和传导热阻。冷板内流阻大，泵功耗高。采用间接液冷方式的电子设备可直接拆装，维修方便，不受电子设备姿态的影响，因此间接液冷更适用于故障修复时间短、机动性要求高或工作中需要运动翻转的电子设备冷却。军用电子装备液冷几乎都采用间接液冷方式，如图5-9所示，美国萨德反导系统的高机动车载雷达采用的就是间接液冷方式。

图 5-9 美国萨德反导系统间接液冷雷达

间接液冷工质由于不与发热的电子设备直接接触，因此对介电特性要求较低，应主要关注其传热特性和腐蚀性。常用的间接液冷工质为水基冷却液，主要包括水、醇类防冻液等。

（1）水：热传递性能好、黏度低、不易燃、成本低，但工作温度范围相对较窄。在间接液冷系统中，水在液冷管路中循环流动，不断被加热然后冷却。使用没有经过特殊处理的水会在闭式液冷管路中引发很多问题，最常见的就是腐蚀、结垢和微生物附着，在实际使用中通常使用去离子水，并添加缓蚀剂、除菌剂。

（2）醇类防冻液：一般为乙二醇水溶液和丙二醇水溶液。在使用乙二醇水溶液时，通常要去除氯离子和其他有害离子，并添加缓蚀剂，以降低其对金属的腐蚀性。

与直接液冷相比，冷板式间接液冷在可维护性、工质相容性、质量控制、成本控制、技术成熟度等方面更具优势，如可在线插拔无须放液，可维护性更高；只需考虑冷却液与流道壁面的相容性，无须考虑与电子设备的相容性，工质相容性更佳；对冷却液的需求量显著小于喷淋式直接液冷与浸没式直接液冷，质量控制更优；相对风冷的改造较简单，建设成本更低。不同液冷方式对比如表 5-3 所示。综合考虑以上因素，冷板式间接液冷因技术成熟度更高而成为主流液冷方式，约占液冷市场的 90%，而浸没式直接液冷、喷淋式直接液冷在数据中心等节能需求较高的场景亦有应用。

表 5-3　不同液冷方式对比

项　目	风　冷	浸没式直接液冷	喷淋式直接液冷	冷板式间接液冷	备　注
节能（PUE）	☆	☆☆☆☆	☆☆☆☆	☆☆☆	浸没式直接液冷和喷淋式直接液冷完全消除了机柜内的风机，冷板式间接液冷需保留部分风机
散热能力	☆	☆☆☆	☆☆☆☆	☆☆☆☆	浸没式直接液冷的液体流速较低，喷淋式直接液冷和冷板式间接液冷有更高的液体流速与更大的对流换热系数
噪声控制	☆	☆☆☆☆	☆☆☆☆	☆☆☆	浸没式直接液冷和喷淋式直接液冷完全消除了机柜内的风机，冷板式间接液冷需保留部分风机
电子设备安全性	☆☆☆	☆☆☆☆	☆☆☆☆	☆☆	冷板式间接液冷存在漏液导电隐患，直接冷却液绝缘且避免了沙尘与冷凝威胁
可维护性	☆☆☆☆	☆	☆	☆☆☆	冷板式间接液冷使用快速接头，支持热插拔，直接液冷维护通常需要进行排液，且工质通常易挥发，需要保障人员安全
工质相容性	不涉及	☆	☆	☆☆☆	冷板式间接液冷只需考虑冷却液与冷板壁面的相容性，直接液冷需要考虑冷却液与全部电子设备的相容性

续表

项　目	风　冷	浸没式直接液冷	喷淋式直接液冷	冷板式间接液冷	备　注
质量控制	☆☆☆☆	☆	☆☆	☆☆☆	冷板式间接液冷、喷淋式直接液冷、浸没式直接液冷对冷却液用量的需求依次增多
成本控制	☆☆☆☆	☆	☆	☆☆☆	冷板式间接液冷相对风冷的改造较简单，而直接液冷具有更高的改造成本及运维成本
技术成熟度	☆☆☆☆	☆	☆	☆☆☆	冷板式间接液冷技术相对成熟，浸没式直接液冷技术有局部试点，喷淋式直接液冷技术相对较少应用

5.2　液冷强化技术

散热能力提升是热设计追求的永恒目标，随着电子设备热流密度不断提高，液冷散热能力需求也越来越高，液冷强化技术成为电子设备热设计的重点研究方向。液冷散热与风冷散热在原理上均属于对流换热，因此风冷散热的强化方法大部分能应用于液冷系统。由式（5-1）可以看出，影响散热能力的关键参数为对流换热系数和对流换热面积，相应的强化也可分为对流换热系数强化和对流换热面积强化。对流换热面积强化往往能带来对流换热系数的增大，对流换热系数强化也能带来对流换热面积的增大，本节按照影响液冷强化的主要因素分别进行阐述。

$$Q = h_f A \Delta t \tag{5-1}$$

式中，Q 为对流换热量，单位为 W；h_f 为对流换热系数，单位为 W/(m^2·K)；A 为对流换热面积，单位为 m^2；Δt 为壁面温度与流体温度之差，单位为℃。

由于液冷系统依托外部提供的液冷工质进行散热，需要提高流速（也就是流量），这会导致液冷工质需求量增加、泵功耗增加、管路尺寸增大及其他附属设备（如储液罐等）所需空间增大，从而对整个液冷系统的质量和尺寸提出了更高要求，因此协同设计的原则在液冷系统中尤为重要，在满足散热需求的同时，还要综合考虑冷却资源和系统功耗的需求。

5.2.1　对流换热系数强化

与风冷对流换热系数强化类似，液冷对流换热系数强化也可以从流速和几何尺寸入手，如式（4-16）。此外，与强迫风冷强化无法改变空气的物性参数不同，液冷强化还可以通过改变液冷工质的物性参数实现对流换热系数的增大。

1. 提高流速

提高流速是对流换热系数强化最直接的手段。提高流速通过选用更大流量的泵，以增大液冷系统的流量来实现。但是在工程中不能无限度地增大流量，因为这样会显著增加能耗。此外，当流量增大到一定程度时，换热效率的提高趋于平缓，温度降低幅度有限，而流阻会显著增大，如图 5-10 所示。在实际应用中要综合考虑，兼顾经济性，选择合适的流量。在冷却资源受限的条件下，可以设计偏低的流速，而在电子设备温度需求较高的场合，流速可以适当提高，以提高换热性能。

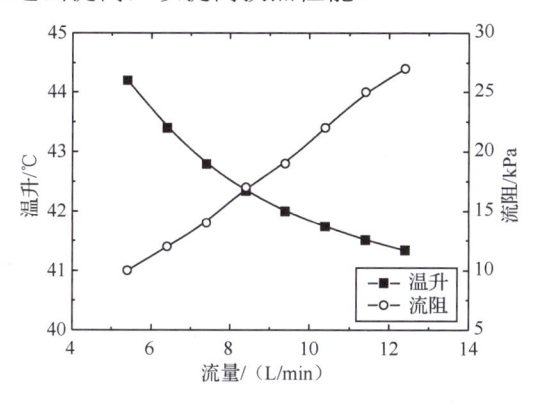

图 5-10　不同流量下温升和流阻的变化曲线

2．减小特征长度

当液体沿加热表面流动时，随着流动长度的增大，边界层不断变厚，导致换热性能恶化。因此，通过减小特征长度，避免边界层不断发展，可以提高对流换热性能。

通过物理化学方法在换热表面加工出一些特殊结构，用于增加壁面湍流度、减小黏性底层厚度，进而减小特征长度，破坏边界层，使流体在表面不断发生分离和再附着，形成局部湍流，从而达到增大对流换热系数的效果。可以在换热表面加工出不规则的微纳结构形成粗糙表面，常用的加工手段有机械喷砂、砂纸打磨、化学腐蚀、机械冲压等，如图 5-11 所示。有研究结果表明，借助机械冲压工艺，在冷板流道表面加工出丁胞结构，在低雷诺数条件下对流换热系数较普通流道可增大 1.2～1.5 倍，并且丁胞的半径、深度及间距对换热效果具有重要影响。通过机械喷砂来增大表面粗糙度，当表面粗糙度分别增大至 0.936μm 和 3.312μm 时，对流换热系数相比光滑表面可分别增大 4.46% 和 17.95%。这种表面除可以增大对流换热系数以外，还可以略微增大对流换热面积。

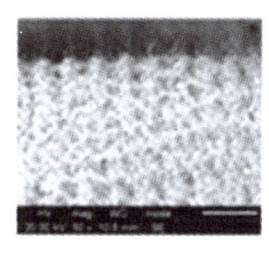

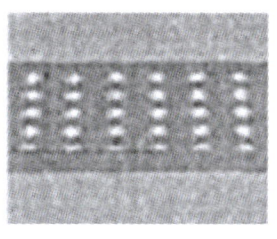

（a）机械喷砂　　（b）砂纸打磨　　（c）化学腐蚀　　（d）机械冲压

图 5-11　不同粗糙表面加工手段

除在换热表面加工出微纳结构以外，还可以通过加工出毫米级的错列翅片来减小特

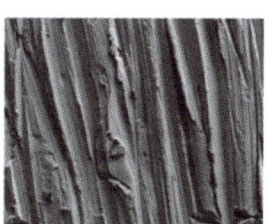

征长度，如图 5-12 所示。这种错列翅片结构除可以减小特征长度以外，还可以增大对流换热面积，进一步强化换热效果。

（a）圆形错列翅片　　　（b）椭圆形错列翅片　　　（c）菱形错列翅片

图 5-12　几种典型错列翅片结构

对于难以通过流道表面加工实现对流换热系数强化的冷板，如圆形流道的深孔钻冷板，在其中插入扰流元件也是一种强化方法。圆形流道内的流体受到扰流元件的阻碍、分流而产生二次流，增强径向旋流，减小边界层厚度及径向温度场变化梯度，最终使壁面传热系数增大，从而达到强化传热的效果。常用的扰流元件主要有纽带和螺旋片等，如图 5-13 所示，其具有加工简单、不改变流道形状等优点。纽带由薄金属片扭转而成，当流体处于层流状态时，流体边界层较湍流时厚，纽带能扰动管内流体，使径向流动整体增强，同时低流速不会引起较大的阻力增加，所以纽带适用于层流状态。螺旋片由一定直径的铜丝或钢丝按照一定的节距绕成，当流体处于湍流状态时，热阻主要集中在很薄的内壁边界层中，由于螺旋片紧贴内壁，能够有效破坏边界层，使径向温度梯度变化减小，同时占据的管内流通面积小，引起的压力降增加小，所以螺旋片更适用于湍流状态。在典型纽带的边沿切出不同的深度，并向扭曲轴方向弯曲可形成 V 口纽带，在相同扭矩下，V 口纽带较典型光滑纽带的传热效率提高了 20%。插入扰流元件作为一种强化方法，有诸多理论研究，但是受工程条件制约，这种强化方法在电子设备冷却中的实际应用较少。

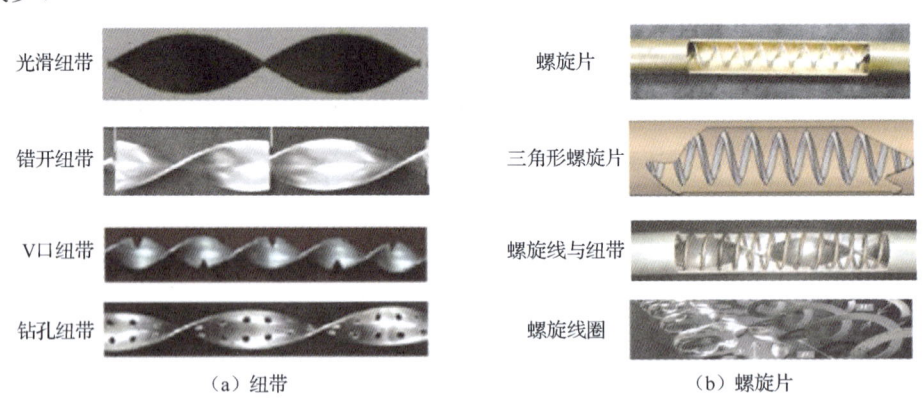

光滑纽带　　　　　　　　　　　　螺旋片

错开纽带　　　　　　　　　　　三角形螺旋片

V 口纽带　　　　　　　　　　　螺旋线与纽带

钻孔纽带　　　　　　　　　　　螺旋线圈

（a）纽带　　　　　　　　　（b）螺旋片

图 5-13　纽带和螺旋片

除通过改变结构增大对流换热系数的无源强化方法以外，还有通过外部能量输入对整个流场施加扰动，从而达到强化换热目的的方法，该方法称为有源对流强化，其主要实现方式有表面振动、流体脉动、电磁场强化、超声波强化等。

表面振动强化是指通过对表面施加振动来破坏边界层，从而强化对流换热。图 5-14 所示的表面振动强化换热系统主要由弹簧、振动发生器、振动传感器等组成。针对恒热流传热情况下的直圆管振动传热特性,有研究表明,在较低的流速下振动传热强化效果明显,振幅越大、频率越高,传热效果越好,在振幅为 1.5mm、振动频率为 20Hz 时,平均对流换热系数从无振动时的 1399W/(m·K)增大到约 5700W/(m·K)。

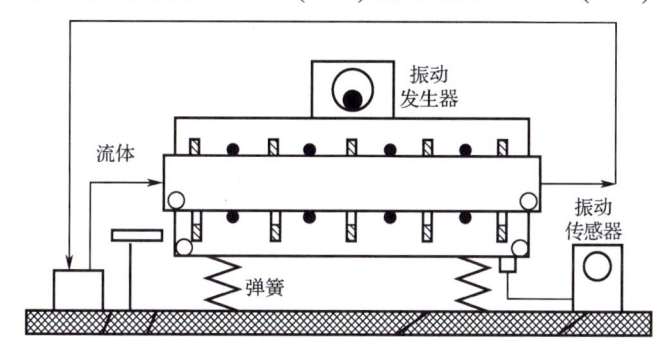

图 5-14 表面振动强化换热系统

当表面固定时,还可以利用流体脉动实现强化换热,流体介质的速度呈周期性变化,如图 5-15 所示。流体脉动对换热性能的强化效果与雷诺数和脉动频率、振幅有关。

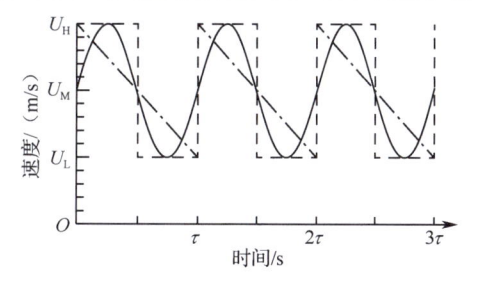

图 5-15 脉动流体的速度变化曲线

电磁场强化是指对介电流体施加电场或磁场,通过电场或磁场与流体的相互作用,将电场能或磁场能转化为流体的动能,破坏边界层,强化流体掺混,从而增强对流换热能力。电场强化换热示意图如图 5-16 所示。

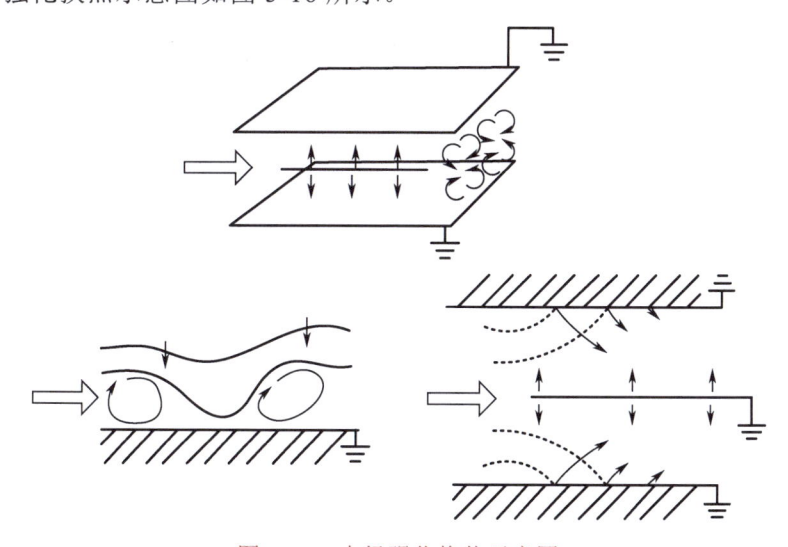

图 5-16 电场强化换热示意图

有一类特殊的流体为温度敏感型磁性纳米流体，其饱和磁化强度会随温度的升高而显著降低，在外加磁场和温度梯度作用下，不需要外部泵做功就能实现能量的直接传递。基于该原理，南京理工大学研究人员研制了一款电磁流体自动冷却装置原理样机，如图 5-17 所示，该装置可产生稳定的热磁对流，实现小型电子发热器件的冷却。该装置不需要机械泵，可大幅提高系统的可靠性和稳定性，同时可避免机械泵工作时带来的振动和噪声。

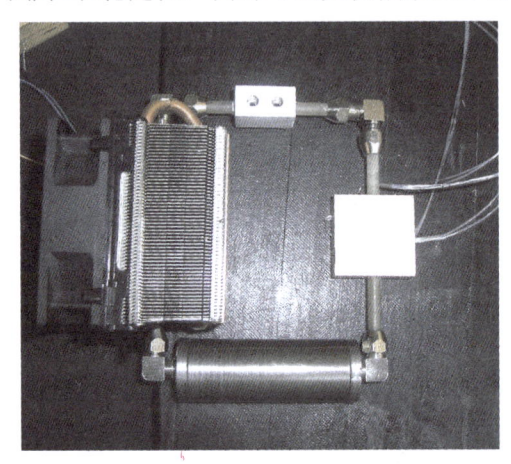

图 5-17 电磁流体自动冷却装置原理样机

超声波强化是指将超声波作为一种能量形式应用于流体介质，其强化机理有机械作用、空化作用和声流作用，其本质都是造成流体介质内的扰动，以增大对流换热系数。早在 20 世纪 60 年代人们就开展了超声波对加热铂丝单相对流换热的研究，超声波在液体中传播时会产生搅拌作用，声压越大，扰动越强，对流换热系数越大。另外，超声波在液体中会产生空化作用，如果声压超过临界值，换热表面就会被气膜覆盖，扰动削弱导致强化效果变差。目前超声波强化在工业中应用的案例较少，需要进行更加深入的研究。

3. 改变物性参数

由于液冷系统需要额外提供液冷工质，因此相比风冷系统，液冷系统的对流换热系数强化还可以通过改变物性参数来实现，参考 5.1.1 节中液冷工质的换热能力。例如，通过向液体中添加纳米颗粒来提高液冷工质的换热性能。南京理工大学宣益民院士围绕纳米流体热导率强化机理、流动与对流换热机制、能量传递的调控方法、传质特性及应用技术等做了大量系统、深入的研究，发现纳米流体热导率强化机理在于纳米颗粒的高热导率及其布朗运动促进流体内部微扰动，并因此提出了对流换热的微扰动模型。纳米流体热导率与颗粒体积分数、属性、尺度、纳米流体悬浮稳定性和温度等因素有关。几种典型纳米流体相对热导率与颗粒体积分数曲线如图 5-18 所示。纳米流体悬浮稳定性越高、纳米流体温度越高，纳米流体热导率就越高。由于纳米流体的高效传热性能，将其作为液冷系统的液冷工质，可提高液冷系统的冷却能力。例如，将铜-水纳米流体作为液冷工质引入到冲击射流中，3.0%颗粒体积分数的纳米流体射流换热系数比水提高 52%，散热能力大大提高。在工程上使用纳米流体时还需要重点考虑纳米粒子的团聚、沉积等问题。

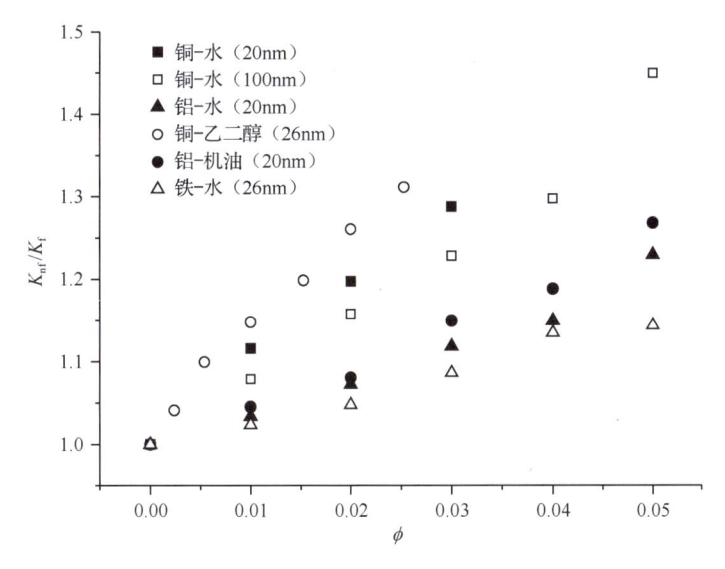

图 5-18　几种典型纳米流体相对热导率与颗粒体积分数曲线

5.2.2　对流换热面积强化

对流换热面积与对流换热性能密切相关，随着对流换热面积的增大，在相同散热量和对流换热系数的条件下，电子设备的温升减小，换热性能不断提高。由于电子设备体积和质量的制约，在冷板尺寸有限的情况下增大对流换热面积至关重要。在增大对流换热面积的同时，也会导致对流换热系数增大，同时减小流阻。本节主要从冷板流道内、冷板平面内及冷板空间内三个方面阐述对流换热面积强化方法。

1. 冷板流道内的对流换热面积强化方法

对于热源分散布局（如信息处理板卡）的冷板，蛇形流道是冷板中最常用的流道形式，液冷工质沿蛇形流道依次经过发热器件下方，通过对流带走器件热量。这种流道设计简单、易于加工，但散热能力有限。对流换热面积强化方法主要是在流道内加工出扩展结构，如矩形平直翅片（见图 5-19），以增大比表面积。

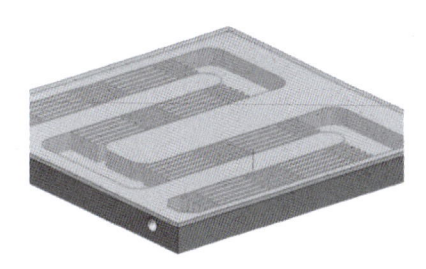

图 5-19　冷板流道内的矩形平直翅片

除矩形平直翅片以外，在冷板流道内还可以加工出错列翅片来增大对流换热面积，包括锯齿翅片、波纹翅片等，如图 5-20 所示。这些翅片状结构在增大对流换热面积的同时还可以破坏边界层，减小特征长度，从而增大对流换热系数。此外，还有一种间断翅片，虽然其对流换热面积相比错列翅片的增大幅度小，但可以减小特征长度，具有增大对流换热系数的效果，更容易加工。如图 5-21 所示，流道内的翅片采用间断设计，与风冷技术中的间断翅片类似，当间断数量不断增加时，流阻的增大及对流换热面积的减小反而会导致壁面温度升高，不利于对流换热性能的提高。因此，在增大对流换热系数的同时还需要考虑对流换热面积的影响，使对流换热性能达到最佳。这几种方式实际上都是增大对流换热系数和增大对流换热面积耦合的方法，既能增大对流换热系数又能增大对流换热面积，但会导致流道内流阻的增大，需要综合评估。

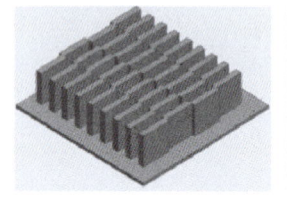

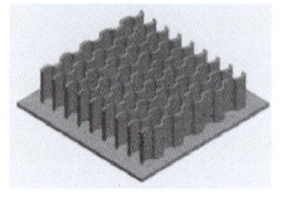

图 5-20 锯齿翅片和波纹翅片

图 5-21 流道内的间断翅片

对矩形平直翅片而言，增加翅片数量是增大对流换热面积最直接的方式，然而翅片数量不能无限制地增加。对于截面尺寸为 12mm×9mm 的蛇形流道冷板，可在流道内加工出不同数量的翅片，以提高换热性能，如图 5-22 所示。在热流密度为 7W/cm^2、供液温度为 30℃、压降为 3.7kPa 的条件下，表面温度和流量与翅片数量的关系曲线如图 5-23 所示。随着翅片数量的增加，液冷工质的流量不断减小，表面温度呈现先降低后升高的趋势。当翅片数量较少时，冷板内流阻小，在相同的泵功下流量大，但换热面积小，表面温度高。当翅片数量较多时，冷板内流阻大，尽管换热面积大，但流道内流量小，表面温度依然很高。因此，存在一个最优翅片数量，具有合适的液冷工质流量和换热面积，使表面温度最低。然而，当表面温度依然无法满足散热指标要求时，需要适当地增大泵功，增大流量和换热面积，以满足散热需求。

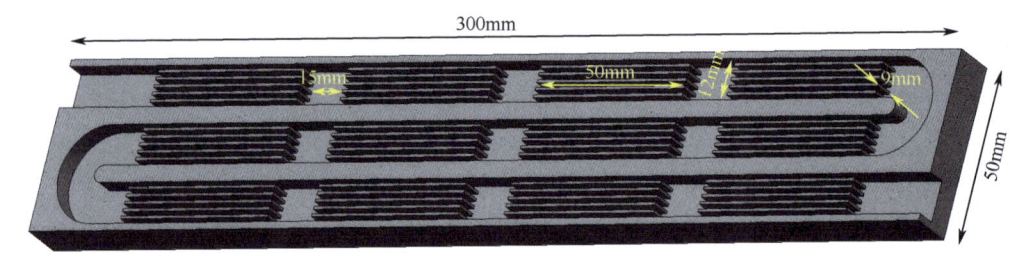

图 5-22 矩形翅片蛇形流道

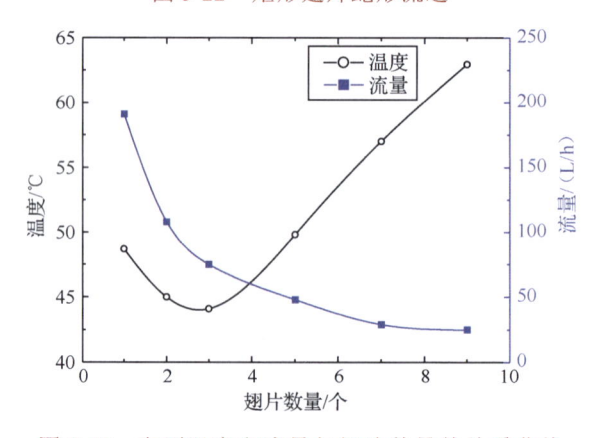

图 5-23 表面温度和流量与翅片数量的关系曲线

为进一步增大换热面积，可以将翅片宽度减小、翅片深宽比增大，由此发展出的微通道散热成为常用的电子设备液冷强化方法之一。斯坦福大学研究人员采用深层反应离子刻蚀技术在硅基芯片背面加工出了宽 50μm、深 300μm 的平直翅片微通道，能实现热流密度为 800W/cm^2 的高效散热。但同时该方法存在结构加工成型困难及流阻较大等问题。在进行微通道液冷冷板设计时，必须对其散热能力、加工难度及流动压降等特性进行综合考虑。

另外，3D 打印技术的普及为冷板三维空间面积强化和拓扑优化的实现奠定了基础，使复杂流道冷板具备可实现性。例如，意大利产品开发机构 Puntozero 受鲨鱼鳞片结构的启发，设计出了定向多层的几何形状，形成了用于汽车电子设备的液冷冷板，如图 5-24 所示。该几何形状符合冷板的流道布局，可以在弯道处产生均匀的流动，并显著增大冷板的换热面积。

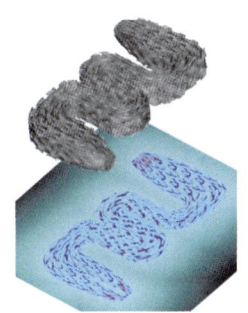

图 5-24　仿生轻量化高效液冷冷板

2．冷板平面内的对流换热面积强化方法

对于大面积热源（如储能电池）等不约束流道形式的冷板，可在整个冷板二维平面内优化流道布局，强化对流换热面积，在提高换热性能的同时实现流阻小、流量均匀分配和温度一致性。

通常可借助仿生微通道结构实现冷板平面内的对流换热面积强化。仿生微通道结构借鉴了自然界中的生物结构，具有较大的对流换热面积、较小的阻力和较高的流量分配均匀性，有利于降低电子设备最高温度并提高温度一致性。常见的仿生微通道结构包括仿叶脉、仿肺部气管、仿蜘蛛网等，如图 5-25 所示。有研究表明，当芯片热耗为 40W 时，仿蜘蛛网微通道结构相比平直微通道结构，芯片最高温度从 90.7℃ 降低到 82.8℃，流阻从 97.1kPa 减小到 93.1kPa。工程上参考仿生设计思路，考虑加工成本，采取简化设计。3D 打印技术的飞速发展也为仿生流道的应用奠定了基础。

上述冷板平面内的对流换热面积强化设计通常是基于经验的尺寸优化，随着计算能力的飞速发展，自由灵活的拓扑优化技术已逐渐成为冷板平面内流道设计的主要手段。其方法是先将流道设计中需要满足的各种要求和目标转化为数学模型，然后选择适当的寻优算法得到最优解。相比传统的设计方法，拓扑优化更容易确定设计域以明确初始设计方案，且优化求解过程具有明确的数学寻优方向，设计结果就是满足设计目标的最优设计，因而可以大大缩短设计周期。

（a）仿叶脉　　　　　　　　（b）仿肺部气管　　　　　　　（c）仿蜘蛛网

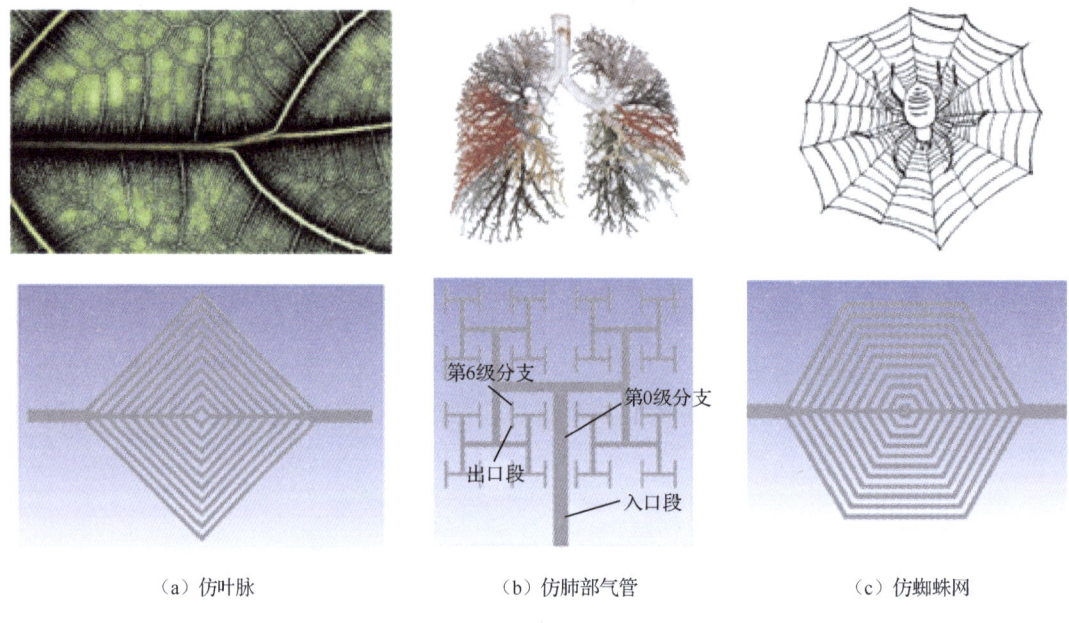

图 5-25　仿生微通道结构

拓扑优化的基本流程如图 5-26 所示，主要包括：①拓扑设计变量表述；②确定控制方程，建立 CFD 模型；③确定目标函数及约束条件，建立拓扑优化模型；④进行 CFD 求解；⑤进行拓扑优化求解；⑥后处理，输出结果。

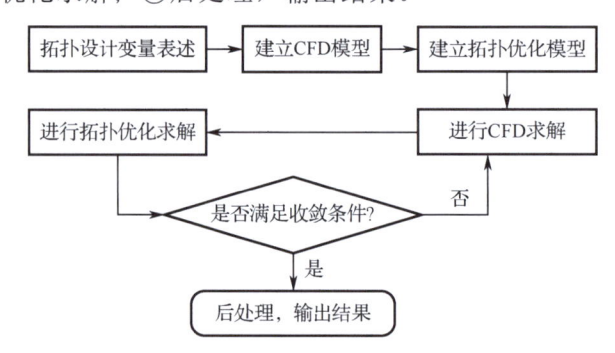

图 5-26　拓扑优化的基本流程

常用的拓扑设计变量表述方法主要有变密度法、水平集法、双向渐进结构优化方法、独立连续映射方法等，如表 5-4 所示。目前变密度法是解决流动与传热问题常用的方法。变密度法的基本思想是，引入一种密度或孔隙率为 0～1 的可变材料，把材料密度或孔隙率作为拓扑设计变量，通过插值函数建立拓扑设计变量与物理特性之间的关系，以寻求设计区域内的最优材料分布。水平集法的基本思路是，引入一个水平集函数来隐含描述固体-流体边界，并将其作为控制方程的约束条件，以寻求设计区域内固体-流体边界的最优分布。双向渐进结构优化方法的基本思想是，以有限元分析结果为依据，以单元虚实为设计变量，通过单元的增加和删除，以寻求设计区域内最优的拓扑结构和形状。独立连续映射方法的基本思想是，以独立于单元具体物理参数的变量，即"独立拓扑设计变量"来表征单元的"有"与"无"，通过构造过滤函数和磨光函数，把这种本质上是"0"

和"1"的离散拓扑变量映射为[0,1]的连续拓扑变量,并在连续拓扑变量求解之后再把连续拓扑变量反演成离散拓扑变量,以寻求最优的拓扑构型。

表 5-4 常用的拓扑设计变量表述方法

描 述 方 法	优 点	缺 点
变密度法	1. 不需要重划网格; 2. 收敛速度快; 3. 对初始值依赖性弱; 4. 普适性高	1. 流体-固体边界不清晰; 2. 数值不稳定
水平集法	1. 流体-固体边界清晰; 2. 一般不需要重划网格	1. 计算效率低; 2. 对初始值依赖性强; 3. 数值伪影
双向渐进结构优化方法	1. 边界清晰; 2. 稳定性、通用性好	1. 计算效率低; 2. 数值不稳定; 3. 普适性低
独立连续映射方法	1. 拓扑变量独立; 2. 求解效率高	1. 数值不稳定; 2. 普适性低

CFD 模型及其求解方法决定了拓扑优化求解难易程度、计算时间、计算资源。一般流动与传热问题的控制方程包括连续方程、动量方程、能量方程等。CFD 求解方法的计算效率和精度将极大地影响拓扑优化的性能。几十年来,研究人员已经开发了有限元法、有限体积法、格子-玻尔兹曼法等多个求解器来求解控制方程。

拓扑优化的数学模型包括设计变量、目标函数、约束条件等部分,一般如下所示:

$$\begin{cases} \min_{\gamma} f(u,p,T,\gamma) \\ \text{s.t. } g_j(\gamma)=0, \quad j=1,2,\cdots,J \\ h_k(\gamma) \leq 0, \quad k=1,2,\cdots,K \\ \gamma \in [0,1], \quad \gamma=(\gamma_1,\gamma_2,\cdots,\gamma_n) \end{cases} \quad (5\text{-}2)$$

式中,γ 为拓扑设计变量;$f(u,p,T,\gamma)$ 为目标函数,可为单目标函数或多目标函数;$g_j(\gamma)$ 为流体流动与传热问题的控制方程;$h_k(\gamma)$ 为状态方程或其他约束条件。目标函数作为优化标准,对最终的拓扑结构影响极大,如最小化平均温升、最小化热阻、最小化压降、最小化能量耗散、最大化换热量、最大化可回收热功率等。大多数研究人员处理的是单目标函数,可采用加权方法将多目标函数变换成单目标函数,以达到强化传热和改善水力性能的双重目标。对于约束条件,目前常用的有水力性能、压降、最高温度、体积分数等。

优化求解器是拓扑优化算法的核心部分,它决定了设计域的演变,从而决定了拓扑优化的最终输出结果。目前已经开发出基于梯度、遗传算法、神经网络等的多个优化求解器,其中基于梯度的优化求解器是目前流体拓扑优化中常用的优化求解器。

针对高热流密度电子设备散热器进行拓扑优化设计,局部结构采用射流微通道结构,对水平微通道结构进行拓扑优化,增大对流换热系数和对流换热面积。拓扑优化结果对比如表 5-5 所示。相比常规多歧管流道散热器,在热流密度为 500W/cm^2、流量为 1.43L/(min·kW)的条件下,对流温升可由 38℃减小至 27℃。

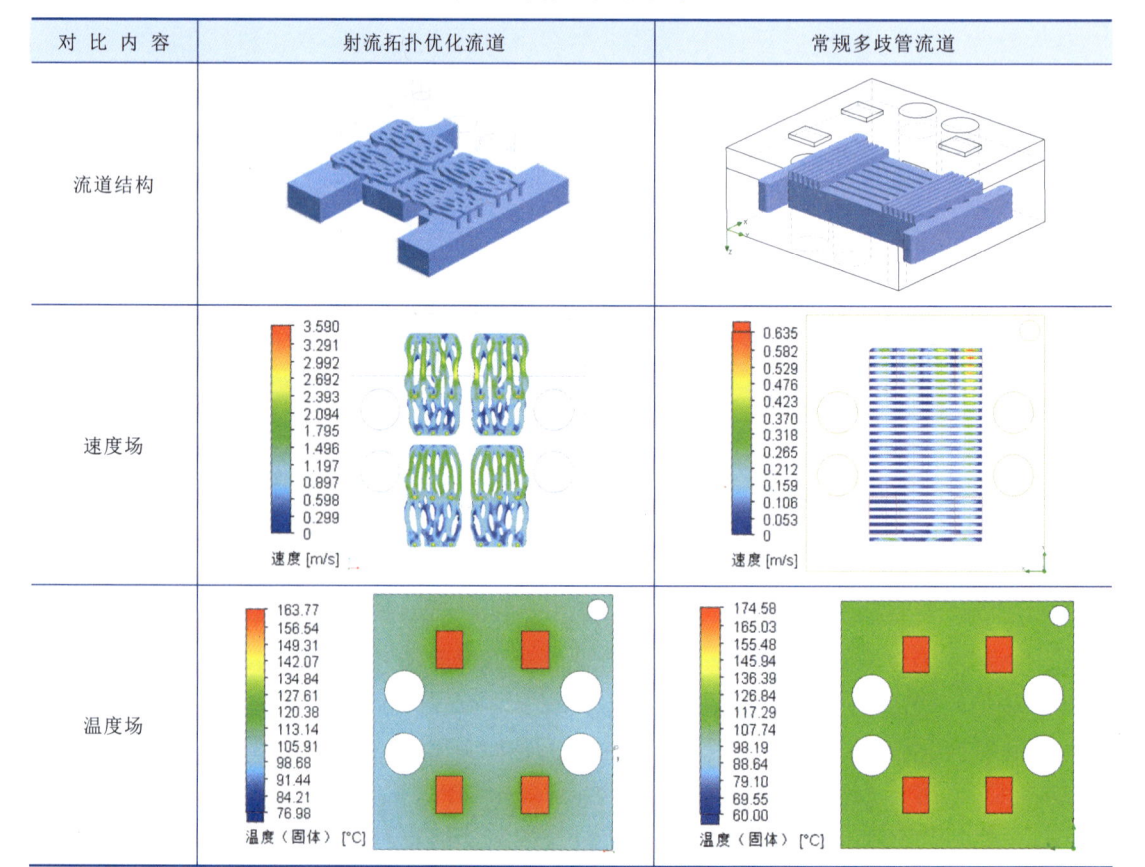

表 5-5 拓扑优化结果对比

对 比 内 容	射流拓扑优化流道	常规多歧管流道
流道结构		
速度场		
温度场		

3. 冷板空间内的对流换热面积强化方法

除在冷板平面内进行对流面积强化以外，还可以从冷板厚度方向上，也就是利用冷板三维空间来进一步增大对流换热面积，实现流阻和对流换热系数的综合优化。

在冷板空间内的对流换热面积强化中，微通道结构虽然具有较高的散热能力，但存在两个明显缺陷。一方面，为了提高微通道的散热能力，需要增大微通道的深宽比及提高工质的质量流率，增大深宽比受到加工工艺的限制，提高质量流率会导致泵功的大幅增加；另一方面，流体温度沿微通道中流体流动方向逐渐升高，使微通道末端散热能力降低，导致温度分布极不均匀。尽管通过冷板平面的面积强化手段可以改善压降和温度分布，但整体流动和换热效果还有待进一步提升。

针对上述问题，利用冷板厚度空间，在微通道顶部增加包含多个进口和出口的歧管式集分水结构，使歧管进口和出口间隔布置，如图 5-27 所示。由于歧管式集分水结构的引入，工质从歧管进口流入微通道后立即从出口流出，大幅缩短了流体在微通道内的流程，减小了整体流阻，从而可以进一步增大供液流量、提高散热能力。同时该结构兼具冲击射流的优势，在歧管进口和出口处速度与温度梯度同向，协同性达到最优，可进一步强化换热效果。

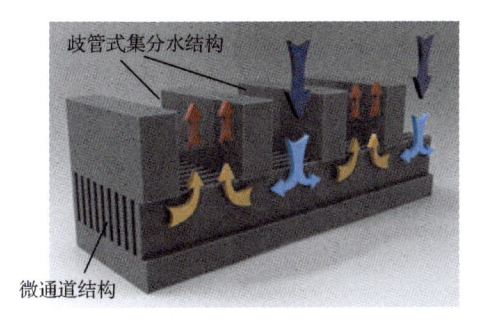

图 5-27 多歧管微通道流动示意图

双层歧管微通道冷板就是基于这种优化思路设计的，如图 5-28 所示。每个热源下方都设置散热翅片，通过隔板与集分水层分离，实现热源的全并联散热。由于流道的全并联设计，散热层内冷却液流速低、流程短，流阻显著减小。

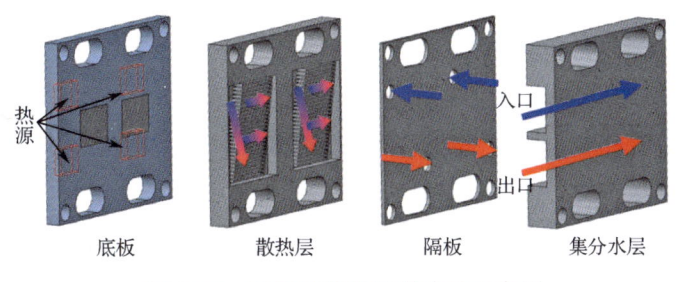

图 5-28 双层歧管微通道流动示意图

串联微通道的翅片设计成厚度为 0.3mm、间隙为 1mm 的形式，当流量为 1.5L/(min·kW)时，整个系统的流阻为 3.8bar（1bar = 10^5Pa）。在单个热源热流密度为 250W/cm²、供液温度为 25℃ 的条件下，串联微通道与双层歧管微通道的热仿真结果如图 5-29 所示，热源温度达 97℃，温度一致性达±3.5℃。相比而言，双层歧管微通道可以在满足流阻要求的条件下适当减小翅片的厚度和间隙，增加翅片数量，进而增大散热面积，提高散热性能。双层歧管微通道冷板实物图如图 5-30 所示。当翅片的厚度和间隙减小至 0.2mm 时，系统流阻为 2.8bar，仍满足流阻要求。热源温度可降低至 89℃，温度一致性达±2℃。因此，双层歧管微通道的综合散热效果优于串联微通道。

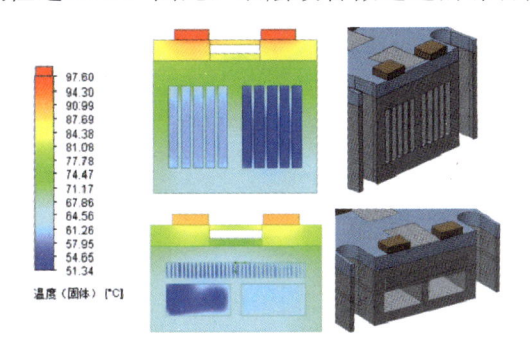

图 5-29 串联微通道与双层歧管微通道的热仿真结果　　图 5-30 双层歧管微通道冷板实物图

5.2.3 协同设计优化

对流换热系数强化和对流换热面积强化在一定程度上会导致液冷系统流阻增大，在冷却资源有限的条件下对换热性能的提升效果有限，在设计液冷系统时需要综合优化散热性能和流动特性，进行协同设计优化。

基于第 4 章的场协同原理，当速度与温度梯度同向时，对流换热系数强化效果最好，由此发展出了冲击射流强化方法。冲击射流是指液体介质在压差作用下经过喷嘴垂直冲击到需要散热的物体表面，在冲击射流驻点区域附近具有极大的对流换热系数。影响冲击射流散热效果的主要因素有喷嘴孔径、喷射速度、冲击高度等。冲击射流示意图如图 5-31 所示。

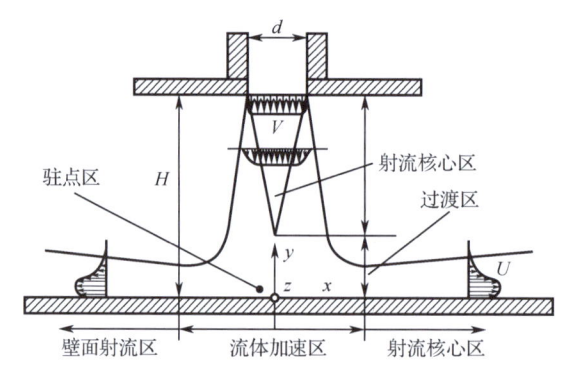

图 5-31 冲击射流示意图

由于单孔射流的覆盖范围有限，因此对于大面积热源，采用阵列式排布的多孔射流可以更好地实现均匀散热。麻省理工学院研究人员采用两组环形喷嘴对硅基板底部进行冲击射流散热，喷嘴直径为 116μm，数量为 19 个，如图 5-32 所示，底面平均对流换热系数达 250kW/(m^2·K)，芯片温升为 46℃。

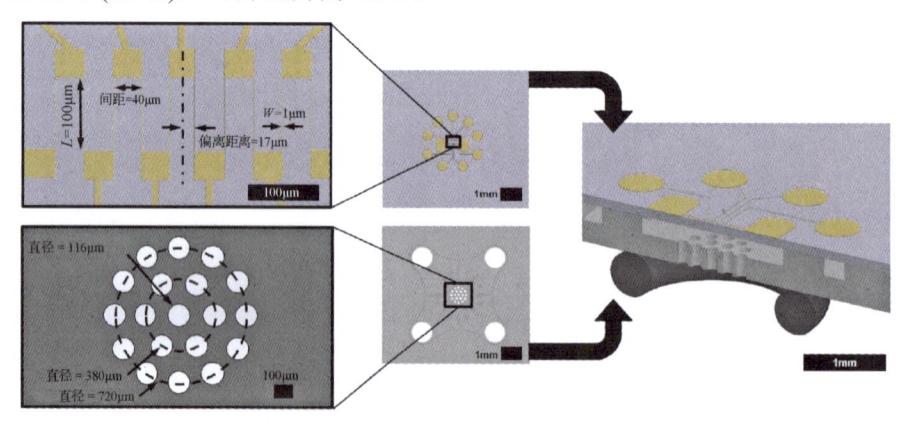

图 5-32 硅基微喷阵列射流冲击

此外，借助场协同原理可以分析不同强化散热结构的换热原理，评估换热能力和流阻的综合换热效果。

综上，液冷强化技术主要有对流换热系数强化和对流换热面积强化两种，在工程实际中应用比较广泛的强化方法是基于各种翅片的协同强化方法。在实际工程设计中可根据具体的散热需求、资源、边界条件等组合采用各种强化方法，提高散热性能。随着3D打印等制造技术的日趋成熟，一些复杂的强化方法，如多歧管、仿生流道、拓扑结构等可以实现较低成本的制造，必将大量应用于各种实际工程项目。各种先进制造技术的不断涌现，为强化结构提供了更大的设计空间，电子设备高集成度、高热流密度的发展亟待各类全新强化方法的出现。

5.3 液冷系统的安全性与可靠性设计

液冷系统相比风冷系统在提高散热性能的同时存在腐蚀破坏或密封失效导致的液体泄漏风险，水等非绝缘工质一旦泄漏会导致电子设备短路甚至被烧毁等致命危害，因此液冷系统的安全性设计至关重要。同时，与分布式风冷方式不同，液冷大多采用集中式冷却方案，借助集中式的冷却机组提供一定温度和流量的冷却液。对系统而言，冷却机组及主供回液管网属于单点故障设备，一旦冷却机组故障或主供回液管路泄漏，往往影响范围较广。因此，液冷系统的可靠性设计也不容忽视。本节从液冷系统的腐蚀防护设计、泄漏防护设计、可靠性设计、健康管理设计4个方面进行介绍。

5.3.1 腐蚀防护设计

腐蚀是影响液冷系统可靠性的重要因素，腐蚀可能会导致液冷系统堵塞或漏液，影响液冷系统安全运行，因此腐蚀防护设计是液冷系统设计的关键环节。液冷系统常见的腐蚀形态主要有均匀腐蚀和局部腐蚀两种，其中局部腐蚀主要包括电偶腐蚀、点蚀、缝隙腐蚀等。液冷系统中的金属部件一般包括不锈钢管路、铜冷板或铝合金冷板、铜散热器等，上述材料中铝合金的腐蚀电位较低，在液冷系统中极易被腐蚀，因此对铝合金的防护需要重点关注。

（1）均匀腐蚀：最常见的腐蚀形态之一，均匀分布在整个金属表面上，是指介质中的氧或氧化性物质与金属表面发生化学反应，使金属整体变薄。在均匀腐蚀过程中，金属表面各处的减薄速率基本相同，用平均腐蚀速率可以比较精确地计算金属结构的腐蚀量，以估算构件的腐蚀寿命，从而可在工程设计时通过预先考虑留出腐蚀裕量的措施，达到防止电子设备发生过早腐蚀破坏的目的。尽管均匀腐蚀会导致金属材料的流失，但是由于其易于检测和察觉，通常不会造成金属结构的突发性失效事故。但液冷系统中大面积的均匀腐蚀可能会导致腐蚀产物堆积，从而堵塞冷板、过滤器。

（2）电偶腐蚀：电位差较大的两种金属浸没在同一个充满液体的环境中，电荷会从活泼金属转移到惰性金属上，活泼金属被氧化腐蚀，其腐蚀速率远超均匀腐蚀，会造成局部位置的裂缝、穿孔等现象。尤其是在两种电位差较大的金属接触的情况下，极易发生电偶腐蚀。铝合金冷板与不锈钢接头连接处的电偶腐蚀如图5-33所示。在液冷系统设计中需要尽量避免金属直接接触。常见金属的电位表如表 5-6 所示。

图 5-33　铝合金冷板与不锈钢接头连接处的电偶腐蚀

表 5-6　常见金属的电位表

金属电极		电极反应	标准电极电位 E/V	金属电极		电极反应	标准电极电位 E/V
钾	K^+	$K=K^++e^-$	-2.92	铊	Tl^+	$Tl=Tl^++e^-$	-0.335
钡	Ba^{2+}	$Ba=Ba^{2+}+2e^-$	-2.92	钴	Co^{2+}	$Co=Co^{2+}+2e^-$	-0.27
锶	Sr^{2+}	$Sr=Sr^{2+}+2e^-$	-2.89	镍	Ni^{2+}	$Ni=Ni^{2+}+2e^-$	-0.23
钙	Ca^{2+}	$Ca=Ca^{2+}+2e^-$	-2.84	锡	Sn^{2+}	$Sn=Sn^{2+}+2e^-$	-0.140
钠	Na^+	$Na=Na^++e^-$	-2.713	铅	Pb^{2+}	$Pb=Pb^{2+}+2e^-$	-0.126
镁	Mg^{2+}	$Mg=Mg^{2+}+2e^-$	-2.38	氢	H^+	$H_2=2H^++2e^-$	0
铍	Be^{2+}	$Be=Be^{2+}+2e^-$	-1.70	铜	Cu^{2+}	$Cu=Cu^{2+}+2e^-$	+0.36
铝	Al^{3+}	$Al=Al^{3+}+3e^-$	-1.66	铜	Cu^+	$Cu=Cu^++e^-$	+0.52
锰	Mn^{2+}	$Mn=Mn^{2+}+2e^-$	-1.05	汞	Hg^{2+}	$Hg=Hg^{2+}+2e^-$	+0.70
锌	Zn^{2+}	$Zn=Zn^{2+}+2e^-$	-0.763	汞	Hg^+	$Hg=Hg^++e^-$	+0.798
铬	Cr^{2+}	$Cr=Cr^{2+}+2e^-$	-0.71	银	Ag^+	$Ag=Ag^++e^-$	+0.799
铬	Cr^{3+}	$Cr=Cr^{3+}+3e^-$	-0.56	铂	Pt^+	$Pt=Pt^++e^-$	+0.86
铁	Fe^{2+}	$Fe=Fe^{2+}+2e^-$	-0.44	金	Au^+	$Au=Au^++e^-$	+1.70
镉	Cd^{2+}	$Cd=Cd^{2+}+2e^-$	-0.402				

（3）点蚀：也称孔蚀，是在金属上产生的针尖状、点状或孔状的一种局部腐蚀形式。点蚀是阳极反应的一种独特形式，是一种自催化过程，即点蚀孔内的腐蚀过程发生的条件可以促进并维持腐蚀的继续进行。含 Cl^- 环境下的铝合金点蚀形貌图如图 5-34 所示。由于腐蚀部位尺寸很小，因此很难通过测量减薄量或质量减小量来预测，一旦发生点蚀，在自催化的作用下腐蚀会加速进行，导致孔内溶解速度远超洞口表面，形成越来越深的孔洞，极易造成冷板、管路等的穿孔破坏，是对液冷系统危害最大的一种腐蚀形式。

液冷系统中铝合金的腐蚀电位较低，极易被腐蚀，而且腐蚀形态主要为点蚀。铝合金表面极易钝化，通常在大气和水中会形成 5～200nm 厚的氧化膜，所形成的致密氧化膜可有效地保护铝合金，但是在含有侵蚀性离子的环境下，铝合金也会出现点蚀、晶间腐蚀和剥蚀等。侵蚀性离子主要包括破坏氧化膜的 F^-、Cl^-、Br^-、I^- 等，Cu^{2+}、Fe^{3+} 会加速铝合金点蚀，通常 Cu^{2+} 的加速作用大于 Fe^{3+}。液冷系统中铝合金点蚀及铜加速腐蚀作用示意图如图 5-35 所示，主要分为 4 个过程。

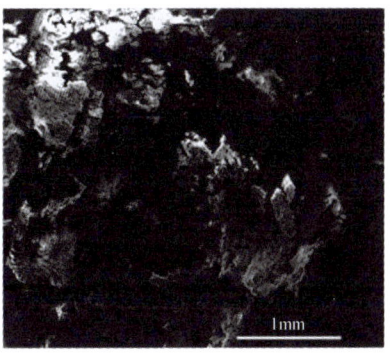

图 5-34 含 Cl⁻环境下的铝合金点蚀形貌图

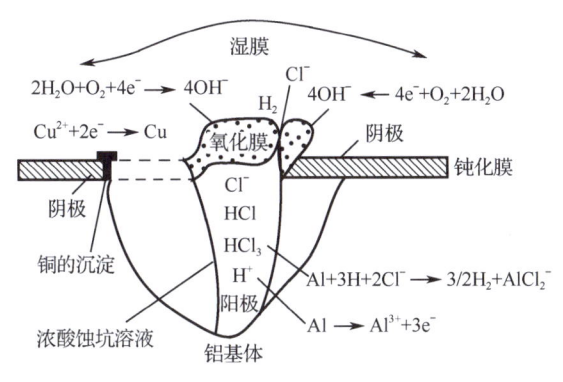

图 5-35 液冷系统中铝合金点蚀及铜加速腐蚀作用示意图

（1）活性阴离子在铝表面氧化层上吸附。Cl⁻等侵蚀性离子在铝表面氧化层上的吸附是一个竞争过程，它们与水分子在氧化膜表面发生竞争吸附，前者的吸附将导致腐蚀的发生，而后者的吸附将导致铝表面的钝化。

（2）吸附阴离子与氧化物晶格中的铝离子发生反应或与沉积的氢氧化铝发生反应（这是一个与晶格中的阴离子发生离子交换的过程），反应过程如下：

$$Al^{3+} \text{ (in } Al_2O_3 \cdot nH_2O \text{ crystal lattice)} + 2OH^- + Cl^- \rightarrow Al(OH)_2Cl$$

或

$$Al^{3+} \text{ (in } Al_2O_3 \cdot nH_2O \text{ crystal lattice)} + 2OH^- + 2Cl^- \rightarrow Al(OH)_2Cl_2^-$$

（3）溶解反应过程导致氧化膜减薄（包括 Cl⁻所引起的腐蚀氧化层的穿孔作用）。

（4）阴离子侵蚀暴露金属铝基体（这个过程可能是在阳极电位辅助下发生的），这个过程也被称为点蚀的发展阶段，其反应过程如下：

$$Al^{3+} + 4Cl^- \rightarrow AlCl_4^-$$

$$AlCl_4^- + 2H_2O \rightarrow Al(OH)_2Cl + 2H^+ + 3Cl^-$$

若液冷系统中含有铜散热器等部件，则因为冷却液对铜具有一定的腐蚀性，所以腐蚀产生的铜离子与铝合金发生置换反应，产生的金属铜沉积在铝合金表面，会进一步加速铝合金的腐蚀。

过程（4）导致 H^+ 在点蚀区域溶液中的浓度增大，局部酸性提高，这将进一步加速过程（2）中的 Cl⁻与 Al^{3+} 发生络合反应，这种自催化的腐蚀过程使得点蚀一旦开始，就将加快氧化层的溶解，点蚀坑也将进一步加深。因此，侵蚀性离子，特别是 Cl⁻的吸附是金属发生点蚀的前置过程，预防液冷系统中点蚀的发生首要任务是控制系统中有害离子的含量。

液冷系统的腐蚀防护方法主要有以下3个方面。

（1）针对均匀腐蚀和点蚀，可采取以下腐蚀防护方法。

① 控制液冷系统中的侵蚀性离子含量。一是冷却液中有害离子含量的控制，乙二醇冷却液中 Cl^- 含量一般控制在 25mg/L 以下，要求严苛的系统中 Cl^- 含量低于 10mg/L，铜离子含量一般低于 1mg/L。二是液冷部件加工过程的控制，通过过程控制或清洗等手段，消除加工、焊接等过程中可能引入的侵蚀性离子。

② 在液冷工质中添加缓蚀剂。可在液冷工质中有针对性地添加不同类型的缓蚀剂进行腐蚀防护，如唑类抑制剂可有效抑制铜腐蚀，钼酸盐、磷酸盐、硅酸盐可有效抑制铝合金腐蚀，也可采用有机缓蚀剂对金属进行腐蚀防护。由于液冷系统中的金属种类较多，一般需要将多种缓蚀剂配合使用。在工程中可选用较为成熟的、经过验证的、满足相关标准指标要求的商用冷却液，确保冷却液具有较强的缓蚀能力，可修复侵蚀性离子对金属表面的破坏，保护金属不被腐蚀。

③ 对液冷部件进行表面防护处理。表面防护处理包括涂覆、电镀、阳极氧化，通过在金属表面生成保护层，隔开金属基体与腐蚀介质的接触，从而减少腐蚀。涂覆是指把有机化合物和无机化合物涂覆在金属表面，常用的方法是涂漆和塑料涂层。电镀是指利用金属粉末在金属表面形成保护镀层。根据构成表面防护层的物质不同，保护层可以分为非金属保护层和金属保护层，其中非金属保护层包括油漆、塑料、玻璃钢、搪瓷防锈油等，金属保护层包括镀镍、镀铬、镀镍磷合金、锌铬合金镀层、CVD钽涂层等。阳极氧化是指利用化学或电化学处理，使金属表面生成一种含有该金属成分的氧化薄膜层。最典型的阳极氧化为铝合金阳极氧化，通过在铝合金表面形成一层氧化铝薄膜，可以大幅提高铝合金的耐腐蚀能力。但由于冷板流道一般弯曲较多，较难进行阳极氧化，因此往往采用化学氧化方式，在流道表面生成化学氧化膜，以提高表面防护能力。另外，在化学氧化过程中顺带会对冷板流道进行彻底清洗，以消除加工过程引入的侵蚀性离子。

（2）电偶腐蚀防护。

在液冷系统设计中应尽量避免异种金属接触，尤其是电位差较大的金属直接接触，不同材料的管路或冷板连接时需要进行绝缘隔离，通过填充密封胶或采用密封垫进行隔离，阻止电偶腐蚀发生。同时还可以采用表面处理方式，如在金属表面进行涂覆，以减小两种金属的电位差。

（3）缝隙腐蚀防护。

在结构设计中要注意避免缝隙或盲端的存在，减少冷板、管路焊接及表面处理过程中的酸碱溶液残留，同时在生产过程中要加强清洗，避免酸碱溶液残留。

5.3.2 泄漏防护设计

1. 常见的互连密封设计

泄漏是液冷系统中常见的故障之一，造成泄漏的根本原因主要有两个：一是由于机械加工存在各种缺陷和形状及尺寸的偏差，因此在互连处不可避免地会产生间隙；二是如果密封两侧存在压力差，液冷工质就会通过间隙发生泄漏。减小或消除间隙是阻止泄漏发生的主要途径，密封的作用就是将互连处的间隙封住，隔离或切断泄漏通道，增大泄漏通道中的阻力，阻止泄漏发生。

根据密封件工作时相对运动状态的不同，密封可分为静密封和动密封，其中静密封是液冷系统中最常见的密封类型。根据密封形式不同，静密封可以分为O形圈密封、法兰垫片密封、锥（球）面密封、螺纹密封等。

（1）O形圈密封：将弹性O形圈放置在沟槽内实现密封，具有自密封特性，需要的紧固载荷较低，耐受高低温冲击较强，密封效果较好。

（2）法兰垫片密封：将垫片夹持在一对法兰之间，起到封堵液体的作用，属于面密封。相较于O形圈密封，法兰垫片密封对法兰加工精度和表面粗糙度等的要求较低，需要的紧固载荷相对较高，在低温环境中温度降幅较大的情况下，垫片的收缩可能会导致渗漏，在设计时尤其要注意温度变化带来的收缩问题。

（3）锥（球）面密封：属于机械密封，不需要填料，金属直接接触产生变形从而实现密封，可长期使用，但对加工精度、装配精度的要求较高。由于相互接触的是同种金属，因此一般温度的变化不会导致渗漏。

（4）螺纹密封：主要通过锥管锥度配合实现管路密封，在装配过程中可上胶以提升密封效果。对于普通管螺纹加生料带等密封形式，由于在装配过程中不可避免地会引入多余物，因此一般不建议在液冷系统中应用。

目前液冷系统中应用较为广泛的密封形式为O形圈密封、法兰垫片密封和锥（球）面密封，其中锥（球）面密封又有多种具体的结构形式，如机载液冷系统中常用的74°锥面密封形式，如图5-36所示。下面主要介绍液冷系统中常用的O形圈密封和法兰垫片密封。

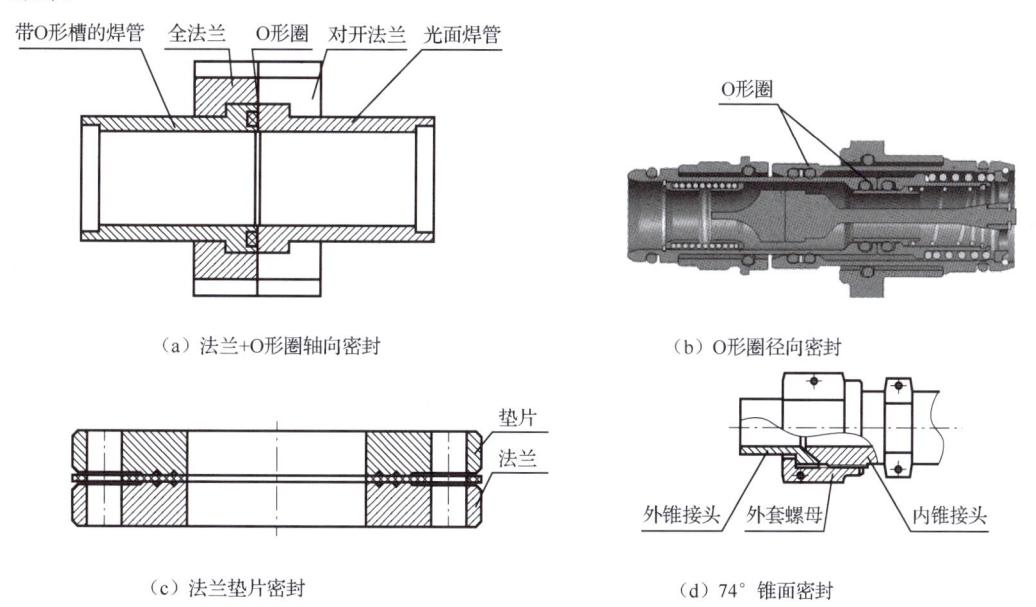

(a) 法兰+O形圈轴向密封

(b) O形圈径向密封

(c) 法兰垫片密封

(d) 74°锥面密封

图5-36 液冷系统中常用的密封形式

（1）O形圈密封。

O形圈是最普通的一种静密封元件，常用的O形圈材料有丁腈橡胶、氟橡胶、聚四氟乙烯、硅橡胶等。O形圈密封通常包括轴向密封和径向密封两种形式，其结构简单、拆装方便、成本低、应用广泛。O形圈密封的原理是将O形圈装入沟槽后，其界面承受接触压缩应力产生变形。当没有液体压力时，O形圈在自身的弹性作用下，对接触面产生一个初始接触应力。当沟槽中通入有压力的液体后，在液体压力的作用下O形圈向低压侧发生位移，弹性变形进一步增大，工作接触压力上升直至大于液体压力，实现密封。当液体泄压后，O形圈仍具有安装时的初始接触应力，仍能保证密封性能。但O形圈密封必须按照规范进行设计，这样才能取得良好和可靠的密封效果。例如，O形圈的压缩率、尺寸，以及沟槽的尺寸、粗糙度、倒角等，可参照GB/T 3452《液压气动用O形橡胶密封圈》设计。O形圈的压缩率是影响密封性能的关键因素。轴向密封和径向密封O形圈的具体压缩率如图5-37所示。

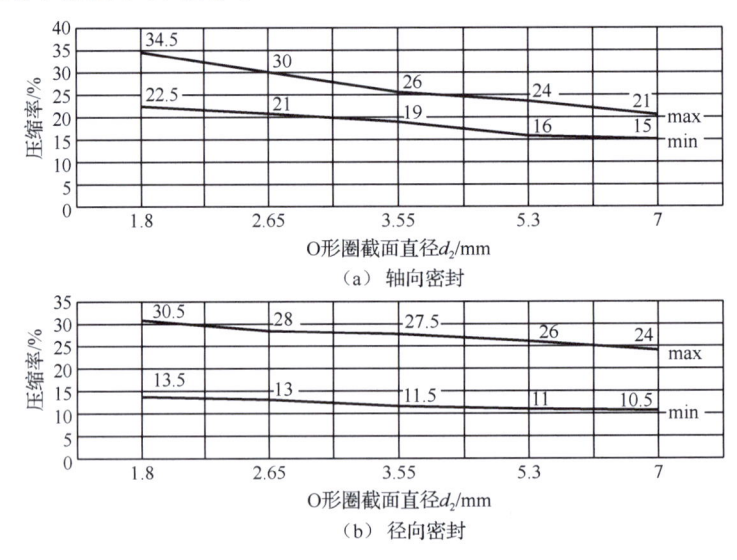

图5-37 轴向密封和径向密封O形圈的具体压缩率

O形圈密封的失效如图5-38所示，常见的失效原因主要包括O形圈尺寸选型问题、沟槽尺寸加工问题、材料问题、结构安装问题及使用问题等，具体如下。

① 尺寸不合理：沟槽和O形圈尺寸超差，如沟槽深度尺寸过大或O形圈公称尺寸偏小，导致O形圈变形量不足以保证密封性能。在沟槽设计中还需要考虑O形圈在合理溶胀范围内带来的尺寸变化。

② 结构不合理：密封面的平面度、粗糙度等不满足要求。密封面进口没有光滑的倒角，容易在安装时将O形圈划伤，从而导致发生泄漏，如图5-38（a）所示。

③ 材料不相容：O形圈材料若与液冷工质不相容，则会出现被侵蚀后导致的密封失效。尤其要注意的是，同一牌号（如三元乙丙、氢化丁腈）的橡胶O形圈，由于各厂家的配方存在差异，因此与不同液冷工质的相容性也不相同，建议在O形圈选型过程中有针对性地进行相容性试验，验证是否相容。如图5-38（b）所示，某氢化丁腈橡胶O形圈在R134a介质中出现轻微溶胀，超出沟槽设计尺寸，导致密封失效。

④ 老化：O形圈长时间使用后会老化变质，弹性降低，导致密封失效。

⑤ 对于采用径向密封方式的自密封接头，除上述失效原因以外，常见的失效原因还包括两种：一是杂质卡在O形圈上，导致密封失效；二是违规操作，超出允许拔插压力范围带压拔插，导致O形圈损伤或直接从沟槽中脱出。

因此，针对以上失效形式，需要严格按照规范设计O形圈密封的结构尺寸，合理选用O形圈材料。在安装前要确认结构尺寸是否满足设计要求，还要对锋利边缘倒角、去除多余物等。在液冷系统设计、制造中需要严格控制洁净度，严格按照规范操作。

（a）安装时导致O形圈损伤　　（b）O形圈材料与液冷工质不相容导致溶胀

图 5-38　O形圈密封的失效

（2）法兰垫片密封。

法兰垫片密封通常由法兰、垫片及连接螺栓、螺母组成。法兰垫片密封的原理是通过连接螺栓的预紧力，在垫片和法兰密封面之间产生足够的压力，使垫片表面产生变形，填平密封面的微小凹凸不平，达到密封的目的。垫片通常包括橡胶垫片、聚四氟乙烯垫片和金属缠绕垫片。垫片的密封功能与法兰、紧固件的结构形式、尺寸、材料有关。

法兰垫片密封常见的失效原因主要有以下3个方面。

① 结构不合理：法兰密封面损伤、翘曲或变形，以及法兰未对中等，导致密封面存在间隙，从而发生泄漏。

② 材料不相容：与O形圈相同的是，若垫片材料与密封介质不相容，使垫片溶胀或变硬，也会导致垫片失效，从而发生泄漏。

③ 装配力矩不合理：不同材质垫片的压力力矩不同，在安装过程中要严格按照力矩要求进行装配，压紧力过小容易发生渗漏，压紧力过大容易将垫片压溃，使垫片失去回弹能力，无法补偿由温度、压力引起的变形，从而导致密封失效。

因此，需要选择合适的垫片尺寸和材料，采用满足尺寸和强度要求的法兰和连接螺栓，并严格按照规范安装。

影响互连密封效果的另一个关键因素是防松设计，尤其是在机载、车载、船载等振动冲击较大的场合或水泵、压缩机等进出口位置的管路连接处，受振动冲击影响，紧固件容易松动，导致连接处发生渗漏，因此需要选择合适的防松措施并按照相应力矩及安装要求进行装配。通常在一般场合下按照紧固件标准力矩进行安装即可满足防松要求，在振动冲击较大的场合需要采取螺纹紧固剂防松、打保险丝防松及自锁垫圈防松等措施。

2. 漏液检测与报警

液冷系统除了需要进行有效的密封,还需要进行漏液检测与报警,一般通过在电子设备模块中安装漏液检测系统来实现。该系统的主要功能包括检测漏液信号、上传漏液信号并报警、根据任务情况关断电路。漏液检测系统主要由漏液检测传感器和检测模块两大部分组成,如图 5-39 所示。常用的漏液检测传感器为漏液检测带,其能够弯曲裁剪,使用方便。漏液检测系统的工作原理是,如果液冷系统中发生漏液,则利用导流槽进行漏液收集,将漏液收集到安装了漏液检测带的腔体内,在漏液检测带检测到漏液后通过检测模块上传漏液信号并报警。

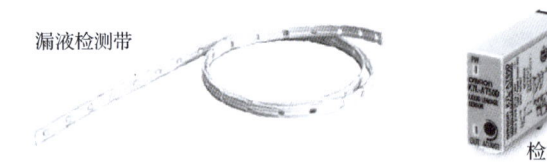

图 5-39　漏液检测传感器和检测模块

漏液回收设计应保证漏液有安全、通畅的导流回收路径,以免引起次生危害。一般在机柜背板上设计从上往下的漏液流道,并且在每个腔体内相应位置设计排液孔。汇集在腔体内的液体一旦到达排液孔位,即可从排液孔排出。排出的液体沿漏液流道流至机柜底部,由底部固定的腔体收集。

3. 减小泄漏危害

此外,液冷系统还需要进行相应的故障软化设计,一旦液冷系统发生泄漏,可以最小化故障风险。

1) 选择低电导率液冷工质

在液冷系统中,选择低电导率液冷工质可以从源头上减小液冷工质泄漏的危害。例如,矿物油、氟化液等具有优异的绝缘性能,泄漏后不存在电子设备短路风险,但其换热性能比常用的乙二醇水溶液差。由于乙二醇水溶液中一般会添加离子型缓蚀剂,在水中易产生离子,因此其电导率较高(一般大于 200μS/cm),漏液危害较大。因此,可换用非离子型缓蚀剂,得到一种新型低电导率乙二醇液冷工质,其电导率小于 5μS/cm,能显著减缓 PCB 发生短路、腐蚀、打火等反应,减小泄漏后对电路的危害。PCB 通电试验结果如图 5-40 所示。

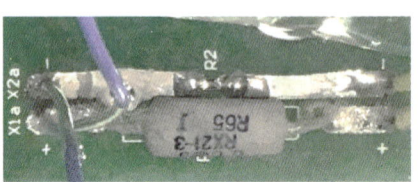

(a) 常规乙二醇液冷工质　　　　(b) 低电导率乙二醇液冷工质

图 5-40　PCB 通电试验结果

2) 液电物理隔离设计

为了减小液冷工质泄漏引起的短路、打火等危害，在液冷系统设计时还需要特别关注液电物理隔离设计，接头、阀件等应避免与电气元件安装在同一平面上，如图 5-41 所示。如果必须安装在同一平面上，则接头应尽量远离电气元件。

此外，还可以进行接头局部物理隔离设计，如图 5-42 所示，在接头外围加工出储液腔，可以将泄漏的液冷工质暂时存储在腔体中，减小泄漏风险。在采用这种方法时需要进行漏液回收设计，规划漏液导流路径，保证漏液有安全、通畅的导流回收路径，以免引起次生危害。一般在机柜背板上设计从上往下的漏液流道，并且在每个腔体内相应位置设计排液孔。汇集在腔体内的液体一旦到达排液孔位，即可从排液孔排出。排出的液体沿漏液流道流至机柜底部，由底部固定的腔体收集。

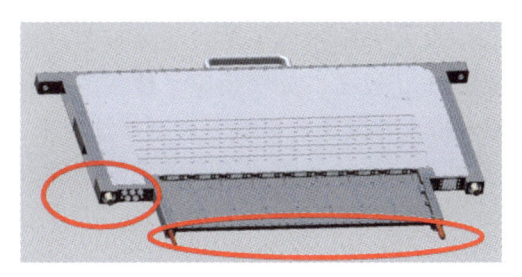

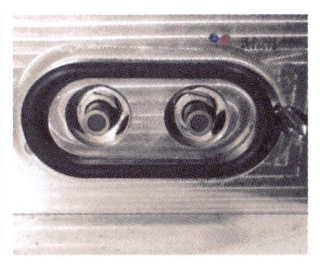

图 5-41 液电物理隔离设计

图 5-42 接头局部物理隔离设计

3) 负压液冷系统

负压液冷系统是指内部液冷工质压力始终小于环境压力的系统。该系统可有效解决液冷工质泄漏带来的系统停机等安全性问题。图 5-43 所示为 Chilldyne 公司开发的一款用于服务器冷却的负压液冷系统示意图。该系统主要由冷却分配单元（Cooling Distribution Unit，CDU）、服务器、室外辅助冷却设备等组成。通过环形真空泵产生真空，驱动储液罐内的冷却液流经服务器内的冷板，带走芯片热量，升温后的冷却液流入冷却分配单元内的板式换热器被冷却，之后流入储液罐，完成循环。但由于通过负压驱动冷却液，系统内压力较低，因此这种方法不适用于流阻偏大的大型冷却系统。

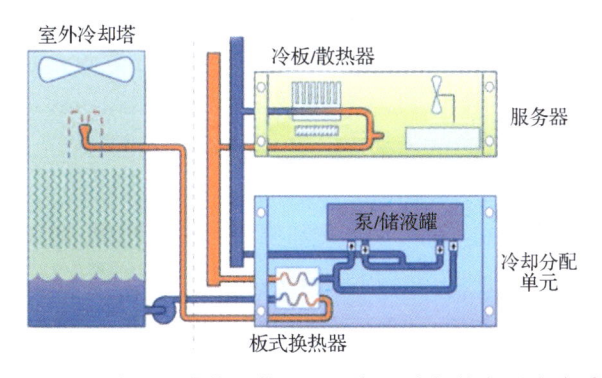

图 5-43 Chilldyne 公司开发的一款用于服务器冷却的负压液冷系统示意图

5.3.3 可靠性设计

可靠性是指产品在规定条件下和规定时间内完成规定功能的能力。可靠性设计对于消除隐患和薄弱环节，延长产品使用寿命具有重要意义。可靠性设计工作必须从产品方案阶段开展，尽可能把不可靠的因素消除在设计早期，采用成熟的设计和行之有效的可靠性分析技术，提高产品的固有可靠性。可靠性设计流程是，根据可靠性要求的设计输入，通过可靠性分析，找出薄弱环节，并进行针对性设计，最终形成产品可靠性设计。

可靠性指标可分为基本可靠性与任务可靠性。基本可靠性反映产品对维修资源的需求，应考虑产品所有寿命单位和所有关联故障；任务可靠性是指产品在规定的任务剖面内完成规定功能的能力，仅考虑在任务期间影响任务完成的故障。

液冷通常采用集中供液方式，对于电子设备而言，冷却机组属于单点故障设备，是影响任务可靠性的关键因素。对于可靠性要求较高的电子设备，如军用电子装备、数据中心等，在设计中须采用冗余备份方式消除该单点故障，可综合考虑成本和可靠性需求，进行整机冗余备份或模块级 $n+1$ 冗余备份，并具备整机或模块故障后的在线切换功能。

1. 可靠性设计方法

可靠性设计方法一般包括简化设计、冗余设计、环境适应性设计等。对于液冷系统而言，冷板和管网等金属结构件通常可通过合理设计、过程控制及检验等确保质量，发生故障的概率极小，可不纳入可靠性设计。冷却机组内设备众多，电子器件、运动部件较多，工作环境复杂，容易产生故障失效问题，因此必须对冷却机组采取有效的可靠性设计措施，主要设计措施如下。

1）简化设计

在满足技术要求的前提下，尽可能简化设计方案，尽量减少零部件、元器件的规格、品种和数量，并在保证性能要求的前提下达到最简化状态，提高液冷系统的基本可靠性。简化设计准则如下：对产品功能进行分析权衡，合并相同或相似功能，消除不必要的功能；在满足规定功能要求的条件下，使设计尽量简单，尽可能减少产品层次和组成单元的数量；尽量减少执行相同或相近功能的零部件、元器件数量；优先选用标准化程度高的零部件、紧固件、连接件、管线、缆线；最大限度地采用通用的组件、零部件、元器件，并尽量减少其品种；必须使用的故障率高、容易损坏、关键的单元应具有良好的互换性和通用性；所采用的不同工厂生产的相同型号的成品件必须能实现安装互换和功能互换；产品的修改不应改变其安装和连接方式及有关部位的尺寸，使新旧产品可以互换安装。

2）冗余设计

当进行简化设计、降额设计及选用高可靠性的零部件、元器件后仍然无法满足任务可靠性要求时，还应进行冗余设计。在质量、体积、成本允许的条件下，冗余设计比其他可靠性设计方法更能满足任务可靠性要求。如果影响任务成功的关键部件具有单点故障模式，则应考虑采用冗余设计方法。在冗余设计中应重视冗余切换装置的设计，在部件发生故障时要做到自动切换，保证系统正常运行，同时应考虑冗余切换装置发生故障的概率对系统的影响，尽量选择高可靠性的冗余切换装置。

冷却机组中的泵、压缩机、换热器等可采用模块化设计和冗余备份设计方法，并且应支持在线切换，在某一模块发生故障时可直接切换至热备份模块，保证系统正常运行。对任务可靠性要求非常高，需要连续不断运行的系统，应合理设计，并且应具备在线维修功能。例如，水泵一般1用1备或2用1备，压缩制冷模块可根据实际数量设计一两个热备份模块。水泵、压缩制冷模块电路采用电连接器形式，并设计内部空气开关，可快速关断故障水泵或压缩制冷模块电源；水泵、压缩制冷模块液路设置手动或电动阀门，可快速关断故障件前后液冷管路，对故障件进行在线维修。

3）环境适应性设计

环境适应性设计主要包括温度防护设计、缓冲减振设计、电磁兼容设计、三防设计等。

环境温度主要有两个指标：存储温度和工作温度。军用设备一般存储温度为-55℃～70℃，工作温度为-50℃～50℃，对系统耐温要求较高，需要进行针对性设计。环境温度对液冷系统主要有两个方面的影响：一是对液冷系统本身的影响，需要针对设备使用的环境温度条件进行系统设计与选型，电子器件、系统中的密封材料、液冷工质等均需要满足高低温环境要求；二是对液冷系统冷却对象的影响，环境温度会影响散热效果，如在一些高温环境条件下，需要采用液冷方式，降低供液温度，以实现高功率器件的散热。

冷却机组安装在机载、车载、船载等平台上，需承受各种冲击振动，这会严重影响设备的可靠性，因此需要进行缓冲减振设计，方法主要有两种：一是隔离振源，利用减振装置把设备保护起来或把振源隔离；二是提高设备耐受性，选用合适的材料和合理的安装技术，使设备正常工作时能够承受冲击振动。

电磁兼容设计的三大措施为接地、屏蔽和滤波。设备的金属外壳接地可以使由于静电感应而积累的电荷通过大地释放，同时可以防止外界电磁场的干扰。屏蔽是指对两个空间区域之间进行金属的隔离，以控制电场、磁场、电磁波由一个区域对另一个区域的感应和辐射。用屏蔽体将元器件等的干扰源包围起来，防止干扰电磁场向外扩散，或者将接收电路等包围起来，防止其受到外界电磁场的影响。滤波器对于与有用信号频率不同的成分有良好的抑制能力，可以显著减小干扰信号的电平，有效抑制干扰源、消除干扰耦合并增强接收设备的抗干扰能力。

三防设计指的是防潮湿、防盐雾、防霉菌。设备在一定环境下工作会受到潮湿、盐雾和霉菌的影响，从而降低材料的绝缘强度，引起漏电、短路等问题，导致设备故障。三防设计涉及电路、材料、结构、工艺等各个方面，应综合考虑产品的工作、运输及储存环境，提高产品的可靠性和环境适应性。三防设计的基本方法是，采用具有防潮湿、防盐雾、防霉菌性能的材料进行表面处理或对元器件进行密封填充，防止其与外界环境接触。

2. 可靠性分析方法

可靠性分析的一种重要方法是故障模式影响及危害性分析（Failure Mode Effects and

Criticality Analysis，FMECA），通过分析产品所有可能的故障模式及其可能产生的影响，按每个故障模式产生影响的严重程度及其发生概率进行分类。传统提高可靠性的方法是，在故障发生后通过分析故障原因并采取改进措施，被动提高产品的可靠性。FMECA 提高可靠性的方法是，预先分析故障及其影响，找出设计、加工制造和工艺中存在的薄弱环节，通过采取措施预防故障、减轻后果，主动提高产品的可靠性。重心前移，从被动到主动提高可靠性，可以有效减少产品故障，降低使用成本，保证使用安全。

在产品寿命周期内的不同阶段，如论证与方案阶段、工程研制阶段、生产阶段、使用阶段均可采用 FMECA 方法，发现各种缺陷和薄弱环节，但具体方法略有不同。下面以论证与方案阶段的 FMECA 为例进行介绍，如图 5-44 所示，主要包括以下 6 个步骤。

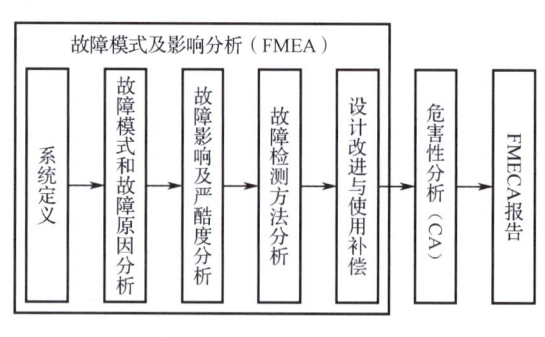

图 5-44 FMECA 步骤

1）系统定义

对于液冷系统而言，其主要实现的功能是电子设备的冷却和冷却液的输运及分配，对应的系统组成为液冷源和管网。其中，液冷源的功能是提供一定温度和流量的冷却液，对应的组成一般为泵、风机、换热器及相应的控制设备。

2）故障模式和故障原因分析

故障模式分析是 FMECA 的基础，与系统功能密切相关，需要根据系统定义，找出系统各个组成部分在不同功能下可能出现的故障模式，一般可通过统计、试验、分析、预测等方法获取故障模式。故障模式分析只说明了系统将以什么形式发生故障，并未说明为何发生故障。为了提高产品可靠性，还必须分析发生每个故障模式所有可能的原因，一般从自身的物理、化学或生物变化，以及其他产品、环境或人为因素两个方面着手。正确区分故障模式和故障原因非常重要，故障模式是观察到的故障表现形式，而故障原因是导致故障发生的机理。以液冷源中的泵为例，可能发生的故障模式有流量下降、扬程下降、轴封渗漏等，故障原因可能是电极故障、电缆松动、到工作寿命等。风机可能发生的故障模式为风机过载，故障原因可能是风机失效、换热器滤网脏堵严重及线路松动等。换热器可能发生的故障模式主要有冷却液温度升高，故障原因可能是换热器积灰导致换热系数减小等。对于管网而言，主要的故障模式就是漏液，故障原因包括冷板、接头、管路等的焊接或密封失效等。

3）故障影响及严酷度分析

故障影响是指故障模式对自身或其他产品的使用、功能和状态的影响，通常按照预先定义的约定层次进行分析，包括局部影响、高一层次影响和最终影响。此外，还要定义严酷度类别，根据故障模式最终影响的严重程度确定。例如，泵发生流量下降、扬程下降故障会导致液冷源的流量下降、换热性能下降，进而导致电子设备温度升高、液冷源功能下降，严重程度高；泵发生轴封渗漏故障会导致泵漏液，短期内对液冷源的功能没有影响，但长期渗漏会导致液冷系统缺液，严重程度低；风机过载会导致液冷源的换热性能下降，从而导致其功能下降，严重程度高；换热器积灰会导致换热性能下降、液体温度升高，这是一个长期过程，严重程度低；控制设备发生故障会导致液冷源无法开机，进而影响电子设备的正常工作，严重程度较高。

4）故障检测方法分析

针对分析出的每个故障模式，确定故障检测方法，为产品的维修性与测试性工作提供依据。泵的流量下降、风机过载停机、控制设备发生故障等可以通过 BIT 实时在线检测，一旦发现故障及时维修更换。泵轴封渗漏、换热器脏堵、管网漏液等故障无法实时检测，需要人工进行排查。

5）设计改进与使用补偿

针对每个故障模式，分析在设计与使用过程中可以采取哪些措施，消除或减轻故障影响，进而提高产品的可靠性。通过以上分析可知，泵、风机、控制设备发生故障后对液冷源的功能影响较大，因此在设计过程中可以通过简化设计和冗余设计，提高设备自身可靠性，当故障发生无法避免时也可以通过在线切换把故障隔离，不影响液冷系统的正常工作。对于换热器脏堵、管网漏液等故障，除了采取有效的过滤措施及稳定可靠的密封连接形式，还需要加强日常的检查、维护，及时发现问题并采取补救措施以避免影响扩大。

6）危害性分析

对系统中每个组成部分按其故障的发生概率和严重程度的综合影响进行分类，全面评价系统中可能出现的故障影响，是对故障模式及影响分析的补充。常用的方法有两种，即风险优先数法和危害性矩阵法。

FMECA 应在设计的早期阶段就开始并与设计同步进行，以及时发现设计薄弱环节并进行改进，同时随着工程研制阶段的展开而不断完善、补充及迭代。但是，FMECA 并不是万能的，不能代替其他可靠性分析工作。FMECA 一般是静态的单一因素分析方法，在多因素分析和动态分析方面还不完善，需要与其他分析方法相结合。此外，应对 FMECA 的结果进行跟踪分析，以验证结果的正确性和措施的有效性，同时逐步积累 FMECA 工程经验，总结成宝贵的工程财富。

5.3.4 健康管理设计

在液冷系统运行过程中，控制保护系统实时监测关键部件（如泵、风机、压缩机等）的运行状态，以及系统运行性能参数（如供液温度、回液温度、流量、压力等）。当系统处于正常工作状态时，这些参数能及时、准确地显示在集中控制室内，保障液冷系统安全、可靠地运行。

为了进一步提高液冷系统的可靠性，需要开展健康管理设计，其目的在于时刻掌握电子设备的运行状态和健康状况，对电子设备的潜在故障进行预警，准确预测电子设备的剩余寿命，合理安排维修、保养工作，提前发现问题、解决问题，避免电子设备因故障意外停机。同时维保人员及相关负责人可以及时收到故障信息，获得足够的数据支持，以便快速确定故障原因，并安排维修人员快速就位，及时进行修复。此外，还可以根据设备状态进行备件管理，既能满足需求，又能避免过剩，在合适的时间购买合适的备件。

液冷系统健康管理层级图如图 5-45 所示。

图 5-45 液冷系统健康管理层级图

1. 设备层

设备层包括液冷系统所用冷却设备及其零部件、受冷却对象及其组成，如泵、风机、压缩机、换热器、阀件、管网及受冷却的电子设备等。

2. 感知层

感知层利用各种传感器采集液冷系统的相关状态参数信息，将数据收集起来进行有效信息的转换及传输，包括温度传感器、流量传感器、压力传感器、振动传感器、温度采集仪、振动监测模块、电压互感器、电流互感器等。

3. 数据层

数据层接收来自传感器及其他数据处理模块的信号和数据信息，将数据信息处理成后续仿真模型、健康管理算法可以调用的有效形式。该部分的输出结果包括经过筛选和压缩简化的传感器数据、故障库数据、设备状态数据、实时感知数据、仿真模型数据及健康状态特征数据等。

4．算法模型层

算法模型层包括液冷系统仿真模型、液冷系统健康管理算法、液冷系统可视化建模及液冷系统运维管理四大部分，是液冷系统健康管理的"大脑中枢"。

1）液冷系统仿真模型

液冷系统仿真模型技术路线图如图 5-46 所示。通过建立由冷却设备及受冷却对象的实测数据驱动的高保真代理仿真模型，实现冷却系统中温度分布、流量分配的实时计算与结果可视化。

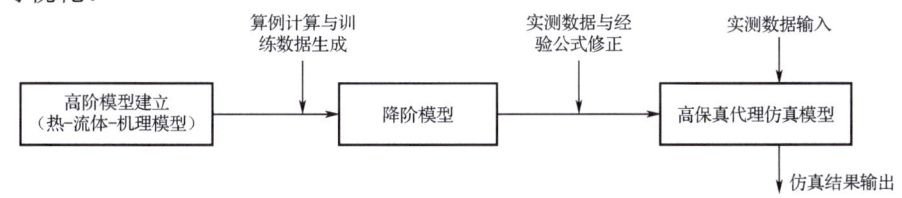

图 5-46　液冷系统仿真模型技术路线图

首先，建立高阶的热-流体-机理模型并计算足够的算例；其次，通过降阶训练生成降阶模型，以满足快速仿真计算要求；再次，结合实测数据与经验公式修正降阶模型，得到高保真代理仿真模型；最后，通过传感器实测数据驱动高保真代理仿真模型开展计算，输出仿真结果并进行可视化。图 5-47 所示为某液冷天线高保真代理仿真模型及其可视化平台。

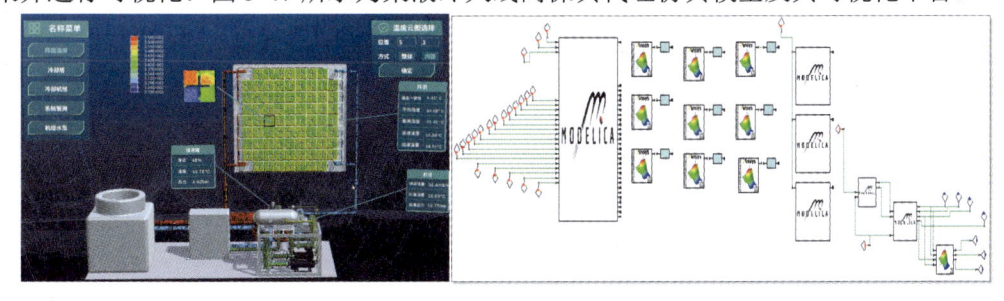

图 5-47　某液冷天线高保真代理仿真模型及其可视化平台

2）液冷系统健康管理算法

液冷系统健康管理算法一般包括液冷系统的数据预测算法、健康评估算法、寿命预测算法、预警决策算法等。基于不同的液冷系统健康管理算法，可形成故障诊断记录并确定故障发生的可能性。其将来自传感器、数据处理模块及其他状态监测模块的数据同预定的失效判据或故障库数据等进行对比，从而监测系统当前状态，同时根据预定的各种参数指标极限值或阈值提供故障报警功能。图 5-48 所示为某泵站故障诊断系统及其算法。

3）液冷系统可视化建模

根据液冷系统人机交互要求及仿真模型、健康管理算法功能，实现冷却机组模型的三维操作及可视化，冷却设备运维状态的平面可视化，受冷却对象的温度云图，流体的三维可视化及故障诊断，以及寿命预测相对应特征值波形图、频率图可视化等。

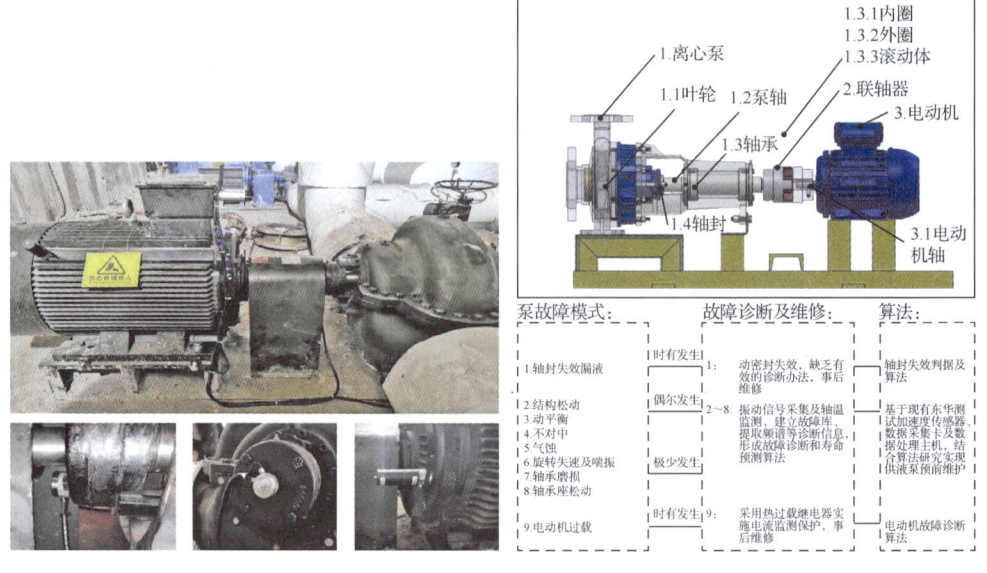

图 5-48　某泵站故障诊断系统及其算法

4）液冷系统运维管理

液冷系统运维管理包括状态分析、寿命预测、故障诊断、优化管理等。

5. 展示层

根据液冷系统可视化建模完成液冷系统健康管理界面开发。图 5-49 所示为某液冷机组实时状态监测界面，该界面呈现了液冷系统设备运行状态、传感器数据监测、关键设备故障诊断等内容。

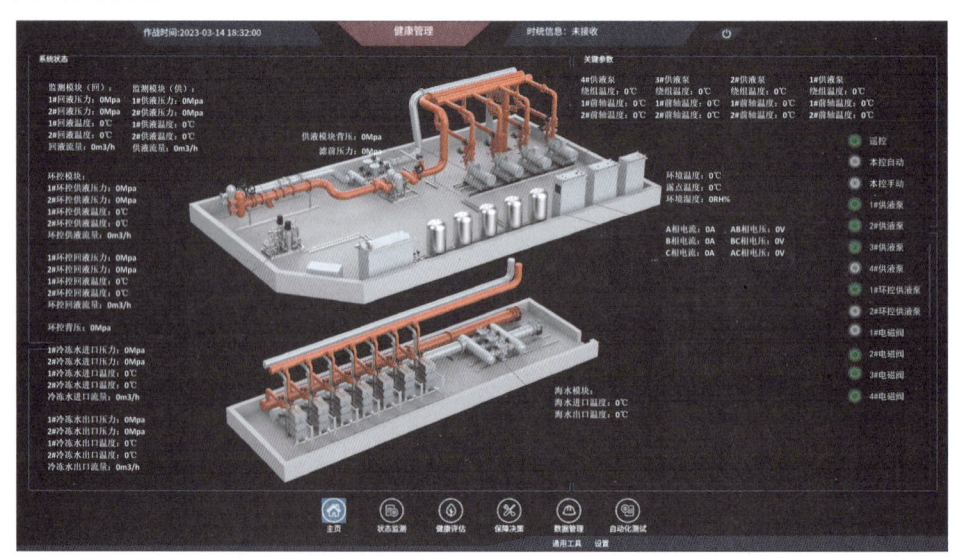

图 5-49　某液冷机组实时状态监测界面

5.4 典型液冷系统设计案例

液冷系统设计的整体思路需要遵循从 Down-Top 到 Top-Down 的原则。首先根据系统中不同电子设备的散热需求确定边界条件和冷却资源，进而确定整个系统所需的冷却资源（Down-Top），然后设计相应的管网对总冷却资源进行分配，并对系统的冷却资源分配情况和散热指标进行校核（Top-Down）。以上过程循环进行，直到满足总体散热需求为止。不同的液冷系统，其设计流程存在差异，如相比间接液冷系统，直接液冷系统不需要冷板设计流程，但需要重视液冷工质及相容性的设计。此外，对于相同的液冷系统，由于电子设备的功能特点和散热需求的差异，冷却系统的设计目标也不尽相同、各有侧重，如军用电子设备关注可靠性、数据中心关注能效比、消费电子设备关注成本等。因此，液冷系统的设计流程不能一概而论，需要根据不同的边界条件确定合理的冷却资源。

典型液冷系统主要包括发热单元、管网、冷却机组等，其中发热单元的散热指标决定了需要的冷却资源，管网用于保证对冷却资源进行合理分配，冷却机组提供系统所需的冷却资源。液冷系统的设计主要包括以下内容。

（1）综合考虑散热量、边界条件、冷却资源、加工成本等因素，分析散热需求和设计目标。

（2）对比不同液冷方式的散热性能，初步确定液冷方式和液冷工质。

（3）进行液冷组件设计，对采用不同强化手段的液冷组件进行热仿真、流动仿真分析、迭代，最终确定液冷组件的结构形式、供液温度、供液流量、流阻等参数。

（4）对管路系统进行设计，确定管网的结构形式，对冷却资源进行分配，匹配散热单元的流量需求。

（5）对系统流量分配进行校核，验证流量偏差条件下的散热效果及系统能耗、噪声等指标，对散热单元的结构进行优化迭代，确定所需冷却资源。

（6）设计冷却机组，为系统提供冷却资源，对冷却机组关键部件（泵、压缩机、换热器等）进行选型，并进行安全性和可靠性设计。

（7）进行系统设计校核，核对设计是否满足指标要求。

下面以常见的一种液冷系统——冷板式间接液冷系统为例进行介绍。冷板式间接液冷系统主要由冷板、管网、冷却机组等关键部件组成，其设计目标是在满足散热性能的前提下，对以上关键部件进行设计和选型，并尽可能提高系统的安全性和可靠性。除此之外，还需要考虑采取系统控制与保护等措施。下面从散热需求分析和冷却方式选择、冷板设计、管网设计、冷却机组设计 4 个方面介绍液冷系统设计的流程及原则。典型液冷系统的设计流程如图 5-50 所示。

本节以某雷达液冷系统设计为例，介绍液冷系统的设计流程。

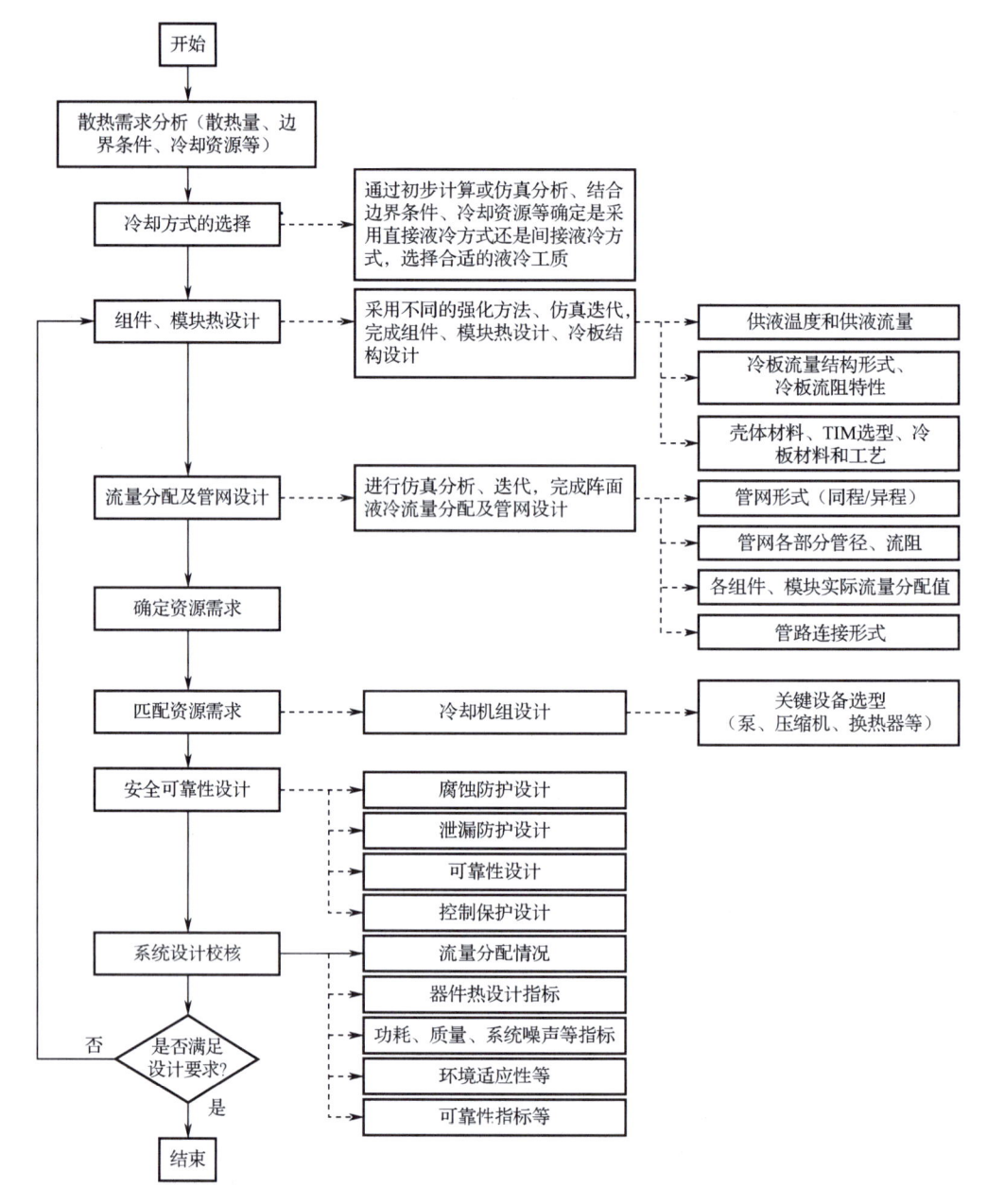

图 5-50 典型液冷系统的设计流程

5.4.1 散热需求分析和冷却方式选择

1. 主要指标要求

（1）环境温度为-40℃～50℃。
（2）芯片热流密度为 210W/cm^2。
（3）芯片壳温≤90℃。

（4）芯片温度一致性≤±5℃。

（5）冷却机组耗电量≤500kW。

（6）海拔为3000m。

2. 散热需求分析

该雷达采用大功率组件，热流密度高，所处环境温度高，芯片温升不能过大，同时对机组能耗要求高。此外，阵面不同位置组件的温度一致性要求加大了设计难度。

（1）该雷达采用高热耗、高热流密度的功率芯片，芯片温度一致性要求高，且所处环境最高温度达50℃，散热条件苛刻。

（2）天线阵面对结构轻薄化要求较高，阵面尺寸受限，集成度高。

（3）装备对任务可靠性要求高，需要合理设计系统，并进行冗余备份，以提高任务可靠性。

（4）该雷达的机动性要求高，考虑冷却机组的高集成度设计，需要降低功耗，同时降低对配电设备等附属设备的需求。

3. 冷却方式选择

由于该雷达的高机动性、高热耗、高集成度要求，风冷、浸没式直接液冷方式不适用，因此采用冷板式间接液冷方式。根据雷达所处环境温度、热耗、温度指标，以及器件布局、冷板安装孔位、厚度等约束条件初步设计冷板流道，进行初步仿真分析。考虑到冷凝等风险，供液温度按30℃进行设计。

5.4.2 冷板设计

冷板是液冷系统的核心部件，直接决定着发热器件的工作温度和可靠性，因此冷板设计非常重要。以往简单冷板的设计一般先通过强制对流换热关联式计算对流换热系数，然后计算散热面积，从而进行冷板流道布局。本案例冷板上布置的器件较多，各器件的热耗也不相同，一般通过CFD软件对冷板流道形式进行仿真分析及优化。同时对关键发热器件采用合适的强化散热技术，以保证其允许的工作温度。在设计过程中应遵循以下原则。

（1）适应热源分布：流体应尽可能接近热源，以降低扩展热阻。

（2）结构避位：流道需要与冷板上的固定孔保持安全距离。

（3）流道均匀布局：流体应尽可能均匀地掠过冷板，有效利用散热面积。通常，距离流道越远，对散热的贡献越小。

（4）控制流速：流速越高，对流换热系数越大，流阻越大。流速需要综合考虑散热需求和可用空间而定。

（5）尽量减小流阻：在满足散热需求的前提下，尽量采用并联流道，以减小流阻。

（6）强化换热性能：当局部热流密度比较高时，需要采用局部翅片增大换热面积，包括矩形翅片、菱形翅片、针翅片、交错翅片、波纹翅片等不同的翅片结构。可参考5.2

节中的液冷强化技术，增强局部换热能力。

冷板一般由铝、铜等高导热金属材料加工而成，其作用是和发热器件进行热交换，将产生的热量通过液冷工质带走。本节以大功率组件为例介绍冷板设计的一般流程和方法。

组件布局示意图如图 5-51 所示，通过液冷方式进行冷却，其中功放芯片热流密度达 210W/cm^2。常规冷板流道导致芯片温升过大，不满足温度指标要求，需要采取强化对流换热措施降低芯片温度。首先根据芯片温度一致性要求，并结合设计经验，初步设计串联蛇形流道，降低芯片温度差异。然后在功放芯片正下方局部增加翅片，增大对流换热面积，翅片厚度为 1mm、间隙为 1.7mm，如图 5-52 所示。通过仿真计算可知，当供液流量为 120L/h 时，功放芯片温度为 96℃，超过温度指标要求，不满足散热要求。

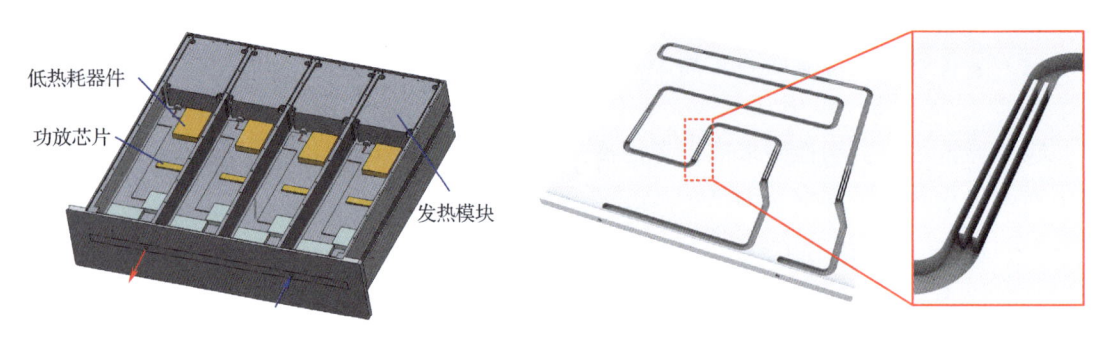

图 5-51 组件布局示意图

图 5-52 流道初始设计

以下从对流换热系数强化和对流换热面积强化两个方面考虑提高散热性能。

在对流换热系数强化方面，提高流速是最直接的手段。图 5-53 所示为功放芯片温度与流道压降随供液流量的变化情况，将供液流量从 120L/h 增大至 240L/h，功放芯片温度可降低 6℃，但流道压降增大 2 倍。随着供液流量的进一步增大，功放芯片温度的降低幅度不断减小，而流道压降显著增大，这对冷却机组的泵功及供液管的体积提出了更高的要求，会导致成本、质量及能耗增加，因此提高流速对整个液冷系统的优化效果有限。

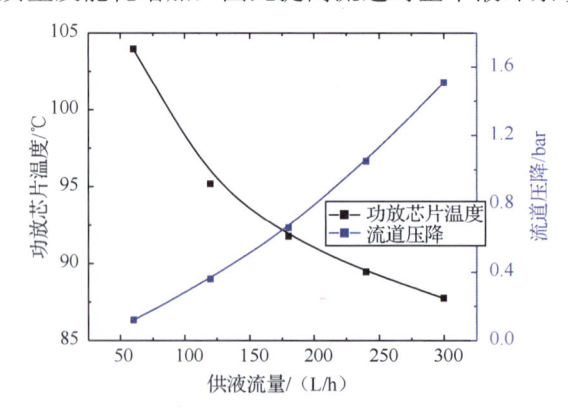

图 5-53 功放芯片温度与流道压降随供液流量的变化情况

在对流换热面积强化方面，可以通过增加翅片数量来增大对流换热面积。在流道宽度不变的条件下，考虑可加工性，减小翅片厚度和间隙分别至 0.9mm、0.6mm，翅片数量由 2 个增加至 4 个，如图 5-54（a）所示。在相同流量条件下，相比采用 1mm 直翅片，采用 0.6mm 直翅片，功放芯片温度仅降低 3℃，流道压降增大 1 倍。由此可见，增加翅片数量对降低功放芯片温度的效果有限。为了进一步提高对流换热性能，降低功放芯片温度，采用菱形错列翅片，如图 5-54（b）所示，在换热面积相当的情况下可以增强流体扰动，破坏边界层，增大对流换热系数。采用菱形错列翅片，功放芯片温度可降低 7℃，效果优于增大供液流量的强化方法。但流阻显著增大，同时菱形错列翅片加工难度较大，成本较高。

综合考虑散热性能和流阻特性，采用增大功放芯片底部流道面积的方式进行优化。将功放芯片底部的流道宽度增大 1 倍，翅片数量增加至 7 个，同时采用间断翅片设计，以减小特征长度，增大对流换热系数，如图 5-54（c）所示。冷板流道布局如图 5-55 所示。组件温度仿真结果如图 5-56 所示，功放芯片最高温度降低至 87℃，满足散热要求，且不同功放芯片温度差异为±3℃。同时流阻仅增大 60%，对整个冷却系统的流阻影响较小。

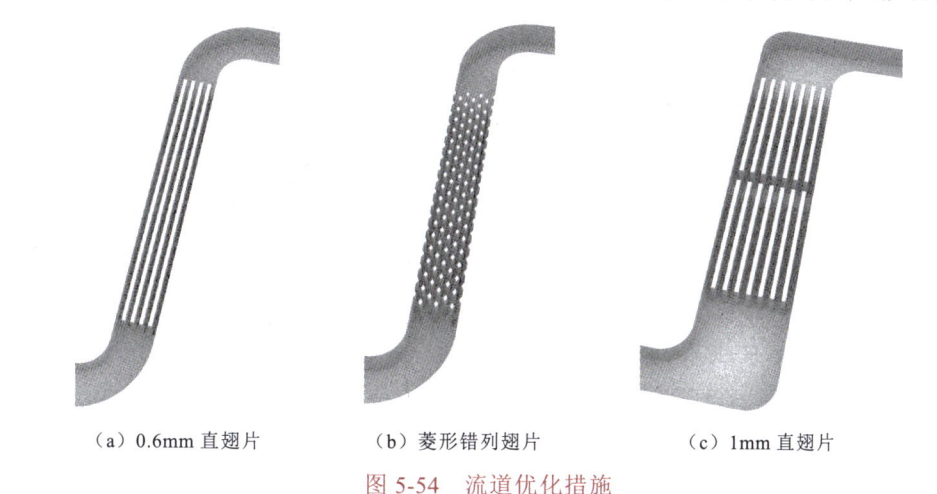

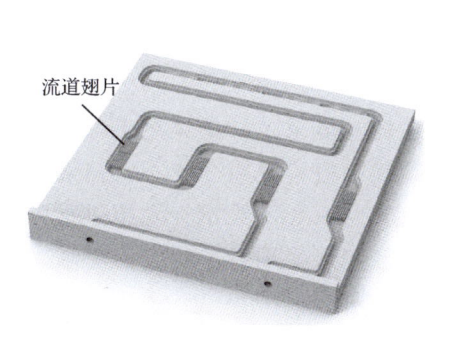

（a）0.6mm 直翅片　　（b）菱形错列翅片　　（c）1mm 直翅片

图 5-54　流道优化措施

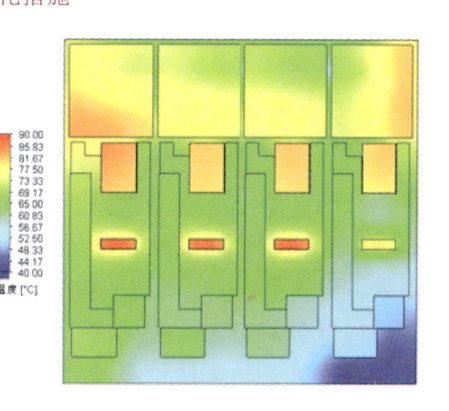

图 5-55　冷板流道布局　　　　图 5-56　组件温度仿真结果

5.4.3　管网设计

管网是指包括管路、调节装置及检测装置等设备的管路系统，一般由分配器、汇流器、管路、阀门、接头等组成，担负着先将液冷工质输送到各个发热电子设备冷板，再从各个发热电子设备冷板将液冷工质收集并输送到液冷机组的职责。为了确保换热效果,管网必须能提供指定流量、压力、温度的液冷工质。

1. 管网设计原则

(1) 优选同程式管网,通过各分支流量阻力匹配保证每个冷板的流量分配精度。图 5-57 所示为两种典型管网设计方式。

(2) 在保证系统散热要求的前提下,保证连接可靠、维护方便、使用规范,并且成本低、体积小、质量轻,简化设计,同时兼顾功能、性能、成本、研制进度等,实现管网的综合性能最佳。

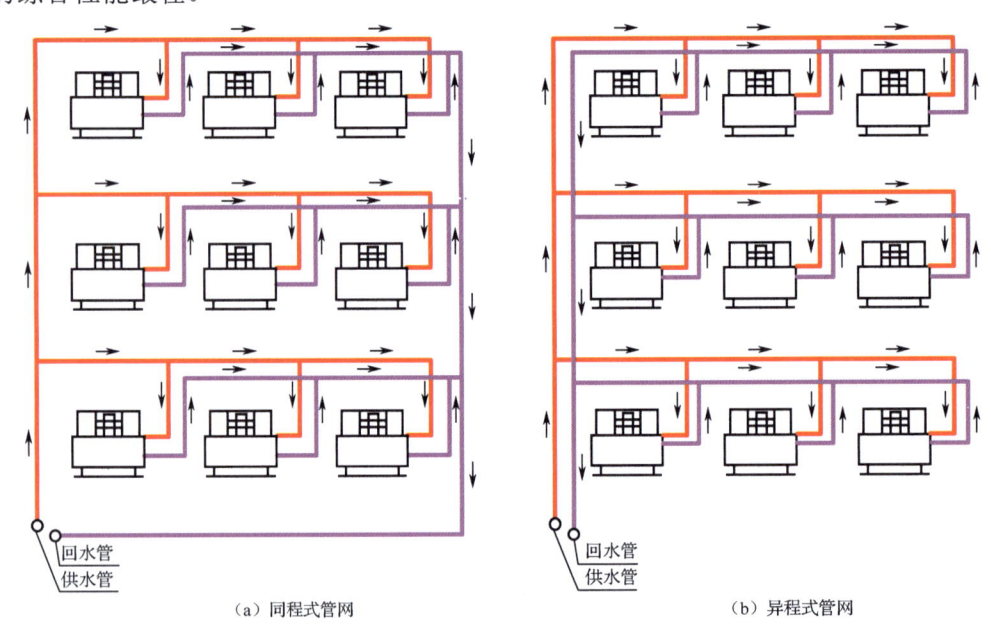

(a) 同程式管网 (b) 异程式管网

图 5-57 两种典型管网设计方式

2. 管网材料

管网材料需要与液冷工质相容,并且满足环境适应性要求。如果采用乙二醇水溶液作为液冷工质,则管网材料选型依据一般如下:①硬管一般可采用 304 不锈钢管、316L 不锈钢管、5 系铝合金管、钛合金管等,304 不锈钢管、316L 不锈钢管需要进行钝化处理,5 系铝合金流道表面需要进行阳极氧化处理;②软管可采用橡胶软管、特氟龙软管或金属波纹管。几种典型管路的性能比较如表 5-7 所示。

表 5-7 几种典型管路的性能比较

管路类型	管路名称	优 点	缺 点
硬管	不锈钢管	耐蚀性好,加工方便	质量大
	5 系铝合金管	质量小,加工方便	强度较低,耐蚀性较差
	钛合金管	耐蚀性好,可用于海水环境,质量适中	价格昂贵,加工性较差

续表

管路类型	管路名称	优　　点	缺　　点
软管	橡胶软管	价格便宜，安装、加工方便，种类多	存在老化问题，寿命短，低温性能普遍不够好，转弯半径大
	不锈钢波纹管	通径范围广，不存在老化问题	流阻较大，成本较高
	特氟龙软管	耐蚀性优良，高低温性能良好，寿命长	一般通径低于DN25，成本较高，弯折易损坏

3．管网流量分配

根据雷达的结构特点，冷却液供、回液口一般位于阵面下方。同程式管网可以实现各个模块之间的并联供液，减小流量分配的差异，但要求供、回液路程相同，冷却液需要统一从阵面上方经回液管流出，会增加管路长度，使管网结构复杂。异程式管网的主供、回液管均可安装在阵面下方，管路布局较为简单，但阵面顶端和底端不同模块的供、回液路程存在显著差异，可能会导致流量分配不均。

考虑到阵面结构简化，优先采用异程式管网结构，如图5-58所示，其主要包括主供（回）液管、子阵面供（回）液管、橡胶软管等部分。每列子阵面采用两供两回子阵面供、回液管，从阵面底部供液，液体再回到阵面底部，组件冷板通过接头和橡胶软管与子阵面供、回液管相连。由于冷板流阻较大，供、回液管的沿程阻力占管网总阻力的比例较小，因此流量分配较为均匀。

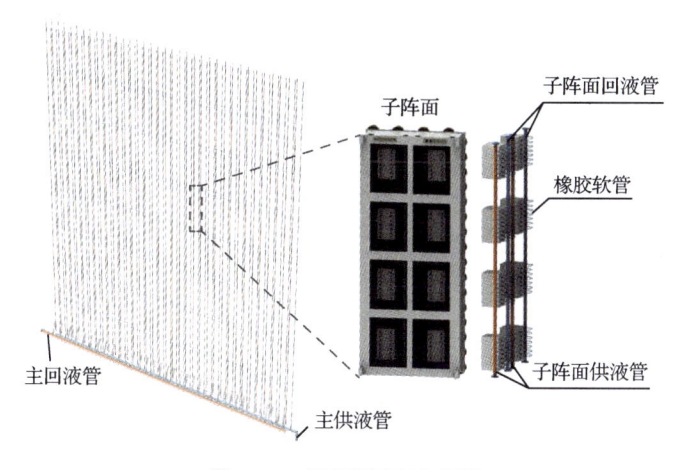

图5-58　阵面管网示意图

大型复杂管网在串并联过程中不可避免地会造成阵面单元之间的流量分配差异，进而影响不同冷板的温度一致性。此外，阵面单元并不相同，除发射组件外还有数字组件，其热耗较低，所需流量小，冷板流阻小。在阵面管网中，由于流阻差异会导致流量与设计值存在较大偏差，因此需要对阵面流量分配情况进行校核。一般采用增加阻力元件的手段增大小流量冷板的流阻，在不同的设计流量下使不同冷板流阻基本一致，使阵面管网流量分配合理。

基于设计的组件冷板模型，借助流动仿真分析，得到压降随流量变化的流阻特性。

按照真实阵面的管网形式，在 Flowmaster 软件中建立仿真模型，包括不同尺寸的管路、接头、冷板等零部件，如图 5-59 所示。仿真结果显示，发射组件冷板的最小流量为 121L/h，最大流量为 143L/h，最大流量差异为±8.5%；数字组件冷板的流量为 66～76L/h，最大流量差异为±7%。根据以往同类冷板测试结果，流量差异在±10%以内，由流量变化引起的温度差异在±1.5℃以内。因此，综合考虑冷板上热源位置差异和流量分配差异，阵面冷板的温差在±4.5℃以内，满足温度一致性要求。

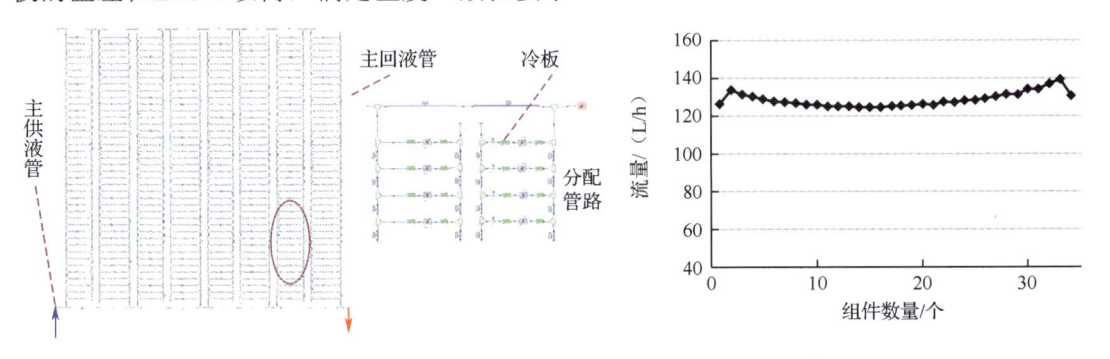

图 5-59　Flowmaster 软件中的管路模型及流量分配结果

5.4.4　冷却机组设计

冷却机组是液冷工质与外界热沉完成二次换热的载体，是液冷系统的心脏，负责完成冷却液的增压、调温、过滤等工作，决定了系统的可靠性、能耗，影响器件温度。冷却机组一般可分为非制冷机组和制冷机组，如图 5-60 所示。非制冷机组无制冷循环，冷却液直接通过板式换热器与大气等热沉换热，最低供液温度一般较热沉温度高 8℃～10℃，系统简单，成本较低。制冷机组有制冷循环，供液温度可以低于环境温度，有利于降低电子设备的工作温度，但是系统复杂，功耗较高，成本较高。在实际使用中一般制冷机组会复合非制冷模式，在热沉温度低于一定值时，关闭制冷循环，降低运行能耗。

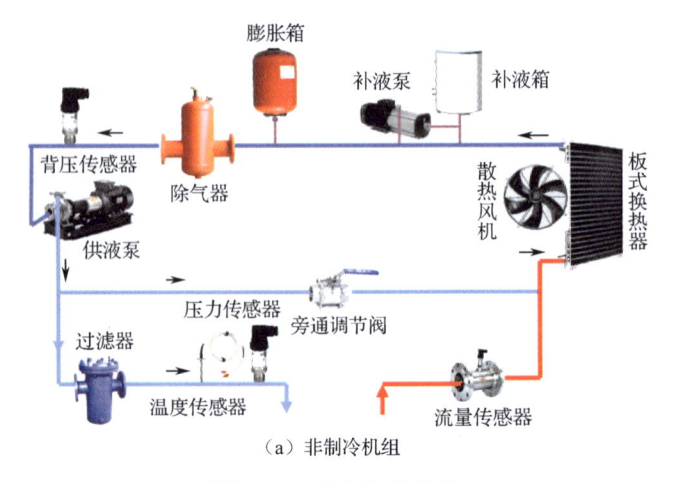

（a）非制冷机组

图 5-60　冷却机组分类

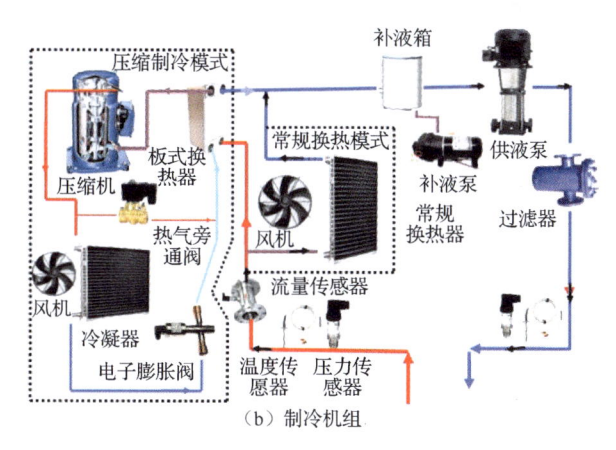

图 5-60 冷却机组分类（续）

冷却机组在液冷系统中非常重要，其可靠性设计尤为关键。下面以某制冷机组为例简要说明其可靠性设计分析过程。冷却机组由供液单元、制冷散热单元、控制单元及传感器组成，其主要功能是对电子设备进行冷却，保障电子设备工作在要求的温度范围内。最低约定层次主要为水泵、压缩机、风机、温度传感器、PLC 等，如图 5-61 所示。

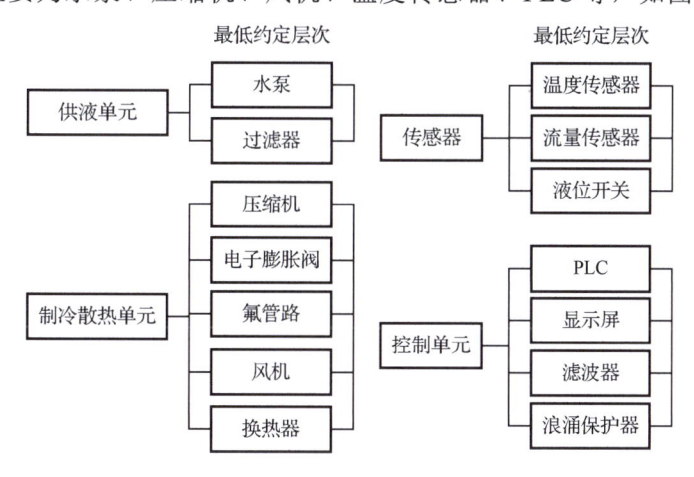

图 5-61 冷却机组最低约定层次

根据每个故障模式对电子设备的最终影响程度，确定冷却机组严酷度。冷却机组严酷度定义如表 5-8 所示。

表 5-8 冷却机组严酷度定义

严酷度类别	严酷度定义
Ⅰ	引起冷却机组功能完全丧失
Ⅱ	引起冷却机组功能下降
Ⅲ	引起冷却机组功能轻微下降，下降幅度较小
Ⅳ	对冷却机组功能无影响，但会导致非计划维修

冷却机组故障模式及影响分析如表 5-9 所示。

表 5-9 冷却机组故障模式及影响分析

产品或功能标志	功能	故障模式	故障原因	故障影响 局部影响	故障影响 高一层次影响	故障影响 最终影响	严酷度类别	使用补充措施	设计改进措施
水泵	提供一定流量、压力的冷却液	流量降低	电动机故障或电缆松动	水泵不能运行	冷却机组流量降低	冷却机组热性能下降	Ⅱ	进行预防性维护检查	水泵并联，备份设备自动切换
水泵	提供一定流量、压力的冷却液	轴封渗漏	轴封到工作寿命，失效渗漏	水泵漏液	无	长时间渗漏导致系统缺液	Ⅲ	运行计时，提前提示进行电动机保养	水泵并联，备份设备自动切换
过滤器	过滤杂质	过滤器压差大	滤芯堵塞	过滤器局部阻力增大	冷却机组流量降低	回液温度高	Ⅲ		①设计、加工和装配保证洁净度；②结构设计保证滤芯维护、更换方便；③进行冗余备份
过滤器	过滤杂质	滤芯破损	滤芯破损	产生杂质	漏液	污染设备	Ⅲ		指定优选可靠性高的产品，从优选目录中选择
压缩机	为制冷循环提供动力	压缩机故障	压缩机失效	相应压缩机不能运行	供液温度升高	冷却机组热性能下降	Ⅱ		①选用高可靠性器件；②进行冗余备份
压缩机	为制冷循环提供动力	压缩机高压	冷凝器脏堵，风机故障	相应压缩机不能运行	供液温度升高	冷却机组热性能下降	Ⅱ		①冷凝器定期清洗；②进行冗余备份
压缩机	为制冷循环提供动力	压缩机低压	制冷系统缺少氟利昂	相应压缩机不能运行	供液温度升高	冷却机组热性能下降	Ⅱ		补充氟利昂，提前维护
电子膨胀阀	制冷剂节流、降压	电子膨胀阀故障	电子膨胀阀失效	相应压缩机不能运行	供液温度升高	冷却机组热性能下降	Ⅱ		①随压缩机一起进行冗余备份，2用1备；②指定优选可靠性高的产品，从优选目录中选择
氟利昂管路	氟利昂传送通道	吸气压力低	氟利昂泄漏	相应压缩机不能运行	供液温度升高	冷却机组热性能下降	Ⅱ		①规范装配；②随制冷单元一起进行冗余备份

续表

产品或功能标志	功能	故障模式	故障原因	故障影响			严酷度类别	使用补充措施	设计改进措施
				局部影响	高一层次影响	最终影响			
风机	将热量散到大气中	风机过载	风机失效	风机停机	供液温度升高，压缩制冷时冷凝压力高	冷却机组换热性能下降	Ⅱ		①进行冗余备份；②指定优选可靠性高的产品，从优选目录中选择
			线路松动	风机停机	供液温度升高	冷却机组换热性能下降	Ⅱ		①选用可靠连接方式；②采取连接防松措施；③规范装配
换热器	与大气进行热交换	供液温度高	换热器翅片积灰，减小换热系数	供液温度升高	供液温度升高	长期使用可靠性降低	Ⅲ	加强日常维护	①进行冗余备份；②增加空气滤网；③滤网前后安装压差传感器，监控滤网前后压差
供液温度传感器	检测和控制供液温度	供液温度传感器故障	供液温度传感器短路、断路	供液温度数值显示不准确	自动模式下误动作	在压缩制冷模式下可能会控制错乱	Ⅱ	定期维护清洗	设两个供液温度传感器，一主一辅，当主传感器温度异常（极高或极低）时，读取辅传感器数据，以辅传感器数据为准
环境温度传感器	检测环境温度	环境温度传感器故障	供液温度传感器短路、断路	环境温度数值显示不准确	不能正常切换常规换热模式、压缩制冷模式	供液温度不能满足要求	Ⅲ		设两个环境温度传感器，一主一辅，当主传感器温度异常（极高或极低）时，读取辅传感器数据，以辅传感器数据为准

续表

产品或功能标志	功能	故障模式	故障原因	故障影响 局部影响	故障影响 高一层次影响	故障影响 最终影响	严酷度类别	使用补充措施	设计改进措施
流量传感器	检测供液流量	流量低	传感器失效	流量低	冷却机组停机	电子设备停机	II		①流量与压力信号同时为0，判断冷却机组异常停机。②指定优选可靠性高的产品，从优选目录中选择
			电磁干扰	流量低	冷却机组停机	电子设备停机	II		①采取电磁屏蔽措施；②软件采取信息平滑处理措施
液位开关	检测补液箱液位	液位低	缺液	不能补液	无影响	无影响	IV	开机前对补液箱液位进行检查，并及时补液	
		液位开关故障	液位开关失效	不能补液	无影响	无影响	IV	增加人工补液口	指定优选可靠性高的产品，从优选目录中选择
PLC	冷却机组工作逻辑控制，与雷达总体通信	PLC死机	电磁干扰	冷却机组停机	冷却机组停机	无法开机	II		①采用电磁屏蔽措施；②软件采取应急容错措施、自动重启
		无法通信	PLC控制失效	无法遥控开机	冷却机组停机	电子设备停机	II		①进行冗余备份；②指定优选可靠性高的产品，从优选目录中选择
显示屏	冷却机组本控操作、参数设置和显示	显示屏不亮	显示屏失效	冷却机组无法进行本控与本地参数显示	无影响	无影响	IV		指定优选可靠性高的产品，从优选目录中选择
滤波器	消除电源扰动、稳压	滤波器故障	滤波器失效	冷却机组性能不稳定	无影响	无影响	IV		指定优选可靠性高的产品，从优选目录中选择
浪涌保护器	防止电子设备瞬间过压、遭雷	浪涌保护器故障	浪涌保护器失效	雷击时冷却机组性能不稳定	无影响	无影响	IV		指定优选可靠性高的产品，从优选目录中选择

根据故障模式及影响分析，危害性最大的故障模式为水泵不能运行、压缩机不能运行、风机停机、供液温度不准确、流量传感器故障、控制单元故障等。针对严酷度高、危害性最大的故障模式，要在设计中选用高质量的元器件，并进行冗余备份，提高系统可靠性。然而，在选用高质量元器件方面，受零部件生产加工工艺水平的限制，水泵、风机、压缩机的基本失效率已无法降低，导致系统可靠性的提高比较难。同时环境条件要求高，冷却机组在冲击、振动、潮湿、高低温、盐雾、霉菌等环境下工作时，易受到环境应力的影响，从而导致可靠性降低。在设计时对于关键设备需要采取冗余备份措施，并采取防风、防沙措施，使其能够防霉菌、防潮湿、防盐雾、防其他有害侵蚀，具有较好的环境适应性和耐候性。例如，水泵1用1备，制冷散热单元7用1备，传感器3取2，控制单元1用1备。当液冷系统在运行过程中出现故障时，控制保护系统能及时发现故障单元，并进行故障自动识别、自动隔离和备份模块的自动切换，还可对故障模块进行在线维修，提高任务可靠性，确保冷却机组不出现性能降低和停机故障。

对于轴封渗漏问题，采用水泵运行计时方法，到预期寿命前提前更换、维护；对于氟利昂泄漏和线路松动问题，应规范氟利昂管路和走线，采用可靠性高的连接方式；对于电磁干扰问题，重点考虑电控箱的屏蔽、滤波、接地等措施。

5.4.5 系统设计指标复核与评估

本案例以地面高温工况作为输入，设计雷达液冷系统方案。该方案满足芯片温度指标要求，冷却机组采用制冷机组，供液温度、流量、耗电量在合理范围内。

在高海拔地区，大气压力下降，空气密度减小，导致冷却机组风机的质量流量下降，在3000m海拔处，对应的大气压力约为70.1kPa，空气密度相当于海平面的70%，单台风机的质量流量下降30%。但高海拔地区环境温度一般也较低，在机组供液温度不变的条件下，冷凝器的换热量也满足要求，不受高海拔的影响。

在低温工况下，冷却机组采用非制冷机组，供液温度、耗电量可进一步降低。冷却系统设计为闭式系统，并设置膨胀水箱和电加热装置，选用耐高低温型水泵、风机、阀件、电缆及其他元器件和密封件，选用优质防冻液，并有低温加热装置。系统设计满足高低温环境下的工作需求，裕量合理，没有过设计。

此外，在低温（如-20℃）条件下，冷却液黏度是常温30℃时的10倍。雷达启动时管路沿程阻力显著增大，占总流阻的一半以上，导致流量差异达±24%，组件温度差异为±5.5℃，不满足温度一致性要求。因此，需要采用同程式管网设计，如图5-62所示，可将温度一致性降低至±4.5℃。

液冷系统的设计指标要求和设计结果如表5-10所示，可见设计满足要求。

表5-10 液冷系统的设计指标要求和设计结果

性 能 参 数	设计指标要求	设 计 结 果
芯片温度	≤90℃	87℃
组件流量	≥120L/h	121～143m³/h

续表

性 能 参 数	设 计 指 标 要 求	设 计 结 果
温度一致性	≤±5℃	±4.5℃
冷却机组耗电量	≤500kW	485kW

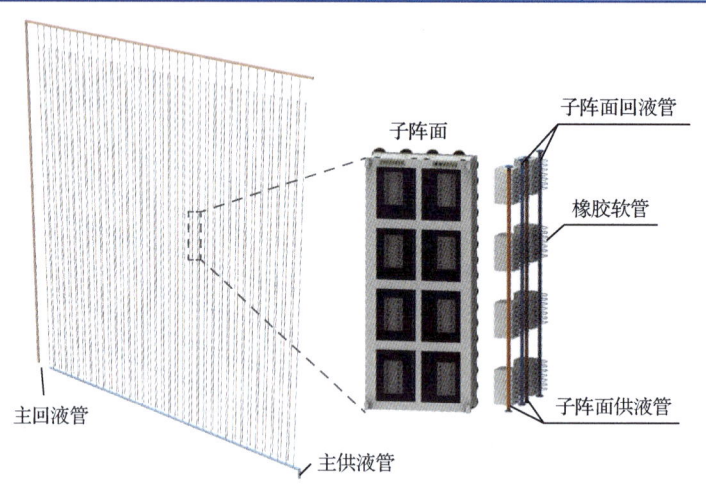

图 5-62　同程式管网示意图

5.4.6　小结

本案例以冷板式间接液冷为例,从雷达的散热需求分析入手,介绍液冷系统的设计流程。首先,按照 Down-Top 的设计思路,针对不同组件的散热需求,综合考虑所需冷却资源,设计不同的冷板形式。其次,进行管网设计,并对流量分配情况进行校核。再次,根据系统资源需求进行冷却机组的设计,同时考虑冗余备份,提高机组可靠性。最后,按照 Top-Down 的思路对散热需求进行复核,确定其满足指标要求。

参考文献

[1] 吴曦蕾,杨佳亮,郭豪文,等. 数据中心浸没式液体冷却系统的发展历程及关键环节设计[J]. 制冷与空调,2022（11）:61-74.

[2] 薛慧,陈志宏. THAAD 反导系统中的"千里眼"——AN//TPY-2 雷达[J]. 军事文摘,2016（7）:36-39,81.

[3] 国际数据公司（IDC）. 中国半年度液冷服务器市场（2023 上半年）跟踪报告[R]. 2023.

[4] 李维天,张育栋,董阳阳. 液冷机箱的流道优化设计与散热性能研究[J]. 舰船电子工程,2022,42（7）:174-178.

[5] 钱吉裕,平丽浩,徐德好. 丁胞结构强化换热机理的场协同分析[J]. 热科学与技术,2007（3）:214-218.

[6] NILPUENG K，WONGWISES S. Experimental study of single-phase heat transfer and pressure drop inside a plate heat exchanger with a rough surface[J]. Experimental Thermal and Fluid Science，2015，68：268-275.

[7] 张胜中，高景山，王阳峰，等. 管内扰流元件的强化传热原理与性能指标研究进展[J]. 化工进展，2014，33：41-46.

[8] DEWAN A，MAHANTA P，RAJU K S，et al. Review of passive heat transfer augmentation techniques[J]. Proceedings of the Institution of Mechanical Engineers，Part A：Journal of Power and Energy，2004，218（7）：509-527.

[9] EIAMSA-ARD S，WONGCHAREE K，EIAMSA-ARD P，et al. Heat transfer enhancement in a tube using delta-winglet twisted tape inserts[J]. Applied Thermal Engineering，2010，30（4）：310-318.

[10] BRONFENBRENER L，GRINIS L，KORIN E. Experimental study of heat transfer intensification under vibration condition[J]. Chemical Engineering & Technology，2004，24（4）：367-371.

[11] 冷学礼，程林，杜文静. 流体低速横掠振动圆管的传热特性研究[J]. 工程热物理学报，2003，24（2）：328-330.

[12] YAPICI H，KAYATAS N，BASTURK G，et al. Study on transient local entropy generation in pulsating fully developed laminar flow through an externally heated pipe[J]. Heat and Mass Transfer，2006，43（1）：17-35.

[13] JIN D X，LEE Y P，LEE D Y. Effects of the pulsating flow agitation on the heat transfer in a triangular grooved channel[J]. International Journal of Heat and Mass Transfer，2007，50（15-16）：3062-3071.

[14] KHARVANI H R，DOSHMANZIARI F I，ZOHIR A E，et al. An experimental investigation of heat transfer in a spiral-coil tube with pulsating turbulent water flow[J]. Heat Mass Transfer，2016（9）：1779-1789.

[15] LI Q，LIAN W L，SUN H，et al. Investigation on operational characteristics of a miniature automatic cooling device[J]. International Journal of Heat and Mass Transfer，2008，51（21-22）：5033-5039.

[16] LIAN W L，XUAN Y M，LI Q. Design method of automatic energy transport devices based on the thermomagnetic effect of magnetic fluids[J]. International Journal of Heat and Mass Transfer，2009，52（23-24）：5451-5458.

[17] XUAN Y M，LIAN W L. Electronic cooling using an automatic energy transport device based on thermomagnetic effect[J]. Applied Thermal Engineering，2011，31（8-9）：1487-1494.

[18] LI K W，PARLER J D. Acoustical effects on free convective heat transfer from a horizontal wire[J]. Journal of Heat Transfer，1967，89（8）：277-278.

[19] 宣益民. 纳米流体能量传递理论与应用[J]. 中国科学：技术科学，2014，44（3）：269-279.

[20] XUAN Y M，LI Q，HU W F. Aggregation structure and thermal conductivity of nanofluids[J]. Aiche Journal，2003，49（4）：1038-1043.

[21] XUAN Y M，ROETZEL W. Conceptions for heat transfer correlation of nanofluids[J]. International Journal of Heat and Mass Transfer，2000，43（19）：3701-3707.

[22] 宣益民，李强. 纳米流体能量传递理论与应用[M]. 北京：科学出版社，2010.

[23] LI Q，XUAN Y M，YU F. Experimental investigation of submerged single jet impingement using Cu-water nanofluid[J]. Applied Thermal Engineering，2012，36：426-433.

[24] TUCKERMAN D B，PEASE R. High-performance heat sinking for VLSI[J]. IEEE Electron Device Letters，1981，2（5）：126-129.

[25] 吴龙文，卢婷，陈加进，等. 芯片散热微通道仿生拓扑结构研究[J]. 电子学报，2018，46（5）：1153-1159.

[26] 陈运生，董涛，杨朝初，等. 芯片冷却用分形微管道散热器内的压降与传热[J]. 电子学报，2003，31（11）：1717-1720.

[27] CHEN Y，CHENG P. Heat transfer and pressure drop in fractal microchannel nets[J]. International Journal of Heat and Mass Transfer，2002，45（13）：2643-2648.

[28] 王定标，王帅，张浩然，等. 流体拓扑优化的方法及应用综述[J]. 郑州大学学报（工学版），2023，44（2）：1-13.

[29] 谢亿民，黄晓东，左志豪，等. 渐进结构优化法（ESO）和双向渐进结构优化法（BESO）的近期发展[J]. 力学进展，2011，41（4）：462-471.

[30] WALSH S M，MALOUIN B A，BROWNE E A，et al. Embedded microjets for thermal management of high power-density electronic devices[J]. IEEE Transactions on Components，Packaging and Manufacturing Technology，2019，9（2）：269-278.

[31] 李志信，过增元. 对流传热优化的场协同理论[M]. 北京：科学出版社，2010.

[32] 过增元，黄素逸，等. 场协同原理与强化传热新技术[M]. 北京：中国电力出版社，2004.

[33] 中华人民共和国国家质量监督检验检疫总局，中国国家标准化管理委员会. GB/T 3452.3—2005 液压气动用 O 形橡胶密封圈 沟槽尺寸[S]. 2005.

[34] 张梁娟，赵天亮，方晓鹏，等. 低电导率乙二醇冷却液在雷达液冷系统的应用[J]. 现代雷达，2019，41（8）：65-69.

第 6 章

电子设备相变冷却技术

【概要】
相变冷却是一种利用液态工质在沸腾过程中吸收大量汽化潜热的冷却技术,是解决高热流密度器件散热难题的有效技术手段之一,在电子设备热控领域极具发展潜力。本章将从相变冷却原理出发,先对池沸腾和对流沸腾这两种沸腾模式进行详细介绍,阐述基于这两种沸腾模式的直接相变冷却和间接相变冷却的原理与系统组成,对其优劣性与适用场景进行论述;然后分别从工质选型、换热设计、流动设计等方面对相变冷却系统的设计方法展开讨论;最后以典型的曙光服务器浸没式直接相变冷却系统和相控阵雷达泵驱两相流冷却系统为例,阐述各冷却系统的设计特点。

6.1 相变冷却原理

6.1.1 气泡动力学简介

相变冷却是一种利用液态工质在沸腾过程中吸收大量汽化潜热的冷却技术,其中水沸腾时的换热系数可达 $10^4 \text{W}/(\text{m}^2 \cdot \text{K})$ 以上,相比单相液冷的换热系数高一个数量级,在电子设备散热领域极具发展潜力。图 6-1 所示为电子设备的相变冷却。如此高的换热系数是由沸腾过程中的气泡形成、成长、脱离壁面所引起的各种扰动造成的,研究气泡在液体中的形成与运动规律的学科称为气泡动力学。

受热壁面上产生气泡的地点称为汽化核心,受热壁面上的凹坑、裂缝、空穴等位置最有可能成为汽化核心,这是因为:首先,处于狭缝中的液体与平直表

图 6-1 电子设备的相变冷却

面上等量的液体相比，与受热壁面的接触面积更大，传递的热量更多；其次，狭缝中更容易残留气体，成为汽化核心。形成的气泡在内外压差、惯性力、表面张力的综合作用下逐渐成长变大。气泡在受热壁面上成长到一定大小后，在浮力、阻力、表面张力、惯性力、重力等的综合作用下从受热壁面上脱离进入液体，继而上升或聚合。图 6-2 所示为气泡形成、成长、脱离过程的示意图。

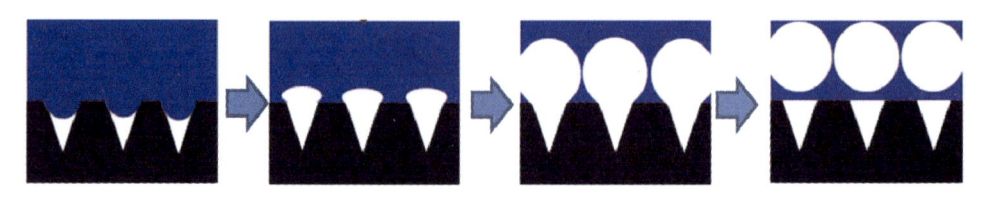

图 6-2　气泡形成、成长、脱离过程的示意图

气泡形成的基本条件为，气泡半径 R 必须满足下列条件：

$$R \geq \frac{2\sigma T_s}{\rho_v L(T_w - T_s)}$$

式中，σ 为表面张力；T_s 为饱和温度；T_w 为壁面温度；ρ_v 为蒸汽密度；L 为汽化潜热。在一定壁面过热度条件下，壁面上只有满足上式条件的位置才能成为汽化核心。强化沸腾传热的核心手段之一是增加汽化核心，在工程应用中需要增加壁面凹坑，如采用机械加工方法或烧结、钎焊、喷涂、电离沉积等物理与化学方法在传热表面形成多孔结构，实现沸腾表面换热系数的提高。

气泡脱离的关键参数为气泡脱离直径 D_d 和脱离频率 f，D_d 与 f 之间相联系的物理机制和精确定量关系目前均未确定，较为经典的经验关联式如下：

$$fD_d = 0.59 \left(\frac{\sigma(\rho_l - \rho_v)g}{\rho_l^2} \right)^{1/4}$$

式中，ρ_l 为液体密度；g 为重力加速度。显然，壁面采用疏水材料以增大表面张力 σ，有利于气泡脱离壁面，从而强化沸腾传热。但是，表面张力 σ 的增大会导致气泡脱离直径增大，不利于汽化核心的形成，从而抑制沸腾传热。因此，在工程应用中常利用表面张力对沸腾传热的影响，采用亲水、疏水材料交错的壁面形式，在需要形成汽化核心处采用亲水壁面，在需要气泡脱离处采用疏水壁面，实现沸腾传热强化。

现有的用于沸腾传热预测的各种物理模型都是基于对气泡动力学的理解建立的，沸腾传热是一个典型的非线性物理过程，有关的沸腾传热机理及物理和数学模型仍缺乏成熟的理论体系，有待深入研究。从电子设备相变冷却技术的工程应用角度出发，沸腾传热强化是永恒的话题，基于气泡动力学，沸腾传热强化的核心是增加受热壁面上的汽化核心并促进气泡脱离壁面，增加壁面凹坑，以及调控壁面亲疏水特性。

6.1.2　池沸腾

沸腾按流体运动的动力可分为池沸腾和对流沸腾两种。池沸腾的流体运动是由温差和气泡的扰动引起的，对流沸腾的流体运动需要外加的压差作用维持。温度高于饱和温度的壁面沉浸在具有自由表面的液体中进行的沸腾，称为池沸腾。随着壁面温度与饱和温度之差 $\Delta T = T_w - T_s$（称为壁面过热度）持续增大，热流密度的变化曲线如图 6-3 所示，壁面与流体间的热交换依次出现以下区域。

（1）自然对流：当 ΔT 较小时，无气泡产生，传热处于自然对流工况。此区域的传热特性与单相液冷无差异。

（2）核态沸腾：ΔT 增大后，壁面上出现汽化核心，开始出现气泡的点称为沸腾起始点；汽化核心数量随 ΔT 的增大逐渐增多，气泡剧烈扰动，换热系数与热流密度都急剧升高；核态沸腾的终点为热流密度的峰值点，即临界热流密度点。在采用池沸腾模式的电子器件散热应用中，将工况设计在该区域内，散热面与流体间具有换热系数高、换热温差小的优势。

（3）过渡沸腾：从临界热流密度点进一步增大 ΔT，热流密度逐渐降低，直至降到最低热流密度。在这个过程中，气泡逐渐汇聚，覆盖受热壁面，蒸汽排出过程逐渐恶化，称为过渡沸腾。这个过程是一个不稳定的过程。工况设计需要尽可能避免出现该区域，避免散热面发生换热系数降低及温度升高的现象。

（4）膜态沸腾：从热流密度最低点进一步增大 ΔT，热流密度重新逐渐升高，但升高幅度较小。此时受热壁面已形成稳定气膜层，蒸汽有规则地排离气膜层，由于气膜的热阻较高，因此该过程的换热系数较低。工况设计需要绝对避免膜态沸腾的发生，该区域内壁面热流密度变化不大，而壁面过热度飞升，易导致壁面被烧毁。

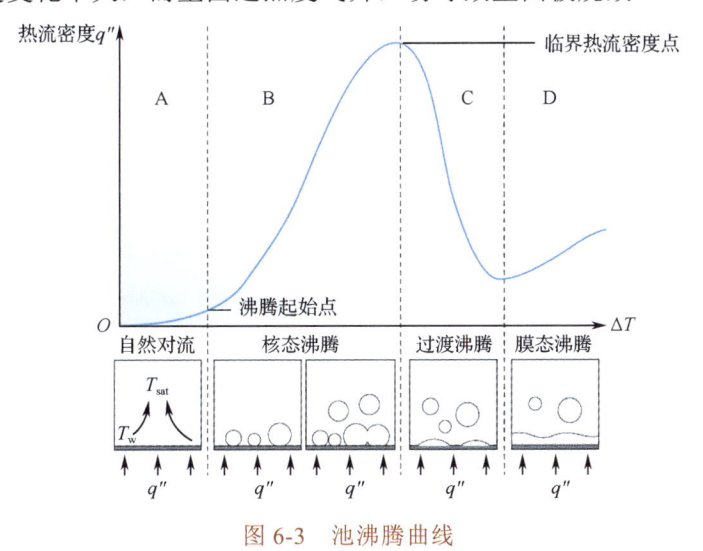

图 6-3　池沸腾曲线

在采用池沸腾模式的电子器件散热应用中，为了保证散热面的高换热系数与较低的电子器件工作温度，需要校核电子器件发热的热流密度是否低于临界值，确保工况设计在核态沸腾区域内，不会进入过渡沸腾与膜态沸腾区域，避免发生电子器件温度飞升现象。

6.1.3　对流沸腾

在强制对流状态下，管内液体受热汽化，沿管道出现不同的沸腾现象，称为对流沸腾。当入口为过冷液体时，管内蒸汽含量沿流动方向递增，直到完全汽化为止，管内沿流动方向将依次出现全液段、泡状流、弹状流、环状流、雾状流、全气段的状态。

（1）全液段：流到管内的液体处于过冷状态，液体尚未发生沸腾相变，管内传热处于单相对流状态，换热系数较低。

（2）泡状流：未饱和液体被管壁加热，到达一定状态时壁面开始产生气泡，此时称为过冷沸腾。继续加热后，流体达到饱和温度，进入饱和核态沸腾区域。泡状流是最常见两相流型，其特征为液相中带有离散分布的细小气泡，通常直径在 1mm 以下的气泡为球形，直径在 1mm 以上的气泡具有多种形态。

（3）弹状流：对流液体沿流动方向继续受热，当蒸汽含量继续增加并达到一定程度时，较大的气泡进一步合并，形成弹状流。弹状流由一系列气弹组成，气弹前端近似呈球形而尾端为平直状态。两气弹间夹有多个小气泡，气弹与管壁间存在液膜。

（4）环状流：液体流动方向上蒸汽含量继续增加，气弹进一步合并，形成汽芯，管内中心液体被排挤至壁面，称为环状流。在这种流型中，管壁为一层液膜，管中心为带有自液膜卷入细小液滴的连续蒸汽，蒸汽流速通常显著高于壁面液膜流速。

（5）雾状流：在环状流动过程中，液膜受热蒸发并逐渐减薄，直至完全蒸发，沸腾流体进入雾状流型区。在雾状流结构中，壁面完全无液膜，气相中仅含有少量的细小液滴，换热系数显著降低。

（6）全气段：工质由湿气体变为干气体，进入单相传热区，传热进一步恶化，壁面温度飞升。

对流沸腾按壁面热流密度的高低可分为核态沸腾主导与对流蒸发主导，如图 6-4 所示。在低热流密度下，壁面过热度较小，气泡能够不断在壁面孔隙内形成、生长并脱离壁面，传热机理主要为液体与壁面的强制对流及非充分发展的核态沸腾，此时核态沸腾为主导，两相流区域内的对流换热系数沿流动方向不断减小；在高热流密度下，壁面过热度较大，两相流型中的液膜环状流成为主要流型，传热机理主要为近壁面液膜强制对流与气液界面液膜蒸发，此时对流蒸发为主导，两相流区域内的对流换热系数沿流动方向不断增大，直至蒸干。对于常见电子设备冷板流道内的相变冷却，壁面热流密度一般不高，通常为第一种形式，即核态沸腾主导；对于其他领域，如核工业应用领域内的相变冷却，热流密度相对较高，有可能出现第二种形式，即对流蒸发主导。

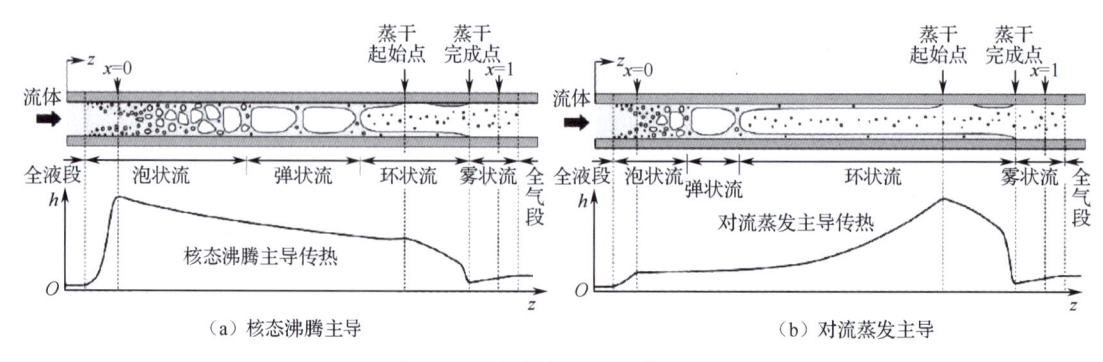

（a）核态沸腾主导

（b）对流蒸发主导

图 6-4 对流沸腾的流型转换

在采用对流沸腾模式的电子器件散热应用中，为了保证散热面的高换热系数与较低的电子器件工作温度，需要校核管路出口的冷却液干度，确保管内流动状态为泡状流、弹状流、环状流，避免出现雾状流及全气状态下的壁面温度飞升，同时需要避免管内因处于全液状态而呈现低换热系数的单相对流。

6.1.4 相变冷却的特点

与单相液冷相比，相变冷却的主要优势如下。

（1）能效比更高。相变冷却利用潜热进行高效换热，相比单相液冷，其流量需求显著降低，因此冷却设备的尺寸、质量、能耗显著降低。例如，相变冷却技术在浸没式服务器机房中的应用，使机房整体的冷却系统能效比与采用单相液冷技术相比可提升至 2 倍以上，冷却设备量随着能效比的提升也相应降低。又如，采用泵驱相变冷却技术的大型雷达，系统流量需求不到采用传统单相液冷技术时的 1/3，冷却效率大幅提升。

（2）散热能力更强。沸腾相变的换热系数通常达到 10^4 W/(m^2·K) 以上，相比单相液冷的对流换热系数提升超过一个数量级，相同热耗与供液温度条件下的冷板温度更低，电子器件温度显著降低，有利于提高电子器件的可靠性。例如，高功率相控阵雷达，其发射功放芯片等主要发热器件的热流密度可达 kW/cm^2 量级，已接近传统单相液冷技术的极限，因此必须发展相变冷却技术，进一步提高电子器件的可靠性。

（3）均温性更佳。相变冷却依靠潜热进行换热，流体温度维持在沸点附近，单相液冷依靠流体升温实现热量传递，在冷板中会形成较大的流体温度梯度，因此相变冷却显著提高了冷板及电子器件的均温性，保证电子器件具有相同的工作状态，并且可减少由温度差异造成的电学性能问题。例如，高功率有源相控阵雷达，其数千个发射组件的高功率 GaN 芯片通常具有±5℃或更严苛的均温性要求，采用相变冷却技术可显著提高发射组件的均温性，从而提高雷达的幅相一致性。

（4）泄漏后二次危害更小。相变冷却系统采用的工质通常具备固有的绝缘特性，相比单相液冷系统采用的水或防冻液等液冷工质泄漏后易造成电子器件短路，相变冷却工质泄漏后通常蒸发成气体消散且对电子设备无危害，可提高电子设备的安全性。

（5）抗腐蚀性更强。与单相液冷系统使用的水或防冻液等液冷工质相比，相变冷却工质通常惰性较强，是良好的兼容材料，不易与系统内的金属材料、密封类的有机化合物材料发生反应，可降低系统的运行、维护成本。此外，相变冷却工质的防微生物特性更好，无须定期维护。

相变冷却技术也并非完美的技术，与单相液冷相比，相变冷却的主要劣势如下。

（1）挥发性更强、泄漏概率更大。相变冷却工质具有更强的挥发性，在长期工作过程中会产生气态工质，如浸没式直接相变冷却常采用低压工质，在长期工作过程中易发生持续渗漏，需要定期补液，运行成本与维护成本均显著高于单相液冷。相变冷却工质的泄漏概率更大，如冷板式间接相变冷却常采用高压工质，在发生较大泄漏时局部可能形成高压力的气液两相喷射，密闭空间设计需要考虑安全性防护与泄漏后的工质疏散。

（2）技术实现难度更大。相变冷却过程存在气液两相态，系统设计不当可能会导致部分散热面形成气膜,气膜阻隔散热面附近的沸腾与流动,传热急剧恶化,造成电子设备升温甚至被烧毁,而单相液冷不存在该现象。此外,大型电子装备或数据中心具有成千上万条并联支路,两相流的流量、压力、气液比之间存在一定的耦合关系,流体受到微小的扰动后可能会发生流量漂移或变振幅的流量振荡,相变冷却系统设计需要规避该流动不稳定现象发生,技术难度显著高于单相液冷。

由于相变冷却工质的挥发性更强、泄漏概率更大、技术实现难度更大,另外有些相变冷却工质成本较高,因此目前数据中心、电子装备等领域的主流冷却技术仍为风冷或单相液冷。然而,电子设备热流密度不断提高,对冷却系统能效要求不断提高,传统的风冷和单相液冷难以达到要求,相变冷却必将成为解决高热流密度电子设备散热难题的核心技术之一。

6.2 相变冷却方式

本章着眼于电子设备相变冷却技术,采用热管形式的相变冷却技术作为热传导技术的一部分已在第 3 章进行了详述,不在本章的讨论范围内。相变冷却方式按工质与热源的接触形式可分为直接相变冷却与间接相变冷却。在直接相变冷却系统中,热源与绝缘工质直接接触,工质在热源表面沸腾相变并带走热量。在间接相变冷却系统中,热源通过热传导将热量传递至流道或管路壁面,工质与壁面发生对流沸腾换热并带走热量。

6.2.1 直接相变冷却

直接相变冷却以相变液体作为传热介质,发热器件浸没在相变液体中,通过与相变液体直接接触进行沸腾换热。直接相变冷却按冷却循环级数可分为一次循环直接相变冷却和二次循环直接相变冷却,按发热器件与相变液体的接触方式又可分为浸没式直接相变冷却和喷淋式直接相变冷却。

一次循环直接相变冷却原理图如图 6-5 所示。相变液体在密闭腔体中与发热器件进行热交换,吸收发热器件的热量升温,沸腾形成气液混合物。气液混合物进入风冷换热器,与外环境进行风冷换热。换热后冷凝为液体,流回密闭腔体底部与发热器件直接接触,继而构成冷却循环。循环动力可为重力或循环泵驱动力,热沉为大气。

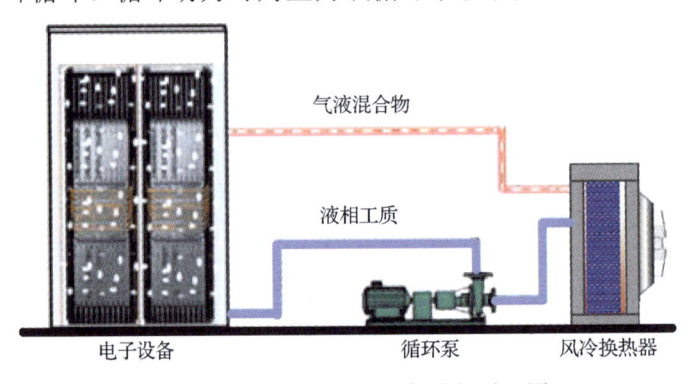

图 6-5 一次循环直接相变冷却原理图

第 6 章 电子设备相变冷却技术

二次循环直接相变冷却系统可分为内循环与外循环两级,如图 6-6 所示。内循环过程与一次循环直接相变冷却系统的循环过程基本一致,但气液混合物不再与大气直接换热,而是进入液冷换热器与外循环低温水进行热交换,经过冷凝和降温两个过程变为低温冷却液,重新输入密闭腔体,形成内循环。外循环低温水在液冷换热器中吸收气态冷却液携带的大量热量变为高温水,由外循环泵输入到室外冷却塔中。在冷却塔中,高温水与大气进行热交换,释放热量,变成低温水后再输送回液冷换热器,与内循环的气液混合态冷却工质进行热交换,完成外循环。

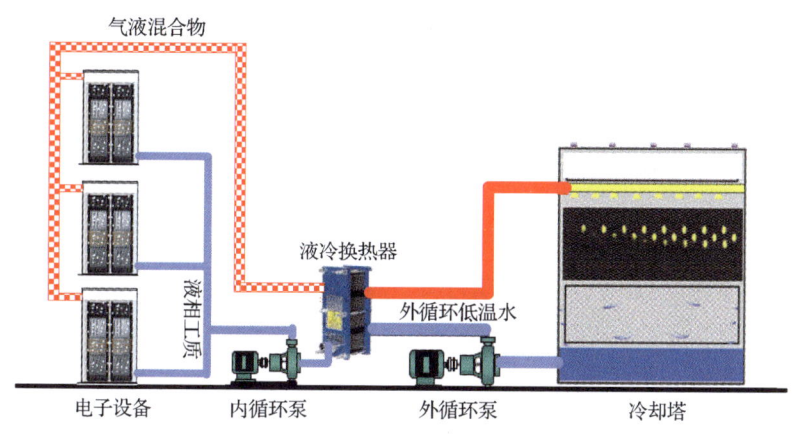

图 6-6 二次循环直接相变冷却原理图

一次循环直接相变冷却系统相对简单,末端可通过风冷与大气进行热交换,无须增设额外的水冷源或冷却塔,其典型应用场合为机动性雷达等有可移动要求的电子设备,末端风冷可满足其机动性要求,不需要额外的空间再布置其他水冷源。二次循环直接相变冷却系统可利用末端蒸发冷却降低系统温度,系统温度不再取决于空气温度,而取决于更低的环境露点温度,并且温度降低可减小流量需求,提高系统能效,其常见应用场合为数据中心机房,二次循环可同时满足较低温度与较高能效的应用需求,该循环方式已成为数据中心冷却的典型设计方法之一。

浸没式直接相变冷却是指将发热器件浸没在相变液体中,最大限度地降低传导热阻,相变液体在发热器件表面沸腾换热带走大量热量。浸没式直接相变冷却系统实例如图 6-7 所示,该系统由蒸发段、冷凝段、循环段组成。

(1) 蒸发段:发热器件直接浸没在冷却液中,要求冷却液具备良好的化学稳定性、电惰性、绝缘性,并且具备低沸点。绝缘冷却液在发热器件表面通常发生池沸腾(部分直接相变冷却系统采用泵驱形式,主要相变形式为对流沸腾),沸腾产生的蒸汽上升进入冷凝段。

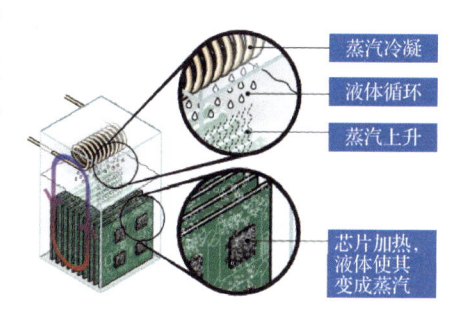

图 6-7 浸没式直接相变冷却系统实例

(2) 冷凝段:直接相变冷却系统顶端设置冷凝器,冷凝器内部流动的是外循环的单相液冷或相变冷却工质,上升的蒸汽接触冷凝器外部冷凝成液态,通常采用螺旋冷凝管的形式增强换热效果。除顶端冷凝器形式以外，还可通过布置管路实现远程冷凝器形式，使冷凝段与蒸发段相互独立。

（3）循环段：蒸发段冷却液沸腾产生蒸汽，冷凝段蒸汽液化，由于蒸汽密度比液体密度小，因此会形成压力差，使流体能够自然流动。部分系统会增加泵辅助流动，增强对流沸腾，以适应更高热流密度的需求。

浸没式直接相变冷却在不改变电子器件结构特征的前提下具有较高的换热能力，特别是在冷却系统能耗方面有较好的表现，适用于对系统能效要求较高的数据中心的服务器冷却，其研究的重点通常包括发热表面换热强化、系统能效比提升、相变冷却工质特性等。

喷淋式直接相变冷却是指将低沸点的相变冷却工质通过喷嘴直接喷射到发热表面，依靠射流冲击、强对流、液体相变特性带走大量热量。喷淋式直接相变冷却系统的冷凝段、循环段与浸没式直接相变冷却系统并无原理性区别，但其蒸发段是非浸没式的，相变冷却工质在电子器件发热表面以液滴或液膜形式进行相变换热。其中，喷雾相变冷却作为喷淋式直接相变冷却的一种特殊形式，在喷射出口将相变冷却工质雾化成细小的液滴，具有极高的换热能力，是学术界的研究热点。图 6-8 所示为喷雾相变冷却系统实例，其蒸发段主要由喷嘴、喷腔及电子器件发热表面组成。

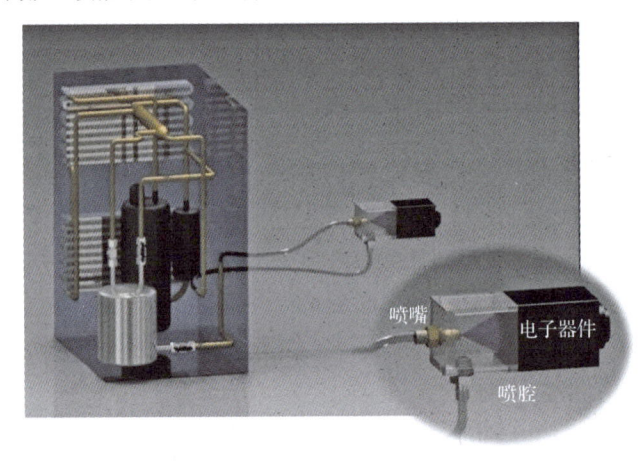

图 6-8 喷雾相变冷却系统实例

（1）喷嘴：喷嘴是喷雾相变冷却系统的核心部件，喷嘴的雾化特性包括液滴的运动速度、平均粒径和液滴分布等，能直接影响系统的换热效果。喷嘴按雾化机理通常可分为压力喷嘴与压电喷嘴，分别通过压力旋流剪切与压电效应产生的高频振动实现相变冷却工质的雾化。喷嘴内部结构参数、喷嘴内部压力、喷射流量对雾化特性及表面换热特性起决定性作用。

（2）喷腔：相变冷却工质从喷嘴喷出后在喷腔内形成雾化液滴，液滴与发热表面进行强对流与沸腾换热。喷腔设计过程中的喷嘴角度、喷嘴与发热表面的距离、腔体压力均对表面换热特性起决定性作用。

（3）电子器件发热表面：相变冷却工质在电子器件发热表面存在液滴、液膜、蒸汽等状态，发热表面微结构特征、亲疏水特性对电子器件换热起决定性作用。电子器件发热表面设计需要特别避免莱顿弗莱斯特效应发生，以免导致传热恶化。

喷雾相变冷却可实现 500W/cm² 以上的高热流密度表面换热，但喷腔结构导致其空间利用率较低，适用于发热器件集中且热流密度极高的场合，如激光器冷却。除喷嘴类型、喷腔结构等参数的影响以外，电子器件发热表面的传热影响也是目前的研究热点。

6.2.2 间接相变冷却

间接相变冷却不以相变液体作为直接传热介质，热源芯片通过热传导将热量传递至流道或管路壁面，冷却液与壁面发生对流沸腾换热。与直接相变冷却相同，间接相变冷却按冷却循环级数也可分为一次循环间接相变冷却和二次循环间接相变冷却，其原理图如图 6-9 和图 6-10 所示。一次循环间接相变冷却、二次循环间接相变冷却的特点、应用场景与直接相变冷却相同，本节不再赘述，只针对一次循环间接相变冷却及二次循环间接相变冷却的内循环进行系统性介绍。

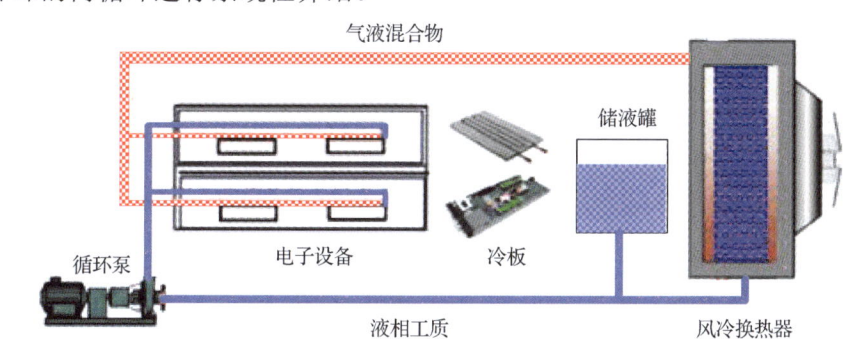

图 6-9 一次循环间接相变冷却原理图

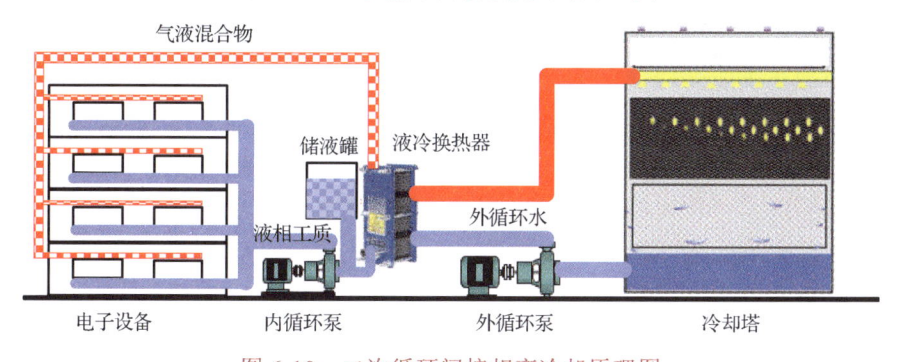

图 6-10 二次循环间接相变冷却原理图

泵驱两相流间接相变冷却系统实例如图 6-11 所示。间接相变冷却系统主要由循环泵、管路及连接器、冷板、换热器、储液罐等组成，下面对各组成部分的功能进行介绍。

（1）循环泵：循环泵并非间接相变冷却系统的必要组成部分，依靠毛细力驱动的毛细泵回路和环路热管也属于间接相变冷却系统，相关内容已在第 3 章进行了详述，本节不再赘述。相比无动力冷却系统，泵驱冷却系统可显著提高制冷剂循环流量与系统冷却能力。循环泵将低压的制冷剂回液以较高压头供出，形成循环回路，泵驱动力远大于毛细力，泵驱冷却系统适用于形状复杂与布局分散的热源冷却，运行控制的稳定性较高，并且启动无须预热。

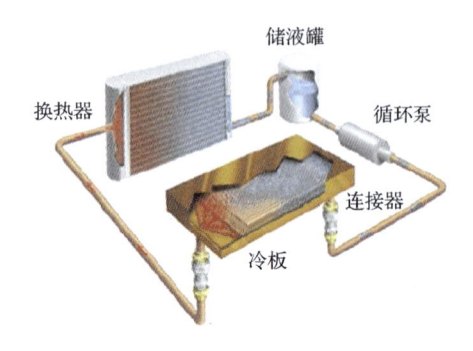

图 6-11　泵驱两相流间接相变冷却系统实例

（2）管路及连接器：管路及连接器的结构特征与单相液冷系统基本相同，传输介质为液态工质或气液混合物，材质选型要确保与工质的相容性，承压要与工质工作状态的物性相匹配。

（3）冷板：泵驱制冷剂进入冷板内部流道，冷板表面热源通过热传导与热扩展将热量传递至流道壁面，高温壁面加热制冷剂，使其发生沸腾相变从而产生制冷剂蒸汽，气液两相制冷剂通过连接器流出冷板。因为制冷剂与热源不直接接触，所以称该系统为间接相变冷却系统。

（4）换热器：冷板出口的气液混合物通过回液管路进入换热器，通过外界风冷或外循环液冷，将高焓值的制冷剂蒸汽冷凝为低焓值的液态制冷剂，输出液态制冷剂。在冷板中制冷剂从液态沸腾为气态，在换热器中制冷剂从气态冷凝为液态，形成制冷剂状态的循环。

（5）储液罐：储液罐位于换热器出口侧，作用为满足冷板热负荷变化对制冷剂供应量的需求。当冷板热负荷增大时，供液需求增多，储液罐提供供液补给；当冷板热负荷减小时，供液需求减少，多余液态制冷剂存储在储液罐内。储液罐可以维持系统压力相对稳定，并且避免多余制冷剂积存在换热器中从而导致换热效率降低。

间接相变冷却系统的表面沸腾传热强化、流型控制、流阻控制、临界热流密度校核、工质选型，以及循环泵、管路、连接器、冷板、换热器、储液罐等的工程设计和选型问题，均为当前的研究重点。

直接相变冷却与间接相变冷却的对比如表 6-1 所示。直接相变冷却的技术实现难度相对较低、冷却系统能耗较低、运行成本较低、对工质与元器件的兼容性要求较高，然而受目前工质物性限制，其散热性能有限，常应用于器件热流密度较低、能耗要求较高的场景，如数据中心服务器冷却。间接相变冷却在材料兼容性、电性能影响、原有设备技术升级等方面均具有较大的应用优势，然而其技术实现难度较高、系统能效比不如直接相变冷却、部分场合需与风冷联合使用，不受重力方向、运输等的影响，在军用领域的应用更多，雷达、激光器等高热流密度电子装备中均可见其应用。

表 6-1　直接相变冷却与间接相变冷却的对比

比 较 项 目	直接相变冷却	间接相变冷却
技术实现难度	系统组成相对简单，通常无流量分配与运行稳定性控制等技术难题	系统的并联支路较多，流量分配与稳定性控制难度比直接相变冷却高
散热能力	只可用低压工质，工质选择范围较窄，通常热导率偏低，散热受限	可用高压工质，工质选型范围较广，热导率通常较高，散热能力较强
系统能耗	系统流阻低，换热效率高，循环泵功耗低	冷板流阻较大，循环泵功耗稍高
工质相容性	工质与电子器件直接接触，需要极高的相容性，工质选型要求极其苛刻	工质不与电子器件接触，只需考虑工质与蒸发器材料的相容性，工质选型范围较广

续表

比 较 项 目	直接相变冷却	间接相变冷却
技术兼容性	与风冷和单相浸没式直接液冷有较好的兼容性	与单相间接液冷有较好的兼容性，有时需要与风冷联合使用
成本	目前适用的介质成本普遍较高	多种介质可选，一般较直接相变冷却成本低

6.3 相变冷却系统设计及应用

相变冷却系统设计包括工质选型、换热设计、流动设计，此外泵选型设计、冷凝器设计、储液罐设计、管路设计等的工程问题也需要重点关注，典型的应用有曙光服务器浸没式直接相变冷却系统、相控阵雷达泵驱两相流直接冷却系统等。

6.3.1 工质选型

冷却工质作为热量传输的载体，对沸腾换热能力、系统能效、临界热流密度等各项性能指标至关重要。冷却工质按成分可分为碳氟化合物（CFC/HCFC/HFC/PFC/ HFE）、碳氢化合物（HC）、自然工质（如水、二氧化碳）等。工质选型首先需要保证安全性，工质应具有无毒、不易燃易爆、环境友好等特性；其次需要立足相变冷却系统的需求与特性，充分考虑工作温度与压力、汽化潜热与临界热流密度、液气密度比等因素。此外，对于直接相变冷却系统，由于工质与电子器件直接接触，因此还必须确保工质与电子器件的相容性和绝缘性。

常用冷却工质的特性统计如表 6-2 所示。

表 6-2 常用冷却工质的特性统计

冷却工质	ASHRAE 评级	ODP	GWP	常压沸点/℃	汽化潜热@25℃ /（kJ/kg）	液体密度@25℃ /（kg/m³）	蒸汽密度@25℃ /（kg/m³）	液体介电常数
R22	A1	0.034	1700	-41	183	1191	44	—
R123	B1	0.012	120	27	171	1464	6	—
R134a	A1	0	1430	-26	178	1201	32	—
R1233zd	A1	0	1	18	191	1263	7	—
HFE-7000	B1	0	530	34	132	1413	6	7.4
HFE-7100	A1	0	320	60	121	1485	3	7.4
Novec649	B1	0	1	49	95	1602	5	1.8
R290	A3	0	20	-42	335	492	21	1.6
NH₃	B2	0	<1	-34	1166	603	6	—
H₂O	A1	0	0	100	2257	997	0.02	78

1. 安全性

自然工质，如 H_2O、CO_2 等显然具有无毒、不可燃、环境友好特性。氟利昂与碳氢类冷却剂的安全性分类使用 ASHRAE 标准，其中 A 与 B 分别表示低毒与有毒，1～3 分别表示不可燃、可燃和爆炸性；环境友好性使用消耗臭氧潜能值（Ozone Depleting Potential，ODP）和全球增温潜能值（Global Warming Potential，GWP）表示。

CFC 类制冷剂，如 R12 无毒、不可燃，然而具有较高的 ODP，因臭氧破坏性已被禁止使用。HCFC 类制冷剂，如 R123 具有一定的毒性，R22 无毒、不可燃，此类制冷剂的 ODP 较低，但因臭氧保护政策逐步严苛已被逐步取代。HFC 类制冷剂（如 R134a）和 HFE 类制冷剂（如 HFE-7100）由于具有无毒、不可燃及零 ODP 特性，因此应用广泛。HC 类制冷剂，如 R290 具有易燃易爆特性，仅在采取特殊防护措施的场合允许使用。其他制冷剂，如 NH_3 因具有毒性与弱燃性而被限制使用。目前 HFC 类制冷剂应用最为广泛，但部分 HFC 类制冷剂，如 R134a 因具有较高的 GWP 已受《基加利修正案》的制约而被限制使用，新型低 GWP 的 HFCs 类制冷剂，如 R1234yf、R1233zd 等备受追捧，然而目前成本较高限制了其使用范围。

2. 工作温度与压力

电子设备的芯片壳温通常要求在 85℃ 以下，考虑芯片热量传递路径上的传导热阻、接触热阻等因素，冷却工质的工作温度通常在 60℃ 以下。在换热装置中冷却工质与环境进行换热，冷却工质温度略高于环境温度，通常在 20℃ 以上。冷却工质在管路系统及换热器等中存在一定的压力损失，因此工作温度下的饱和压力不应过低；考虑系统耐压、成本、安全性等因素，设计压力也不应过高。此外，为了减小压力扰动对系统稳定性的影响，冷却工质在不同温度下应具有较小的饱和压力差值。不同冷却工质在 20℃ 和 60℃ 下的饱和压力对比如表 6-3 所示。

表 6-3 不同冷却工质在 20℃ 和 60℃ 下的饱和压力对比

冷 却 工 质	20℃下的饱和压力/bar	60℃下的饱和压力/bar
HFE-7100	<1.0	1.0
R22	9.09	23.82
R123	0.77	2.87
R134a	5.72	16.81
R290	8.37	21.17
H_2O	0.02	0.20
CO_2	57.30	超出临界压力

显然，H_2O 的工作压力过低，CO_2 的工作压力过高，不适合作为相变冷却工质。R123 在低温下存在负压，R22、R290 在高温下具有较高的工作压力，也不是理想的相变冷却工质。R134a 因具有合适的压力范围而被广泛应用，针对不同工作温度也可以根据饱和压力范围灵活选用相变冷却工质，如在较高工作温度下选用 R123、HFE-7100，在较低工作温度下选用 R22、R290。

3. 汽化潜热

汽化潜热是指当温度不变时单位质量液体物质在汽化过程中所吸收的热量，可用于衡量相变冷却工质的换热能力。在常用相变冷却工质中，水的汽化潜热最高，常压下可达 2357kJ/kg，氟利昂常压下的汽化潜热通常在 200kJ/kg 左右，其中氢氟醚类电子氟化液的汽化潜热通常仅在 100kJ/kg 左右。可根据系统的总散热量需求 Q、极限流量 q_m 及设计干度 x_e，计算相变冷却工质需具备的最低汽化潜热 L，以进行工质选型：

$$L = \frac{Q}{q_\mathrm{m}/x_\mathrm{e}}$$

对于特定的相变冷却工质，已知其汽化潜热 L，根据系统的总散热量需求 Q 与设计干度 x_e，可反向计算确定系统的极限流量 q_m。

4. 液气密度比

在相变冷却工质进行沸腾相变换热过程中，液体转变为气体，密度不断减小，系统的设计干度越高，密度变化越显著。当芯片热耗发生波动时，相变冷却工质的液气密度比越大，密度变化造成的压力瞬态扰动冲击越大。此外，相变冷却工质的液气密度比越大，不同并联支路在微小扰动下的阻力差异越大，会造成流量分配的不均匀性。因此，选择小液气密度比的相变冷却工质，可有效提升相变冷却系统的稳定性。显然，在电子器件通常的工作温度范围内，水具有极大的液气密度比（约 50 000），相变冷却系统稳定性极差；R22、R134a、R290 等具有较小的液气密度比（<50），相变冷却系统稳定性高；HFE-7000、HFE-7100、Novec649 等的液气密度比（100～500）介于前两者之间，相变冷却系统稳定性需要特别关注。

5. 工质相容性

对于间接相变冷却系统，工质不与电子器件接触，而在系统冷板与管路中流动，常用的氟利昂类制冷剂与冷板、管路等材料均具有较好的相容性。对于直接相变冷却系统，工质与电子器件直接接触，必须保证工质与电子器件的相容性，工质需要具有绝缘特性、良好的热物理性能、化学及热稳定性且无腐蚀性。直接相变冷却通常选用压力较低的电子氟化液，其含有的 C—F 键能较大，碳氟化合物惰性较强，是良好的相容材料，不易与系统内的金属材料、密封类的有机化合物材料发生反应。尽管电子氟化液与电子器件兼容性强，但系统内材料组成非常复杂，相容性问题仍时有发生。

综合以上各个因素，相变冷却工质需要具有无毒或低毒、不可燃、液气密度比小、汽化潜热满足散热需求等特性。对于直接相变冷却系统，推荐使用电子氟化液 HFE-7000、HFE-7100、Novec649，这几种制冷剂的汽化潜热为 95～132kJ/kg，基本满足浸没式直接相变冷却需求，常压沸点为 34℃～60℃，适用于承压能力较低的浸没式直接相变冷却系统。R134a 在 60℃下的饱和压力高达 16.81bar，显然不适用于直接相变冷却系统。间接相变冷却系统最常用的制冷剂为 R134a，相比电子氟化液，其具有较高的传热能力，且具有更小的液气密度比（<50）与更高的系统稳定性，适用于承压能力较高的冷板式相

变冷却系统。此外，碳氢化合物，如 R290 具有更高的传热能力，但其易燃易爆，适用于防爆条件较好且散热需求较高的场合。

6.3.2 换热设计

无论是直接相变冷却系统还是间接相变冷却系统，沸腾换热强化设计始终是相变冷却设计的研究热点。除沸腾换热强化设计以外，相变冷却系统的换热设计还包括临界热流密度校核，需要确保电子器件散热的热流密度低于临界值，以避免电子器件被烧毁。

1. 沸腾换热强化设计

尽管两相流沸腾换热的换热系数已远高于单相液冷，但是进行沸腾换热强化设计仍可显著提高换热系数并降低电子器件温度，因此沸腾换热强化设计仍至关重要。其强化机理包括增加汽化核心、促进气泡脱离、增大流固接触面积、增强流体换热性能，强化措施包括沸腾面微结构设计、沸腾面亲疏水调控、流动强化设计、冷却液改性等。

（1）沸腾面微结构设计。电子器件散热面的光滑壁面结构不利于沸腾汽化成核，且流固接触面积有限，影响换热效率。壁面空腔结构可以捕获气体从而促进沸腾汽化成核，增大汽化核心密度，减小沸腾起始壁面过热度，同时增大流固接触面积，实现沸腾换热强化。如图 6-12 所示，对热流密度为 17W/cm^2 的晶体管进行浸没式直接相变冷却，采用光滑铜表面作为散热面，沸腾换热的对流热阻达 0.39℃/W，散热面相对冷却液温升为 10.9℃；采用微孔涂层铜表面作为散热面，可显著提高沸腾表面的汽化成核速率，对流热阻降低至 0.1℃/W，对流温升减小至 2.8℃。在器件表面（如硅表面）采用反应离子刻蚀工艺加工出不同数量的圆柱空腔阵列，相比光滑硅表面，其临界热流密度和换热系数分别提高 33%、26%。通过红外相机观察表面温度分布发现，空腔区域温度更低，这是因为空腔能够增大有效换热面积并促进额外的液体供应。如图 6-13 所示，采用烧结方法制备多孔壁面空腔微通道，相比实心壁面，空腔微通道的换热系数提高 2～5 倍，并且可推迟两相流动不稳定现象的发生。此外，还可以利用化学腐蚀和电镀工艺在散热面制备纳米线结构，但在制备过程中由于液体的表面张力会形成团簇状纳米线及微米空腔，从而增大汽化核心密度并促进毛细泵吸作用，使得临界热流密度和换热系数提高约 140%。

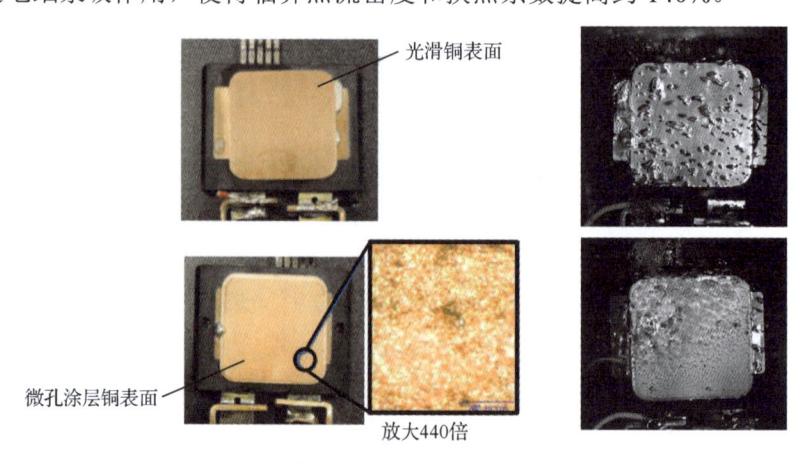

图 6-12 散热面对沸腾换热性能的影响

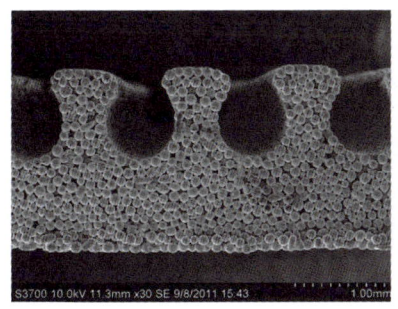

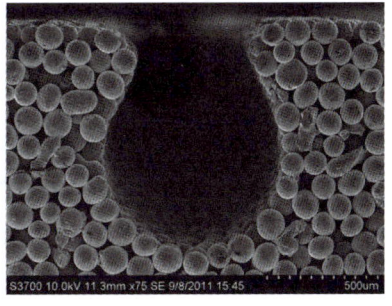

图 6-13 壁面空腔结构设计

（2）沸腾面亲疏水调控。沸腾换热的换热效率与表面材料的亲疏水特性直接相关，亲水表面有利于散热面附近补液，具有更高的临界热流密度。例如，借助涂覆与烘干工艺在铜表面沉积 TiO_2 亲水涂层，对于工质为水的沸腾换热，相比未处理表面，临界热流密度提高 50.4%，其性能的提升与润湿性直接相关。亲水表面可强化流固的相互作用，减小干斑面积，从而提高临界热流密度，但是沸腾换热系数较低；疏水表面能促进沸腾气泡的形成，并且具有更高的沸腾传热量。对于铜表面，可以先借助打磨实现不同粗糙度，再沉积聚四氟乙烯形成具有不同接触角的疏水表面，其中具有最小粗糙度表面的临界热流密度是常规亲水表面的1/16。由此可见，接触角是影响疏水表面临界热流密度的主要因素，粗糙度能够改变接触角，从而影响临界热流密度。粗糙表面的初始换热系数较高，随着热流密度的提高，气膜覆盖加热面形成膜态沸腾，沸腾换热系数迅速降低，从而导致提前发生蒸干，临界热流密度较低。因此，亲疏水特性的优缺点互补，电子器件的相变冷却需要把两种表面特性的优势结合起来，以实现沸腾换热强化。图 6-14 所示为混合亲疏水表面的电镜扫描图像，首先在表面上印制疏水性聚合物点阵列，然后在阵列间隙沉积亲水性纳米结构，这种表面使核态沸腾的热导率提高了三倍。

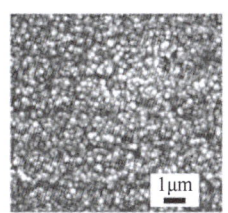

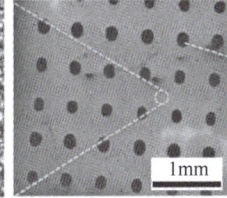

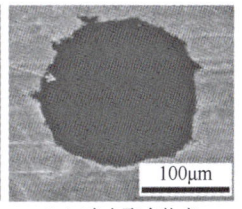

（a）亲水纳米结构　　（b）混合润湿性表面　　（c）疏水聚合物点

图 6-14 混合亲疏水表面的电镜扫描图像

（3）流动强化设计。在流动腔体内可采用嵌入纽带、波纹管或内螺纹管等，如图 6-15 所示，直接增大流固接触的有效换热面积，同时非光滑壁面可增加汽化核心，破坏壁面气膜，促进气泡脱离，有效提高换热系数、优化换热能力。例如，采用嵌入纽带结构，方便、快捷而不改变已有的散热结构形式，在降低临界热流密度的同时可将对流换热系数提高 1.5 倍。又如，采用内螺纹管结构，虽然加工难度增加且成本略有提升，但可在不显著增大流阻（流阻增大 1.5 倍以内）的前提下，将管内沸腾换热的平均对流换热系数提高约 8 倍。

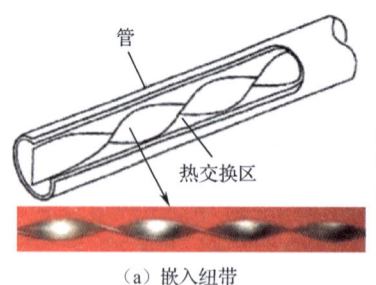

(a) 嵌入纽带　　　　　　　(b) 波纹管　　　　　　　(c) 内螺纹管

图 6-15　流动强化传热结构

（4）冷却液改性。改变冷却液性质可提升换热性能，如将纳米尺度的固体颗粒加入冷却液形成纳米流体是一种重要的强化沸腾换热手段。纳米颗粒对换热性能的影响与颗粒的材料、尺寸和浓度有关，进而影响纳米流体的热导率、表面张力、显热、黏度和密度。实验研究表明，换热系数最高可提高 200%，临界热流密度最高可提高 245%。换热性能的提升归因于纳米颗粒在换热表面的沉积、纳米颗粒在冷却液中的悬浮及这两个因素的共同影响。此外，还可以利用纳米流体沸腾的方法在铜表面沉积 Al_2O_3 纳米颗粒，通过控制纳米流体的浓度、沸腾时间和热流密度，改变纳米涂层的厚度和结构，相比光滑表面，其临界热流密度可提高 1 倍。常用的纳米颗粒主要有 Al_2O_3、CuO、TiO_2 等。在长期实验过程中还需要提高纳米流体的稳定性，使其在工程系统中更加高效、可靠。

2. 临界热流密度校核

在进行相变冷却系统换热设计时，在确保沸腾换热性能的同时，还需要校核电子器件沸腾换热的临界热流密度。无论是直接相变冷却系统还是间接相变冷却系统，都要确保热流密度低于临界值，以避免电子器件被烧毁。

临界热流密度是换热设备所允许的热流密度最大值，超出该值后会导致受热壁面温度飞升，从而引起电子器件故障。临界热流密度按产生机理可分为两种类型，如图 6-16 所示，第一种为偏离核态沸腾临界热流密度，其发生在低干度区，超出该值后气泡阻隔近壁面液膜使其蒸发缺液，表现为局部壁面的瞬时蒸干及再润湿，壁面温度剧烈振荡会导致局部瞬时传热恶化与电子器件失效；第二种为蒸干型临界热流密度，其发生在高干度区，超出该值后液膜蒸发、液滴卷吸及液滴沉降等共同作用会导致液膜断裂并引起蒸干，使壁面温度急剧上升，从而导致电子设备被烧毁。

临界热流密度关乎系统安全性，主要影响因素包括系统压力、质量流速、入口过冷度、结构尺寸等。

（1）系统压力：随着系统压力的升高，相变冷却工质液气密度比减小，气泡脱离壁面的难度减小，有利于提高临界热流密度。同时表面张力减小，气泡生成频率加快，气泡数量增多，更易在壁面处聚集，导致临界热流密度下降。因此，在一定的工况条件下，存在最佳系统压力，可通过试验确定最高的临界热流密度。

（2）质量流速：随着质量流速的提高，壁面上气泡发生蒸干现象后，液体再润湿能力显著提高，相变冷却工质流经壁面的换热系数也随之提高，最终有利于提高临界热流密度。同时气泡受到液相的曳力作用增大，气泡更易脱离壁面，且气泡脱离直径变小，起到了抑制气泡长大、聚集和阻塞的作用，必然会提高临界热流密度。因此，提高相变冷却工质的质量流速，可显著提高临界热流密度。

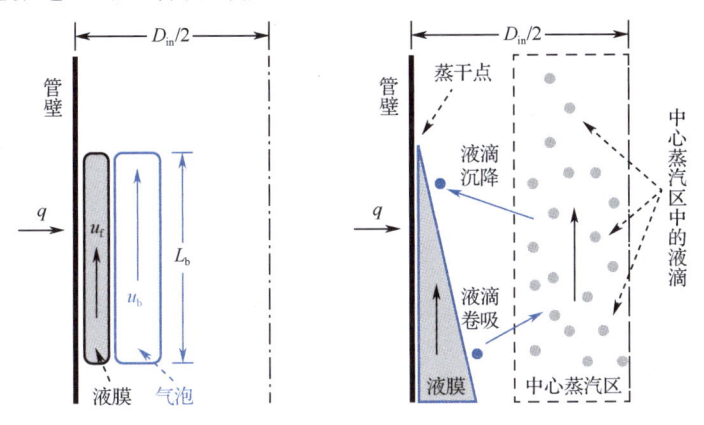

图 6-16 两种类型临界热流密度的机理示意图

（3）入口过冷度：入口过冷度是指进入冷却区域前的工质温度与饱和温度的差值。入口过冷度直接影响工质从过冷状态到饱和状态吸收的显热，然而其数值显著小于工质沸腾相变吸收的潜热，因此入口过冷度对临界热流密度的影响较小。但在较高入口过冷度的情况下，气泡脱离直径和孔隙率减小，在一定程度上有利于临界热流密度的提高。

（4）结构尺寸：池沸腾模式下的电子器件冷却在较大空间内进行，受结构尺寸的影响较小；流动沸腾模式下的电子器件冷却，流动通道的长度与截面积将影响临界热流密度。随着受热通道长度的增加，较高干度下通道内的流型易发展为环状流，且环状流液膜厚度会不断减小，易造成液膜蒸干，从而导致临界热流密度降低；随着截面积的增大，气泡的生长空间受限得到解除，允许通过的气泡直径增大，气泡从壁面上脱离的速度提高，壁面能及时得到液体补充而防止干涸，有利于临界热流密度的提高。

6.3.3 流动设计

对于以流动沸腾为主要散热形式的间接相变冷却系统，流动设计是其系统设计的核心。不同于传统单相液冷，在相变冷却过程中会发生由单相制冷剂液体向气液两相态的转变，气液两相的比例及分布特性影响流动形态，继而影响冷却系统的流动及换热性能，需要通过流动设计控制流动形态。此外，流动设计还包括散热器内部的流动路径设计，在控制电子器件温度的同时降低流阻，提升系统能效。对于具有多条并联支路的两相流系统而言，还需要进行流动稳定性设计，以防止支路流量、压力、温度等参数发生振荡，从而导致冷却系统失稳与电子器件过热被损毁。

1．两相流型控制

相变冷却工质经沸腾换热后变为气液两相态，气液两相流动存在多种流型，如 6.1 节所述，不同流型对应不同的沸腾传热机理，从而影响换热系数。以某电子器件的两相流冷却设计为例，经研究，将干度对流型的影响示于图 6-17 和图 6-18。

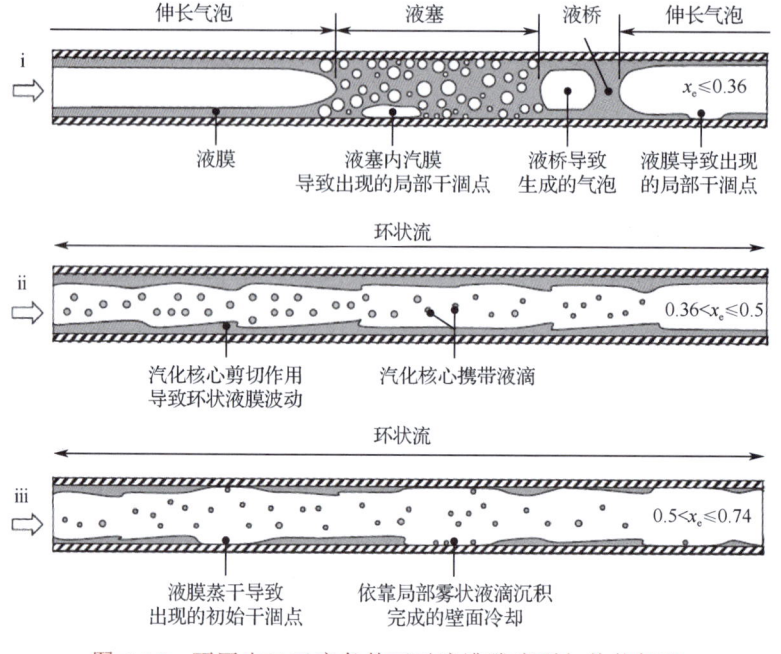

图 6-17　不同出口干度条件下对流沸腾流型与传热机理

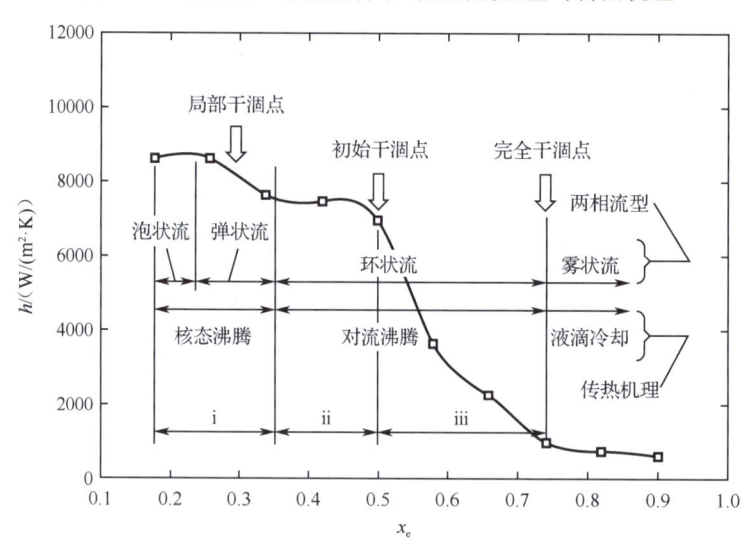

图 6-18　电子器件两相流冷却对流换热系数随出口干度的变化曲线

（1）低干度区（$x_e \leqslant 0.36$）：流型包括泡状流和弹状流，核态沸腾为主导，对流换热系数较高，本例中达到 $8000W/(m^2 \cdot K)$ 以上。干度提高导致气泡快速成长与合并，使流型从泡状流向弹状流过渡。弹状流段的干度升高，导致制冷剂与壁面接触区域出现局部干涸点，减少壁面上的汽化核心，因此对流换热系数在弹状流区随干度的提高而显著降低。

（2）中干度区（$0.36 < x_e \leqslant 0.5$）：流型为环状流，汽化成核受到抑制，对流沸腾成为主导，沸腾传热通过液膜内热传导及液膜蒸发完成。环状流的中心为汽化核心，并携带少量液滴，周围为受汽化核心剪切作用形成的波动的环状液膜。液膜厚度沿流动方向因蒸

发而逐渐减小，对流换热系数随干度的提高而略有降低。

（3）高干度区（$0.5<x_e\leq0.74$）：流型仍然为环状流，沸腾传热仍然通过液膜内热传导及液膜蒸发完成。然而此时环状液膜厚度较小，液膜完全蒸发处已出现初始干涸点，对流换热系数随干度的提高而急剧下降，当出口干度为 0.74 时液膜基本完全蒸干。

如果干度继续提高（$x_e>0.74$），流型将转变为雾状流，液膜完全蒸干，壁面冷却依靠局部雾状液滴沉积完成，换热系数通常在 1000W/(m²·K)以下，壁面温度将急剧升高，一般不推荐在该状态下使用。

综合以上内容，为了获得优异的冷却效果，应控制出口为低干度，将流型控制为泡状流，以获得高对流换热系数。综合考虑经济性与换热特性，应控制出口为中干度，将流型控制为环状流，以较低的系统流量获取较高的对流换热系数。在设计中应避免出现高出口干度，以防出现局部干涸点与传热恶化。

2. 流动路径设计

对于以流动沸腾为主要散热形式的相变冷却系统，优化流动路径从而降低流阻，是提升系统能效的关键。然而，流阻的降低与换热性能的提升通常呈现负相关性，在追求低流阻、高能效比的同时，不能抛弃高换热性能的前提。例如，在间接相变冷却系统的设计中，流阻最高的地方通常为电子器件热源处的流动通道或冷板流道，因此必须统筹考虑此处流动路径对换热性能与流阻特性的影响，力争在较低的流阻与较低的动力设备能耗条件下获得更好的相变散热效果。

结构拓扑优化方法是解决此类问题的常用方法，其将热性能问题转化为数学模型，通过以严格数学理论方法为依据的寻优算法求得结构最优设计。该方法的优势在于：①将优化后的流动通道结构嵌入冷板内部，减小传热热阻，提高换热效率；②拓扑流道结构在分支或汇流位置，流体边界层重新发展，提高局部对流换热系数；③在相变换热过程中，多条支路的连通形式可降低流动不稳定性，增强系统的换热能力。

相变冷却冷板的拓扑优化方法与单相液冷相近，详见 5.2.2 节。以 4 个阵列热源的流动通道结构设计为例，以流阻和热阻最小化为目标，开展相变冷却冷板的拓扑优化数值模拟。如图 6-19（a）所示，冷板表面布置多个热源，设置进出口边界条件、阻尼系数、调节权衡因子和惩罚因子等参数，最终形成如图 6-19（b）所示的流道路径形式。该流道的特点是，热点处流道密集，对流换热面积较大，散热能力较强；热点外区域由于所需的工质流量较少，流道设计稀疏且较宽，稀疏流道结构便可达到冷却效果，而将更多的工质流量合理分配到热点处，实现整个设计域表面的温度均匀性。图 6-19（c）、（d）对比了拓扑流道和直通流道的散热性能，可以看出，在相同的供液流量（2.2×10^{-4}kg/s）与供液温度（278.15K）下，拓扑流道的受热面最高温度（310K）显著低于直通流道的受热面最高温度（314K）。拓扑流道在相对较低的流阻特性下可以获得更好的散热性能。

以上方法对热阻与流阻建立统筹优化的目标函数，通过精确算法进行求解。随着问题规模的增大，如冷板结构尺寸增大与热源数量增多，计算量将大幅增加，并且相变冷却的仿真计算量远远超过单相液冷，精确算法可能因庞大的计算量而难以实施。因此，在最新的研究中，国内外学者创新与发展各种近似算法或启发式算法，主要有遗传算法、模拟退火法、蚁群算法、禁忌搜索算法、贪婪算法和神经网络算法等。

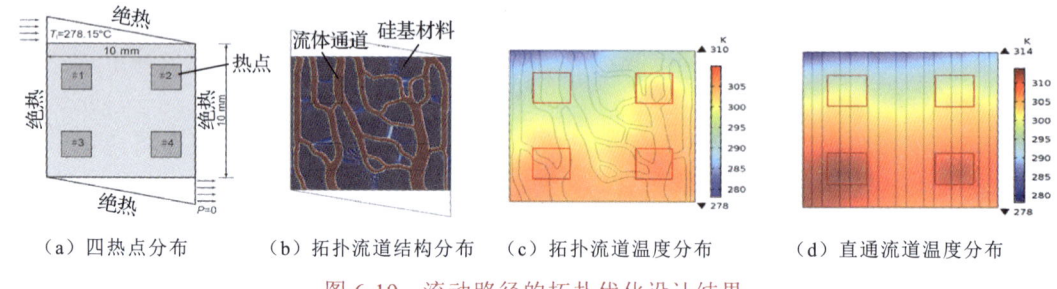

(a) 四热点分布　　(b) 拓扑流道结构分布　　(c) 拓扑流道温度分布　　(d) 直通流道温度分布

图 6-19　流动路径的拓扑优化设计结果

3. 流动稳定性设计

跟单相液冷不同，两相流冷却的流阻并不是越低越好，阻力太低容易导致并联支路的流量分配不均匀，以致出现流动不稳定现象。两相流冷却系统在设计不当时，系统气液两相流状态的多变性、流体的可压缩性和系统中的可压缩容积变化可能会导致系统流量与压力的脉动或周期性振荡，这种现象称为两相流不稳定。在某些状态下，流量脉动会导致管壁温度的升高及传热恶化。因此，两相流冷却系统必须预测两相流不稳定现象发生的条件，通过设计避免这种现象的发生，这对电子设备的性能、运行和维护都具有重要意义。

两相流不稳定可分为静力学不稳定和动力学不稳定。静力学不稳定是指非周期性地改变系统的稳态工作状态，系统的流量与压降之间关系的变化、流型转换或传热机理的变化，引起系统在不同的稳定工作点之间转变。动力学不稳定是指周期性地改变系统的稳定工作状态，系统的流量、密度、压降之间的延迟与反馈效应，以及热力学不平衡性等，引起流量发生周期性振荡。

静力学不稳定可分为流量漂移、流态过渡、蒸汽爆发三大类。在电子器件的两相流冷却中，流量漂移最为常见，需要重点研究与聚焦关注。通过对系统出口干度的合理选择与设计，可避免发生流态过渡。蒸汽爆发发生在过热度极大的工况下，电子器件散热的过热度不大，因此不会发生该类型的静力学不稳定。

对于流量漂移类型的静力学不稳定研究，关键是获得准确的压降-流量曲线，同时确定工况点所在的曲线斜率。同一压降可与并联支路的流动曲线存在 1~3 个交点，对于 n 条两相流冷却并联支路，确保静力学流动稳定的条件为

$$\sum_{i=1}^{n}\alpha_i > 0$$

式中，α_i 为某一工况点在流动曲线上的斜率，单位为 $Pa/(kg \cdot s)$；i 代表第 i 条并联支路。影响静力学流动稳定性的因素包含系统流量、热功率、蒸发器入口压力、入口过冷度、蒸发器倾斜角度、并联支路分流比等。如图 6-20 所示，对于采用工质 R134a 的间接相变冷却系统，对 1~1.75kW 的不同支路热耗进行静力学流动稳定分析，可获得蒸发器入口压力与系统流量间的稳定性边界。在进行流动稳定性设计时，要确保在各参数条件下，运行工况点在稳定性边界以内，以确保静力学流动稳定。

(a) 蒸发器的压降-流量曲线
(b) 不同热功率下的静力学流动稳定性边界

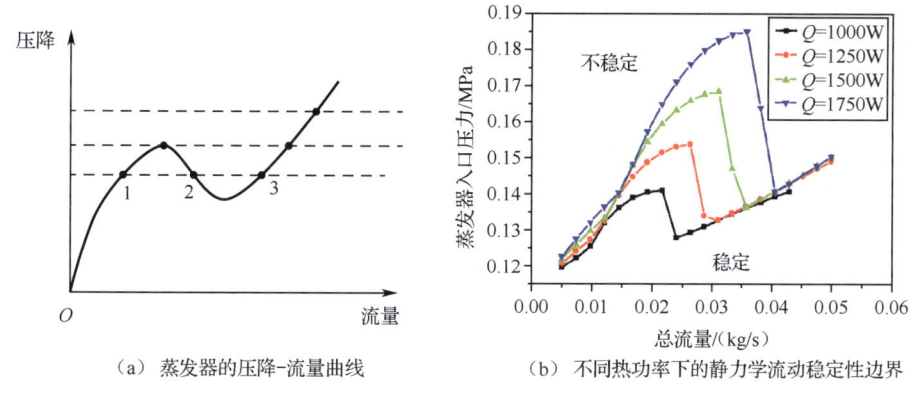

图 6-20 静力学流动稳定分析

动力学不稳定的常见类型包括压降型不稳定、热力型不稳定和密度波型不稳定。压降型不稳定发生的必要条件是系统内存在可压缩体积的容器，如波动箱、脉冲箱等，热力型不稳定只有在膜态沸腾工况下才会发生，这两种类型的动力学不稳定在电子器件散热中难以出现。电子器件的相变冷却需要关注密度波型不稳定，其发生原因是高密度与低密度的两相混合物交替流过加热段，造成流阻与传热特性的相应变化，通过反馈导致入口流动的脉动变化。

两相流冷却系统在受到扰动（如热功率的阶跃扰动）后，各支路流量会随时间发生变化，如图 6-21 所示。当流量发生衰减振荡时，各支路的流量波动幅度随时间的变化越来越小，逐渐趋于最终稳定值；当热功率扰动过大时，流量发生发散振荡，流量失稳而变化幅度越来越大；当流量发生等幅振荡时，系统处于稳定与不稳定的边界状态，此时热功率为临界热功率。

有文献给出了定量评价系统的动态稳定性分析方法，用由无量纲数 N_{pch} 和 N_{sub} 组成的二维平面图来表征流动稳定性，具体公式为

$$N_{pch} = \frac{Q}{W}\frac{\rho_f - \rho_g}{h_{fg}\rho_g}$$

$$N_{sub} = (h_l - h_{in})\frac{\rho_f - \rho_g}{h_{fg}\rho_g}$$

式中，N_{pch} 为相变数；N_{sub} 为入口过冷度；Q 为总加热功率；W 为总流量；ρ_f 为饱和液体密度；ρ_g 为饱和气体密度；h_{fg} 为汽化潜热；h_l 为饱和液体焓值；h_{in} 为入口流体焓值。

图 6-22 所示为某一相变冷却工况下的稳定性边界图，可分析总流量、总加热功率及入口过冷度对流动稳定性的影响。随着入口过冷度增大，如图 6-22 中竖直虚线所示，系统先由稳定区进入不稳定区，再由不稳定区进入稳定区；当总加热功率增大或总流量减小时，如图 6-22 中水平虚线所示，系统由稳定区进入不稳定区。由此可知，总加热功率增大或总流量减小，都会降低系统稳定性。在已知系统压力的前提下，只要已知总流量、总加热功率、入口过冷度这三个参数中的任意两个，

就可以在稳定性边界上确定唯一的点，以此获取剩余的参数值。在进行流动稳定性设计时，要确保在各参数条件下，运行工况点在稳定性边界以内，以确保动力学流动稳定。

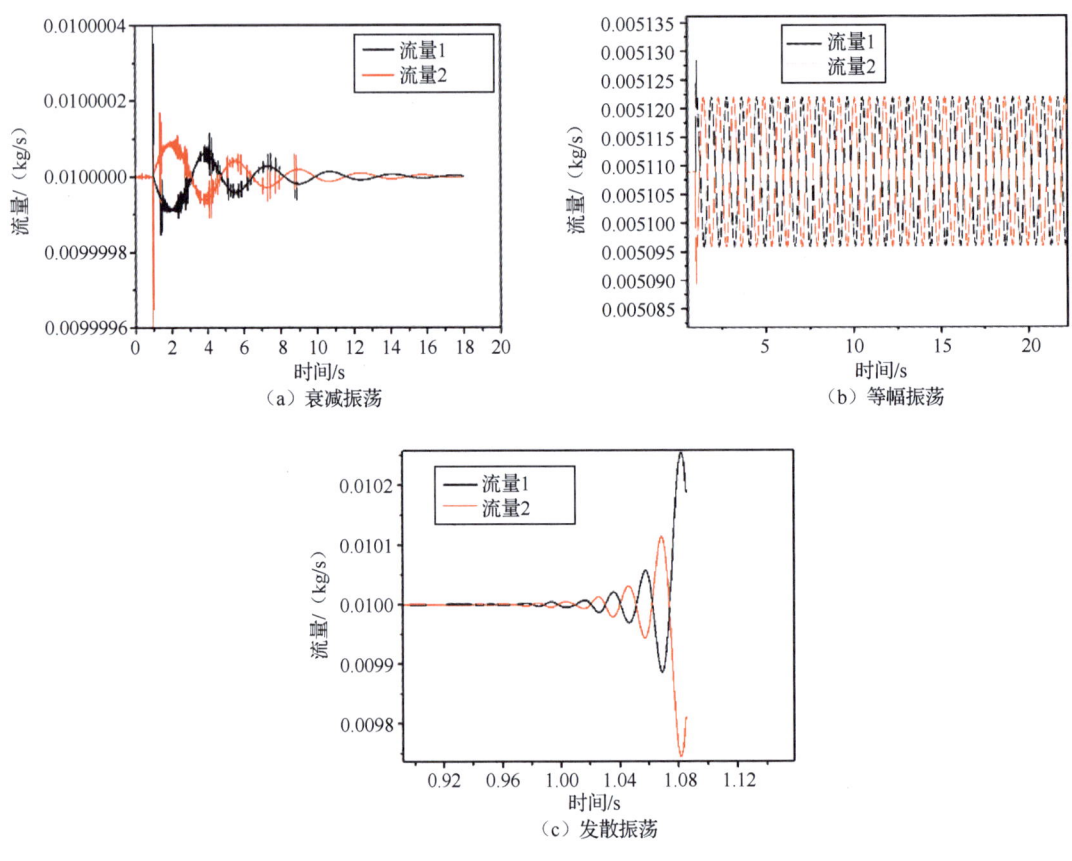

（a）衰减振荡

（b）等幅振荡

（c）发散振荡

图 6-21 并联单元受到扰动后的流量振荡示意图

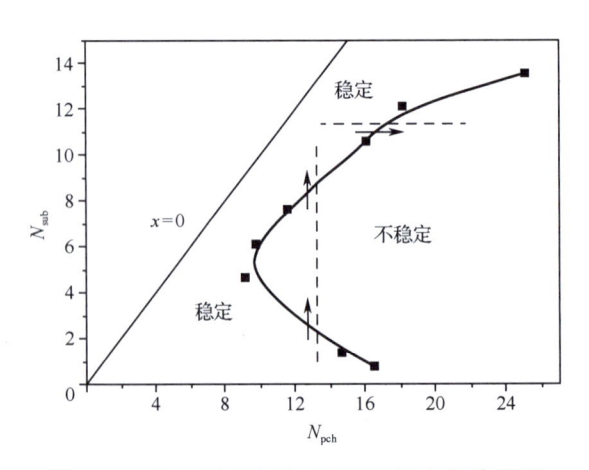

图 6-22 某一相变冷却工况下的稳定性边界图

6.3.4 其他工程问题

直接相变冷却一般使用低压工质，而在工程应用中，更复杂的间接相变冷却系统通常使用高压工质。本节以冷板式间接相变冷却为例，介绍系统中泵选型设计、冷凝器设计、储液罐设计、管路设计等的工程问题。

1. 泵选型设计

对于具有泵驱特性的相变冷却系统，泵选型设计的目标是稳定、可靠地为相变冷却系统提供所需流量的制冷剂，设计要点是选择泵的类型、确定泵的参数、控制噪声、进行气蚀防护。

（1）选择泵的类型。相变冷却系统的泵前的工质中可能含有少量蒸汽，推荐使用对含气量要求较低的齿轮泵，若选用叶轮泵或涡旋泵，则必须在泵前配合使用一定高度的储液罐，以防止工质含气对叶轮造成气击危害。对于相变冷却系统，推荐选用屏蔽泵，其封闭结构可避免泵输送相变冷却工质时发生泄漏。

（2）确定泵的参数。流量与压头是泵设计的关键参数，可将冷却系统的流量与阻力关系绘制成流阻曲线，对比描绘泵的流量与压头关系的性能曲线，选取的泵需要保证两曲线焦点位于泵的最佳工作区域，即在满足系统流量需求的同时具有较高的泵效率。选定压头并确定流量后，需要复核泵功率是否满足供电要求、泵效率是否满足高效能要求、气蚀余量是否满足系统设计要求。此外，需要注意环境温度对工质物性参数的影响，潜热与密度随温度的变化将影响流量，黏度随温度的变化将影响阻力，以不同温度下流量与阻力设计的最大值作为泵流量与压头的选型值，确保泵在所有温度范围内满足系统的工作需求。

（3）控制噪声。噪声在泵选型设计时必须重点关注。相变冷却系统的泵内工质可能会少量汽化，气液混合态工质的流动比单相液体流动可产生更大的噪声，需要进行降噪设计并复核噪声是否满足要求。降噪设计包括隔振、隔声、消声、吸声，视应用条件与需求采用一种或组合采用多种方式。

（4）进行气蚀防护。泵的气蚀防护是相变冷却系统设计必不可少的项目。主动防护方法是在泵前加装高度足够的储液罐，需要保证储罐液位与泵吸入口的高度差值大于泵的气蚀余量，避免制冷剂在泵吸入口处的低压区发生汽化。被动防护方法是在泵的过流部件（叶轮、泵盖等）上包覆具有极佳耐磨性、耐冲击性、耐腐蚀性、抗蠕变性的材料，抵抗气蚀的影响，防止结构件被破坏。

2. 冷凝器设计

冷凝器设计的目标是完成相变冷却系统与外界之间的热交换，并为系统提供具有一定过冷度的液态制冷剂。

冷凝器的结构设计与常规液冷换热器类似。与常规液冷换热器不同的是，相变冷却系统的冷凝器入口处为具有一定干度的气液两相态工质，而非全液态工质；与空调系统不同的是，冷凝器不存在过热状态，只有两相流状态与过冷状态，两相流体进入冷凝器充分换热后，以一定的过冷度流出。过冷设计是为了保证制冷剂流出冷凝器后，直至泵前仍保持过冷液态，以降低泵的气蚀风险。

冷凝器的换热量 Q 要确保超过设计流量 m_q 与设计干度 x_e 下的相变换热量，并超过系统的需求换热量 Q_0，即满足 $Q > m_q x_e L \geq Q_0$（其中，L 为制冷剂的汽化潜热）。

3. 储液罐设计

储液罐设计的目标是在系统运行时使罐内维持一定液位高度的制冷剂，既不满液也不空液，维持系统整体压力稳定并提供泵前过冷度以防止气蚀。

储液罐设计的关键参数是容积和系统充灌量，其设计遵循三条基本原则：一是保证当管路中全为液体时储液罐内仍有剩余液体，以保证其气液两相态；二是保证当管路中全为蒸汽时储液罐内能容纳所有液体工质并存在一定量的蒸汽，以保证工质温度为饱和值；三是保证系统在使用过程中即使发生工质泄漏储液罐仍能维持调节功能。因此，储液罐容积必须超过循环回路容积，推荐储液罐容积为循环回路容积 V_{loop} 的 1.2 倍，此时系统允许的最高与最低充灌量分别为 $V_{\text{loop}}(\rho_l + 1.2\rho_v)$ 与 $V_{\text{loop}}(\rho_v + 1.2\rho_l)$。

4. 管路设计

管路设计的目标是在设计流阻范围内为系统输运满足流量需求的制冷剂，且管路连接安全、可靠，无泄漏风险。

常规单相液冷通常采用低压（1.6MPa）管路即可满足使用需求，相变冷却首先要考虑管路系统的承压要求，如采用工质 R134a，在 20℃～70℃工作温度范围内的饱和压力为 5.7～21.2bar，使用扬程为 8bar 的泵作为系统驱动部件，工质最高工作压力达到 29.2bar，考虑一定的安全余量，需要选用中压（4.0MPa）管路进行系统设计。其次要明确管径设计值，管径最小设计值应满足管内流速限制要求，另外管径设计余量不应过大，否则会无谓地增加系统充注率，导致成本提升。最后要确定管路间的连接形式，在系统规模较小的情况下尽量焊接以减少连接点，在有快速插拔需求的情况下参照连接接头设计，在其他应用场景下要遵循相应的螺纹、法兰等的连接规范。

6.3.5 典型相变冷却应用

本节分别挑选直接相变冷却与间接相变冷却的典型冷却系统进行介绍。在直接相变冷却系统中，热源芯片浸没在绝缘冷却液中，冷却液在热源芯片表面发生沸腾相变带走热量，典型的直接相变冷却应用为曙光服务器浸没式直接相变冷却系统。在间接相变冷却系统中，热源芯片通过热扩展结构将热量传递至流道或管路壁面，冷却液与壁面发生对流沸腾换热，典型的间接相变冷却应用为相控阵雷达泵驱两相流冷却系统。

1. 曙光服务器浸没式直接相变冷却系统

曙光服务器浸没式直接相变冷却系统如图 6-23 所示，单个刀片组由 2 个 CPU 和 8

个 DCU 构成，单个刀片组热耗约为 4kW。采用国产自研的氢氟醚类电子氟化液，沸点温度为 50℃～60℃。刀片内的浸没式直接相变冷却应用突破了直接接触冷却、低耗换热、恒压控制、浸没封装等关键技术，包括服务器芯片、主板在内的所有计算部件均浸没在电子氟化液中，实现了高密度、无死角、高效恒温冷却。

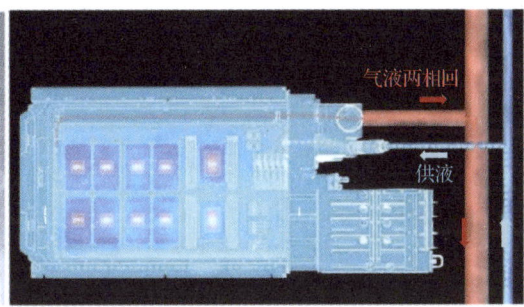

图 6-23 曙光服务器浸没式直接相变冷却系统

曙光服务器浸没式直接相变冷却系统由外循环（冷凝器与室外机间的冷却水循环）系统、内循环（服务器与冷凝器间的电子氟化液循环）系统、液冷换热模块（电子氟化液回流蒸汽与外循环冷却水进行热量交换的装置）构成，如图 6-24 所示。其中，液冷换热模块是曙光服务器浸没式直接相变冷却系统的核心部件，作为外循环系统和内循环系统的中间节点，为电子信息设备提供安全、可靠的冷却环境，主要组成部分包括循环泵、冷凝器、储液罐、过滤器、管路等，工程设计注意事项详见 6.3.4 节。服务器刀片通过盲插液冷接头与内循环管路相接，设计与测试要保证所有发热器件的运行温度低于其最高正常温度。在标准机柜前提下，风冷制冷量为 10kW，冷板式液冷冷却量通常为 30kW，而浸没直接相变液冷机柜的冷却能力达到 200kW 以上。

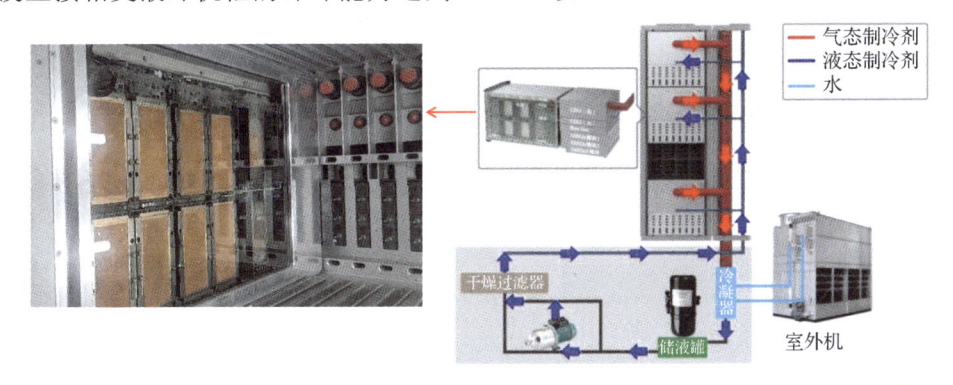

图 6-24 曙光服务器浸没式直接相变冷却系统框图

采用浸没式直接相变冷却系统的曙光服务器已应用于 E 级超算的研制与运营。E 级超算是指每秒可进行百亿亿次数学运算的超级计算机，在解决能源危机、污染、气候等方面的重大问题上可发挥重要作用，具有极高的总热耗与热流密度。如图 6-25 所示，曙光 E 级超算共配置了 512 个计算节点，结合浸没式直接相变冷却技术，采用立体扩展的多层机房模式实现整机系统的高效集成，曙光称之为硅立方技术，系统峰值功耗接近 250kW，PUE 低至 1.04。从经济效益上看，在国际平均水平下的数据中心有 30%～50%

的能耗用于冷却，典型的冗余型数据中心一年的电费约为 1 亿元，采用浸没式直接相变冷却系统可减少耗能约 30%，每年可节省电费 3000 万元。

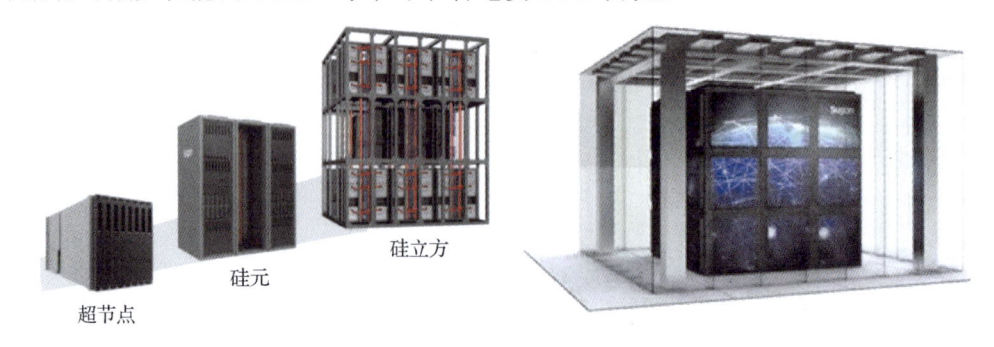

图 6-25 曙光 E 级超算的立体扩展模式

2. 相控阵雷达泵驱两相流冷却系统

相控阵雷达泵驱两相流冷却系统原理示意图如图 6-26 所示。编者所在的研究团队完成了组件级、阵面级、系统级的泵驱两相流冷却技术攻关，实现了国内首个大型雷达的泵驱两相流冷却工程应用，并在多个平台的雷达产品上进行了推广应用。

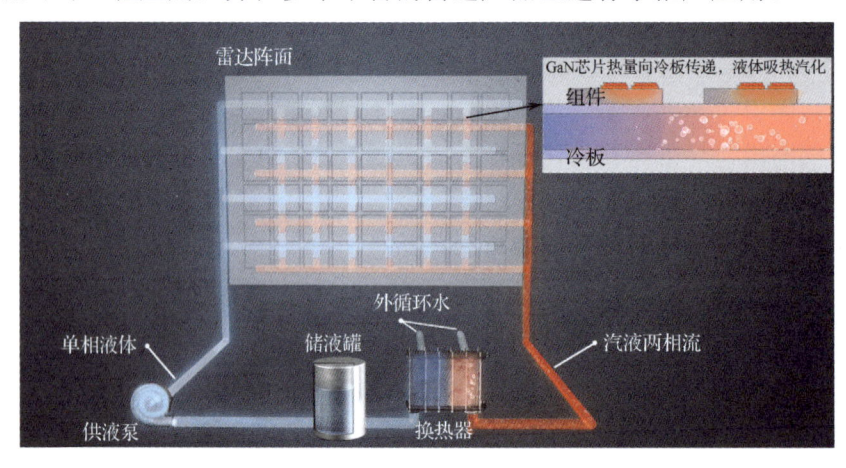

图 6-26 相控阵雷达泵驱两相流冷却系统原理示意图

（1）组件级热设计：雷达微波功率输出的核心器件为极高热流密度的 GaN 芯片，以 GaN 芯片为主体的封装构成组件，组件冷板作为蒸发器进行由液态转变至气态的沸腾换热，已针对组件冷板开展沸腾面微结构设计及流动强化设计，解决了低资源需求条件下的芯片局部热点 $500W/cm^2$ 的散热难题。

（2）阵面级热设计：雷达阵面由数千个组件构成，各组件冷板通过串联或并联构成冷却网络，已针对阵面冷却网络开展流型控制及流动稳定性设计，解决了复杂冷却网络下的两相流稳定性控制难题。

（3）系统级热设计：冷却系统由阵面冷却网络、供液和回液连接管路、相变冷却机组构成，其中相变冷却机组包含换热器、储液罐、供液泵等，已针对机组开展紧凑化结构设计与自适应控制设计，在满足设备适装性要求的同时，可为雷达提供所需流量与温度的相变冷却液。

泵驱两相流冷却系统在雷达的工程应用实践中展现出了显著高于单相液冷的收益：①在设备量方面，两相流冷却的供液流量可降低70%，经紧凑化结构设计后的两相流冷却机组的尺寸与质量均可减小50%以上，显著提升了设备的适装性能；②在散热性能方面，两相流冷却相比单相液冷对流热阻可降低50%以上，功放芯片温度相应降低，可支持雷达性能的充分发挥；③在运行稳定性方面，雷达阵面数千个组件的均温性可达到±1℃以内，保证了雷达工作的幅相一致性；④在节能方面，两相流冷却利用工质潜热，流量需求大幅降低，实测泵功率降低60%以上，降低了雷达对平台的供电需求；⑤在噪声方面，两相流冷却机组的噪声比同等散热量的单相液冷机组降低约10dB，提升了操作人员的使用体验。

从机理上看，相变冷却具有散热能力强、流量需求小、均温性好等本质优势，被普遍认为比液冷具有更大的应用潜力，可应对未来高功率微波电子、光功率电子、电力电子、通信电子等设备的散热需求。然而，当前相变冷却工质的选型受安全性、物性等工程条件约束，工质的汽化潜热远低于水，散热能力受到制约，需要重视新型高效相变冷却工质的研发。此外，相变冷却的技术成熟度有待提升，产业链有待完善，以利于实现技术推广，让更多应用领域受益。

参考文献

[1] 杨世铭，陶文铨. 传热学[M]. 北京：高等教育出版社，2006.
[2] INCROPERA F，DEWITT D，BERGMAN T，et al. Fundamentals of heat and mass transfer[M]. Hoboken：John Wiley & Sons，2007.
[3] 郭烈锦. 两相与多相流动力学[M]. 西安：西安交通大学出版社，2002.
[4] CHO H J，PRESTON D J，ZHU Y Y，et al. Nanoengineered materials for liquid-vapour phase-change heat transfer[J]. Nature Reviews Materials，2016，2：1-17.
[5] KIM S M，MUDAWAR I. Review of databases and predictive methods for heat transfer in condensing and boiling mini/micro-channel flows[J]. International Journal of Heat and Mass Transfer，2014，77（4）：627-652.
[6] ELLIS M C，KURWITZ R C. Development of a pumped two-phase system for spacecraft thermal control[C]. International Conference on Environmental Systems，2016.
[7] 赛迪顾问股份有限公司. 中国液冷数据中心发展白皮书[Z]. 2020.
[8] 中国电子学会. T/CIE 096—2021 相变浸没式直接液冷数据中心设计规范[S]. 2021.
[9] 周杰，王锐，战栋栋，等. 浸没式液体相变冷却系统应用进展[C]. 机械电子学学术会议，2022.
[10] 王锐. 制冷剂喷雾冷却精准化临床应用的传热强化研究[D]. 西安：西安交通大学，2018.

[11] COLES H, HERRLIN M. Immersion cooling of electronics in DoD installations[Z]. Environmental Security Technology Certification Program, 2016.

[12] SEO H, LIM Y, SHIN H, et al. Effects of hole patterns on surface temperature distributions in pool boiling[J]. International Journal of Heat and Mass Transfer, 2018, 120: 587-596.

[13] DENG D, TANG Y, LIANG D, et al. Flow boiling characteristics in porous heat sink with reentrant microchannels[J]. International Journal of Heat and Mass Transfer, 2014, 70: 463-477.

[14] CHEN R, LU M C, SRINIVASAN V, et al. Nanowires for enhanced boiling heat transfer[J]. Nano Lett, 2009, 9 (2): 548-53.

[15] WU W, BOSTANCI H, CHOW L C, et al. Nucleate boiling heat transfer enhancement for water and FC-72 on titanium oxide and silicon oxide surfaces[J]. International Journal of Heat and Mass Transfer, 2010, 53 (9-10): 1773-1777.

[16] KIM J S, GIRARD A, JUN S C, et al. Effect of surface roughness on pool boiling heat transfer of water on hydrophobic surfaces[J]. International Journal of Heat and Mass Transfer, 2018, 118: 802-811.

[17] WANG H, YANG Y, HE M, et al. Subcooled flow boiling heat transfer in a microchannel with chemically patterned surfaces[J]. International Journal of Heat and Mass Transfer, 2019, 140: 587-597.

[18] JO H, AHN H S, KANG S, et al. A study of nucleate boiling heat transfer on hydrophilic, hydrophobic and heterogeneous wetting surfaces[J]. International Journal of Heat and Mass Transfer, 2011, 54 (25-26): 5643-5652.

[19] FANG X, CHEN Y, ZHANG H, et al. Heat transfer and critical heat flux of nanofluid boiling: A comprehensive review[J]. Renewable and Sustainable Energy Reviews, 2016, 62: 924-940.

[20] KWARK S M, MORENO G, KUMAR R, et al. Nanocoating characterization in pool boiling heat transfer of pure water[J]. International Journal of Heat and Mass Transfer, 2010, 53 (21-22): 4579-4587.

[21] 张侨禹. 小直径水平管内液氮流动沸腾特性及不稳定性研究[D]. 西安: 西安交通大学, 2017.

[22] QU W, MUDAWAR I. Measurement and correlation of critical heat flux in two-phase micro-channel heat sinks[J]. International Journal of Heat and Mass Transfer, 2004, 47 (10-11): 2045-2059.

[23] LEE S H, MUDAWAR I. Investigation of flow boiling in large micro-channel heat exchangers in a refrigeration loop for space applications[J]. International Journal of Heat and Mass Transfer, 2016, 97: 110-129.

[24] QIAN J Y, WANG R, HU D H, et al. Numerical analysis of flow boiling characteristics of a single channel heat sink subjected to multiple heat sources[J]. Energies, 2023, 16(7): 3060.

[25] HU D H, ZHANG Z W, LI Q. Numerical study on flow and heat transfer characteristics of microchannel designed using topological optimizations method[J]. Science China Technological Sciences, 2020, 63 (1): 105-115.

[26] 陈听宽. 两相流与传热研究[M]. 西安: 西安交通大学出版社, 2004.

[27] HU C M, WANG R, QIAN J Y, et al. Numerical investigation on two-phase flow heat transfer performance and instability with discrete heat sources in parallel channels[J]. Energies, 2021, 14 (15): 37-45.

[28] 刘杰. 航天机械泵驱动两相流冷却环路循环特性的研究[D]. 上海: 上海交通大学, 2008.

[29] 李力, 陈琦, 王锐. 泵驱两相流冷却系统充注量影响研究[J]. 电子机械工程, 2021, 37 (4): 16-19.

[30] 孔祥举, 李力, 钱吉裕, 等. 高热流密度功放芯片冷却用两相流技术研究[J]. 电子机械工程, 2016, 32 (4): 16-19.

[31] CHOI CH, DAVID M, GAO Z, et al. Large-scale generation of patterned bubble arrays on printed bi-functional boiling surfaces[J]. Scientific reports, 2016, 6 (1): 1-10.

第 7 章

电子设备辐射散热技术

【概要】

在热量的三种传递方式中，热传导和热对流是由物体的宏观运动与微观粒子的热运动造成的能量变化，与此不同的是，热辐射是由物质的电磁运动引起的热能传递。辐射传热不需要中间介质，是一种非常特殊的传热过程。本章将介绍典型领域的电子设备热辐射技术基础，着重讲述辐射传热控制技术，在此基础上，结合案例讨论辐射传热常见应用场景、相关的热分析方法，并给出典型设计案例。

7.1 辐射传热特点

热辐射是三种传热方式中最独特的方式。只要物体温度高于热力学零度（0K），物体就会不断地把热能以电磁波的形式向外辐射，这种辐射称为热辐射，同时物体亦不断地吸收周围物体投射到它表面的热辐射，辐射传热就是指物体之间相互辐射和吸收的总效果。辐射传热与导热、对流换热有明显的区别，主要体现在以下几个方面。

首先，导热和对流换热的热量传递一定要通过物体的直接接触才能进行，而物体之间的辐射传热不需要中间介质。这一特点使得辐射传热系统的温度场不一定像导热和对流换热那样，热源处温度最高，然后逐渐冷却，冷源处温度最低，辐射传热时有可能中间温度最低。例如，在太阳与地球的辐射传热中（见图 7-1），太阳与地球之间的太空温度比两者温度都低。又如，在同一个房间内，空气温度一样，冬季、夏季人的感觉不一样，其中一个重要因素是房间墙壁温度不一样，人与墙壁之间的辐射传热不同。

其次，辐射传热过程中必然伴随着能量形式的转变，而导热与对流换热通常不涉及能量转换。物体以电磁波的形式将热能辐射出去，同时被辐射物体接收辐射能并将其转换成热能，此过程涉及两种能量的转换。图 7-2 所示为电磁辐射的频谱，热辐射的波长范围为 0.1~100μm，包括部分紫外线、全部红外线和可见光。

最后，辐射传热具有方向性和选择性。辐射能与波长有关，物体的吸收能力不仅取决于物体本身，而且与投射的方向、波长有关，典型应用为利用"大气窗口"进行辐射制冷。地球红外辐射在通过大气层时发生吸收和散射，仅有一部分穿透大气层进入外太空，该部分可以穿透大气层的辐射波段，即"大气窗口"波段（主要在 8~13μm 波长范围内），其辐射能为天空辐射制冷的冷量来源。依据此原理，由银或铝制成的金属微树结构，在"大气窗口"内具有可调节的选择性发射率，这种周期性微尺度结构是受生物 Morpho 蝴蝶的启发发明的，根据这种周期排列结构的相关参数（见图 7-3），可以模拟出辐射制冷效果。模拟数据显示，制冷效果可低于环境温度约 9℃。

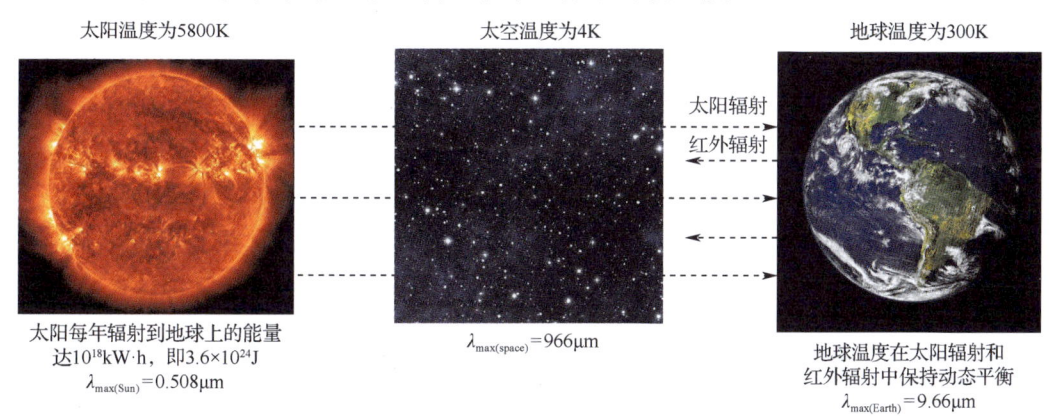

图 7-1 太阳与地球的辐射传热

图 7-2 电磁辐射的频谱

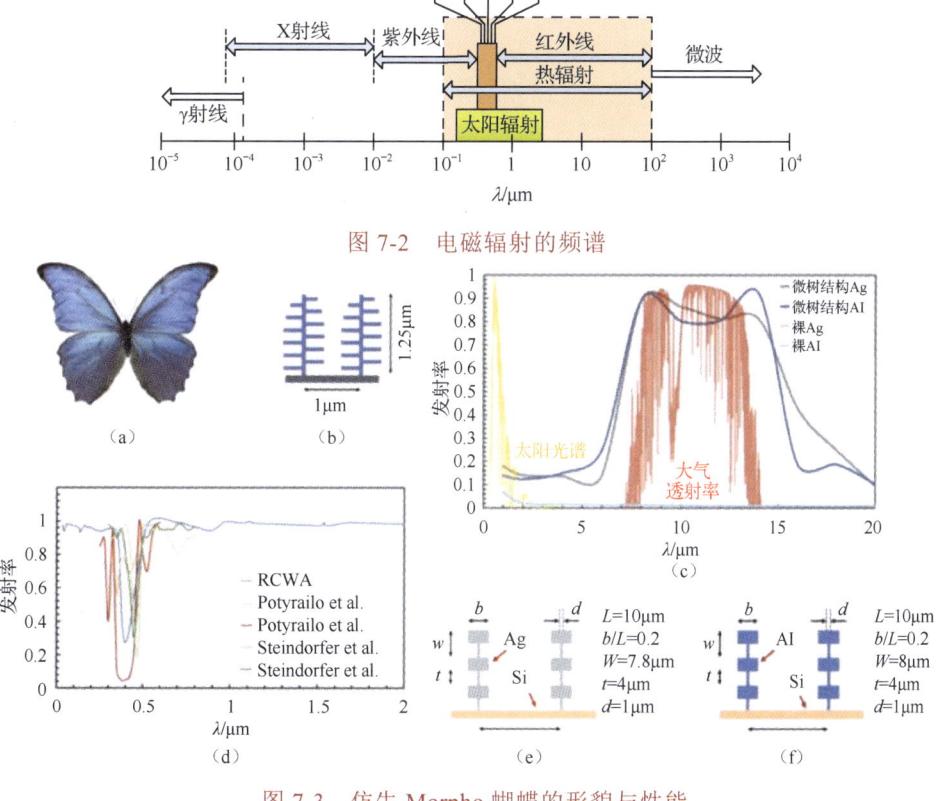

图 7-3 仿生 Morpho 蝴蝶的形貌与性能

从以上特点来看，辐射传热也许是最令人感兴趣的传热方式，也是电子设备热设计常用的手段之一。例如，在 LED 灯具、计算机显示器、汽车虚拟组合仪表等的散热过程中，辐射传热起着重要作用。LED 阵列主要由散热器、基板、芯片和灯罩 4 个部分组成，如图 7-4 所示，单个芯片产生 1W 的热量，环境温度为 27℃。LED 阵列基板温度分布如图 7-5 所示。如果不考虑热辐射工况，则基板最高温度为 58.5℃，考虑热辐射工况并进行辐射强化处理后，基板最高温度为 53.1℃。由此可见，热辐射在整个 LED 阵列散热过程中发挥着重要作用，它能降低热阻和结温，并且对温度场有均匀化作用，能弱化温度分布的不均匀性，提高整体散热效率，辐射散热量占总散热功率的 23.3%。对于计算机显示器，以办公室中比较常见的 19 英寸（420mm×320mm）平板显示器作为计算实例，计算得到最大辐射散热比例达 63.17%，如图 7-6 所示，可见辐射传热起到了非常大的散热作用。因此，辐射传热也是低功耗电子设备常用的散热方式之一。

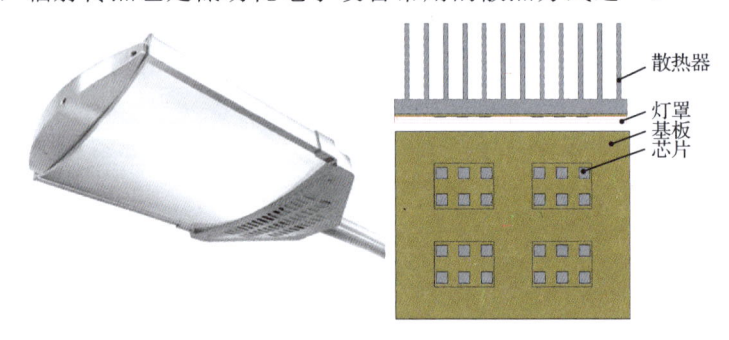

图 7-4　LED 阵列结构图

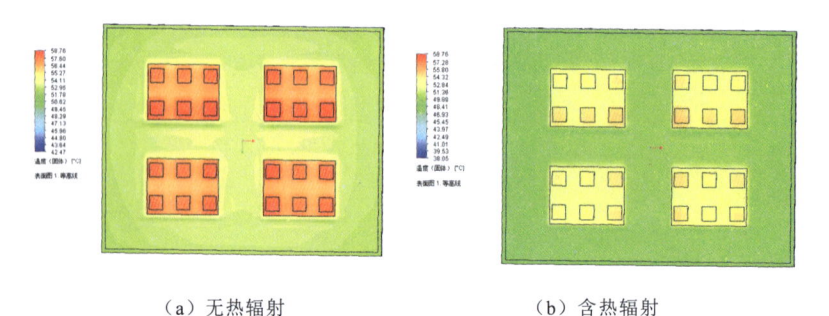

（a）无热辐射　　　　　　　　（b）含热辐射

图 7-5　LED 阵列基板温度分布

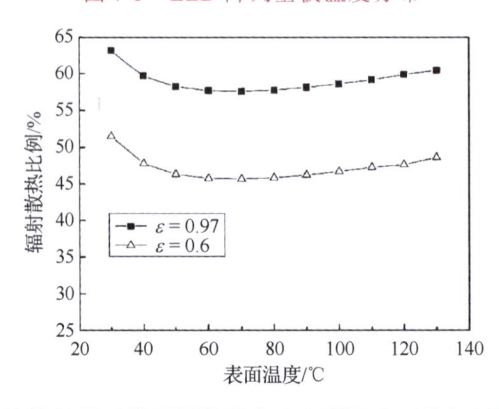

图 7-6　计算机显示器不同发射率及表面温度下的辐射散热比例

电子设备辐射传热现象无处不在，电子设备与周围环境之间、电子设备内部各组成之间均存在辐射热交换。图 7-7 所示为电子设备辐射传热典型应用场景。采用强迫风冷、液冷技术进行冷却的数据中心及大功耗雷达等电子设备辐射传热占比较小,而地面户外、浮空平台、航天器等场景中的电子设备与周围环境之间的辐射传热具有举足轻重的地位。一般而言，星载电子设备完全依靠热辐射把自身热量传递到太空黑背景中，浮空平台电子设备表面辐射传热占比高达 40%以上，而地面户外电子设备辐射传热占比为 10%以上。另外有些大功率电子设备内部不同电子器件功率和耐温水平不同，电子器件之间温差较大，为了避免被动辐射加热，还需要进行专门的辐射隔热设计。

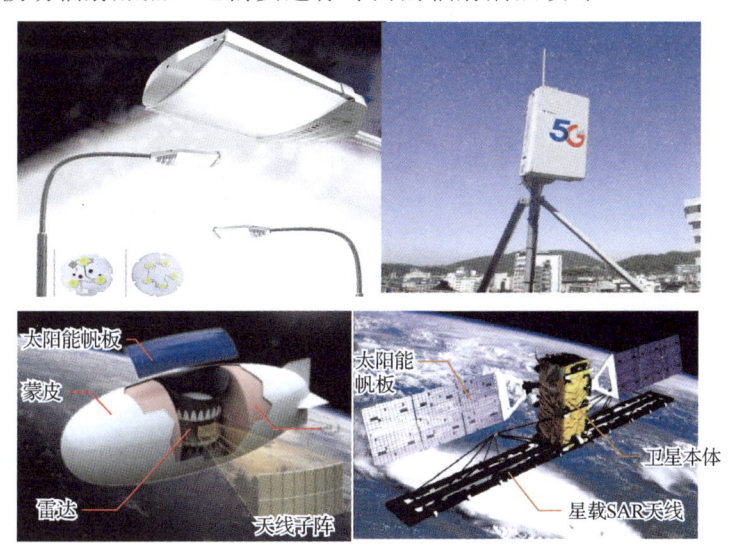

图 7-7 电子设备辐射传热典型应用场景

7.2 电子设备热辐射技术基础

7.2.1 辐射传热计算

简单来说，辐射传热三要素是温度、辐射率、角系数，前两者的含义显而易见，角系数反映了空间几何因素对辐射传热的影响。角系数的定义是固体表面朝向半球空间辐射出去的总能量中落到参与辐射传热的另一个物体表面上的份额。角系数是一个百分比，其表达式是从两个等温黑体表面辐射传热引出的，可采用直接积分法计算角系数。对于如图 7-8 所示的两个有限大小的面积 A_1、A_2，从一个微元 dA_1 到另一个微元 dA_2 的角系数记为 $X_{d1,d2}$，下标 d1、d2 分别代表 dA_1、dA_2，根据定义有

$$X_{d1,d2} = \frac{落到dA_2上由dA_1发出的辐射能}{dA_1向外发出的总辐射能} = \frac{\cos\theta_1\cos\theta_2 dA_2}{\pi r^2} \tag{7-1}$$

显然，微元 dA_1 对 A_2 的角系数应为

$$X_{d1,2} = \int_{A_2} \frac{\cos\theta_1\cos\theta_2 dA_2}{\pi r^2} \tag{7-2}$$

A_1 对 A_2 的角系数可通过对式（7-2）右端进行下列积分而得出：

$$A_1 X_{1,2} = \int_{A_1} \int_{A_2} \frac{\cos\theta_1 \cos\theta_2 \mathrm{d}A_2}{\pi r^2} \mathrm{d}A_1 \tag{7-3}$$

$$X_{1,2} = \frac{1}{A_1} \int_{A_1} \int_{A_2} \frac{\cos\theta_1 \cos\theta_2}{\pi r^2} \mathrm{d}A_1 \mathrm{d}A_2 \tag{7-4}$$

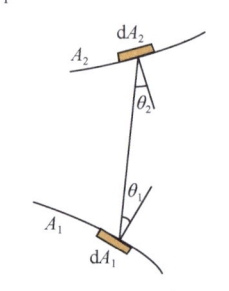

图 7-8　直接积分法的图示

角系数具有相对性、完整性、可加性。角系数的计算较为复杂，常见的角系数可查相关表格获得。两平行长方形表面之间的角系数和两垂直长方形表面之间的角系数分别如图 7-9、图 7-10 所示。

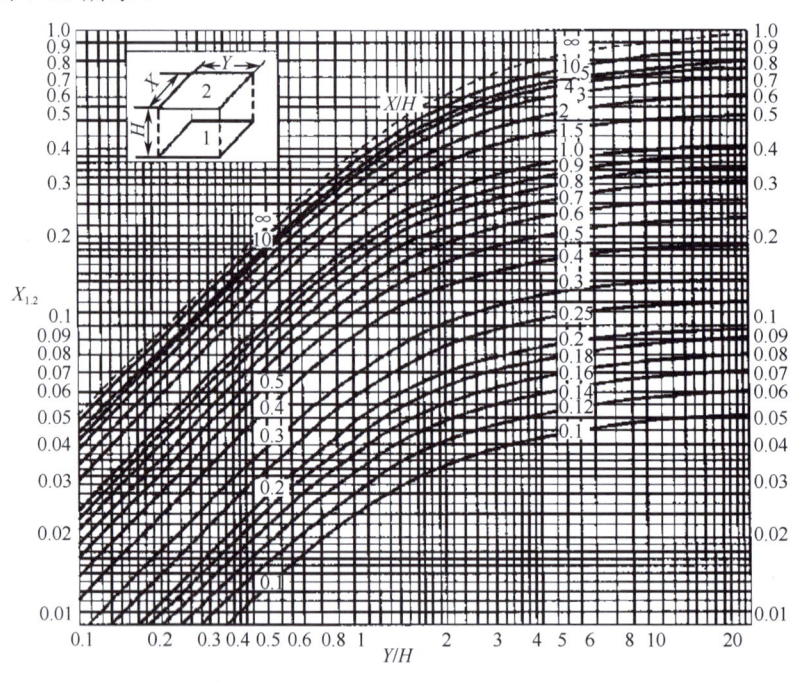

图 7-9　两平行长方形表面之间的角系数

电子设备表面默认为灰表面，在由两个物体 1、2 表面组成的辐射传热系统中，两个物体表面的辐射传热量 $\Phi_{1,2}$ 为

$$\Phi_{1,2} = \frac{E_{b1} - E_{b2}}{\dfrac{1-\varepsilon_1}{\varepsilon_1 A_1} + \dfrac{1}{A_1 X_{1,2}} + \dfrac{1-\varepsilon_2}{\varepsilon_2 A_2}} \tag{7-5}$$

$$E_b = \sigma T^4 \tag{7-6}$$

式中，E_b 为黑体辐射力；σ 为斯特藩-玻尔兹曼常数，其值为 $5.67 \times 10^{-8} \text{W/(m}^2 \cdot \text{K}^4)$；$T$ 为物体表面温度；A_1、A_2 为辐射传热面积；ε_1、ε_2 为物体发射率。

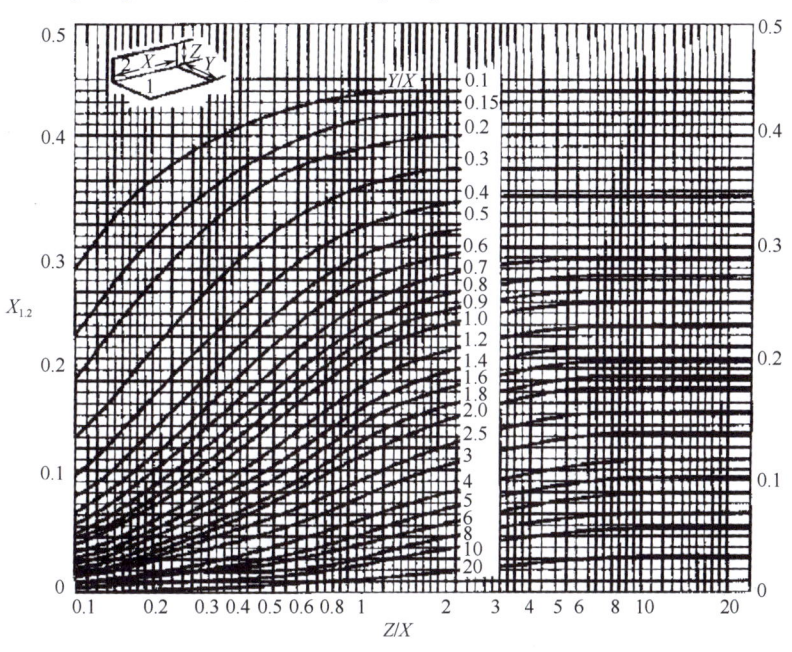

图 7-10 两垂直长方形表面之间的角系数

7.2.2 太阳辐射

太阳辐射是地面户外电子设备、浮空平台，以及地球、月球轨道航天器的主要外热源。太阳是一个球状的辐射源，太阳光谱的范围从 γ 射线到波长大于 10km 的无线电波，热物理学涉及的主要是转变成热能部分，波长范围为 $0.1 \sim 1000 \mu m$，它占总辐射能的 99.99%，是一个近似 5800K 的黑体。当太阳发出的辐射穿过空间时，由于通过的球面积不断变大，因此辐射热密度将降低。在地球大气层的外缘，辐射热密度降低到原来的 $1/(r_d/r_s)^2$，其中 r_s 为太阳半径，r_d 为地球与太阳之间的距离。按地球与太阳之间的平均距离（1个天文单位）计的地球大气层外太阳辐射强度称为太阳常数 S_c [见图 7-11（a）]，其平均值为 1367W/m^2，夏至时为 1322W/m^2，冬至时为 1414W/m^2。对于水平表面，太阳辐射呈近似平行的射线束，与水平表面的法线形成一个角度 θ_z，称为天顶角。对水平表面定义的地球大气层外的太阳辐射密度 I_{on} 与地理纬度、年和天的时间有关，可用以下表达式确定：

$$I_{on} = S_c f \cos \theta_z \tag{7-7}$$

式中，f 是考虑围绕太阳的地球轨道的偏心率的一个很小的修正系数，$0.97 \leqslant f \leqslant 1.03$。

太阳辐射能量集中在短波区，不能假定受太阳辐射的表面具有灰表面的性质，因为表面的发射一般位于 $4 \mu m$ 以后的光谱区。换而言之，一个表面的太阳吸收率 α_s 常常不同于它的发射率 ε。

当太阳辐射穿过地球大气层时，其大小和光谱及方向分布都发生很大变化。这种变化是大气中的成分对辐射的吸收和散射造成的。图 7-11（b）中下部的曲线说明了大气中的 O_3、H_2O、O_2 和 CO_2 的吸收效应。O_3 的吸收在紫外（UV）区很强，导致在 $0.4\mu m$ 以下辐射显著衰减，而在 $0.3\mu m$ 以下辐射衰减为零。在可见光区 O_3 和 O_2 对辐射有些吸收，而在近红外区和远红外区主要是水蒸汽吸收辐射。在整个太阳辐射光谱区，大气中的尘埃和悬浮微粒也连续吸收辐射。

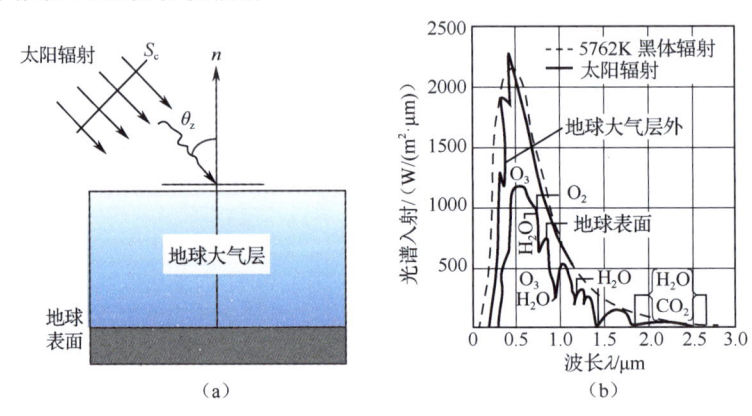

图 7-11 地球大气层外太阳辐射的方向性质和太阳辐射的光谱分布

使太阳辐射改变方向的大气散射有两类散射方式，当有效分子的直径与辐射的波长之比（$\pi D/\lambda$）远小于 1 时，由非常小的分子造成瑞利散射，使辐射均匀地散射到所有方向，因此约有一半散射返回宇宙空间，而余下部分投射到地球表面。投射到地球表面上任何一点的散射辐射都是来自所有方向的。与此不同的是，当 $\pi D/\lambda$ 近似为 1 时，由大气中的尘埃和悬浮颗粒造成的米氏散射集中在靠近投射辐射的方向。散射过程对投射到地球表面的太阳辐射的分布累积效应如图 7-12（a）所示，穿过大气层时未被散射（或吸收）的那部分辐射在天顶角方向，称为直射。散射辐射是从所有方向投射到地球表面的，在靠近直射的方向上有最大的辐射强度。由于常假定这个辐射强度与方向无关[见图 7-12（b）]，所以称其为漫射。到达地球表面的总的太阳辐射是直射和漫射之和，晴天时直射占 90%，全阴天时散射几乎占 100%。

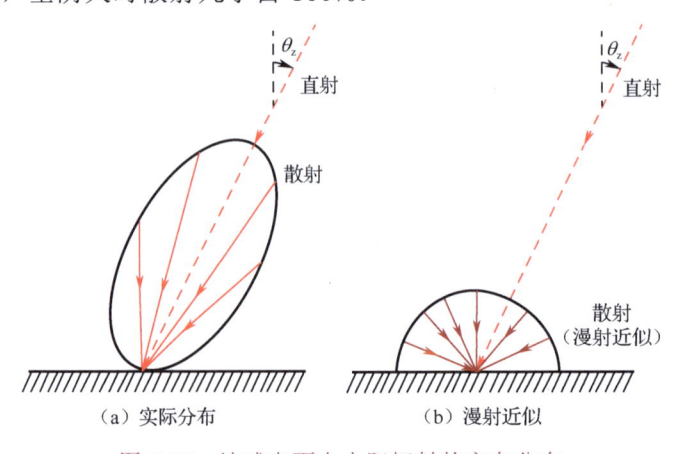

图 7-12 地球表面上太阳辐射的方向分布

地球大气层自下而上按温度随高度的变化特征可分为对流层、中间层、热层和逃逸层，大气中的 O_3、H_2O、O_2 和 CO_2 的密度随高度变化而发生较大变化，不同高度地球大气层的太阳辐射变化规律不同，有相应的工程计算方法，在进行电子设备表面太阳辐射计算时，需要注意相应的适用范围。

1. 星载电子设备太阳辐射计算

星载电子设备的温度取决于外热流、单机热耗、热控涂层辐射特性和内部传热能力，太阳辐射作为主要外热流之一，对星载电子设备的温度影响较大。地球和月球轨道卫星电子设备阳面太阳辐射最高可达 $1414W/m^2$，而在阴面太阳辐射最低为零。典型星载天线太阳辐射示意图如图 7-13 所示。

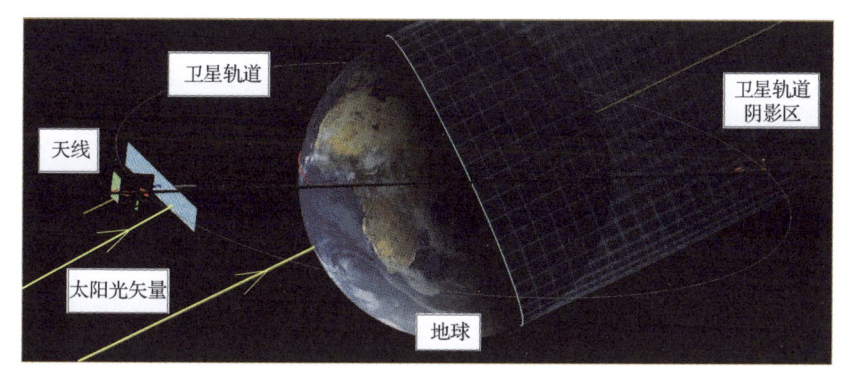

图 7-13 典型星载天线太阳辐射示意图

到达星载电子设备某一个表面 A 上的太阳辐射 q_s 与太阳光和该表面法线之间的夹角有关，即

$$q_s = S_c \cos\beta_s \quad (7-8)$$

式中，β_s 为太阳光和受照表面法线之间的夹角；$\cos\beta_s$ 常称为太阳辐射角系数。问题归结为求 β_s，对于同一颗卫星的不同表面，在同一个轨道位置上，其 β_s 是不同的，与卫星的姿态稳定方式、在轨道上的位置和在卫星上的方位有关。如图 7-14 所示，对于卫星球面坐标系，设 Z 轴为卫星主轴（所谓主轴，对于自旋卫星是指自转轴，对于三轴稳定卫星是指与卫星前进方向一致的轴），已知卫星主轴与太阳光之间的夹角 ψ_s，由球面三角余弦公式可得

$$\cos\beta_s = \cos\left(\frac{\pi}{2}-\theta\right)\cos\psi_s + \sin\left(\frac{\pi}{2}-\theta\right)\sin\psi_s\cos\varphi \quad (7-9)$$

即

$$\cos\beta_s = \sin\theta\cos\psi_s + \cos\theta\sin\psi_s\cos\varphi \quad (7-10)$$

式中，θ 为微元法线在卫星球面坐标系中的纬度坐标，$-90°\leq\theta\leq90°$；φ 为平面法线在卫星球面坐标系中的经度坐标，$-180°\leq\theta\leq180°$。对于某些形状简单、规则的表面，可以利用上述方法快速求得该表面入射的太阳辐射。

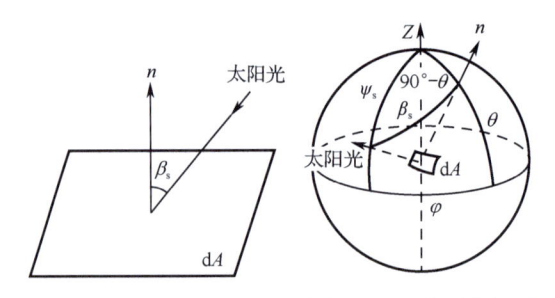

图 7-14 平面太阳辐射角系数和卫星球面坐标系

2. 浮空平台电子设备太阳辐射计算

浮空平台通常在海拔 1~20km 处，在进行浮空平台电子设备热分析时，通常要考虑太阳辐射的影响。经过大气衰减后的太阳辐射强度为

$$I_s = \tau_{atm} I_{on} \tag{7-11}$$

式中，τ_{atm} 为太阳辐射透射率，需要根据太阳光穿过大气的路径进行计算：

$$\tau_{atm} = 0.5[\exp(-0.65M) + \exp(-0.095M)] \tag{7-12}$$

大气质量 M 可通过式（7-13）计算：

$$M = \left(\frac{p_a}{p_0}\right)\left[\sqrt{1229 + (614\sin\alpha)^2} - 614\sin\alpha\right] \tag{7-13}$$

式中，P_a 为计算高度的大气压力；P_0 为地面大气压力；α 为太阳高度角。

根据以上理论，不同高度下太阳辐射强度随时间的变化曲线如图 7-15 所示。以北纬 30°、春分为例，在 1km 低空，由于大气稠密，白天太阳辐射强度随时间的变化范围较大，在 0~960W/m² 范围内变化；在 20km 高空，由于大气较为稀薄，白天太阳辐射强度随时间的变化范围较小，在 800~1340W/m² 范围内变化。

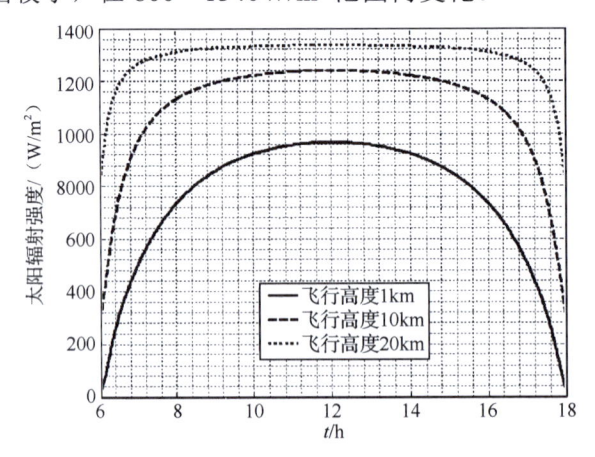

图 7-15 不同高度下太阳辐射强度随时间的变化曲线

3. 地面户外电子设备太阳辐射计算

太阳辐射对地面户外电子设备的影响比较复杂，与地球纬度、季节、时辰等诸多因

素相关。国内外已有不少关于太阳辐射理论模型的研究，结合国内外研究现状，以晴天太阳辐射模型为基础开展相关估算，适用于电子设备的水平表面或朝南倾斜表面（包括竖直表面）上的太阳辐射计算。

大气层外的太阳辐射数学模型为

$$I_{on} = S_c \left[1 + 0.033\cos\left(\frac{360n}{365}\right)\right] \qquad (7\text{-}14)$$

式中，n 为年内日序，即一年内的第 n 天，如对 1 月 1 日，$n = 1$。

大气层外切平面上的瞬时太阳辐射为

$$I_n = I_{on}\cos\theta_z \qquad (7\text{-}15)$$

$$\cos\theta_z = \sin\delta\sin\gamma + \cos\delta\cos\gamma\cos\omega \qquad (7\text{-}16)$$

$$\delta = 23.45°\sin[360\times(284+n)/365] \qquad (7\text{-}17)$$

$$\omega = \arccos(-\tan\gamma\tan\delta) \qquad (7\text{-}18)$$

式中，θ_z 为太阳天顶角；δ 为太阳赤纬；γ 为所在地纬度；ω 为太阳时角。各角度的定义如图 7-16 所示。

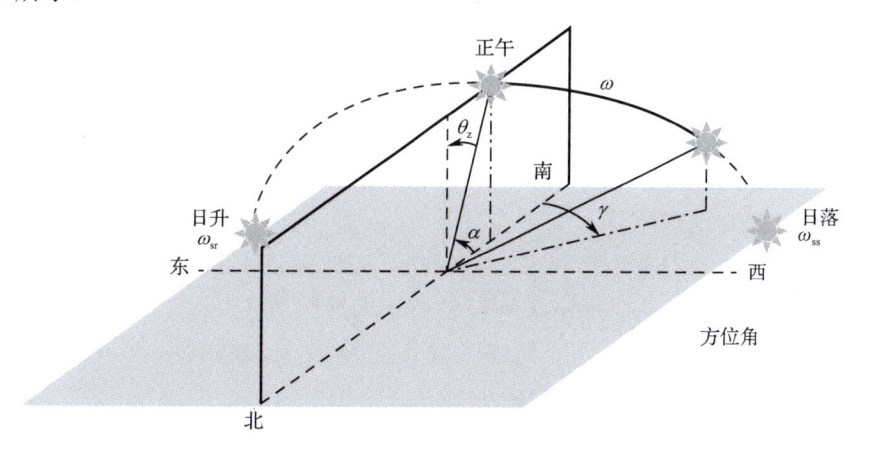

图 7-16 太阳位置示意图

晴天太阳直射透过比为

$$\tau_b = I_{cb}/I_n = \alpha_0 + \alpha_1\exp(-k/\cos\theta_z) \qquad (7\text{-}19)$$

式中，I_{cb} 为电子设备表面瞬时太阳直射辐射。式（7-19）适用于大气能见度为 23km、海拔低于 2500m 的场合，其系数可由下列公式确定：

$$\alpha_0 = r_0\alpha_0^* \qquad (7\text{-}20)$$

$$\alpha_1 = r_1\alpha_1^* \qquad (7\text{-}21)$$

$$k = r_k k^* \qquad (7\text{-}22)$$

$$\alpha_0^* = 0.4237 - 0.00821(6-H)^2 \qquad (7\text{-}23)$$

$$\alpha_1^* = 0.5055 + 0.00595(6.5-H)^2 \qquad (7\text{-}24)$$

$$k^* = 0.2711 + 0.01858(2.5-H)^2 \qquad (7\text{-}25)$$

式中，H 为所在地海拔，单位为 km；r_0、r_1、r_k 为修正因子。修正因子的确定如表 7-1 所示。

表 7-1 修正因子的确定

气候类型	r_0	r_1	r_k
热带	0.95	0.98	1.02
中纬度夏季	0.97	0.99	1.02
寒带夏季	0.99	0.99	1.01
中纬度冬季	1.03	1.01	1.00

计算出 I_{cb} 在地面坐标系中从东方、南方及上方 3 个方向到达机柜表面的分量值 G_x、G_y、G_z，有

$$I_{cb} = G_x + G_y + G_z \tag{7-26}$$

以外形尺寸为 2000mm×800mm×600mm 的某户外机柜为例，其接受太阳辐射的情况如图 7-17（a）所示，根据上述公式可以得出：

$$G_{x(\omega,\gamma,n)} = I_{cb(\omega,\gamma,n)}\cos\alpha_{(\omega,\gamma,n)}\cos\varphi_{(\omega,\gamma,n)} \tag{7-27}$$

$$G_{y(\omega,\gamma,n)} = I_{cb(\omega,\delta(\omega,\gamma,n))}\cos\alpha_{(\omega,\gamma,n)}\sin\varphi_{(\omega,\gamma,n)} \tag{7-28}$$

$$G_{z(\omega,\gamma,n)} = I_{cb(\omega,\gamma,n)}\sin a_{(\omega,\gamma,n)} \tag{7-29}$$

$$P_{(\omega,\gamma,n)} = G_{x(\omega,\gamma,n)}hd + G_{y(\omega,\gamma,n)}hl + G_{z(\omega,\gamma,n)}ld \tag{7-30}$$

式中，h 为柜体高度；l 为柜体长度；d 为柜体宽度。

户外机柜所受总辐射 P 与年内日序 n、太阳时角 ω 及所在地纬度 γ 这 3 个变量相关，假设已知测量日期及地理位置，则可简化 P 与 ω 之间的函数表达式。实例估算：8 月 1 日，晴，在南京某地的户外机柜所受总辐射与太阳时角的关系曲线如图 7-17（b）所示，当 $\omega = 0.55\text{rad}$，即 14:00 左右时，$P = 1163.6\text{W}$ 为最大值，将 ω、γ、n 代入相关公式可得，机柜接受太阳辐射的 3 个面上的辐照度分别为 $G_x = 187.8\text{W/m}^2$，$G_y = 304.7\text{W/m}^2$，$G_z = 586.8\text{W/m}^2$。

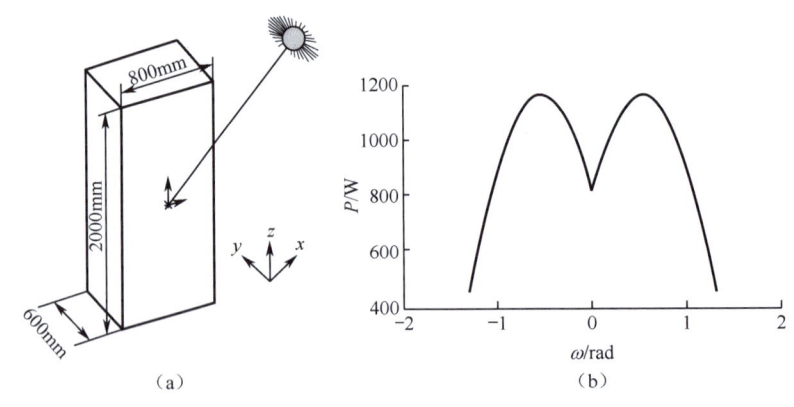

图 7-17 户外机柜接受太阳辐射的情况及其所受总辐射与太阳时角的关系曲线

7.2.3 地球红外辐射与地球反照

太阳辐射进入地球-大气系统后，被吸收的能量转化为热能后又以红外波的形式向空

间辐射,这部分能量被称为地球红外辐射,近似集中在 4~40μm 光谱区,峰值波长约为 10μm。太阳辐射进入地球-大气系统后,部分被反射,这部分能量被称为地球反照,反射光谱与太阳光谱近似相同,属于短波辐射。

1. 地球红外辐射

地球红外辐射与地区、陆地或海洋、季节、昼夜等有关。为了简化计算,一般假定地球红外辐射的空间分布为漫反射,可将其等效为黑体辐射进行计算。根据斯特藩-玻尔兹曼定律,地球红外辐射热流密度可以写为

$$q_{\mathrm{IR,s}} = \varepsilon_\mathrm{s} \sigma T_\mathrm{s}^4 \tag{7-31}$$

式中,ε_s 为地球表面发射率;σ 为斯特藩-玻尔兹曼常数;T_s 为地球表面温度。不同的地球表面,其发射率有较大不同,地球表面温度也会随昼夜热环境的变化而波动。沙漠表面由于热容较小,昼夜温差可达 20K,而海洋表面由于热容较大,昼夜温差较小。

不同海拔处的大气性质不同,地球红外辐射计算方法有所差别,工程领域的分析方法如下。

1)星载电子设备地球红外辐射

在星载电子设备热设计中,地球大气层外的红外辐射相当于 250K 左右的黑体辐射,均采用地球反照平均值 $a=0.3$,因此到达航天器表面 A 的地球红外辐射热流密度 q_{IR} 为

$$q_{\mathrm{IR}} = S_\mathrm{c} \frac{1-a}{4} \phi_{\mathrm{IR}} \tag{7-32}$$

式中,ϕ_{IR} 为地球红外角系数,取决于卫星该表面相对于地球的几何位置,与太阳的方位无关,仅与该表面所在的高度及能看到的地球表面范围有关。如图 7-18 所示,卫星上某一微元 $\mathrm{d}A$ 对应的地球表面 A_E 的红外角系数为

$$\phi_{\mathrm{IR}} = \iint_{A_\mathrm{E}} \frac{\cos\alpha_1 \cos\alpha_2}{\pi l^2} \mathrm{d}A_\mathrm{E} \tag{7-33}$$

在图 7-18 中,n 为 $\mathrm{d}A$ 的法线,n_E 为 $\mathrm{d}A_\mathrm{E}$ 的法线,l 为 $\mathrm{d}A$ 到 $\mathrm{d}A_\mathrm{E}$ 的距离。

2)浮空平台电子设备地球红外辐射

对于海拔为 1~20km 的大气层,考虑到地球红外辐射在向大气层发射时受到大气吸收产生的衰减作用,不同高度下浮空平台电子设备地球红外辐射热流密度为

$$q_{\mathrm{IR,e}} = \tau_{\mathrm{IR,atm}} q_{\mathrm{IR,s}} \tag{7-34}$$

式中,$\tau_{\mathrm{IR,atm}}$ 为地球红外辐射大气透射率,可通过下式计算:

$$\tau_{\mathrm{IR,atm}} = 1.716 - 0.5\left[\exp\left(-0.65\frac{p_\mathrm{a}}{p_0}\right) + \exp\left(-0.095\frac{p_\mathrm{a}}{p_0}\right)\right] \tag{7-35}$$

图 7-19 所示为不同高度下地球红外辐射热流密度随时间的变化曲线。由图 7-19 可见,在接近地面处,由于地表温度的波动(地表平均温度为 15℃,昼夜温度波动为 10℃),地球红外辐射热流密度在 352~395W/m² 范围内变化;由于大气的吸收作用,在 20km 高空,地球红外辐射热流密度衰减为在 259~298W/m² 范围内变化。因此,地球红外辐射变化幅度较小。

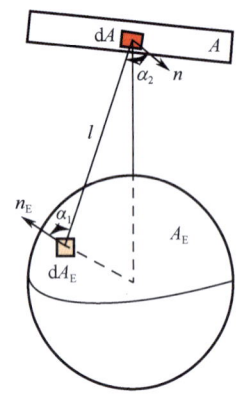

图 7-18 地球红外辐射示意图 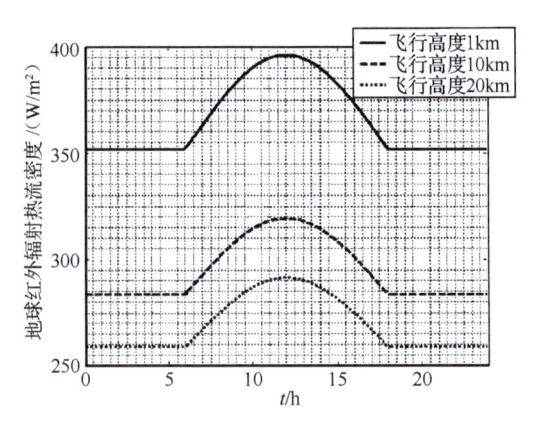   图 7-19 不同高度下地球红外辐射热流密度随时间的变化曲线

2. 地球反照

地球反照的光谱特性很复杂，这是因为地球-大气系统对不同波段的吸收性质不一样，一般仍采用太阳光谱分布，并假定为漫反射。地球反照与土壤、岩石、植物、水域、冰、雪、云等的情况，以及太阳仰角（高度角）的情况有关，十分复杂。一般采用地球反射率来表征地球反照的影响，其与大气中的云层分布及地表性质有关，不仅随地理经纬度变化而变化，而且随季节和昼夜变化发生明显变化，如图 7-20 所示。

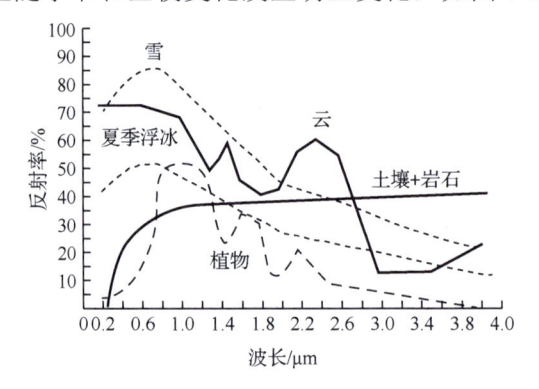

图 7-20 雪、云、夏季浮冰、土壤+岩石、植物的发射率随波长变化的平均情况

1）星载电子设备地球反照

太阳光至地球的发射为均匀漫反射，遵循兰贝特定律，且其反射光谱与太阳光谱相同，反射率在一般的计算中取平均值 a，范围为 0.3~0.35，但在不同轨道位置上到达卫星不同表面的反照外热流密度是各不相同的，这除了与该表面与地球的相对位置有关，还与太阳、地球和卫星的相对位置有关，完全取决于卫星该表面在轨道上的几何参数，实质上还是求地球反照角系数 ϕ_r 的问题。到达卫星表面 dA 的反照外热流密度 q_r 为

$$q_r = S_c a \phi_r \tag{7-36}$$

$$\phi_r = \iint_{A_E'} \frac{\cos\eta \cos\alpha_1 \cos\alpha_2}{\pi l^2} dA_E \tag{7-37}$$

式（7-36）和式（7-37）中一些几何参数的含义如图 7-18 和图 7-21 所示，其中 A_E' 为

受到太阳照射的地球表面面积；η 为太阳光与 dA_E 的法线之间的夹角。

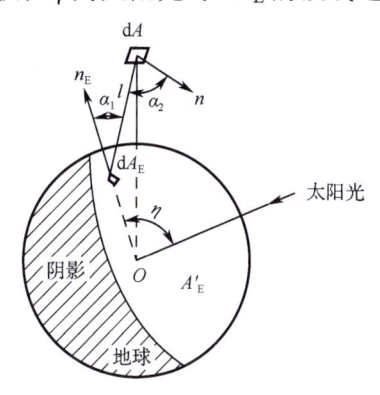

图 7-21 地球反照角系数计算的几何关系示意图

由于地球反照角系数的计算较复杂，因此可用式（7-38）近似计算地球反照角系数：

$$\phi_r = \phi_{IR}\cos\phi \tag{7-38}$$

式中，ϕ 为相角，即地球-卫星连线与太阳光之间的夹角。

2）浮空平台电子设备地球反照

根据太阳辐射在地球大气层中的传播特点，采用以下简化公式计算地球反射热流密度：

$$q_{AB} = \rho_e I_{on}\sin\alpha \tag{7-39}$$

式中，ρ_e 为地球-大气系统对太阳辐射的反射率。

图 7-22 所示为白天地球反照热流密度随时间的变化曲线（以北纬 30°、春分为例，反射率取 0.35）。由图 7-22 可见，从日出到正午，地球反照热流密度从 0 增加到 420W/m²。

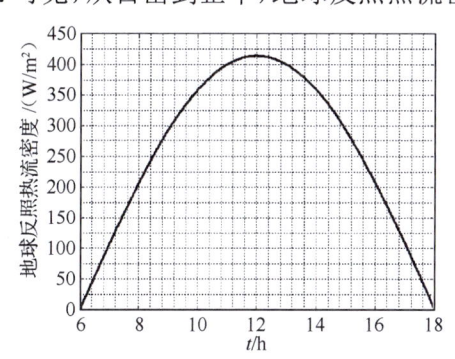

图 7-22 白天地球反照热流密度随时间的变化曲线

7.2.4 电子设备内部热辐射

电子设备内部元器件、结构件之间存在不同程度的辐射传热，在对以自然对流为主的电子机箱进行热分析时，温差较大的 PCB 之间、PCB 与机箱壁面之间的热辐射分析尤为重要。辐射传热量［见式（7-40）］的影响因素除物体表面积、表面发射率外，还包括物体之间的相互位置。在实际工程计算中，通常采用系统发射率 ε_s 代替发射率和物体位置关系。常用电子机箱和内部物体位置关系如图 7-23 所示，不同物体形状与位置关系的系统发射率计算公式如表 7-2 所示。

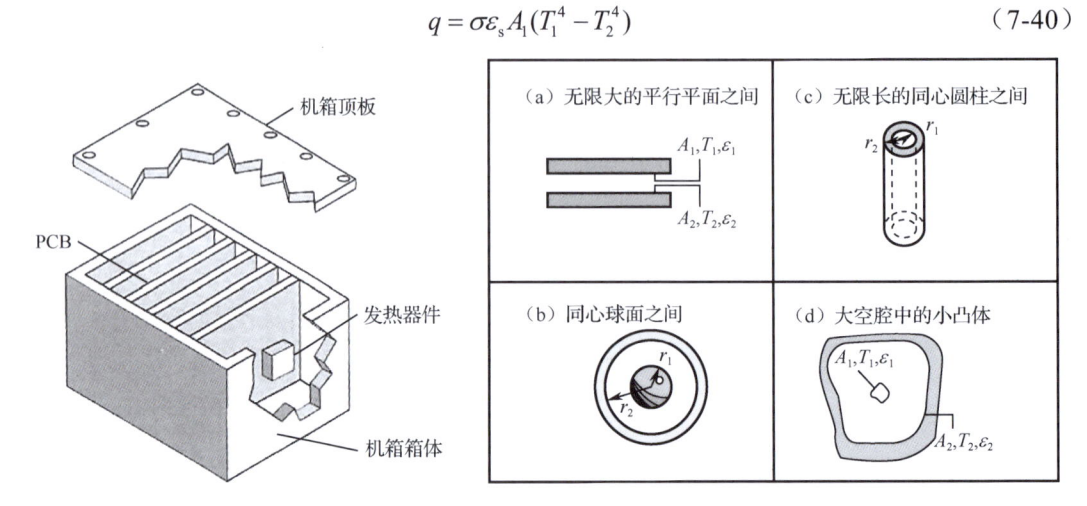

$$q = \sigma \varepsilon_s A_1 (T_1^4 - T_2^4) \tag{7-40}$$

图 7-23 常用电子机箱和内部物体位置关系

表 7-2 不同物体形状与位置关系的系统发射率计算公式

物体形状与位置关系	ε_s
无限大的平行平面之间	$\dfrac{1}{\dfrac{1}{\varepsilon_1} + \dfrac{1}{\varepsilon_2} - 1}$
同心球面，表面 A_1 被表面 A_2 包围	$\dfrac{1}{\dfrac{1}{\varepsilon_1} + \dfrac{A_1}{A_2}\left(\dfrac{1}{\varepsilon_2} - 1\right)}$
同心圆柱面，表面 A_1 被表面 A_2 包围	$\dfrac{1}{\dfrac{1}{\varepsilon_1} + \dfrac{A_1}{A_2}\left(\dfrac{1}{\varepsilon_2} - 1\right)}$
表面 A_1 被非常大的表面 A_2 包围	ε_1
两个平面一般情况	$\varepsilon_1 \varepsilon_2$

为了增加电子设备内部热辐射，散热器、导热板、机箱侧壁等常采取黑色阳极氧化表面处理措施，其红外半球发射率大于 0.8，能较好地起到强化传热作用。另外，为了降低单机内部高发热器件对其他器件的热辐射影响，可在特定方向上采用辐射屏蔽罩隔离高温器件对外热辐射。

7.3 辐射传热控制技术

辐射传热控制的基本原理是，通过调整表面发射率、太阳吸收率和传热面积等方式，增加或减少与外部环境的热辐射量，从而达到对物体温度进行控制的目的。电子设备常用的辐射传热控制技术从功能上分为辐射散热类、辐射隔热类和自适应温控类三大类。其中，高发低吸类技术大多用于电子设备有太阳照射或地球反照的表面散热；高发高吸类技术常用于电子设备内部强化辐射传热；为了隔离外部高温/低温热辐射环境对电子设备的影响，常采用气凝胶、真空用多层隔热组件等技术；在某些工况下，为了兼顾散热、保温及降低热控功耗等多重需求，电子设备散热面的发射率需要实时调整，可采用热控百叶窗及近年来出现的智能热控涂层等技术。电子设备常用的辐射传热控制技术分类如图 7-24 所示。

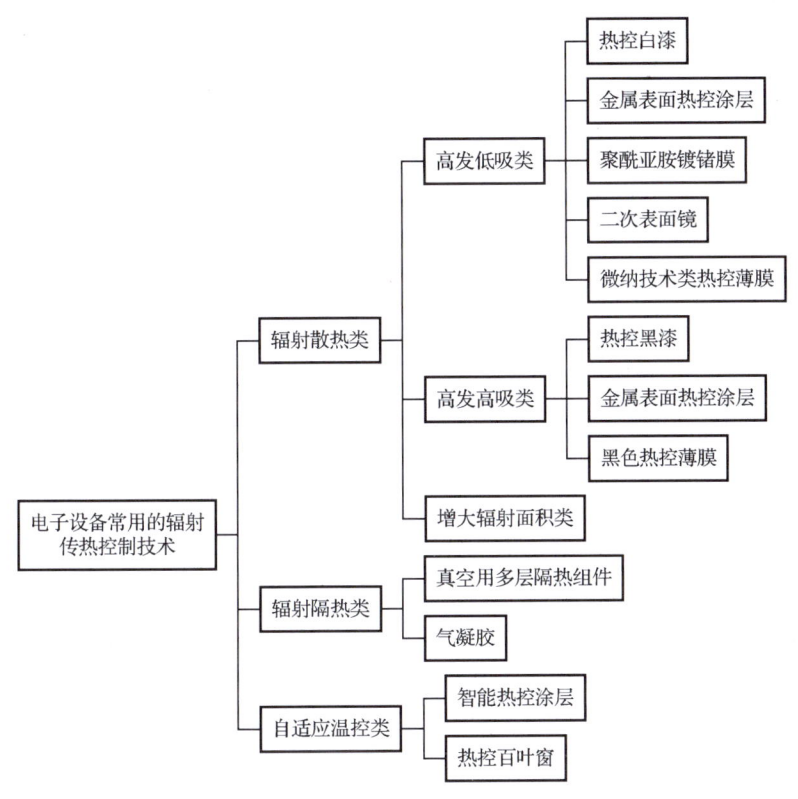

图 7-24 电子设备常用的辐射传热控制技术分类

7.3.1 辐射散热类技术

1. 高发低吸类

电子设备表面辐射散热一般采用高发低吸类热辐射涂层，常用的有以下 5 种。

（1）热控白漆，其发射率一般大于 0.85，太阳吸收率小于 0.3，发射率与太阳吸收率之比大于 2，具有较强的辐射散热能力，典型的如地面电子设备用的丙烯酸聚氨酯 S04-60 白漆，机载电子设备用的西飞白，星载电子设备用的 S781 白漆、KS-Z 系列白漆等，散热性能优异，但成本较高，面密度较大。

（2）金属表面热控涂层，常用的有光亮阳极氧化涂层和微弧氧化处理表面热控涂层，其发射率一般大于 0.65，太阳吸收率小于 0.35，在成本、质量方面有一定的优势。

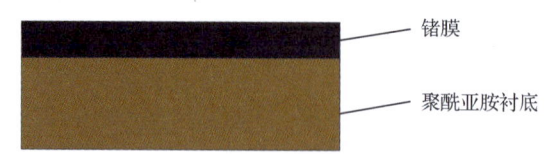

图 7-25 聚酰亚胺镀锗膜产品结构示意图

(3) 聚酰亚胺镀锗膜，如图 7-25 所示，是一种单面镀锗的聚酰亚胺衬底热控材料，主要用途是作为卫星天线热控薄膜。作为一种通用成熟的空间产品，聚酰亚胺镀锗膜常用于相控阵天线表面，其发射率为 0.79±0.03（25μm），太阳吸收率小于或等于 0.45。聚酰亚胺镀锗膜成本低，面密度较小，且便于热控实施。

(4) 二次表面镜，即光学太阳反射镜（Optical Solar Reflector，OSR），由高发射率的第一表面和对太阳光谱有高反射率的第二表面组成，包括玻璃型二次表面镜和柔性二次表面镜。玻璃型二次表面镜结构示意图如图 7-26 所示。OSR 的第一表面是发射率大于 0.8、厚度为 0.2mm 左右的玻璃基材，为了起到防静电积累作用，通常在第一表面上镀有透明导热薄膜，一般为氧化铟锡（Indium Tin Oxide，ITO）薄膜；OSR 的第二表面是金属膜层，由金属反射层和金属保护层组成，金属反射层通常为银（或铝）层，背后的金属保护层为高温镍基合金膜。OSR 是很常用的一种星外热控涂层，广泛应用于空间各种飞行器的热控分系统。OSR 具有太阳吸收率低、发射率高的特点，其吸收-发射率比（α_s/ε）可达 0.062，是吸收-发射率比很低的热控涂层之一。OSR 在使用时粘贴在电子设备的外表面上，用于控制、调节电子设备内部温度。OSR 按照其反射膜的不同，可分为镀银 OSR 和镀铝 OSR 两大类型。由于银在太阳光谱段的反射率比铝高，因此采用相同衬底材料的镀银 OSR 具有比镀铝 OSR 更低的吸收-发射率比。但是两者的热控性能差别不大，且铝比银更容易与玻璃基材结合牢固，镀膜工艺简单、稳定，因此镀铝 OSR 和镀银 OSR 都在卫星上有应用。图 7-27 所示为粘贴在卫星组件上的 OSR 产品。玻璃型二次表面镜具有优良的抗空间紫外辐射和空间粒子辐射性能，空间稳定性好。

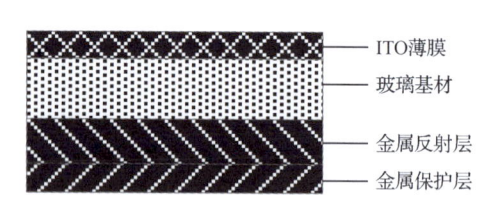

图 7-26 玻璃型二次表面镜结构示意图

图 7-27 粘贴在卫星组件上的 OSR 产品

(5) 微纳技术类热控薄膜。近年来得益于微纳技术研究的进展，研制出的新型辐射制冷材料，如超材料及超表面、光子晶体、光学薄膜等既具有高太阳光谱反射率，又在"大气窗口"波段具有高发射率，得以实现白天辐射制冷。其原理是电子设备表面材料以红外线的形式向外辐射热量，在"大气窗口"波段（8～13μm 和 3～5μm）将物体的热量带到温度大约为 3K 的外太空，为了实现白天辐射制冷，物体应该在太阳辐射波段（0.3～3μm）具有高反射率（低吸收率），实现对外净的热辐射散热。辐射制冷原理如图 7-28 所示。常用手段是通过组合不同材料，使光谱特性尽量满足要求。目前研究的"大气窗口"波段高透过/发射波段材料主要有 4 种：纳米粒子基的复合材料、有机薄膜材料、无机膜系结构和人工超材料及光子晶体等。玻璃-聚合物复合超材料如图 7-29 所示。将共振极性介电微珠均匀地分散在有机物薄膜中，薄膜背面是厚度为 200nm 的镀银层，形成一种室温辐射超材料，如图 7-30（a）、（b）所示。该材料发射的电磁波波长位于"大气窗口"波段，其发射率大于 0.93，并反射 96% 的太阳照射。这种材料在中午阳光直射下的辐射制冷功率最高可达 93W/m^2，可以使与之接触的物体降温 10℃～16℃，如图 7-30（b）、（c）所示。

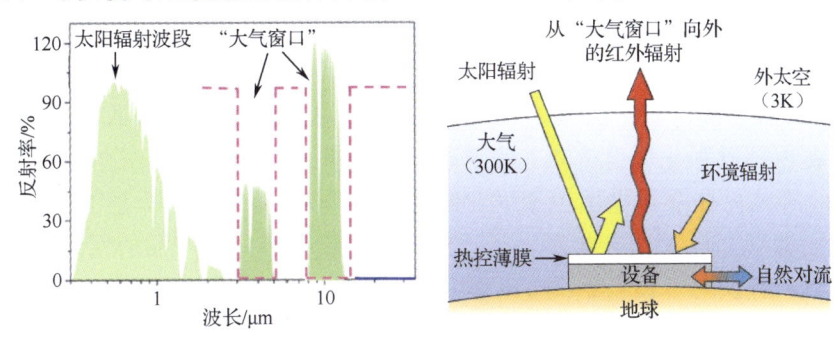

图 7-28　辐射制冷原理

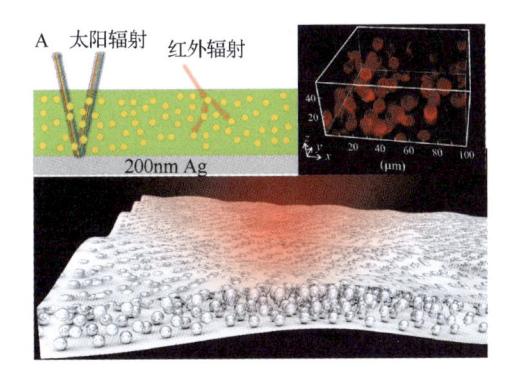

图 7-29　玻璃-聚合物复合超材料

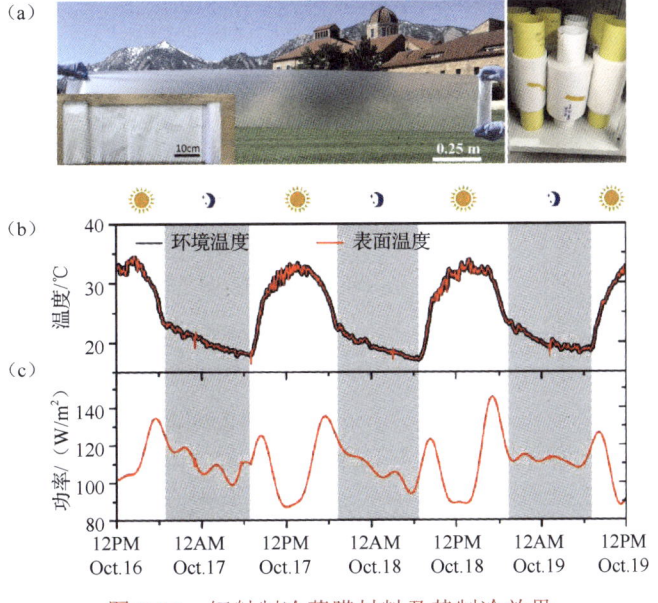

图 7-30　辐射制冷薄膜材料及其制冷效果

2. 高发高吸类

电子设备内部单机表面辐射散热一般采用高发高吸类热辐射涂层,常用的有以下3种。

(1)热控黑漆,常用于增强电子设备内部单机表面辐射散热,如E51-M黑漆(ERB-2黑漆)、SR107-E51M黑漆,其发射率与太阳吸收率均大于0.85。

(2)金属表面热控涂层,如铝合金黑色阳极氧化涂层、黑镍涂层、镁合金黑色化学转换热控涂层等,其发射率与太阳吸收率均大于0.8。此类热控涂层可满足轻量化需求。

(3)黑色热控薄膜,简称黑膜,是一类具有较高发射率和太阳吸收率的薄膜的统称,用于电子设备内部以强化辐射散热。镀膜型导电黑膜结构示意图如图7-31所示,其通常分为两类:一类是只在非导电黑色聚酰亚胺薄膜(100CB)上镀制一层ITO透明导电膜;另一类是一面镀制ITO透明导电膜,另一面镀制铝反射膜。该产品的发射率与太阳吸收率之比接近1,其反射以漫反射为主,同时具有较好的防静电性能。此类薄膜热控适装性好,便于热控实施。

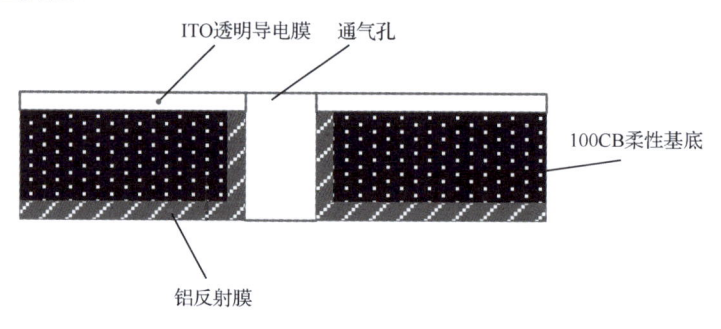

图7-31 镀膜型导电黑膜结构示意图

3. 增大辐射面积类

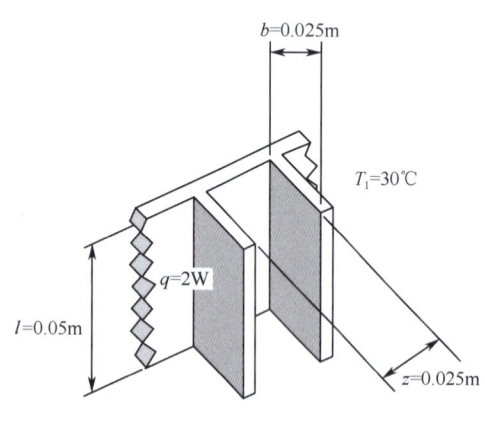

图7-32 辐射型散热翅片

(1)在电子设备内部采用辐射散热器增强辐射散热效果。在太空或临近空间环境下,在PCB级热设计中,通常把辐射散热器作为板上发热量较大器件的散热途径之一,多个翅片增大了辐射面积,翅片高宽比越大,单个翅间深腔的发射率就越高。根据式(7-41),Bilitzky获得了矩形纵翅片散热器的增强发射率,他的研究结果示意图如图7-32和图7-33所示。

$$q = \hat{E}\sigma A(T_1^4 - T_2^4) \quad (7\text{-}41)$$

(2)宇航用可展开热辐射器,用于电子设备外表面,可增大电子设备辐射面积。随着宇航电子装备的迅速发展,星载雷达功耗从数千瓦发展到数百千瓦,但宇航电子装备本体表面积有限,相关需求推动了可展开热辐射技术迅速发展。可展开热辐射器在地面发射状态下处于收拢状态,入轨后展开,展开机构的设备组成包括伺服电动机、压紧释放机构,以及铰链、连杆和控制系统等。当卫星发射上天后，可展开热辐射器展开，电子设备热量通过环路热管、泵驱流体回路等传到可展开热辐射器上，并向外太空排散。

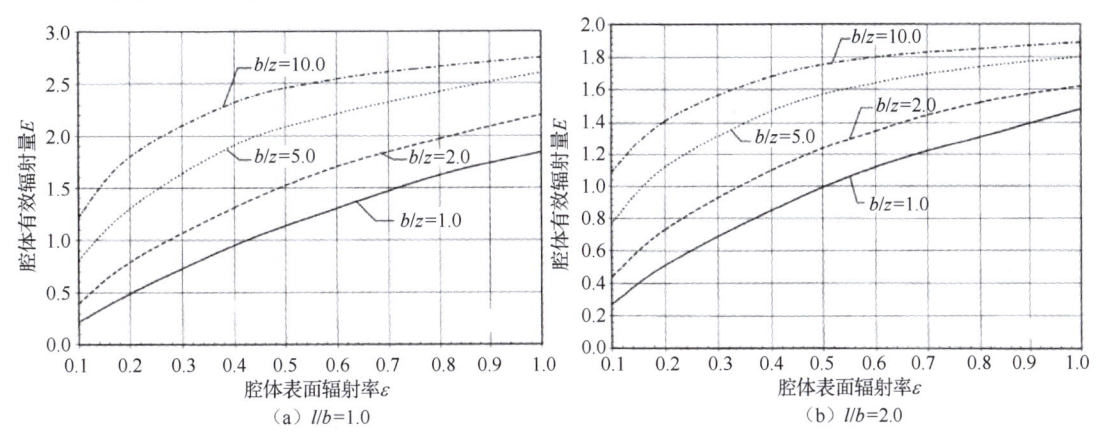

图 7-33 翅片腔体辐射率
(a) $l/b=1.0$
(b) $l/b=2.0$

俄罗斯 Lovochkin Association 公司研制出了功率为 1500W 的可展开热辐射器。该热辐射器辐射板厚 12.5mm，将串并联冷凝管预埋入蜂窝板，一方面可减小流阻力，另一方面在部分管路内有冻结时仍可使工质循环。在每个并联支路的出入口加装毛细管隔离器，以防流量不均匀引起蒸汽蹿入液体联管。活动热关节采用不锈钢软管。整个热辐射器的总热阻为 0.014K/W。

7.3.2 辐射隔热类技术

1. 真空用多层隔热组件

为了减小太空或临近空间等高温、低温环境条件对星载电子设备的热影响，通常需要进行隔热设计。辐射隔热的目的是抑制物体与周围环境的辐射传热。真空用多层隔热组件具有极好的隔热性能，理论上当量热导率可低至 10^{-5}W/(m·K)。

两个无限大的平行平面，若其表面都具有灰表面性质，且它们之间为真空状态，则两个平面之间的辐射传热量为

$$Q = \frac{\sigma A(T_1^4 - T_2^4)}{\dfrac{1}{\varepsilon_1} + \dfrac{1}{\varepsilon_2} - 1} \tag{7-42}$$

在上述两个平面之间放置 n 个反射层，每个反射层的发射率均为 ε，则两个平面之间的辐射传热量为

$$Q = \frac{\sigma A(T_1^4 - T_2^4)}{(n+1)\left(\dfrac{2}{\varepsilon} - 1\right)} \tag{7-43}$$

隔热设计最重要的是尽可能减小 ε。航天器常用双面镀铝聚酯膜作为反射屏，其性能参数如表 7-3 所示，涤纶网作为间隔层，通常由一层反射屏和一层间隔层组成一个单

元。单元数通常为 10 个、15 个、20 个等。

表 7-3 双面镀铝聚酯膜的性能参数

序号	厚度/μm	单位面积质量/(g/m²)	镀层厚度/μm	半球发射率	太阳吸收率	长期使用温度/℃
1	6	8.3	0.09±0.01	$0.04^{+0.02}_{-0.01}$	0.09±0.02	−196～120
2	12	16.6				
3	18	25				
4	20	27.7				

图 7-34 詹姆斯·韦伯空间望远镜的遮阳罩

2022 年发射的詹姆斯·韦伯空间望远镜为了探测来自非常遥远物体的微弱红外光,望远镜本身必须保持极冷状态。为了保护望远镜免受外部光源和热源,特别是太阳、地球等天体及天文台本身热辐射的影响,望远镜有一个 5 层网球场大小的遮阳罩,如图 7-34 所示,每层均为镀铝聚酰亚胺薄膜,耐温−269～400℃,第一层厚度为 0.05mm,其余层厚度为 0.025mm,其中硅涂层厚度为 50nm,铝涂层厚度约为 100nm。采用遮阳罩后,望远镜主镜表面温度可降低到−225℃以下。

2. 气凝胶

气凝胶是一种分散介质为气体的凝胶材料,是由胶体粒子或高聚物分子相互聚积成网络结构的纳米多孔性固体材料,如图 7-35(a)所示。该材料中孔隙的大小为纳米数量级。其孔洞率高达 80%～99.8%,孔洞的典型尺寸为 1～100nm,比表面积为 200～1000m²/g。气凝胶材料密度可低至 3kg/m³。纤维增强型气凝胶[见图 7-35(b)](常用形式)室温热导率为 0.016W/(m·K),低于静止空气的热导率 0.026W/(m·K)。气凝胶具有极低的热导率,在热防护方面应用广泛。气凝胶通过三维纳米结构的无限长路效应降低固体热导率,通过多孔结构和小于空气分子运动自由程的孔洞尺寸降低对流传热,通过遮光剂降低辐射传热,从而降低综合热导率,实现极佳的隔热效果。

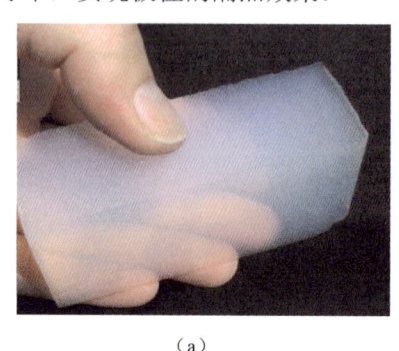

(a) (b)

图 7-35 气凝胶和纤维增强型气凝胶

7.3.3 自适应温控类技术

在太空或临近空间环境下,电子设备在被太阳光直接照射时表面温度快速升高,而在面对深冷背景时表面温度较低,而且两种状态交替变化。高纬度地区的户外电子设备面临夏季向阳面需要强化辐射散热、冬季需要保温等难以兼容的问题。因此,电子设备表面固定的辐射特性不能较好地满足高温散热与低温保温兼顾的热控要求,表面辐射特性可变化的自适应温控类技术已成为研究热点。

1. 智能热控涂层

智能热控涂层是指电子设备表面的热控涂层材料可以根据环境温度的高低改变自身的发射率,实现温度系统的自主控制。当电子设备所处的环境温度与保证电子设备正常运行所需要的温度相比较高时,智能热控涂层能够提高发射率,排散多余的热量;反之,智能热控涂层也能够降低发射率,有效减少电子设备自身热量的散失,使电子设备内各种电子器件保持适宜的温度。当前最主要的两种智能热控涂层为热致变色热控涂层和电致变色热控涂层。

热致变色热控涂层比较常见的固体材料是钙钛矿结构锰氧化物($RMnO_3$)和二氧化钒(VO_2)。$RMnO_3$是一种缺陷型化合物,其中 R 代表三价稀土元素,如 La、Pr、Nd 等,当这样的物质与二价碱土元素相互掺杂时,相互作用产生的 Mn^{3+} 和 Mn^{4+} 离子通过氧空位相互交换,导致材料晶格结构发生改变,掺杂比例不同,进项转换时产生的温度就不同。在转变的过程中,材料表现出不同的特性,当环境温度低于转变温度时,材料会表现出金属性;反之,材料会表现出绝缘性。金属性物质与绝缘性物质在发射率上有差距,金属性物质的发射率低,绝缘性物质的发射率高,二者之间的相互调节使得温度能够保持在一定的范围之内。南京理工大学研究团队提出了异质结超晶格调控热致变色薄膜辐射特性的新方法,实现了低温区发射率的有效调控,发射率调节幅度达 0.31。安装在实践十七号卫星仪器板上的热致变色薄膜器件如图 7-36 所示。

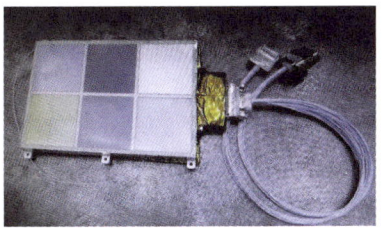

图 7-36 安装在实践十七号卫星仪器板上的热致变色薄膜器件

电致变色是指材料的光学属性(反射率、透过率、吸收率等)在外加电场的作用下发生稳定、可逆的变化。通常,电致变色器件的基本结构包括透明电极、电致变色层、电解质层、离子存储层、对电极五大部分。其中,电极材料以 ITO 最为常用,电解质多为金属锂盐的有机溶液。电致变色通过外加电场的方法使材料的价态发生改变,这种改变是可逆的,材料的发射性也是可逆的,因此,如果想要温度保持在一定范围之内,只需要在合适的时机施加合适的电压即可。

2. 热控百叶窗

热控百叶窗是航天器领域采用的辐射式主动热控技术，利用低发射率的可转动叶片不同程度地遮挡高发射率的散热底板来控制温度。其工作原理为，当电子设备及其底板温度降低到某个设计值时，叶片自动转到关闭状态，即低发射率的叶片把散热面全部遮挡，此时散热面的组合发射率很低，使散热量降到最低，从而保持散热面及其电子设备的温度为设计值。相反，当温度高到某个值时，叶片自动打开到最大的垂直位置，此时散热面的组合发射率达到最高，可有效地排散热量，从而保持电子设备的温度为设计值。通常情况下，热控百叶窗在全开状态下的散热能力是全关闭状态下的 6 倍。

传统百叶窗系统一般由叶片、驱动器和结构框架等部件组成，如图 7-37 所示。热控用电动隔热/散热百叶窗示意图如图 7-38 所示。叶片的驱动方式有双金属螺旋弹簧、金属波纹管、主动电加热双金属螺旋弹簧、电动等。

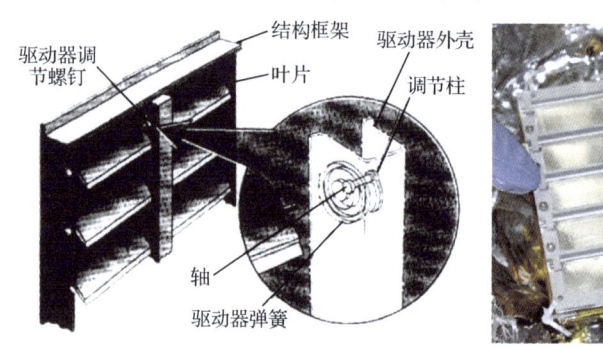

图 7-37 热控百叶窗组成

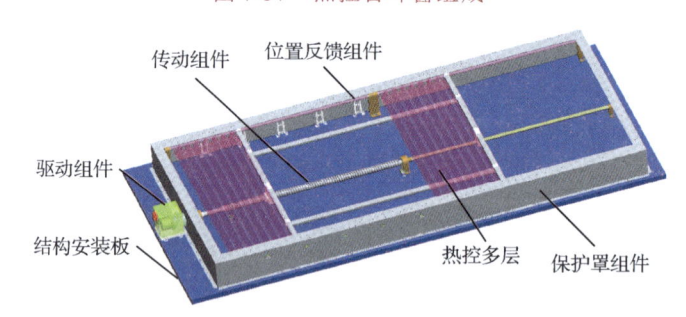

图 7-38 热控用电动隔热/散热百叶窗示意图

在宇航环境中有太阳照射的工况下，借助有效发射率（ε_{eff}）和有效太阳吸收率（α_{eff}），当等温物体达到稳态能量平衡时，通过百叶窗的净辐射热量方程［见式（7-44）］，有效发射率和有效太阳吸收率可通过式（7-45）和式（7-46）计算，其中下标 c 表示全关位置，下标 o 表示全开位置。实际上考虑漏热、结构导热等多重因素的影响，有效发射率和有效太阳吸收率往往通过试验获取。

$$\frac{Q}{A} = \varepsilon_{\text{eff}} \sigma T^4 - \alpha_{\text{eff}} S_{\text{c}} \qquad (7\text{-}44)$$

$$\varepsilon_{\text{eff}} = \varepsilon_{\text{o}} - \frac{\varepsilon_{\text{o}} - \varepsilon_{\text{c}}}{(1 - T_{\text{c}}/T_{\text{o}})^2}(1 - T/T_{\text{o}})^2, \quad T_{\text{c}} \leq T \leq T_{\text{o}} \qquad (7\text{-}45)$$

$$\alpha_{\text{eff}} = \frac{\varepsilon_{\text{eff}} \sigma T^4 - Q/A}{S_{\text{c}}} \qquad (7\text{-}46)$$

几种型号卫星热控百叶窗的有效发射率如表 7-4 所示。

表 7-4 几种型号卫星热控百叶窗的有效发射率

热控百叶窗尺寸/cm	辐射器半球发射率	ε_{eff} 开	ε_{eff} 关	辐射器上的温度偏差 $\Delta T/K$
（ATS-6）45.7×58.2	（Z-306）0.88	0.71	0.115	18.6
（GPS）40.6×40.5	（Z-306）0.88	0.70	0.090	18.0
（Intelsat CRL）62.2×60.5	（AgTEF）0.76	0.67	0.080	10.0

MEMS 热控百叶窗是通过 MEMS 技术制作和加工出来的微型热控器件，采用静电力等作为驱动力，通过驱动低发射率可动叶片不同程度地遮挡高发射率散热面的方法来控制温度。由于整体采用驱动和执行机构一体化设计及 MEMS 微加工的制作工艺，具有体积小、质量轻、响应速度快、可主动控制等特点，因此可在器件体积减小和质量大大减轻的情况下获得接近传统热控百叶窗有效发射率变化量的热控性能，对迫切需要轻小型主动热控元件的深空探测航天器和微纳卫星具有重要意义。美国霍普金斯大学应用物理实验室为 NASA "新盛世计划" 的 ST-5 试验卫星研制了推拉式微型热控百叶窗，如图 7-39 所示，整体基于体硅微加工工艺制造，主要采用静电梳齿电极驱动上层可动叶片推拉，与下层结构相同但固定的叶片形成相对位移，从而调节与外部环境直接进行热交换的高发射率衬底的散热面积。整体尺寸为 12.65cm×13.03cm，共有 36 个推拉式微型热控百叶窗阵列，驱动电压为 30～60V，有效发射率变化范围为 0.05～0.3，在 4Hz 的激励下，工作 3 个月未见损坏，开关次数达 40 000 000 次。

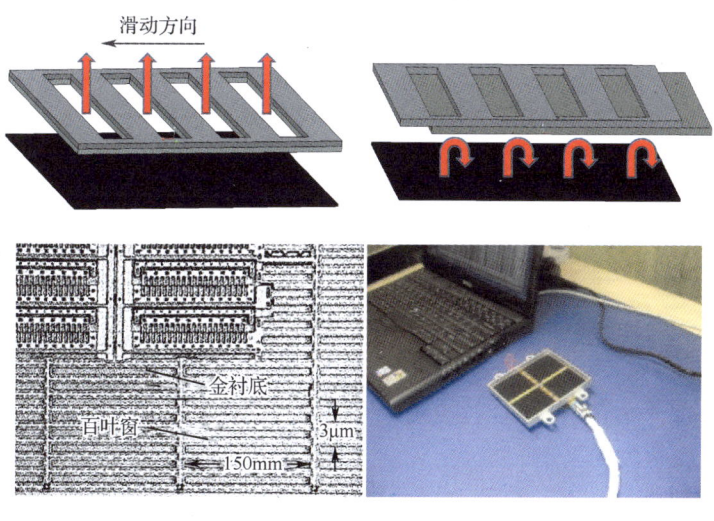

图 7-39 NASA ST-5 试验卫星搭载的推拉式微型热控百叶窗

7.4 星载电子设备热控设计案例

常用的星载电子设备以热传导、热辐射方式把电子器件的热量传递到电子设备外表面，最终以热辐射方式把热量排散到外太空，确保各类电子器件的温度在指标规定的范围内。在进行星载电子设备热分析时，需要根据外部环境、电子设备内部发热量及具体的热控设计措施，建立能量平衡方程，计算电子设备各组成部分的温度，其中采用 G-C（热导-热容）网络描述的电子设备能量平衡方程为

$$m_i c_i \frac{\mathrm{d} T_i}{\mathrm{d} t} = Q_i + q_i + \sum_{j=1}^{N} D_{ji}(T_j - T_i) + \sum_{j=1}^{N} G_{ji}(T_j^4 - T_i^4) \tag{7-47}$$

式中，下标 i、j 表示节点；T 为温度；m 为质量；c 为比热；t 为时间；Q 为外部热流加热速率；q 为内部组成发热速率；D_{ji}、G_{ji} 分别表示节点 j 和 i 之间的传热系数和辐射热导。式(7-47)左边是节点的内能变化速率，右边依次是节点吸收的外热流、自身发热量、流入节点的所有线性热导传热速率、流入节点的所有辐射传热速率。具体到工程实践中，星载电子设备通常采用相关的商业软件进行热分析，星载电子设备热仿真通常采用 Simcenter 3D、SINDA/FLUINT 等软件；星内单机热仿真可采用 ICEPACK、FloTHERM/FloEFD、Flowmaster 等软件。

1. 典型星载电子设备热控设计流程

典型星载电子设备热控设计流程如图 7-40 所示，主要包括以下 5 个步骤。

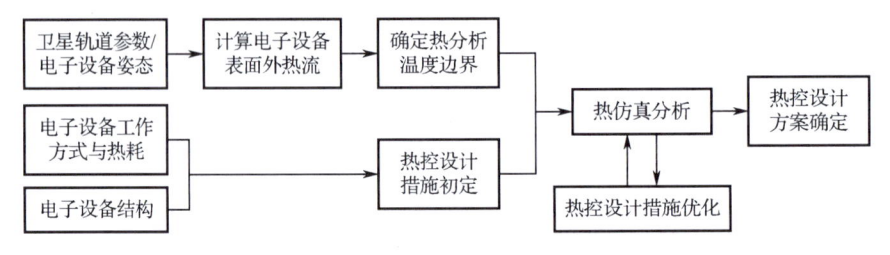

图 7-40 典型星载电子设备热控设计流程

（1）明确热控设计条件和要求。设计条件包括星载电子设备的任务、空间环境条件、轨道参数、飞行程序及姿态状况、构型及结构、电子设备的布局及相关的技术规范等；设计要求包括星载电子设备的工作温度范围、储存温度范围、启动温度范围、温度均匀性、温度稳定性、温控精度、质量、功耗、寿命、"六性"要求等。

（2）开展外热流分析。根据卫星与电子设备的构型、姿态、轨道特征，计算天线设备表面在不同 β 情况下的外热流，如太阳辐射、地球红外辐射及地球反照等；确定电子设备的高温工况、低温工况和典型工况。

（3）初步选定热控设计措施。根据电子设备自身热耗、外热流、结构特征、工作时长，确定基本热控设计措施，如天线表面散热用热控涂层、高导热用热管、隔热多层选取等。

（4）进行热仿真分析。依据卫星轨道热环境的变化、卫星与电子设备姿态和构型的变化、

电子设备表面热控涂层物性参数的变化、电子设备内部热源发热状态的变化等，采用软件开展热仿真分析，按照高温工况和低温工况计算结果，确定单机温度范围。

（5）优化与确定热控设计方案。根据高温工况、低温工况计算分析结果，调整热控涂层选型、热管选型与布置，温控目标与加热功率优化等，最后确定热控设计方案。

2. 某卫星通信天线热控设计简述

某 GEO 轨道卫星相控阵天线为平板天线，热流密度较高，散热难度较大。该天线热控设计流程如下。

（1）明确热控设计条件和要求。天线为平板天线，与卫星星体绝热安装，如图 7-41 所示，运行在地球同步轨道中，轨道高度为 35 000km，天线对地平视。主要发热单机为有源子阵内的 TR 组件，TR 组件热耗为 5W，天线阵面（+Z 面）热流密度为 400W/m^2，单机温度要求小于或等于 45℃，温度一致性要求小于 10℃。

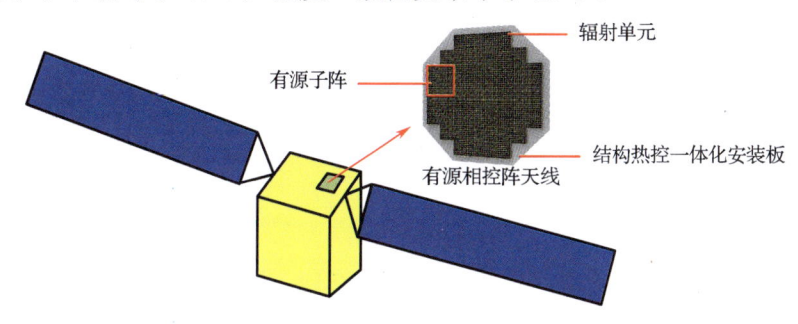

图 7-41 某 GEO 轨道卫星相控阵天线

（2）开展外热流分析。进行天线热控设计首先要进行外热流分析，以确定热边界条件。天线背面（-Z 面）紧靠卫星侧板，采取包覆多层的隔热措施，外热流影响可忽略。天线其余 4 个窄面也无足够的散热面，以包覆多层为主，外热流影响可忽略。因此，该天线主要针对天线阵面（+Z 面）开展外热流分析。采用西门子 Simcenter 3D 软件，给出天线+Z 面空间外热流变化情况。外热流特点：冬至、夏至时刻整轨道内无阴影，春分、秋分时刻转道约有 69min 处于阴影期，平均吸收热流最低值和瞬时热流最高值同时出现在太阳赤纬为 0°时（春分、秋分点），期间卫星（天线）经历的地影期也最长，设置为低温工况；平均吸收热流最高值和瞬时热流最高值同时出现在太阳赤纬为-8.8°时，期间无地影期，设置为高温工况。因此，在进行热分析时选取秋分和夏至作为低温工况计算条件，选取太阳赤纬为-8.8°作为高温工况计算条件。天线阵面受光照、地影外热流影响较大，外热流分析结果如图 7-42 所示。

（3）初步选定热控设计措施。天线热流密度较高，天线对地面采用高发低吸的 KS-ZT 热控白漆对太空散热，发射率为 0.9，太阳吸收率初期为 0.1，末期为 0.3；温度一致性要求高，需要采用热管网络进行内部均温化处理；天线阵面（+Z 面）热流密度超过 300W/m^2，需要采用天线自身散热+卫星平台提供集热面（小于或等于 45℃）散热相结合的热控方式；非散热面采用多层隔热反射屏与外界环境隔热。某天线热控系统组成如图 7-43 所示。

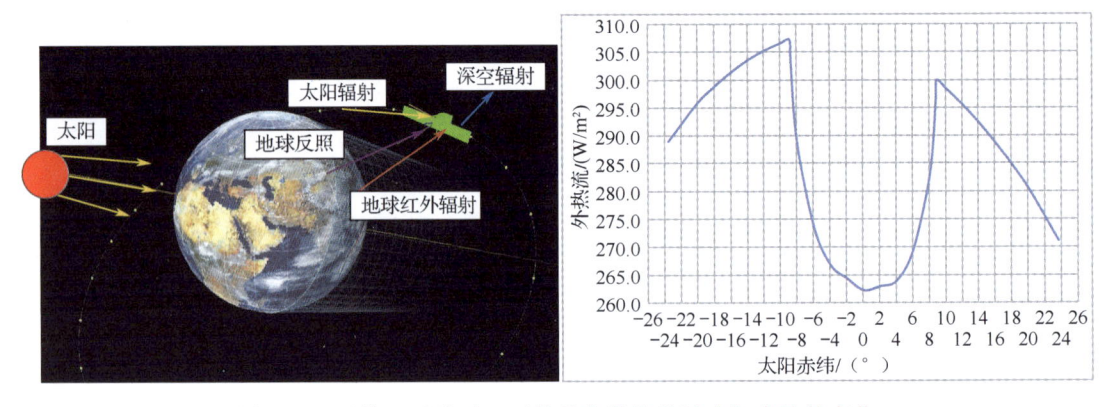

图 7-42　天线（对地面）平均吸收外热流随太阳赤纬的变化

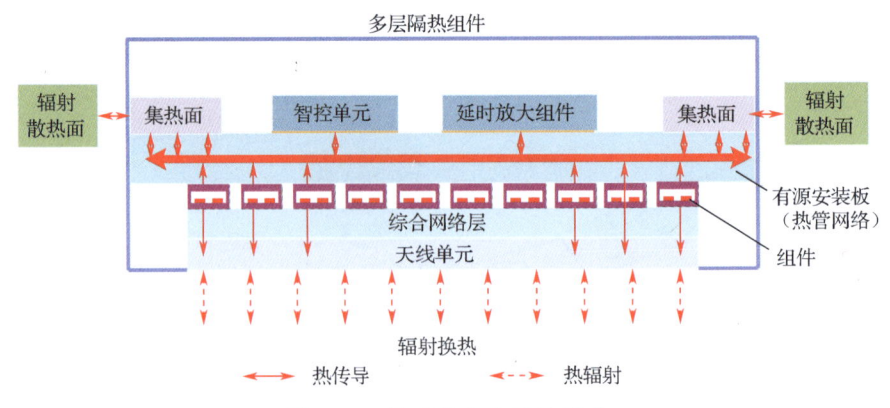

图 7-43　某天线热控系统组成

（4）进行热仿真分析。高温工况下天线 TR 组件的温度与温度一致性如图 7-44 所示。其中，TR 组件功放芯片壳温最高为 63.9℃，小于要求的 85℃；温度一致性最高为 7.4℃，小于要求的 12℃。根据热仿真分析结果，天线热控能够将天线在轨温度控制在较合适的范围内，可满足天线热控研制要求。

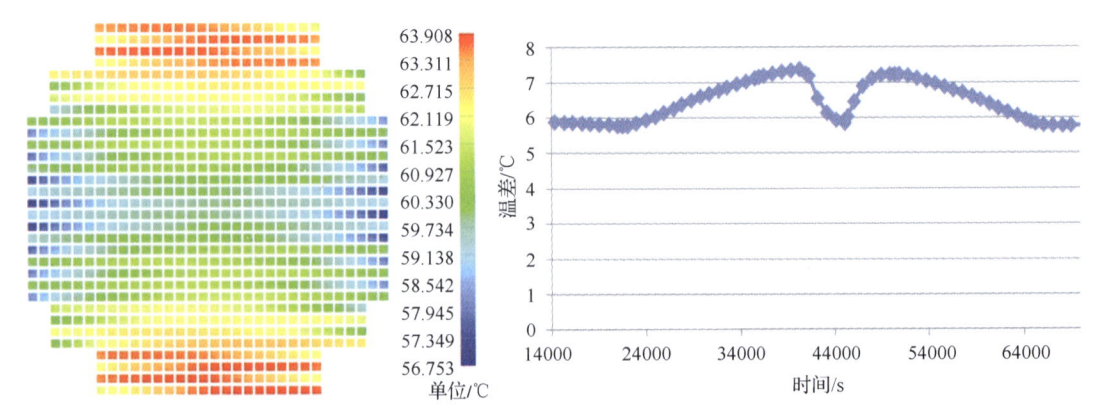

图 7-44　高温工况下天线 TR 组件的温度与温度一致性

（5）优化与确定热控设计方案。该天线热管网络采用桁架热管架构，以满足天线的温度一致性要求，与正交热管网络相比，热管之间无接触热阻，且热管网络厚度较薄。

该天线采用桁架热管网络、KS-ZT 热控白漆、卫星平台集热面、隔热多层及主动温控措施等，满足了天线热控要求。

参考文献

[1] KRISHNA A，LEE J. Morpho butterfly-inspired spectral emissivity of metallic microstructures for radiative cooling[C]. 17th IEEE ITHERM Conference，2018.

[2] 张馨. 大气窗口波段高透过/发射材料的制备及其辐射制冷性能研究[D]. 青岛：青岛科技大学，2019.

[3] 王乐，吴珂，俞益波，等. 基于 CFD 的 LED 阵列自然对流散热研究[J]. 光电子·激光，2010，21（12）：1758-1762.

[4] 刘小倩，张旭，张韵淇. 平板显示器辐射散热比例影响因素分析[J]. 建筑节能，2014，42（275）：18-21.

[5] ZHANG Y S，ZHAN D D，XU J Y. Research on the heat dissipation characteristics of high thermal conductivity materials in near space[C]. The Seventh Asia International Symposium on Mechatronics，2019.

[6] BERGMAN T L，LAVINE A S. Fundmentals of Heat and Mass Transfer[M]. 8th edtion. Hoboken：John Wiley & Sons，2017.

[7] 杨世铭，陶文铨. 传热学[M]. 4 版. 北京：高等教育出版社，2006.

[8] 侯增祺，胡金刚. 航天器热控制技术：原理及其应用[M]. 北京：中国科学技术出版社，2007.

[9] 姚伟，李勇，范春石，等. 复杂热环境下平流层飞艇高空驻留热动力学特性[J]. 宇航学报，2013，34（10）：1309-1315.

[10] 邱国全，夏艳君，杨鸿毅. 晴天太阳辐射模型的优化计算[J]. 太阳能学报，2001，22（4）：456-460.

[11] 王如竹，代彦军. 太阳能制冷[M]. 北京：化学工业出版社，2007.

[12] 俞春林，童星星. 基于晴天太阳辐射模型的电力户外机柜热估算与仿真[J]. 华电技术，2015，37（9）：72-76.

[13] REMSBURG R. Advanced thermal design of electronic equipment[M]. New York：Chapman & Hall，1998.

[14] 邱家稳，冯煜东，吴春华. 航天器热控薄膜技术[M]. 北京：国防工业出版社，2016.

[15] ZHAI Y，MA Y G，DAVID S N，et al. Scalable-manufactured randomized glass- polymer hybrid metamaterial for daytime radiative cooling[J]. Science，2017，10：1126.

[16] GILMORE D G. Spacecraft thermal control handbook. Volume Ⅰ：fundamental technologies（Second Edition）[M]. EI Segundo：The Aerospace Press，2002.

[17] 苗建印，钟奇，赵啟伟，等. 航天器热控制技术[M]. 北京：北京理工大学出版社，2018.

[18] WANG X, CAO Y Z, ZHANG Y Z. Fabrication of VO_2-based multilayer structure with variable emittance[J]. Applied Surface Science, 2015 (344): 230-235.

[19] 张传鑫. 智能热控涂层在航天器上的应用及展望[J]. 科技创新导报, 2015 (1): 1-2.

[20] 陈维春, 李志, 陈新龙. 热致变色涂层技术研究进展[J]. 宇航材料工艺, 2015 (1): 1-4.

[21] 李娜. 铝磷酸盐新型辐射制冷材料的制备、结构与性能[D]. 广东: 华南理工大学, 2019.

[22] 闫璐, 王孝, 曹韫真, 等. 基于二氧化钒的辐射率可调涂层设计[J]. 宇航材料工艺, 2016 (3): 22-26.

[23] OSIANDER R, CHAMPION J L, DARRIN M A, et al. Micro-machined shutter arrays for thermal control radiators on ST5[C]. 40th Aerospace Sciences Meeting & Exhibit, 2002.

[24] BITER W, HESS S, OH S. Electrostatic radiator for satellite temperature control[C]. IEEE Aerospace Conference, 2005.

第8章 电子设备储热技术

【概要】

电子设备储热技术是以储热材料为媒介将电子设备在一段时间内产生的热量存储起来的一类热设计技术，可避免电子设备在短时间内因温度过高而影响工作性能，广泛应用于具有短时或间歇性工作特点的电子设备热设计领域。本章先阐述电子设备储热技术的原理及特点，然后介绍不同储热材料的分类及其在电子设备储热技术领域中的应用特点和强化设计方法，最后结合典型电子设备热设计需求对储热设计方法进行介绍。

8.1 储热技术的原理及特点

储热技术是一类典型的被动式散热技术，电子设备在短时间内产生的大量热量通过热传导、热对流等方式传递至储热材料，利用储热材料的热容来进行吸收存储，从而使电子设备的温度在短时间内维持恒定或维持在规定的温度范围内。储热技术的应用场景如图 8-1 所示。当电子设备不再发热时，储热材料具有足够长的时间释放出热量以恢复其原始状态，为下一次的储热过程做好准备。

图 8-1 储热技术的应用场景

储热技术与其他热设计技术相比，具备以下特点。

首先，储热技术最大的特点是在短时间内具有近似恒温的储热、放热过程，其独特的冷、热缓存能力改变了传统热设计技术的即时性特点：一方面，利用储热技术的热缓存能力，可将电子器件高功率工作时产生的热量存储起来并转移至电子器件低功率或停止工作时进行释放，从而实现电子设备温控的"削峰填谷"效果（见图8-2）；另一方面，利用储热技术的冷缓存能力，可将某一时段内不需要的冷量存储起来，在需要进行散热的时段进行冷量的释放，从而实现一定的节能效果，如冰蓄冷技术等。

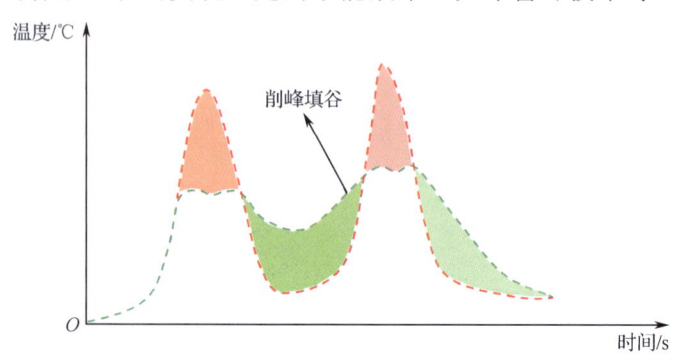

图 8-2 储热技术的"削峰填谷"电子设备温控效果

其次，储热技术不依赖额外的热沉资源。风冷、液冷等主动式散热技术通常依赖大气环境、湖水等恒温热沉，从而导致其散热系统设计较为庞大。相比之下，储热系统对热沉资源的需求更小。储热系统采用自闭环设计，热量传输路径更短，不依赖泵或风机等设备来主动搬迁废热，因此储热系统更加简单、高效。

当然，储热技术并非完美技术。相较于其他热设计技术，储热热沉通常为系统中有限的热容资源，其储热能力受制于系统中使用的储热材料总热容量。因此，储热技术特别适用于具有短时或间歇性工作特点的电子设备热设计领域。

8.2 储热材料的分类及强化设计

储热材料是指通过温度变化、相态变化或化学反应吸、放热量的材料。储热材料吸热、放热过程示意图如图 8-3 所示。作为存储热量的介质，储热材料的性能决定了储热系统的储热能力，主要包括储热密度（单位体积或单位质量存储的热量）和储热速率等。理想的储热材料表现为性能稳定、储热温度适宜、储热密度高、储热速率高、材料相容性好等，但在现实中储热材料无法集上述所有优点于一身，因此还需要针对不同的储热材料进行必要的强化或改性设计。

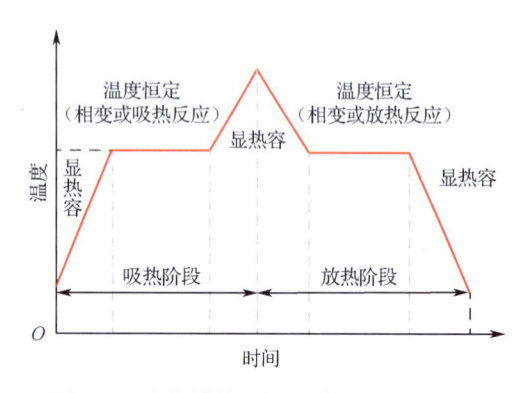

图 8-3 储热材料吸热、放热过程示意图

按照储热原理不同，储热材料可分为显热储热材料、潜热储热材料和化学储热材料三大类。按照材料成分不同，可将三大类储热材料进一步细分，如图8-4所示。

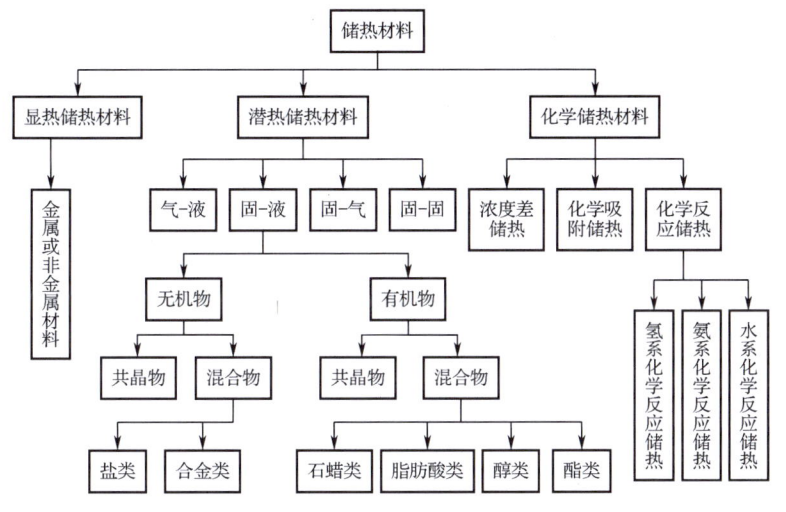

图 8-4　储热材料分类图

8.2.1　显热储热材料及选型设计

显热储热技术是利用材料显热容，通过材料的温度变化进行热量存储与释放的技术。对于电子设备储热设计而言，可选用的显热储热材料不仅有金属材料，还有非金属材料，如表 8-1 所示。

表 8-1　电子设备中常见材料的储热性能参数

类　型	名　称	密度/（kg/m³）	热导率/（W/(m·K)）	质量比热容/（kJ/(kg·K)）	体积比热容/（kJ/(dm³·K)）
典型非金属材料	Si	2330	150	0.705	1.642
	GaAs	5316	54	0.325	1.727
	GaN	6110	130	—	—
	SiC	3000	150	0.71	2.13
	PCB12 层	2518	轴向：0.29 面内：41.1	1.039	2.616
	HTCC	3260～3300	170～180	0.75	2.475
	LTCC	2400～2500	2～4	0.88	2.112
	AlSiC	3060	225	0.75	2.295
典型金属材料	铝 5A05	2650	120	0.924	2.448
	铝 6063	2690	200	0.9	2.421
	紫铜	8930	385	0.385	3.438
	不锈钢 316	8240	13.4	0.468	3.856
	钼铜	9820	150	0.3	2.946
	钛合金	4500	18	0.503	2.263

显热储热的原理简单，利用材料自身比热容即可实现热量储存，储热过程为物理过程，因此具有较好的稳定性。显热储热材料最大的问题在于储热密度较低，受限于储热系统的体积和质量，显热储热通常只能作为电子设备储热设计中的一项辅助措施。如图 8-5 所示，按材料储热过程温度平均升高 50℃计算，可得出以下结论。

（1）显热储热材料的等效质量储热密度普遍低于 60kJ/kg，且非金属材料的等效质量储热密度普遍高于金属材料。

（2）显热储热材料的等效体积储热密度普遍低于 200kJ/dm^3，且非金属材料的等效体积储热密度普遍低于金属材料。

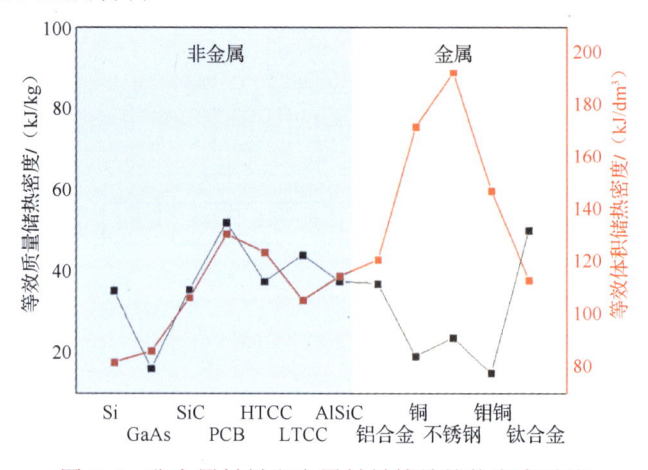

图 8-5　非金属材料和金属材料等效储热密度对比

虽然显热储热材料的储热密度普遍不高，但是在绝大多数储热系统中势必存在各类电子器件、封装壳体、连接器等，且随着电子设备集成度的不断提高，显热储热材料的热容占比可能成为主要部分。针对某一特定的储热系统，当其对设计体积和设计质量的约束条件不同时，显热储热材料的选型方案会显著影响系统的储热能力。参考图 8-5 可知，当储热系统中的金属材料占比不同或选用不同的金属材料时，该储热系统在同体积条件下的储热能力可相差一倍以上。

1. 空间受限：优选大体积比热容材料

某些电子设备的设计空间极其紧张，体积设计资源严重受限，相对而言其对质量设计资源的要求较为宽松。针对该类电子设备，应考虑采用紫铜、不锈钢等体积比热容相对较大的储热材料。例如，某电子设备的电源组件贴装在一块金属热沉冷板表面，总发热量为 30kJ（热耗为 300W、工作时长为 100s）。基于相同的体积约束条件，当金属热沉冷板分别采用铝合金、紫铜和不锈钢时，电源组件的最高温度分别为 101℃、89℃和 86℃（见图 8-6）。

2. 质量受限：优选大质量比热容材料

某些电子设备的设计质量受限，相对而言其对体积设计资源的要求较为宽松。针对该类电子设备，应考虑采用铝合金、镁合金、非金属材料等质量比热容相对较大的储热材料（见表8-1）。同样参考如图8-6所示的设计案例，不同材料实现相同储热量（1kJ）的体积和质量对比如图8-7所示。基于相同的温度设计指标要求（90℃），对于共计30kJ的储热量设计需求而言，热沉冷板采用铝合金、紫铜、不锈钢时的质量分别为1.1kg、2.6kg和2.2kg。

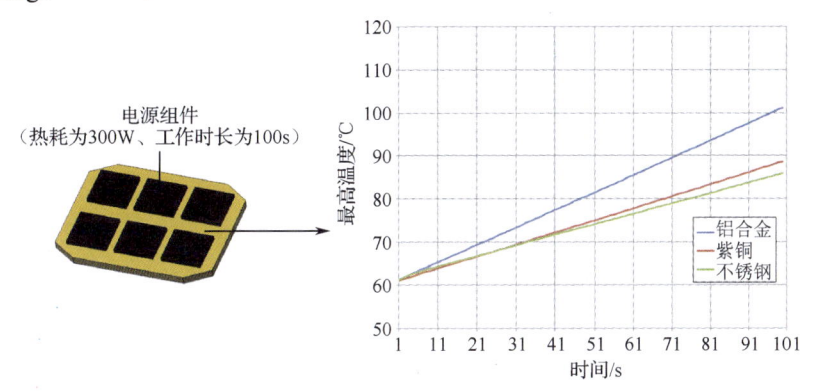

图8-6 某电子设备相变热沉冷板设计案例

在绝大多数场景下，电子设备储热系统对体积和质量设计资源均有一定的要求，此时应综合考虑显热储热材料的质量比热容和体积比热容，评估其对系统设计的得益与损失后，综合选出最合适的显热储热材料。必要时可采用热-结构拓扑优化设计或结合相变储热技术，以达到最佳的体积、质量、热容匹配设计。

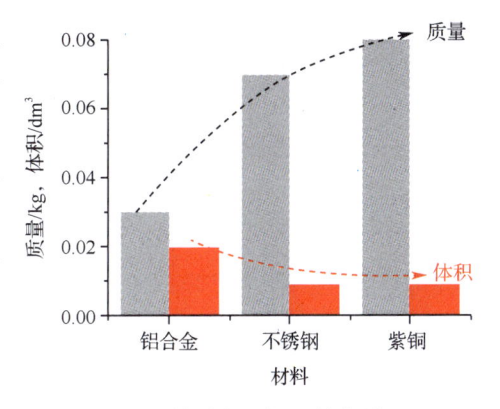

3. 小结与展望

显热储热的原理简单、技术成熟度高且应用成本较低，是目前在电子设备储热设计领域应用较为广泛的一类储热技术。然而，显热储热材料的储热密度相对较低，往往是在储热系统优化设计过程中最容易被人忽视的一类储热技术。实际上，在采用储热散热技术的电子设备中，采用显热储热技术的电子设备占比相当大，尤其对于集成度越来越高的电子设备而言，系统中绝大多数材料为显热储热材料。热设计师应能对储热系统的单位体积储热能力和单位质量储热能力进行综合考虑，通过合理优化显热储热材料选型设计，将显热储热部分的储热能力发挥到极致。

图8-7 不同材料实现相同储热量（1kJ）的体积和质量对比

8.2.2 潜热储热材料及强化设计

潜热储热技术是利用相变储热材料在相态变化过程中的吸热、放热现象实现热量的存储与释放的技术。潜热储热又称相变储热。理想的相变储热材料应同时具备相变温度适宜、相变焓值高、热导率高、比热容大、稳定性好及可靠性高等特点。虽然满足电子设备储热温区要求（通常为0℃～100℃）的相变储热材料品种繁多，但是能够同时具备上述特点的完美相变储热材料却极少。因此，针对相变储热材料应用还需要重点研究其强化或改性设计。

1. 相变储热材料的分类

相变储热材料按照成分可以分为无机类相变储热材料和有机类相变储热材料两大类。

1）无机类相变储热材料

（1）熔融盐。熔融盐为熔融状态的无机化合物，主要包括硝酸盐、氯盐、氟盐、碳酸盐等。其优点为热容量大（60～1000kJ/kg）、稳定性好、价格低等。其缺点为相变温度较高（150℃～1600℃）、腐蚀性强、热导率低等。部分熔融盐的储热性能参数如表8-2所示。

表8-2 部分熔融盐的储热性能参数

材 料	熔点/℃	相变焓值/（kJ/kg）
$ZnCl_2$	280	75
$NaNO_3$	308	199
NaOH	318	165
KNO_3	336	116
NaCl	800	492
$MgCl_2$	714	452
Na_2CO_3	854	276

虽然已有较多针对熔融盐的改性研究，如通过多种盐掺混以降低熔点，但是其熔点依旧较高，难以满足电子设备的储热应用需求。目前熔融盐类相变储热材料仍主要应用于中高温储热领域。

（2）金属或合金。相较于熔融盐，金属或合金的热导率一般高出数十倍以上（大于50W/(m·K)），并且具有储热密度高（密度为2500～9000kg/m³，体积比热容更大）、稳定性好等优点。常见的低温型合金类相变储热材料为由Sn、Bi、Pb、Cd、In和Sb等组成的熔点相对较低的合金。部分金属及合金的储热性能参数如表8-3所示。金属或合金类相变储热材料最大的缺点为与封装材料之间的相容性差、腐蚀性较强、易于氧化等，一旦出现材料泄漏将因其导电特性而引起电子设备短路，这在很大程度上限制了其商业化推广及应用。

表8-3 部分金属及合金的储热性能参数

材 料	熔点/℃	相变焓值/（kJ/kg）
Hg	-38.87	11.4
Ga	29.8～30	80.12
Sn	232	60.5
Bi	271	53.3
In	156.7	53.3

续表

材　料	熔点/℃	相变焓值/（kJ/kg）
82Ga-12Sn-6Zn	18.8	86.5
67Ga-20.5In-12.5Zn	10.7	67.2
96.5Ga-3.5Zn	25	88.5
66.3In-33.7Bi	72	25
58Bi-42Sn	138.8	44.8
93Ga-5Zn-2Cd	24.6	85.03
52Bi-26Pb-22In	70	29
33Bi-16Cb-51In	61	25

金属或合金与容器的相容性研究及金属或合金封装技术等是近年来的研究热点和难点，如以伍德合金（熔点约为73℃）为相变储热材料、膨胀石墨为载体的复合定型合金相变储热材料研究。

2）有机类相变储热材料

（1）石蜡类。石蜡是具有直链结构的正构烷烃混合物，其分子通式为 C_nH_{2n+2}。部分石蜡的储热性能参数如表 8-4 所示。石蜡具有较宽的相变温度范围，随着碳链长度增加，石蜡的相变温度和相变焓值均升高。此外，具有偶数个碳原子烷烃的石蜡的相变潜热略高于具有奇数个碳原子烷烃的石蜡，但随着碳链长度增加，二者的相变潜热趋于相同。

表 8-4　部分石蜡的储热性能参数

材　料	熔点/℃	相变焓值/（kJ/kg）
正十二烷（$C_{12}H_{26}$）	−9.7	210
正十五烷（$C_{15}H_{32}$）	10	205
正二十烷（$C_{20}H_{42}$）	36.7	246
正二十五烷（$C_{25}H_{52}$）	53.3	238
正三十烷（$C_{30}H_{62}$）	65.4	250
正三十六烷（$C_{36}H_{74}$）	75	250
正四十烷（$C_{40}H_{82}$）	85	280

石蜡的相变温度范围与电子设备的储热温区匹配性好，且具有高熔化热、无腐蚀性、稳定性好、相变温度范围大等优点，因此是电子设备储热设计领域中应用较为广泛且成熟的产品。但其也存在热导率低、熔融体积变化大等缺陷，在应用前需要进行导热增强、复合定型等强化设计。

（2）非石蜡类。非石蜡类有机相变储热材料包括脂肪酸类（$C_nH_{2n+1}COOH$）、醇类（R-OH，其中 R 为饱和脂肪烃基）、酯类（R-COO-R′，其中 R 为烃基或氢原子，R′不能为氢原子）等。非石蜡类有机相变储热材料的储热性能参数如表 8-5 所示。该类材料具有储热量大、热导率低、稳定性差等特性，其主要改性方向为制备定型相变储热材料、提高热导率、寻找合适的相变温度、提高潜热等。其主要的改性方法为通过混合获得多元低共熔物，混合过程中一般无化学反应，得到的共熔物在低温下具有良好的热稳定性，且热导率和相变焓值也有一定提高。

表 8-5 非石蜡类有机相变储热材料的储热性能参数

材料		熔点/℃	相变焓值/(kJ/kg)
脂肪酸类	乙酸 CH_3COOH	16.7	194
	棕榈酸 $CH_3(CH_2)_{14}COOH$	65.1	186
	硬脂酸 $CH_3(CH_2)_{16}COOH$	69.4	200
醇类	木糖醇	94.3	240
	赤藓糖醇	120	340
酯类	三硬脂酸甘油酯	63.45	149.4
	半乳糖醇六硬脂酸酯	47.8	251

2. 相变储热材料的导热强化设计

图 8-8 所示为典型相变储热材料与显热储热材料的储热密度及热导率对比。从图 8-8 中可以看出，尽管相变储热材料在储热密度方面具有显著优势，但除金属或合金外，其余绝大部分相变储热材料都面临热导率低的问题（普遍低于 $1W/(m·K)$）。相变储热材料的低热导率是制约其大规模应用的最重要因素之一，因此强化相变储热材料的导热性能，提高相变储热材料的储热效率一直是相变储热领域的研究重点。

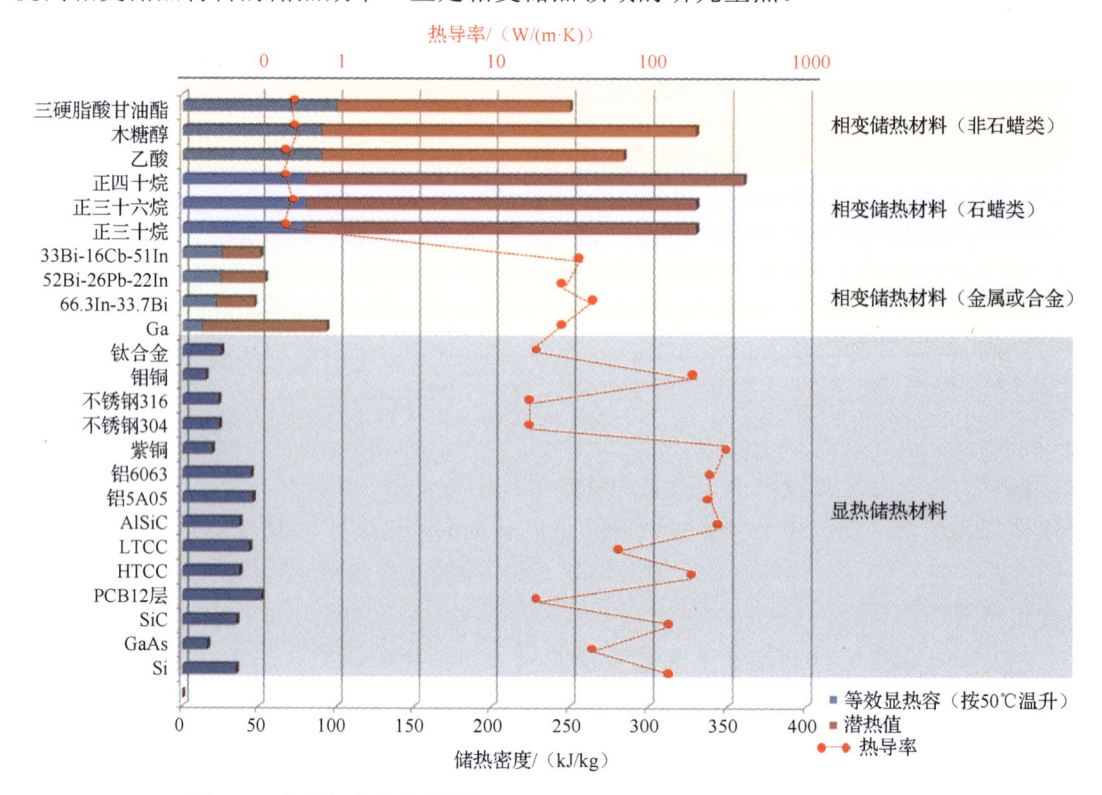

图 8-8 典型相变储热材料与显热储热材料的储热密度及热导率对比

相变储热材料导热强化设计主要包括填充高导热材料和增大接触比表面积两种方法。

1) 填充高导热材料

填充高导热材料是在相变储热材料中添加高导热材料,或者采用特殊方法制备相变储热材料与高导热材料的复合材料,以提高热导率的方法。

(1) 将相变储热材料灌注到热导率更高的多孔材料中。多孔材料具有较高的孔隙率,内部孔隙可以容纳大量的储热介质。这种导热强化方法在储热设计领域中研究热度高,应用逐渐成熟且性能更好。储热介质在多孔材料中被划分成多个微小体,可在毛细力和表面张力的作用下封装在多孔介质中,避免出现泄漏问题。高导热多孔材料骨架可作为传热的通道,将热量快速传递到多孔材料的各个部分。泡沫金属填充相变储热材料如图8-9所示。

图 8-9 泡沫金属填充相变储热材料

(2) 在相变储热材料中添加高导热材料颗粒或固定形状的高导热骨架等。石墨是一种非常理想的高导热骨架材料,同时它还具有良好的导电性能和吸附性能。根据石墨内部结构和密度不同,其热导率在 24~470W/(m·K) 范围内变化。将不同密度的石墨与相变储热材料混合,或者将石墨材料用作基体,通过一定的技术手段将其与相变储热材料一起制备成为复合相变储热材料,可使热导率提高 5~100 倍。膨胀石墨和碳纳米管复合相变储热材料分别如图8-10、图8-11所示。

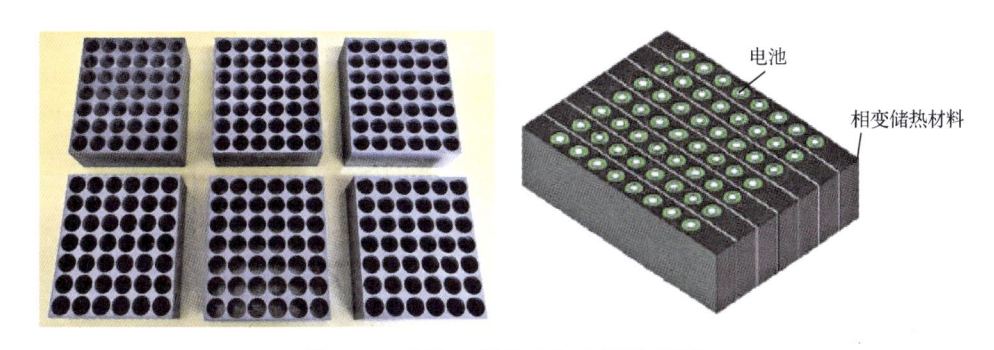

图 8-10 膨胀石墨复合相变储热材料

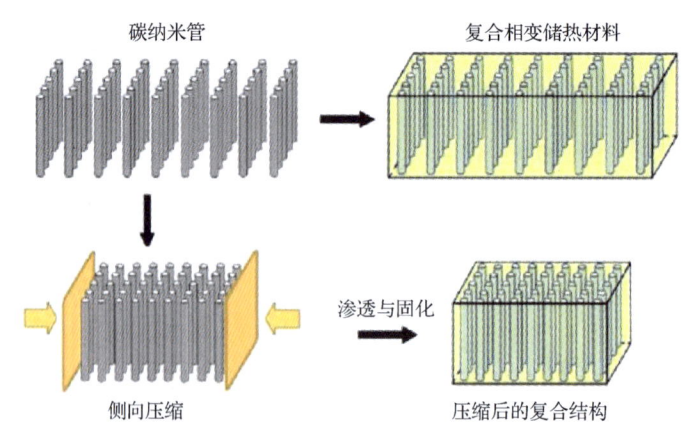

图 8-11　碳纳米管复合相变储热材料

在相变储热材料中散布高导热微纳米颗粒也是提高相变储热材料热导率的有效方法。添加高导热微纳米颗粒后的复合相变储热材料有效热导率会随着高导热微纳米颗粒的占比增加而升高，同时热稳定性不会产生明显变化，相变温度仅有略微变化。常用的纳米金属颗粒包括纳米铜、纳米银线、纳米银颗粒等，常用的微纳米碳材料包括多层石墨烯、单壁及多壁碳纳米管、碳纳米纤维等，常用的微纳米陶瓷材料包括六方氮化硼、纳米氧化铝、纳米氮化硅、纳米氮化铝颗粒等。表 8-6 所示为常用的填充高导热材料的导热强化方法及效果。

表 8-6　常用的填充高导热材料的导热强化方法及效果

相变储热材料及其热导率/（W/(m·K)）	高导热材料及其热导率/（W/(m·K)）	高导热材料填充质量分数/%	热导率提高比例/%
正二十烷，0.423	泡沫铜，399	5	623.4
硬脂酸，0.3	碳纤维，190	10	106.7
正十六烷，0.15	纳米铝，>230	—	733.3
石蜡，0.26	石墨烯纳米片，2000～5000	5	164
石蜡，0.24	碳纳米管，2000～3000	2	35
十四醇，0.32	银纳米线，37	62.73	356.3
石蜡，0.2	纳米氮化硅，17.6	10	35
石蜡，0.25	纳米四氧化三铁，9.7	20	67

2）增大接触比表面积

常用的增大接触比表面积方法包括加装导热翅片和采用相变储热材料封装技术等。

（1）在金属储热装置内部设计突出的翅片，能够增大储热材料的传热面积，提高热导率。这种导热强化方法成本较低、易于加工且成熟可靠，应用较为广泛。翅片可以设计为均匀翅片和非均匀翅片。均匀翅片是指将翅片均匀加工在储热装置上，可以增大传热面积，但可能会抑制储热材料的对流效应；非均匀翅片可以根据场协同原理综合考虑对流和传导效应，导热面积更大，传热速率和储热速率更高。各类热导率较高的金属，如铝、铜、不锈钢等，是目前用于制作翅片的主要材料。在采用加装翅片方法时应主要考虑材料成本、工艺难度、金属材料与相变储热材料之间的相容性等。可增大传热面积的分形金属翅片如图 8-12 所示。

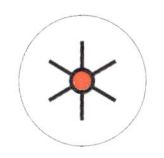

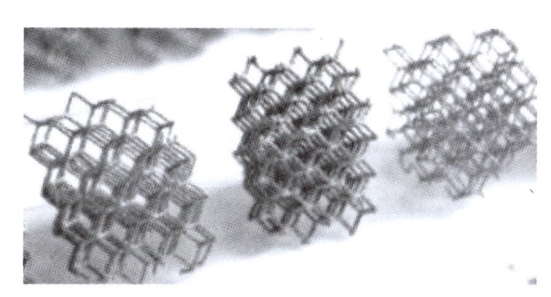

图 8-12 可增大传热面积的分形金属翅片

（2）相变储热材料封装技术是一种用成膜材料对固体或液体的相变储热材料进行包覆使其形成微小粒子的技术，囊壁的包覆能有效增大储热材料之间的接触面积，从而提高储热材料之间的热传导效率，实现导热强化，在相变储热材料领域中的研究热度不断提高。微胶囊封装的相变储热材料如图 8-13 所示。

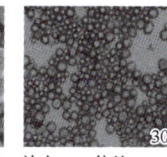

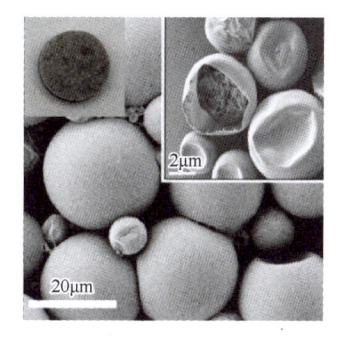

图 8-13 微胶囊封装的相变储热材料

3. 小结与展望

相变储热材料的储热密度明显高于显热储热材料，且相变储热同样是利用材料物理特性的储热过程，其可靠性较高、稳定性较好。另外，相变储热材料可通过改性等手段进一步提升导热能力。因此，相变储热材料在储热密度、可靠性及稳定性、技术成熟度等各方面都展现出一定优势，在未来一段时间内更具应用前景。

对于相变储热技术的发展而言，要进一步开发高性能相变储热材料，尤其是高相变焓值、高热导率的复合相变储热材料，以解决相变储热材料传热速率低的问题。另外，通过研究共晶技术可实现相变温度及相变焓值调控，对于扩展相变储热材料覆盖的温度范围和相变焓值范围均具有重要意义，能够快速获得物性符合要求的相变储热材料。

8.2.3 化学储热材料及控制设计

化学储热技术是利用可逆化学反应中热能与化学能的转换来存储和释放热量的技术。化学储热可分为浓度差储热、化学吸附储热和化学反应储热三大类。

1. 浓度差储热

浓度差储热是利用酸碱盐类水溶液在浓度发生变化时因物理化学势的差别（浓度差能量或浓度能量的存在）而吸收或放出热能的过程来储存和释放热量的。典型的应用有利用硫酸浓度差循环的太阳能集热系统、NaOH-H_2O 浓度差储热系统（见图 8-14）及 LiBr-H_2O 吸收式储热系统（见图 8-15）等，其储热密度一般可达到 200MJ/m^3。然而，浓度差储热技术因其系统较为复杂而降低了系统储热效率（通常小于 0.5），常用于太阳能集热系统设计。对于电子设备储热设计应用而言，浓度差储热技术应用的研究重点在于系统的小型化、高集成度设计。

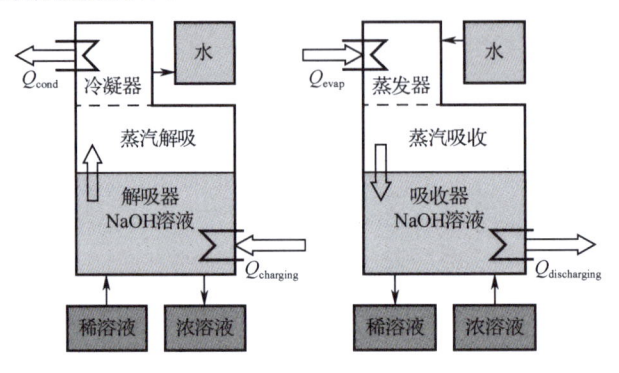

图 8-14 NaOH-H_2O 浓度差储热系统

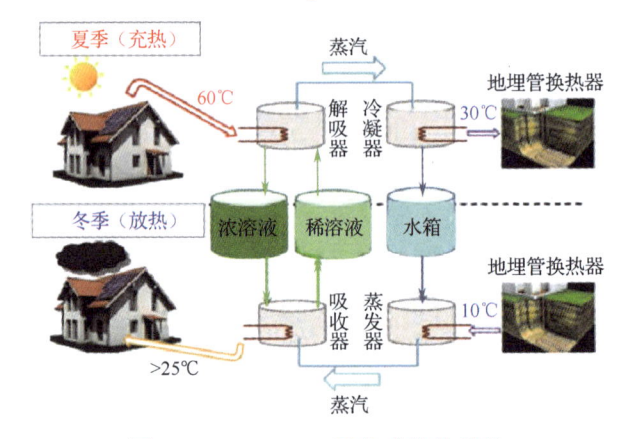

图 8-15 LiBr-H_2O 吸收式储热系统

2. 化学吸附储热

化学吸附储热是利用吸附剂与吸附质在解吸/吸附过程中伴随大量的热能吸收/放出进行热量的储存和释放的。化学吸附储热系统如图 8-16 所示。化学吸附储热系统主要包括以水为吸附质的水合盐储热体系和以氨为吸附质的氨络合物储热体系。

硫化钠（Na_2S）的水合/脱水反应的可逆性和稳定性好，而且 Na_2S 对水有很强的吸附能力，其储热密度可达 4000MJ/m^3 以上。Na_2S/H_2O 体系的吸附热大，其储热能力是相变储热材料的 10 倍。然而 Na_2S 具有腐蚀性，系统必须在真空状态下运行，因此需要配备真空泵等辅助设备，且该材料可能释放出有毒的 H_2S 气体，从而限制了 Na_2S 在化学吸附储热中的应用。

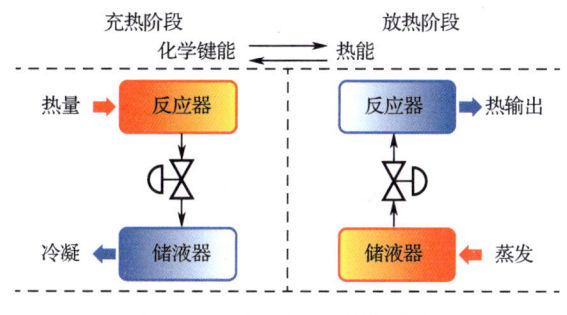

图 8-16　化学吸附储热系统

$MgSO_4/H_2O$ 体系被认为是非常有应用前景的水合盐储热体系，其理论储热密度可达 $2808MJ/m^3$，且 $MgSO_4$ 无毒、无腐蚀性。然而，该体系的持续反应动力学性能不佳，其水合过程进行异常缓慢，从而限制了其理论储热能力的全部发挥。研究者通过将 $MgSO_4$ 分散在沸石等多孔结构中以增大其反应比表面积的方式改善了其持续反应动力学性能，但同时也降低了其系统级储热能力，最终达到约 648kJ/kg 的系统级储热密度。此复合材料具有优良的热物理特性和循环稳定性，是非常有发展前景的化学吸附储热材料。

以氨为吸附质的氨络合物储热体系储热密度可达 1000kJ/kg 以上，但同样受制于系统设计复杂程度，其系统级储热密度会降低，且随着吸附过程的不断进行，其储热效率也会下降。

3．化学反应储热

化学反应储热是利用可逆化学反应中分子键的破坏与重组实现热量的存储和释放的，其储热量由化学反应的程度、储热材料的质量和化学反应热所决定。常见的化学反应储热体系及其应用于电子设备储热设计的可行性分析如下。

1）氢系化学反应储热

常见的氢系化学反应如表 8-7 所示。适用于电子设备储热温度范围的氢系化学反应的储热密度约为 700kJ/kg。由于氢系化学反应会生成 H_2，存在爆炸风险，因此其较难用于电子设备储热设计。

表 8-7　常见的氢系化学反应

化学反应式	温度范围/℃	储热密度/（kJ/kg）
$NaAlH_4 \rightarrow 1/3Na_3AlH_6 + 2/3Al + H_2$	25～202	7711
$Na_3AlH_6 \rightarrow 3NaH + Al + 3/2H_2$	100～290	467
$Mg(NH)_2 + 2LiH \rightarrow Li_2Mg(NH)_2 + H_2$	75～280	720
$(CH_3)_2CHOH \rightarrow (CH_3)_2CO + H_2$	80～90	1673

2）氨系化学反应储热

适用于电子设备储热温度范围的氨系化学反应的储热密度为 1000kJ/kg 以上。由于氨系化学反应生成的 NH_3 为有毒气体，因此在电子设备储热设计应用中应重点研究对 NH_3 生成物的吸收控制。氨系化学反应储热因为储热密度高、储热温度适宜，NH_3 生成物的吸附方式相对较多且技术成熟，所以是一类具有应用前景的化学反应储热体系。

3）水系化学反应储热

常见的水系化学反应如表 8-8 所示。适用于电子设备储热温度范围的水系化学反应的储热密度为 400kJ/kg 以上。由于在水系化学反应中水为典型生成物，反应易受水含量变化的影响，因此在电子设备储热设计应用中应重点研究对水化学反应的稳定性控制。水系化学反应储热因为储热密度高、储热温度适宜，且可选择的化学反应种类相对较多，所以是一类具有应用前景的化学反应储热体系。

表 8-8　常见的水系化学反应

化学反应式	温度范围/℃	储热密度/（kJ/kg）
$CaBr_2 \cdot 6H_2O \rightarrow CaBr_2 \cdot 0.3H_2O + 5.7H_2O$	38～81	1147
$LiNO_3 \cdot 3H_2O \rightarrow LiNO_3 + 3H_2O$	30～40	1727
$Na_2S \cdot 5H_2O \rightarrow Na_2S \cdot 0.5H_2O + 4.5H_2O$	25～83	1638

除以上化学反应储热体系外，卤系化学反应、氧系化学反应等也是典型的化学反应储热体系，但由于此类化学反应的反应温度普遍较高，无法用于电子设备储热设计，因此本章不作详述。化学反应储热设计的关键是选择适用于电子设备储热设计的化学反应，并对其进行必要的反应控制机构（或装置）设计。适用于电子设备储热设计的化学反应具有以下典型特征。

（1）材料的反应热效应明显，反应焓值较高。

（2）反应温度合适，一般电子设备储热反应温度范围为 0℃～100℃。

（3）反应速率适当，反应过程的可控性良好。

（4）不产生有毒或腐蚀性副产品。

（5）不易燃易爆，安全性高。

目前，化学反应储热材料选型问题的瓶颈在于满足上述特征的化学反应极少，大多数化学反应仍处于研究阶段，且控制难度与显热储热设计和相变储热设计相比均较大，距离工程化应用尚存在一定差距。但是，由于具有出色的储热能力和合适的储热温度，化学反应储热技术受到学者和热设计师的广泛关注。

4．小结与展望

化学储热材料的储热密度是 3 种储热材料中最高的，普遍能够达到 800kJ/kg 以上。但是化学储热的原理复杂，仍需要开展大量关于反应机理、反应动力学、反应过程与传热过程控制、耐腐蚀性、产物控制等的一系列研究。此外，如何提高化学储热技术的循环稳定性及如何实现化学储热温度范围的控制也是关键研究方向。化学储热技术是未来能够实现电子设备储热能力跨代提升的一项重要技术，但是目前绝大部分化学储热技术仍处于实验室研究阶段，技术成熟度有待提高。

8.3 典型电子设备储热设计

8.3.1 储热需求计算

1. 电子设备总发热量

根据电子设备的热耗和工作时序,计算出该电子设备的总发热量。例如,某电子设备的工作总时长为2400s,其热耗随工作时间变化而变化,如图8-17所示。可计算出该电子设备的总发热量约为34kJ,即该电子设备的储热需求约为34kJ。

2. 储热系统理论热容

根据热力学第一定律,电子设备产生的热量不对外做功,因此电子设备产生的总热量等于电子设备中的全部材料热容的热力学能变化量。电子设备中的材料热容通常包括材料的显热热容和储热材料的焓值(相变焓值或化学反应焓值)。

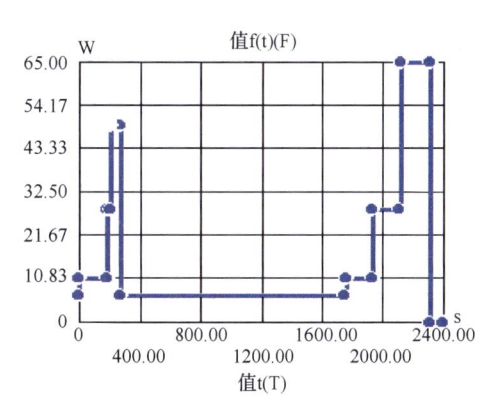

图8-17 某电子设备的热耗时序曲线

材料的显热热容按式(8-1)进行计算:

$$Q = \int_{T_0}^{T} C_p \mathrm{d}T \tag{8-1}$$

式中,Q为热量,单位为J/kg;T为温度,单位为K;C_p为比热容,单位为J/(kg·K)。

储热材料的焓值按式(8-2)~式(8-4)进行计算:

$$H = h + \Delta H \tag{8-2}$$

$$h = \int_{T_0}^{T} C_p \mathrm{d}T \tag{8-3}$$

$$\Delta H = \beta \gamma \tag{8-4}$$

式中,h为储热材料的显热值,单位为J/kg;ΔH为已熔化的相变储热材料的潜热或化学反应焓值,单位为J/kg;C_p为储热材料的比热容,单位为J/(kg·K);T为温度,单位为K;β为已熔化的相变储热材料或已反应的化学反应物的质量分数;γ为相变储热材料的相变焓值或化学反应焓值,单位为J/kg。

根据热力学第一定律,按照式(8-5)对电子设备储热系统的理论热容进行分配设计:

$$(M_1 Q + M_2 H) \geqslant U \tag{8-5}$$

式中,M_1为分配的显热储热材料的质量,单位为kg;M_2为分配的相变储热材料或化学反应物的质量,单位为kg;U为电子设备需散热部分的发热量,单位为J。

3. 储热系统功率管理

由于储热系统的吸热过程为典型的瞬态过程,因此在评估储热系统的储热需求时应充分考虑电子器件在短时间内的发热特性及耐温特性等。例如,某些电子器件具有发热功率随工作频段不同而变化的特性(见图8-18),在进行系统设计时可以通过管理该类电子器件在短时间内的工作频段范围,显著降低电子器件的发热功率,以达到从源头上降低储热需求的目的。

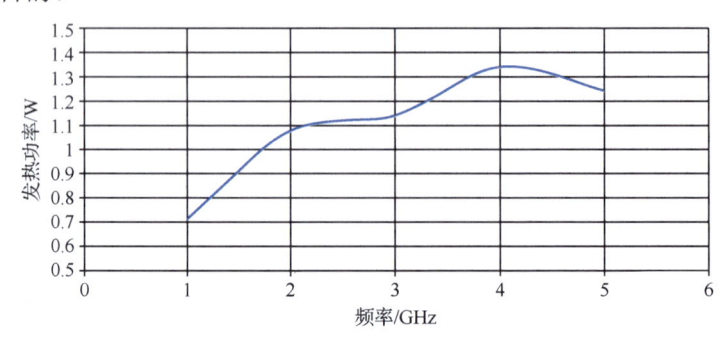

图 8-18 电子器件发热功率瞬时特性示意图

8.3.2 储热方式选择

1. 满足储热需求时优选显热储热方式

根据式(8-1)可知,在满足储热系统规定的质量指标要求的条件下,显热储热系统的储热总量受制于所有材料的温升。当电子设备的初始工作温度与显热储热材料的温升之和不超过电子设备的结束工作温度时,说明仅采用显热储热方式即可满足该储热系统的储热需求。

某显热储热系统设计如图 8-19 所示。该储热系统的质量要求为 1kg,所选材料为铝合金,总发热量为 20kJ,初始工作温度为 60℃,结束工作温度为 90℃。根据理论热容计算分析可知,设计温升定为 25℃,则 1kg 铝合金的有效热容量约为 1kg× 900J/(kg·K)×25K = 22.5kJ,可满足 20kJ 发热量的储热需求。因此,该储热系统优选显热储热方式。

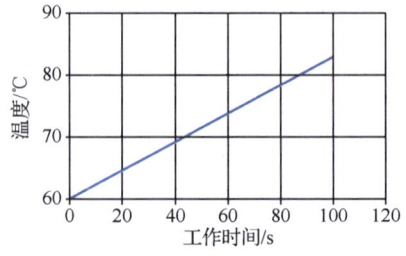

图 8-19 某显热储热系统设计

2. 更高储热需求时采用组合储热方式

若电子设备储热系统的理论热容计算值超出表 8-1 中给出的显热储热材料的等效热容值，则说明仅采用显热储热材料已无法满足储热需求。此时，要采用具有更高储热密度的储热方式。

某组合储热系统设计如图 8-20 所示。该储热系统的理论热容计算值为 150kJ/kg，初始工作温度为 60℃，结束工作温度为 90℃。查询表 8-1 可知，已有显热储热材料的等效热容值（按照设计温升为 25℃）最大仅约为 26kJ/kg（为 PCB 材料），无法满足 150kJ/kg 的等效热容设计要求。查询表 8-2 可知，大多数相变储热材料的相变焓值大于 150kJ/kg。因此，在进行该储热系统设计时应考虑采用显热储热和相变储热相结合的组合储热方式。

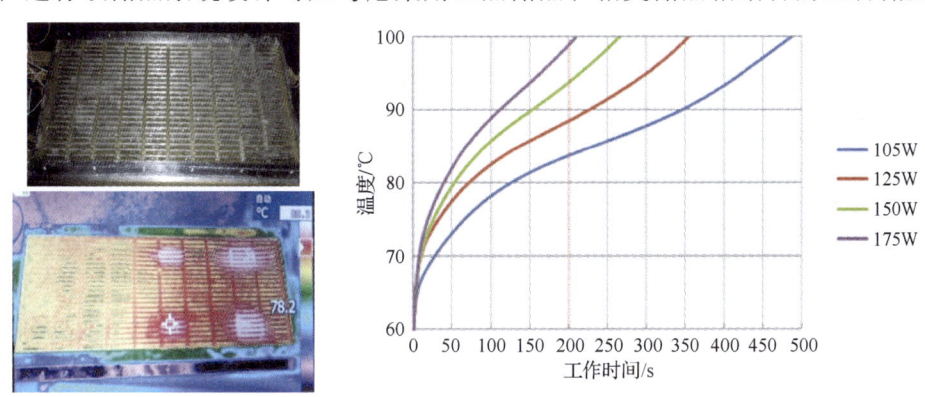

图 8-20 某组合储热系统设计

8.3.3 储热温区设计

合理设计储热温区可以有效地提高电子设备储热系统的热容利用效率，保障电子设备的可靠性。影响电子设备储热温区设计的主要温度点包括"初始工作温度""峰值储热温度""结束工作温度" 3 项内容。

（1）初始工作温度通常由产品的环境条件确定。

（2）结束工作温度通常由电子设备的耐温设计指标要求确定。

（3）峰值储热温度的确定应综合考虑初始工作温度、结束工作温度（耐温设计指标），以及不同峰值储热温度下相变储热材料的焓值水平等因素。

例如，某电子设备的高温工作环境条件为 60℃，因此该电子设备储热温区设计的初始工作温度为 60℃。设计选用峰值相变温度分别为 75℃、85℃、95℃的 3 种相变储热材料，且 3 种相变储热材料的相变焓值随着峰值相变温度的升高而升高。图 8-21 所示为 3 种相变储热材料所对应的温升曲线，由此可以得出以下结论。

（1）当耐温指标为 80℃时，该电子设备储热温区的结束工作温度为 80℃，此时仅峰值相变温度为 75℃的相变储热材料可发挥其有效相变焓值。

（2）当耐温指标为 100℃时，该电子设备储热温区的结束工作温度为 100℃，峰值相变温度为 85℃ 的相变储热材料整体表现出最优的储热性能。

（3）当耐温指标为 120℃ 时，该电子设备储热温区的结束工作温度为 120℃，3 种相变储热材料的相变焓值均已充分利用。由于 3 种相变储热材料的相变焓值差异，最终峰值相变温度为 95℃ 的相变储热材料表现出最优的储热性能。

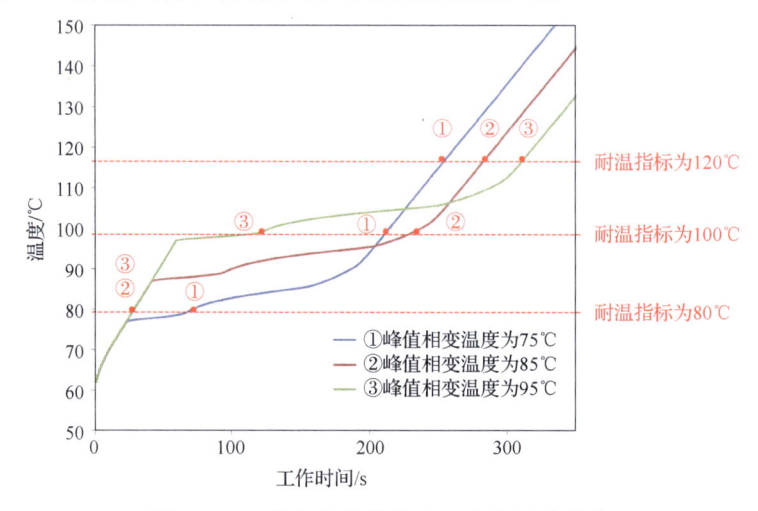

图 8-21　3 种相变储热材料对应的温升曲线

8.3.4　综合仿真校核

1．仿真软件

大多数热学仿真软件均可实现瞬态热仿真，如 FloTHERM、ICEPACK、FloEFD、ANSYS Workbench 等。本节以 FloEFD 为例，对瞬态储热仿真设计进行介绍。

2．仿真流程

瞬态储热仿真设计的主要流程包括前处理、求解和后处理等。其中，前处理过程重点关注几何模型处理和网格划分等；求解过程重点关注材料参数设置和热边界条件设置等；后处理过程重点关注热仿真结果的呈现及分析。

3．几何模型处理

电子设备储热主要是利用各种结构的热容资源进行散热的，因此在进行瞬态储热仿真设计时必须充分考虑结构模型变化对散热性能的影响。瞬态储热仿真的几何模型处理原则如下。

（1）几何模型的简化处理不能影响到有效热容量。例如，当螺钉、电连接器等结构不作为主要热容资源时，可进行必要的删除简化处理。但若在某个储热系统中无法忽略上述结构的储热量影响，则此类结构不能简单删除，可改为保留原结构或进行等热容量简化处理。

（2）几何模型的简化处理不能改变主要传热路径。例如，当电连接器等结构引起部分热量的传递方向发生变化时，该类结构不能简单删除，可改为保留原结构或进行等热导率简化处理。

4．材料参数设置

储热系统中各类材料的密度、比热容、热导率等参数对散热资源的影响至关重要。尤其对于新材料的应用，必要时需要结合实测数据给出其密度、比热容、热导率等关键参数。

对相变储热材料和化学储热材料而言，其相变焓值或化学反应焓值可采用等效热容法进行简化设置。例如，正三十六烷的峰值相变温度为 75.8℃，相变焓值为 230kJ/kg，其固态和液态时的显热容分别为 1760J/(kg·K)、2730J/(kg·K)，则正三十六烷的比热容设置如图 8-22 所示。

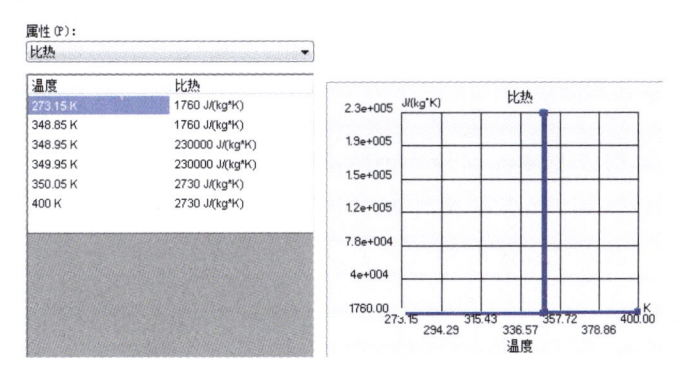

图 8-22　正三十六烷的比热容设置

5．热边界条件设置

电子设备储热仿真一般为瞬态热仿真，主要涉及的瞬态热边界条件包括瞬态环境条件和电子设备的瞬态热耗及发热时序等。

1）瞬态环境条件设置

例如，某电子设备所处环境的初始工作温度为 60℃（热透），并在工作时序的最后 450s 内升高至 135℃，则瞬态环境条件设置如图 8-23 所示。

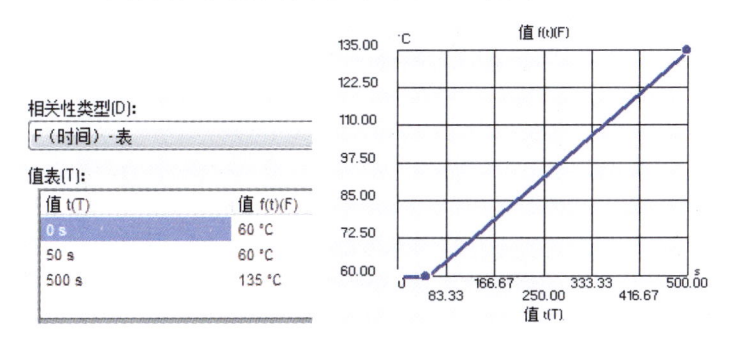

图 8-23　瞬态环境条件设置

2）瞬态热耗及发热时序设置

例如，某电子设备主要发热器件的发热时长为 2400s，其在不同时段内的热耗条件包括 6.5W、11W、28W、49W 等，则发热器件的瞬态热耗及发热时序设置如图 8-24 所示。

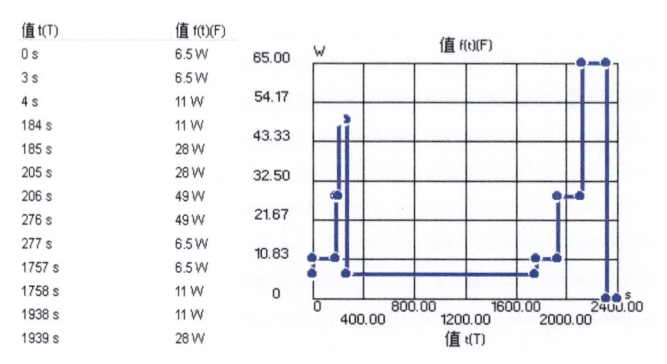

值 t(T)	值 f(t)(F)
0 s	6.5 W
3 s	6.5 W
4 s	11 W
184 s	11 W
185 s	28 W
205 s	28 W
206 s	49 W
276 s	49 W
277 s	6.5 W
1757 s	6.5 W
1758 s	11 W
1938 s	11 W
1939 s	28 W

图 8-24　发热器件的瞬态热耗及发热时序设置

6. 热仿真结果及分析

完成计算后，可根据需要加载随物理时间变化的结果，以便查看某具体物理时间点的结果。例如，上述案例中的发热器件在 2400s 工作时长内的温度变化曲线如图 8-25 所示。通过分析可知，其在 2318s 时温度达到最大值，此时的温度云图如图 8-26 所示。

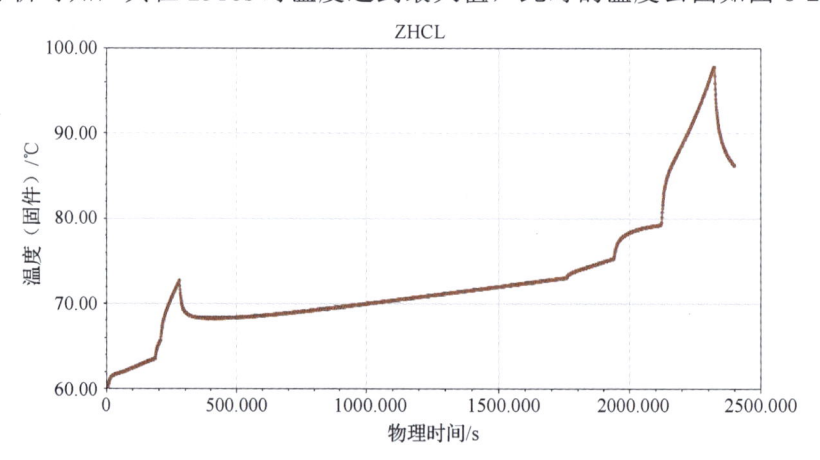

图 8-25　温度变化曲线

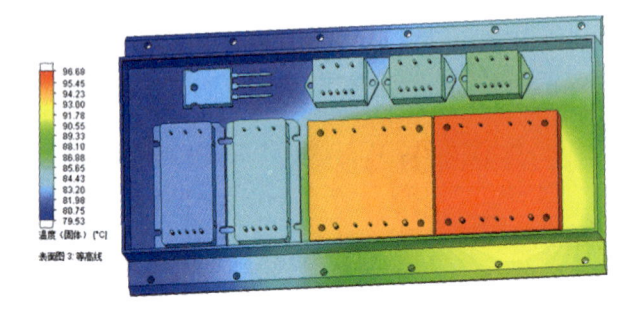

图 8-26　最大温度点的温度云图

一个设计良好的电子设备储热系统应能够充分利用储热资源,并确保各电子器件的工作温度均满足耐温指标要求且设计余量相当。例如,上述电子设备在工作末期,相变储热材料利用率(大于其相变温度点,即75.8℃的占比)达到80%以上,说明储热资源已被充分利用。同时,5种电子器件工作末期的最高温度均满足耐温指标要求且保持了相当水平的设计余量。热仿真结果分析及设计评估如图8-27所示。

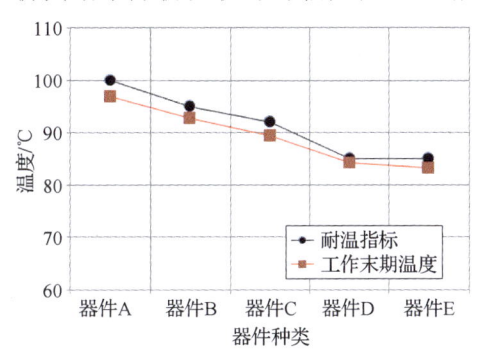

图8-27 热仿真结果分析及设计评估

综上所述,热设计师在进行电子设备储热设计时,应充分掌握电子设备的工作特性,深度协同电信设计,通过合理地进行功率管理和理论热容分析等顶层设计,从设计源头上实现储热资源的最优化配置。另外,还应充分掌握且熟练应用各类储热技术,攻克各类工程问题,从而实现最佳的储热技术工程化应用。一个设计良好的电子设备储热系统一定是电、热、结构、材料等的最优综合体,因此对热设计师或设计团队成员提出了更高的能力要求,他们必须同时掌握电子、热学、机械、材料学、物理、化学等多学科领域的专业知识。

参考文献

[1] 周伟, 张芳, 王小群. 相变温控在电子设备上的应用研究进展[J]. 电子器件, 2007(1): 344-348.

[2] IEA-ETSAP, IRENA. Thermal energy storage[R]. Technology Brief E17, Bonn, 2013.

[3] 辛晓峰, 钱吉裕, 夏艳. 有源相控阵导引头的热设计研究[J]. 现代雷达, 2020, 42(10): 86-90.

[4] PILAR R, SVOBODA L, HONCOVA P, et al. Study of magnesium chloride hexahydrate as heat storage material[J]. Thermochimica Acta, 2012, 546(20): 81-86.

[5] BISWAS D R. Thermal energy storage using sodium sulfate decahydrate and water[J]. Solar Energy, 1977, 19(1): 99-102.

[6] BIRUR G C, JOHNSON K R, NOVAK K S, et al. Thermal control of mars lander and rover batteries and electronics using loop heat pipe and phase change material thermal storage technologies[C]. 30th International Conference on Environmental Systems,

Toulouse，2000.

[7] BIRUR G，NOVAK K. Novel thermal control approaches for mars rovers[R]. NASA，2006.

[8] PRIEBE J. The utilization of high output paraffin actuators in aerospace applications [C]. 31st Joint Propulsion Conference and Exhibit，San Diego，1995.

[9] VRABLE D L，VRABLE M D. Space-based radar antenna thermal control[C]. Space Technology and Applications International Forum，Albuquerque，2001.

[10] 王磊，菅鲁京. 相变材料在航天器上的应用[J]. 航天器环境工程，2013，30（5）：522-528.

[11] AL-HALLAJ S，KIZILEL R，LATEEF A，et al. Passive thermal management using phase change material（PCM）for EV and HEV Li-ion batteries[C]. IEEE Vehicle Power and Propulsion Conference，2005.

[12] ZHANG X，KONG X，LI G，et al. Thermodynamic assessment of active cooling/heating methods for lithium-ion batteries of electric vehicles in extreme conditions[J]. Energy，2014，64（1）：1092-1101.

[13] QU Z G，LI W Q，TAO W Q. Numerical model of the passive thermal management system for high-power lithium ion battery by using porous metal foam saturated with phase change material[J]. International Journal of Hydrogen Energy，2014，39（8）：3904-3913.

[14] WANG C X，HUA L J，YAN H Z，et al. A Thermal management strategy for electronic devices based on moisture sorption-desorption processes[J]. Joule，2020，4（2）：435-447.

[15] RAO Z，WANG Q，HUANG C. Investigation of the thermal performance of phase change material/mini-channel coupled battery thermal management system[J]. Applied Energy，2016，164：659-669.

[16] 王瑞杰，金兆国，丁汀，等. 基于正十四烷微胶囊和微封装技术的相变材料技术研究[J]. 载人航天，2015，21（3）：249-256.

[17] 古家安. 相变储能换热器中分形肋片强化传热数值分析[D]. 南昌：华东交通大学，2021.

[18] 张正国，方晓明，凌子夜，等. 储热材料及应用[M]. 北京：化学工业出版社，2022.

[19] CAO J H，FENG J X，FANG X M，et al. A delayed cooling system coupling composite phase change material and nano phase change material emulsion[J]. Applied Thermal Engineering，2021，191：1359-4311.

[20] 林伯，句子涵，胡定华，等. 基于泡沫铜骨架高导热复合相变储热材料的热性能研究[J]. 材料导报，2022，36（Z1）：29-33.

Chapter 9

第9章

电子设备微系统冷却技术

【概要】
　　随着电子设备集成度的提高，微系统冷却技术成为电子设备热设计研究的热点。本章从电子设备微系统冷却的内涵出发，介绍常用封装技术的热特性，分析微系统冷却的特点和面临的挑战，并重点从芯片近结高导热材料、异质界面低热阻技术、嵌入式微流体技术等方面阐述常用微系统冷却技术及设计方法。

9.1 电子设备微系统冷却概述

9.1.1 微系统冷却的内涵

　　微系统是以微电子、光电子、微机电系统（Micro Electro Mechanical System，MEMS）为基础，融合体系架构和算法，运用微纳系统工程方法，将传感、通信、处理、执行、能源等功能单元在微纳尺度上采用异构、异质方法集成的微型信息系统，如图9-1所示。

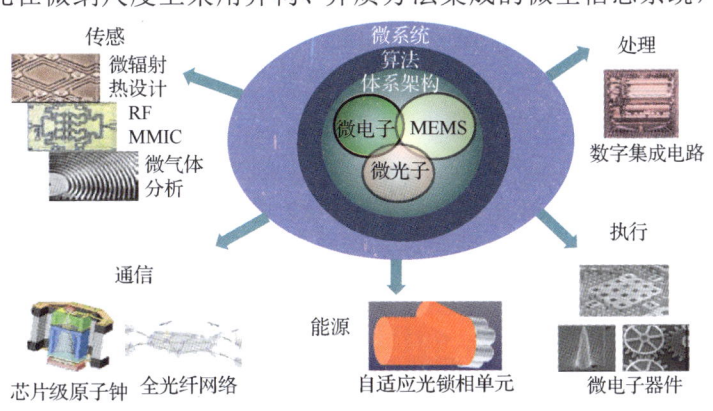

图9-1　微系统的特征

微系统技术高度融合了微电子技术和集成技术,在尺度缩小的基础上实现了更多功能的集成。微系统技术主要有以下两个方面的含义。

(1) 微系统具有微电子器件的血统,进一步追求更小的纳米尺度工艺,是一种较集成电路更进一步的集成,呈现出微电子器件发展的更高形态。这种集成的特点主要体现在微系统的"微"上。

(2) 微系统从发展路径上看,从单功能微系统到集成微系统(三维集成微系统和异构集成微系统),再到片上系统,实现了从计算、信号处理、信号存储等单一功能到多功能的集成(如信号感知、信号处理、通信、供电、信令执行),系统复杂度急剧提高。这种系统性的特点主要体现在微系统的"系统"上。

微系统是微电子技术发展的体系性突破和微电子器件发展的更高形态,其内部热效应呈现出新的特征,必将引起冷却技术的革命性变化。微系统冷却技术是微系统发展亟须突破的技术瓶颈之一。

9.1.2 常用封装技术的热特性分析

1. 集成电路常用封装形式

在集成电路发展的很长时间内,摩尔定律的发展依照登纳德缩放定律进行,在每一代技术中,晶体管密度增加一倍,单位面积内晶体管功耗保持不变,因此芯片的功率密度保持不变。然而,登纳德缩放定律从 2007 年开始大幅放缓,在 2012 年左右接近失效,因为在先进制程中,晶体管的栅极长度越来越小,漏电现象变得越来越严重,使得芯片在采用更小工艺制作时功耗不减反增,从而带来了严重的散热问题。

同时,随着电子技术的发展与应用需求的提高,电子器件功能密度剧增,输入功率和热耗不断提高,系统集成度提高,器件特征尺寸持续减小,导致其热流密度急剧升高。如果系统内部热源产生的热量无法快速有效地散出,则局部温度将会急剧升高导致器件失效,从而影响系统整体性能。该问题在高功率射频微系统、光电微系统中更加突出。将热耗从系统内部快速导出与系统的封装结构形式紧密相关。

电子设备封装一般是指把裸芯片装配成最终产品的过程。封装起着电气互联、机械支撑、散热和环境隔离等作用。由于电子设备封装结构直接关系着芯片的传热特性,因此从源头上理解芯片内部封装传热特性非常重要。

半导体封装的发展历程如图 9-2 所示,一般可划分为四个阶段。

(1) 第一阶段(20 世纪 70 年代及以前):通孔插装时代,典型封装形式包括晶体管外形(Transistor Outline,TO)封装、双列直插封装(Dual In-line Package,DIP)等。

DIP 外形和内部结构示意图如图 9-3 所示,芯片产生的热量主要通过金线/树脂、引脚传导至基板,金线和引脚的传热面积较小,树脂的热导率较低,因此整体传热效率较低。该封装形式中热和电的传输路径基本一致,不用特别考虑热的传输,因此适用于小功率器件,热耗较小,集成度较低,一般采用自然散热或风冷即可实现器件正常工作。

第 9 章 电子设备微系统冷却技术

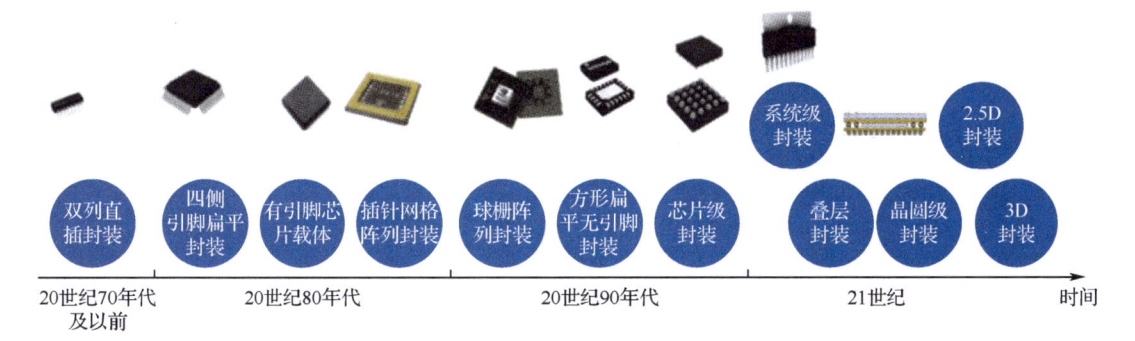

图 9-2 半导体封装的发展历程

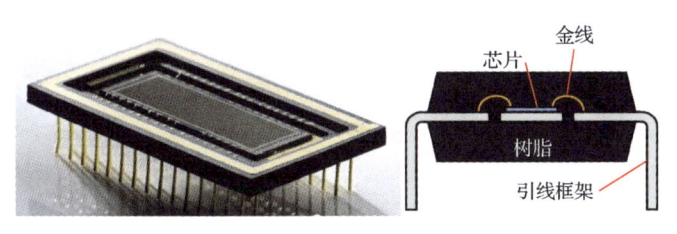

图 9-3 DIP 外形和内部结构示意图

（2）第二阶段（20 世纪 80 年代）：表面贴装时代，从通孔插装型封装向表面贴装型封装转变，从平面两边引线型封装向平面四边引线型封装发展，典型封装形式包括四侧引脚扁平封装（Quad Flat Package，QFP）、小外形封装（Small Outline Package，SOP）、插针网格阵列（Pin-Grid Array，PGA）封装等。

QFP 外形（去除顶盖）和内部结构示意图如图 9-4 所示，其主要有以下特征：①多数 QFP 芯片底部不与底部 PCB 接触，底部加热过孔收效甚微，在特殊情况下可以在底部添加界面材料，连通芯片底壳和底部 PCB，降低结板热阻；②QFP 芯片顶部由于大多采用塑料封装，因此结壳热阻也比较高；③内部铜合金焊盘有助于在包覆材料内部均热。从传热角度来说，其散热途径与 DIP 等封装基本一致，主要增加了金属引脚数量，扩大了散热路径上的传热面积。但其内部的树脂、金线等依然存在散热问题。

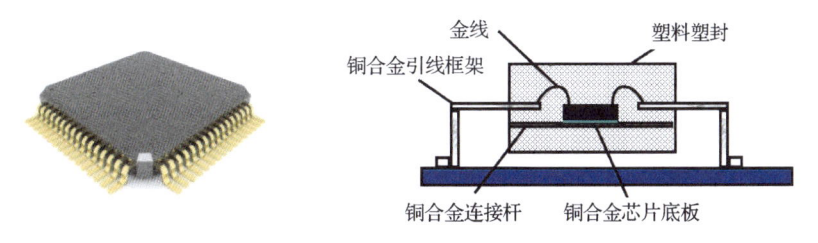

图 9-4 QFP 外形（去除顶盖）和内部结构示意图

（3）第三阶段（20 世纪 90 年代）：球栅阵列封装时代，半导体封装的引线方式从平面四边引线向平面球栅阵列发展，引线技术从金属引线向微型焊球方向发展，典型封装形式包括球栅阵列（Ball-Grid Array，BGA）封装、方形扁平无引脚（Quad Flat No-leads，QFN）封装等。

为了更好地实现电气互联和散热，同时平衡成本，目前采用平面微型焊球球栅阵列的封装越来越多。其中，BGA 封装的底部按照矩阵方式制作引脚，引脚的形状为球形，在封装壳的正面装配芯片。BGA 封装主要应用于处理器、内存、图形显示、通信等领域。BGA 封装示意图如图 9-5 所示。

图 9-6 所示为两种典型的 BGA 封装内部结构示意图。第一种为 Die-up 封装结构，芯片焊接在高热导率的焊盘上，整个封装通过球栅阵列焊接在 PCB 上；芯片产生的热量主要从焊盘传导至 PCB，PCB 导热能力差，一般适用于功耗不超过 2W 的器件。第二种为 Die-down 封装结构，芯片置于焊盘下方，焊盘直接与高热导率的扩热板或散热器相连，传热热阻低，可处理 10W 以上的功耗。

图 9-5　BGA 封装示意图

BGA 封装相较于前两个阶段的封装，大大缩短了传热路径，同时可忽略树脂、金线等的影响，提高了封装的散热效率。Die-up 封装结构可通过在基板上增加热通孔、采用高导热陶瓷基板等方法进一步降低封装热阻。但 Die-up 封装结构中热通路和电通路仍然共用同一个面，涉及空间资源上的相互制约，限制了散热能力的提升。Die-down 封装结构通过将热通路和电通路分布在上、下两个不同的面上，使散热面可不受电气布线的制约并且可采用多种高导热材料，大大提升了封装的散热能力。

（a）Die-up 封装结构　　　　　（b）Die-down 封装结构

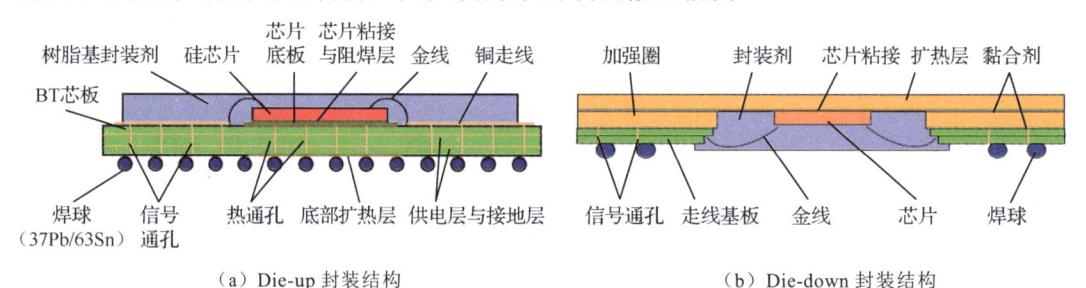

图 9-6　两种典型的 BGA 封装内部结构示意图

（4）第四阶段（21 世纪）：先进封装时代，封装朝着系统集成、高速、高频、三维、超细节距互连方向发展，系统功能密度有效提高，微系统特征越发明显，典型封装形式包括芯片级封装（Chip-Scale Package，CSP）、系统级封装（System in Package，SiP）、晶圆级封装（Wafer-Level Package，WLP）、2.5D 封装和 3D 封装等。

2.5D 封装是指采用了中介层（Interposer）进行芯片互连的集成方式，中介层目前多采用硅、有机基板、玻璃基板，利用其成熟的工艺和高密度互连的特性，实现更小的封装体积和更高的散热效率。典型 2.5D 封装结构示意图如图 9-7（a）所示，多个芯片通过微凸点与转接板焊接，中介层内通过 TSV 与基板实现电气互联。芯片产生的热量通过中介层和两层焊接界面传导至 PCB。相较于硅中介层，玻璃基板中介层的高频性能更好，但由于热导率较低，因此不适用于功率较高的系统。

3D 封装是指在不改变封装体尺寸的前提下，在同一个封装体内于垂直方向叠放两个以上芯片的封装技术，它起源于快闪存储器芯片及动态存储器芯片的叠层封装。3D 封装主要通过 TSV 直接进行高密度互连。TSV 技术允许将更大量的功能封装到芯片中而不必增大其平面尺寸。3D 封装主要特点包括多功能、高效能、大容量、高密度，单位体积上的功能及应用成倍增加，并且成本低。典型 3D 封装结构示意图如图 9-7（b）所示，多个芯片沿高度方向堆叠封装，通过 TSV 和微凸点实现互连。由于多层芯片堆叠，从上至下每层芯片的热量不断叠加，因此可能会出现"热孤岛"现象。目前 3D 封装主要用于存储芯片等低热耗芯片的 3D 集成。从散热角度看，该封装形式暂时难以支撑射频芯片、GPU 芯片等的堆叠。

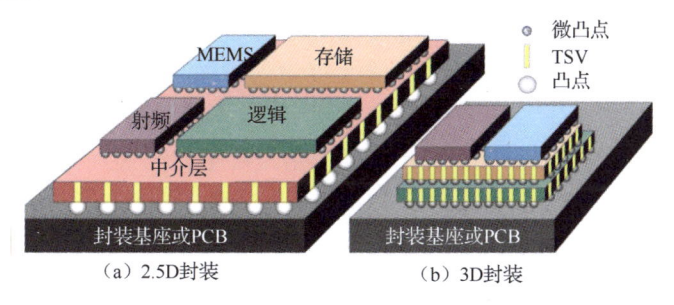

图 9-7 典型 2.5D 封装和 3D 封装结构示意图

SiP 是从封装的立场出发，对不同芯片进行并排或叠加的封装形式，将多个具有不同功能的有源器件与无源器件，以及处理器、存储器、MEMS、光学器件等优先组装到一起，形成实现特定功能的单个标准封装件。SiP 从结构上可以分为两类基本形式：一类是多个芯片平面排布的二维封装结构（2D SiP）；另一类是多个芯片垂直叠装的三维封装/集成结构（3D SiP）。SiP 重点关注系统，可能采用传统的金线键合工艺，也可能采用倒装互连工艺或先进封装工艺。随着系统对性能、功耗、体积的要求越来越高，集成度的需求也越来越高，SiP 会越来越多地采用先进封装工艺。SiP 的散热特性与 2.5D 封装和 3D 封装类似。

从半导体封装技术的发展历程来看，第一阶段和第二阶段主要解决电气接口的数量问题，热问题并不明显；第三阶段通过 BGA 增加了垂直方向的传热，冷却逐渐成为封装设计重点考虑的因素；第四阶段在功能上实现了多芯片互连，集成度剧增，在垂直方向上实现了多层热界面耦合，散热效率成为制约先进封装工艺发展的主要因素之一。

2. 功率半导体器件常用封装形式

功率半导体器件封装和射频微系统封装采用类似于传统集成电路封装的制造技术及封装形式，但根据具体的应用场景不同，其封装也各有不同。

以功率半导体器件封装为例，目前功率半导体器件封装根据其功率需求不同，主要分为用于小功率场景的半导体分立器件封装和集成电路封装，以及用于中大功率场景的模块式封装。

用于小功率场景的封装主要包括 TO、SO-8、QFN、SOP、WL-CSP 等形式。典型小功率半导体器件封装模型如图 9-8 所示。半导体分立器件需要焊接到 PCB 上应用，封装体内无绝缘设计。以图 9-8（a）中目前主流的 TO-220 为例，其电信号通过 3 个引脚传递，热量通过芯片先传递到焊接层、底板，然后传递到 PCB 和散热器。因为热通路和电通路独立，所以其热量传递路径通畅，部分功率半导体器件采用该封装甚至可实现高达 50W 的热耗设计。由于传统封装中硅与铜底板的热膨胀系数不匹配限制了 TO 封装的可靠性，因此用陶瓷衬底替代铜底板的封装应用逐渐普及。

用于高电压、大电流等场景的大功率半导体器件，由于其高热耗和高绝缘要求，一般将其与配套的辅助元件一起以绝缘方式组装到金属基板上，形成功率模块（Power Module）封装，其主要封装形式如图 9-9 所示。传统功率模块采用平面封装形式，如图 9-9（a）所示，在该封装结构中，多个芯片被焊接或粘接于同一绝缘衬板的金属化表面，该基板既对模块起到电气绝缘作用，又用作高导热扩热板。芯片正面的电气连接通过铝线/铜线键合实现。目前也有无键合线面接触的封装形式可以降低寄生参数、提高散热性能，但在该封装结构下，热量只能从芯片底部的陶瓷基板和底板构成的唯一路径散热。为了解耦电气互联和散热传递，行业内提出顶部散热封装，如图 9-9（b）所示。在该封装结构下，热通路的设计完全独立于电气设计，极大地提高了封装的散热性能。随着热耗的升高，为了进一步增大热通路的散热面积，图 9-9（c）所示的双面散热封装成为未来发展的重点。

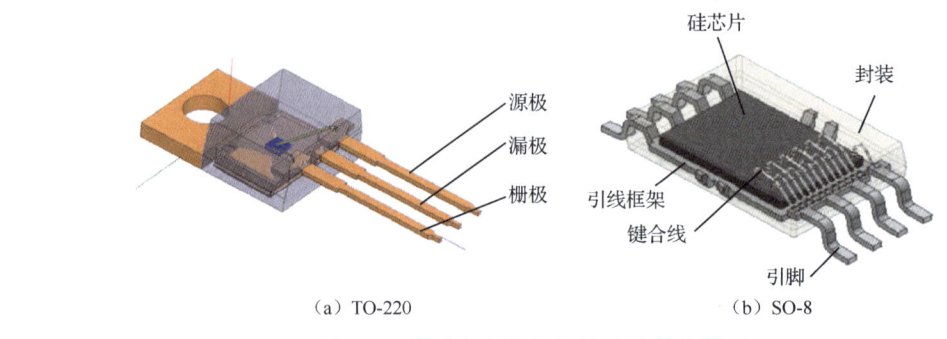

（a）TO-220　　　　　　　　　（b）SO-8

图 9-8　典型小功率半导体器件封装模型

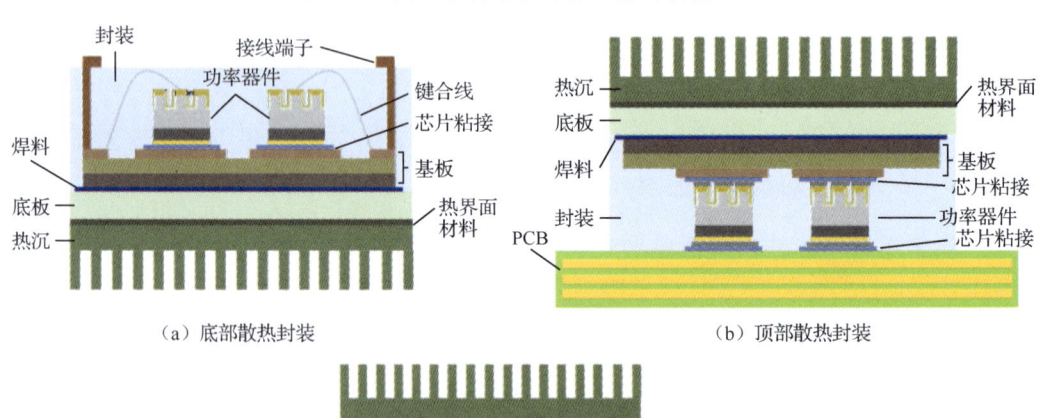

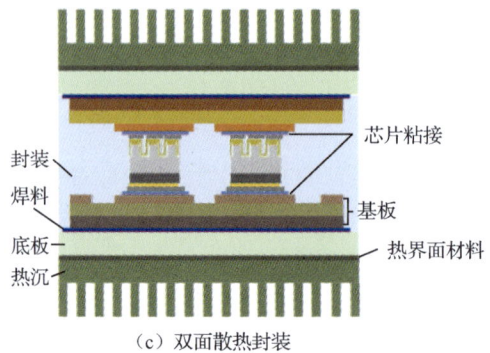

（a）底部散热封装　　　　　　　（b）顶部散热封装

（c）双面散热封装

图 9-9　典型大功率半导体器件封装模型

3. 射频微系统常用封装形式

随着通信设备、雷达等的出现和发展，微波集成电路迅速发展，其发展历程如图 9-10 所示。从最早的波导分离立体电路发展到平面混合微波集成电路（Hybrid Microwave Integrated Circuit，HMIC），大大减小了体积和质量。依托 GaAs 等半导体材料技术的突破，单片微波集成电路（Monolithic Microwave Integrated Circuit，MMIC）以其低成本、高性能、小型化等优势成为第三代微波集成电路。20 世纪 90 年代末，随着异质半导体外延技术和 TSV 技术的突破，以 SoC 和 SiP 为代表的第四代微波集成电路快速发展，实现了微波集成电路从小型化到微型化的跨越，同时大大提高了系统功能集成度，因此第四代微波集成电路也称射频微系统。

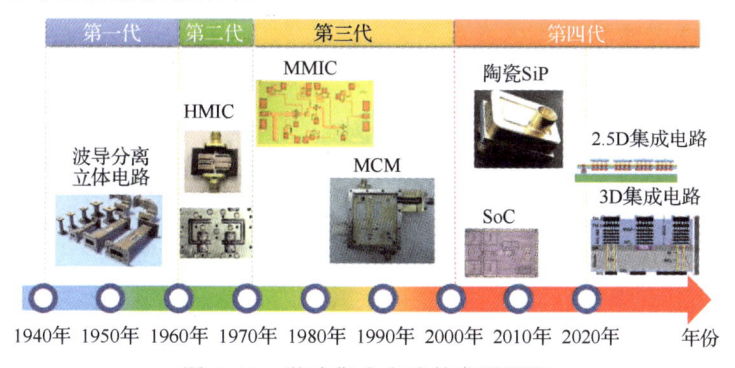

图 9-10 微波集成电路的发展历程

射频微系统主要分为不集成天线的前端模块（Front-End Modules，FEM）射频微系统和集成了天线的前端（Front-End，FE）射频微系统。传统射频微系统通过使用微组装技术将多个半导体分立器件集成装配成有源部件和模块，这往往会使整个系统的尺寸较大、成本较高。

由于天线尺寸与工作波长成正比，因此射频器件的尺寸、集成工艺、散热设计等均与工作波长/频段相关。FEM 射频微系统主要集中在低频段（如 P 波段、L 波段等），在该频段下其功率放大器一般采用薄膜混合集成工艺组装，末级管芯、陶瓷电路焊接在钼铜、陶瓷基板等载片上，并焊接在金属基板上，如图 9-11 所示。在该封装结构下，热量从芯片向底部高导热的金属/陶瓷基板传输，电气信号传输主要通过引线键合的方式连接到外围电路，热通路与电通路在空间上相互分离，因此散热路径较通畅，可支持较高热耗的器件散热。

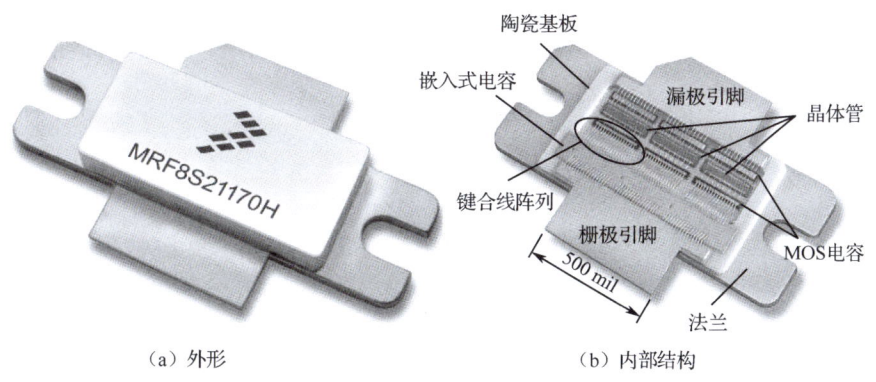

（a）外形　　（b）内部结构

图 9-11 一款 2.1GHz 高功率 LDMOS 功率放大器芯片的外形和内部结构

FE射频微系统主要集中在高频段,特别是毫米波和太赫兹等频段。在该频段下由于其波长已大幅度缩减到毫米级,因此降低射频信号的传输损耗、缩小体积和提高可靠性已成为不可忽略的问题。通过采用 SiP、三维异构集成等新技术,射频收发层从二维集成向三维集成转变,进而在有限的空间内集成更多的器件,实现多层天线与功能芯片电路的一体化集成。其封装形式与传统集成电路封装形式基本一致,如图 9-12 所示,主要差异在于射频微系统的热耗问题更加突出。从封装的热特性上看,在该封装结构下热通路和电通路在同一侧,存在空间资源上的竞争关系,制约了其散热性能的提高。

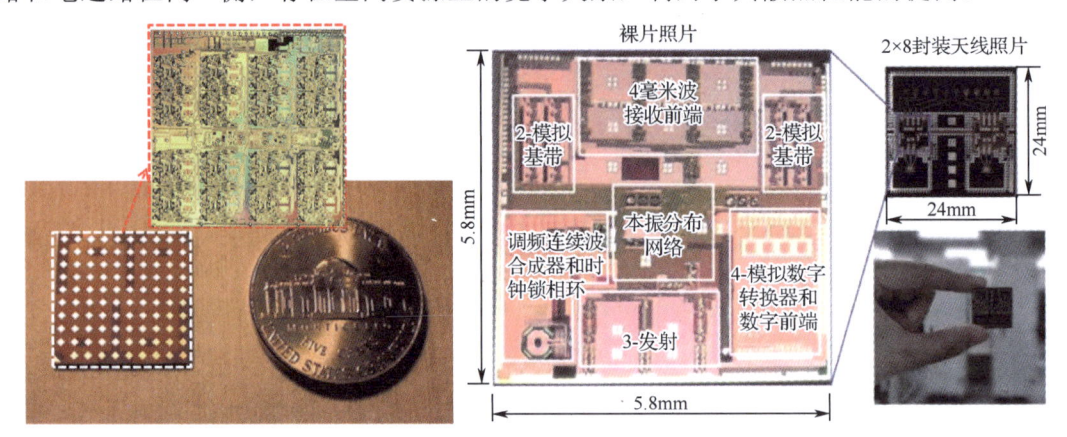

图 9-12　一款 W 波段的 SiP 射频微系统和一款毫米波射频微系统

面向未来的射频微系统封装,其集成度、功率仍会进一步持续提升,现有的封装形式难以支持散热性能的同步提高。微通道近结散热、芯片倒装及顶部散热等可支持散热性能进一步提高的封装形式和架构成为目前的研究重点之一。

9.1.3　微系统冷却的特点

从上述半导体封装技术的发展历程来看,发热器件的冷却方式与其封装形式紧密相关。特别是随着封装朝系统集成、高速、高频、三维、超细节距互连方向发展,系统功能密度有效提高,微系统特征越发明显,发热器件的高效热设计是后续封装的关键设计内容。

现有封装从二维平面封装逐渐发展到三维堆叠封装,从单芯片封装逐渐发展到多芯片异质异构集成,面/体功率密度不断提高,"热孤岛"问题更加凸显。相比常规系统冷却,微系统冷却设计主要有 3 个方面的变化。

1. 研究对象的变化

传统热设计中芯片内部热设计和外部热设计相对独立,芯片内部结壳热阻优化和封装形式对大多数热设计师而言是一个"黑匣子"。现在研究对象从常规的宏观大尺寸、低热流密度、半导体分立器件、弱耦合系统朝着微观/介观小尺寸、高热流密度、高集成度器件、强耦合系统的方向转变,要求冷却技术从传统的远程冷却向芯片近结冷却和一体化集成设计方向发展，需要热设计师从系统层面解决由芯片到热沉的全链路热设计问题，统筹考虑冷却技术在电子设备热设计中的应用与实现。

2. 研究范围的变化

传统电子设备热设计主要基于单物理场热设计结果开展制造、系统集成等工作，结构设计师、电信设计师和热设计师等的工作界面较为清晰，边界条件容易定义，设计工作较为独立，耦合度一般不高。但微系统集成度提高，流-固-热-力-电多物理场紧密耦合，边界条件互相影响，无法单独设计。例如，微系统中内嵌微流体冷却设计需要同步开展电路版图布局和流道布局，并进行相互紧密迭代设计。由于半导体材料的电学特性是温度的函数，高密度集成微系统中有源器件产生的热量也会改变互连结构中的电学特性，形成强烈的电-热耦合，因此在射频类电信设计过程中需要同步考虑温度场的变化。微系统的热设计是一个以热为表象的多物理场耦合设计问题。因此，微系统热设计要求热设计师掌握电信、结构、工艺等各方面的知识，能从多物理场的角度开展设计。

3. 研究方法的变化

由于微系统尺度急剧减小、性能大幅提升，因此其面/体热流密度大大提高。传统热传导、强迫风冷和液冷等热设计技术存在占用空间大、不易集成、散热效率低等缺点，已经难以满足高集成度微系统的散热需求。因此，在现有的 2.5D/3D 封装结构下，微系统冷却需要在有限的空间和冷却资源条件下，同时实现发热器件产生的热量在水平方向和垂直方向快速扩散，实现冷却效率数量级的提升。

正是由于这 3 个方面的变化，传统冷却方法往往无法有效解决微系统内部散热问题，因此将一系列旨在解决微系统内部散热问题的主/被动冷却技术统称为微系统冷却技术。这些技术往往与微系统封装和集成紧密耦合，是目前电子设备热设计领域最受关注的研究热点之一。

9.1.4 微系统冷却面临的挑战

随着电子设备向微型化方向快速发展，系统特征尺寸不断减小，面/体热流密度成倍提高，如图 9-13 所示；系统性能持续提升，功耗和热耗并未随着特征尺寸减小而降低，反而升高，进一步增加了散热难度；系统集成度不断提高，多芯片、高集成度、多功能等特征愈发明显，给热设计带来了极大的挑战，散热问题已经成为制约微系统发展的主要因素之一。微系统冷却面临的挑战归纳起来主要包括以下 5 个方面。

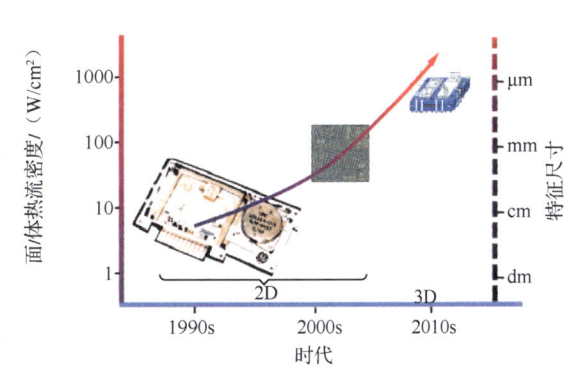

图 9-13 微系统散热发展趋势

1. 局部热点问题异常突出导致热量无法快速扩散

目前部分芯片热点的尺寸在微米级,热流密度可达 $10kW/cm^2$ 以上,如图 9-14 所示,而芯片的尺寸在毫米级,平均热流密度比热点处低一个数量级以上。晶体管不仅局部热流密度高,而且温度梯度大。例如,功放芯片的栅间距一般为 $10\sim50\mu m$,而温度变化甚至高达 100℃,局部极易形成较高的热应力。为了保证芯片工作在合适的温度范围内,需要将热点处的热量快速扩散,以减少热量聚集,降低热点处的峰值温度,提高器件可靠性。同时,由于微系统内部电路集成度高,需要在空间上更多地布置电路,热通路常常受限,如何在有限的面内空间实现热点处的热量快速扩散是一大挑战。总而言之,这类问题通常表现为热量扩散不开。

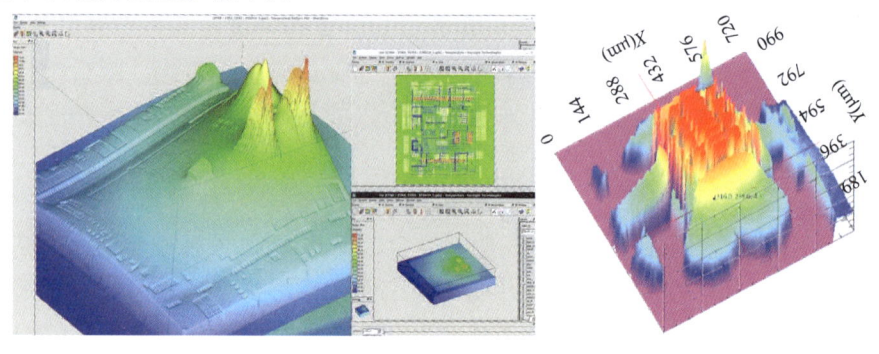

图 9-14　热点仿真图

2. 异质异构界面热阻高且热传输路径长导致热量传不出

由于先进封装工艺的快速发展,堆叠芯片导致芯片内部热量聚集,"热孤岛"问题逐渐凸显。另外,芯片周围散热面积有限,仅提高水平方向的热传递速率无法实现热量的快速导出。图 9-15 所示为晶圆级三维异构集成射频微系统,在垂直方向上存在多层连接界面,特别是多层基板焊接或多种化合物芯片形成的异质材料界面,在传导机理上因为声子频率不一致所以界面热阻较高,并且越靠近热点处,界面热阻的影响越明显。同时由于 3D 封装等技术的应用,从热点到热沉的传热路径急剧增多。提高多种材料的热匹配性能、缩短传热路径等难题亟须解决。总而言之,这类问题主要表现为热量传不出。

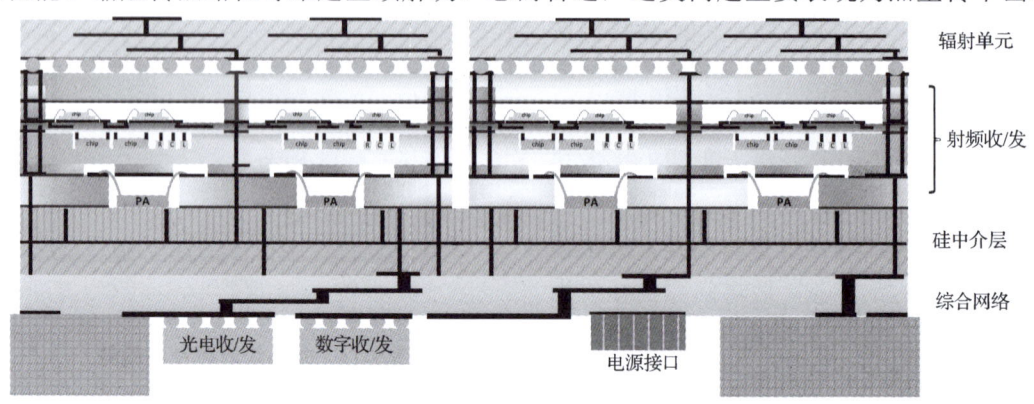

图 9-15　晶圆级三维异构集成射频微系统

3. 多芯片异构封装要求必须进行定向热输运

三维堆叠芯片的发展为异质异构集成提供了重要的应用场景。图 9-16 所示为某射频微系统异构集成架构，微系统封装内部可能集成多种材料或器件，如 Si、GaAs、GaN 芯片最高耐温分别为 125℃、175℃、225℃，电容、电阻耐温一般在 85℃～125℃ 范围内，各器件的热耗和耐温差异巨大。目前的设计中为了保证部分耐温较低器件的正常工作，一般会限制 GaN 等高耐温器件的性能输出，从而造成资源浪费。为了充分发挥各器件的性能，需要解决封装内部各芯片的热串扰问题，既要形成热的高速通路，又要有必要的热隔离设计，在局部区域采用热隔离材料以提供不同的局部环境。但由于金属互连和封装材料的热传递，现有微系统散热设计中多考虑采用高导热材料来形成热的高速通路，而往往忽略必要的热隔离设计，因此有必要对整个微系统进行集成设计，根据系统内部各区域的需要，实现热量在封装内部的定向输运和智能控制。总而言之，这类问题表现为高集成度异质异构微系统内部既要有热的高速通路，也要有热的隔离带，以实现热量的定向管理。

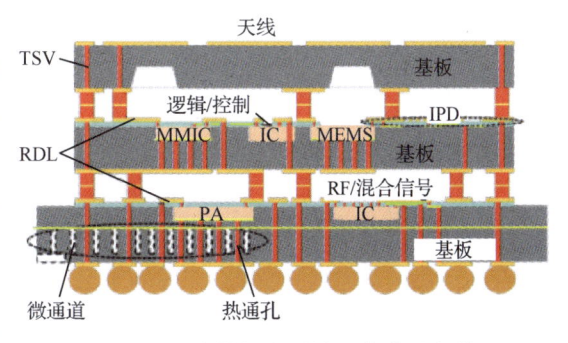

图 9-16 某射频微系统异构集成架构

4. 传统热设计难以适配微封装结构

目前微系统朝着超越摩尔定律的方向不断发展，体积缩小到一定程度后外表面面积基本不变甚至更小，由于散热原理的限制，冷却能力无法同步提高，传统的风冷/液冷技术无法解决先进封装结构内部局部热点的散热难题。如图 9-17 所示，采用嵌入式微流体技术把单相/两相微流体引入封装内部，可将封装内的热量快速传递至外界热沉，大大提高冷却能力，且微流体越靠近结点，散热效率越高。但该冷却方式仍处于概念性阶段，芯片刻蚀微流道过程中的应力控制、两相微流体的稳定控制等问题仍需进一步研究；由于尺度的减小，微系统的电应力梯度、热应力梯度远超常规冷却系统；微系统内部元件众多，材料属性差异显著，有可能需要在芯片级集成微阀、连接管道等部件，微流体的可靠密封和系统一体化集成仍存在挑战。

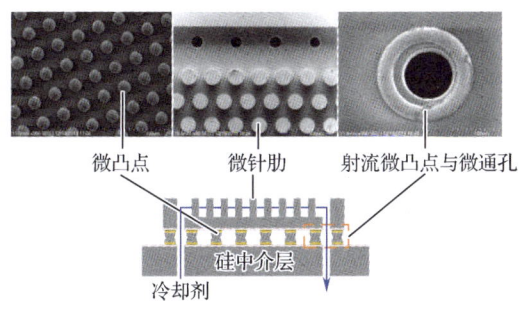

图 9-17 嵌入式微流体强化结构设计和一体化集成

5. 热-力-电耦合导致多物理场协同设计复杂

微系统集成度高、结构复杂，内部电场、温度场和力场等多物理场非线性耦合效应非常明显。特别是嵌入式微流体等技术的引入，使微系统堆叠层内部应力、电学性能等参数的变化与外部流动的耦合机制更加复杂。异质材料集成在功率循环和热循环期间引起的热应力导致集成系统产生翘曲、分层、功能失效等问题。因此，热-力-电协同设计是后续微系统设计的趋势和一大挑战。

9.2 常用微系统冷却技术

针对水平方向上热量快速传递的挑战，以 SiC、金刚石、石墨烯等高导热材料，以及热电制冷、硅基蒸汽腔等技术进行多物理场耦合下的协同设计是目前众多研究者关注的重点；针对垂直方向上热量快速传递的挑战，异质界面的超低热阻键合、异质材料的热匹配、热过孔等技术是目前的研究热点；针对封装内外热量快速传递的挑战，嵌入式微流体、微冷却控制元件的一体化集成技术是后续的重点突破对象。

近年来，美国国防高级研究计划局（Defense Advanced Research Projects Agency，DARPA）、欧洲微电子研究中心（Interuniversity Microelectronics Centre，IMEC）等多家研究机构在芯片级、封装级、系统级等多个层面开展微系统散热研究。其中，DARPA 通过一系列先进热设计技术研发计划推动高效散热技术研究，主要包括热设计技术（Thermal Management Technology，TMT）（2008 年）、近结传热（Near-Junction Thermal Transport，NJTT）（2011 年）、芯片内/芯片间增强冷却（Intrachip/Interchip Enhanced Cooling，ICECool）（2013 年）、用于 3D 异构集成的微型集成热管理系统（Miniature Integrated Thermal Management Systems for 3D Heterogeneous Integration，Minitherms3D）（2023 年）等项目，极大地推动了微系统冷却技术的研究和应用。

9.2.1 芯片近结高导热材料

1. 衬底材料

典型 GaN HEMT 结构示意图如图 9-18 所示，其基本构成为衬底层、成核层/过渡层、GaN 缓冲层、间隔层、电荷供应层、势垒层、帽层、钝化层及电极接入区。各层材料属性和相关的制作工艺与技术对器件的物理特性（如电流崩塌、电流密度、跨导、栅极泄漏电流及器件可靠性等）有重要的影响。HEMT 的热量主要产生在漏级和栅极的微纳尺度区域，经过芯片各层传导和多层界

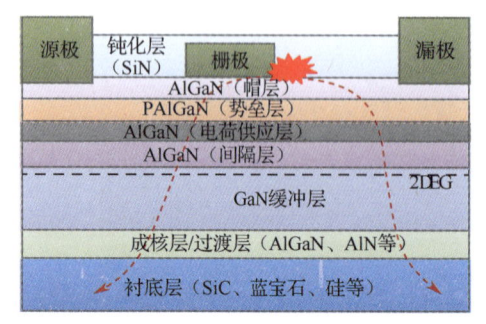

图 9-18 典型 GaN HEMT 结构示意图

面后传递至衬底层。

衬底是器件外延的载体,对射频设备性能的影响较大。它的选择需要综合考虑成本、与外延层的晶格匹配度、热导率和大尺寸晶圆获取的难易程度等因素。缺乏与 GaN 晶格匹配且热兼容合适的衬底材料,是制约 GaN 器件发展的因素之一。在选择衬底材料时通常考虑如下因素:①尽量采用同一系统的材料作为衬底;②晶格失配越小越好;③材料的热膨胀系数相近;④材料的尺寸、价格等合适。

采用不同的衬底材料,GaN HEMT 在纵向上的结构尺寸会存在细微差异。表 9-1 所示为常用的 5 种半导体衬底材料的特性对比。从表 9-1 中可以看出,SiC 与 GaN 的热膨胀系数、晶格匹配程度等最相近,且 SiC 的热导率相对较高,因此成为目前大功率 GaN 器件的主要衬底材料。

表 9-1 常用的 5 种半导体衬底材料的特性对比

材料特性	蓝宝石	SiC	Si	GaN	金刚石
晶格常数 a/Å	4.758	3.080	5.430	3.189	3.57
击穿电场 E_{br}/(MV/cm)	3.3	2.5	0.3	3.0	10
热导率 κ/(W/(m·K))	35	390~700	135~150	200	500~2000
最大工作温度 T/℃	300	600	200	700	2100
相对介电常数 ε_r	9	10	12	9.5	5.7
热膨胀系数失配/%	34	25	56	0	81.8
晶格失配/%	14	3.5	17	0	89
成本	中等	高	低	很高	极高

从表 9-1 中还可以看出,金刚石的热导率极高,应用潜力巨大,但其与 GaN 的热匹配和晶格匹配存在较大差异,亟待解决相关工艺问题。针对 GaN 与金刚石存在较高晶格失配和热失配的问题,目前有多种解决方案,如采用多晶金刚石衬底散热技术和单晶金刚石衬底散热技术等。

(1) 多晶金刚石衬底散热技术。

最早将高热导率金刚石作为 GaN 器件散热衬底的是 G. H. Jessen 和 Felix Ejeckam 等。其基本理念是使高热导率金刚石接触 GaN 器件的有源区(产热区域),通过热传导的方式将热量迅速传输出去。目前采用金刚石制备 GaN 器件衬底的技术主要分为两种:低温键合技术和基于 GaN 外延层生长金刚石技术。其中,低温键合技术的基本思路是,先将 GaN 外延层从原始衬底上剥离,然后在暴露的 GaN 表面添加中间层,从而与多晶金刚石衬底结合,使 GaN 器件的有源区与 CVD 金刚石衬底接触,降低器件结温。基于 GaN 外延层生长金刚石技术是指,在 GaN 衬底上,通过衬底转移及 CVD 生长方式直接生长出金刚石热扩散层。两种技术各有优劣,并且均取得了显著的技术进步。

最先开展 GaN/金刚石低温键合的是 BAE Systems(英国航空航天公司),其研究团队先在 SiC 基 GaN 外延层上制备 HEMT;然后将 GaN 基 HEMT 晶圆键合在临时载体晶片(Temp Carrier)上,去除 SiC 衬底和部分 GaN 的成核层及过渡层,并将其表面和金刚石衬底加工到纳米级粗糙度;再在 GaN 和金刚石衬底上分别沉积键合介质(键合介质可能为 SiN、BN、AlN 等），在低于 150℃的温度下键合；最后去除临时载体晶片，最终获得金刚石衬底 GaN HEMT。该器件实现了 10GHz、40V 漏极偏压下 11W/mm 的 RF 输出功率密度，且功率附加效率为 51%，输出功率密度高于 SiC 衬底 GaN HEMT 的 3 倍，结温更低，如图 9-19 所示。其研究团队早期制备的 1in（1in = 2.54mm）金刚石衬底 GaN 结构键合的成功率达到 70%，随后采用该技术路线将金刚石衬底 GaN 晶片推广到 3～4in。

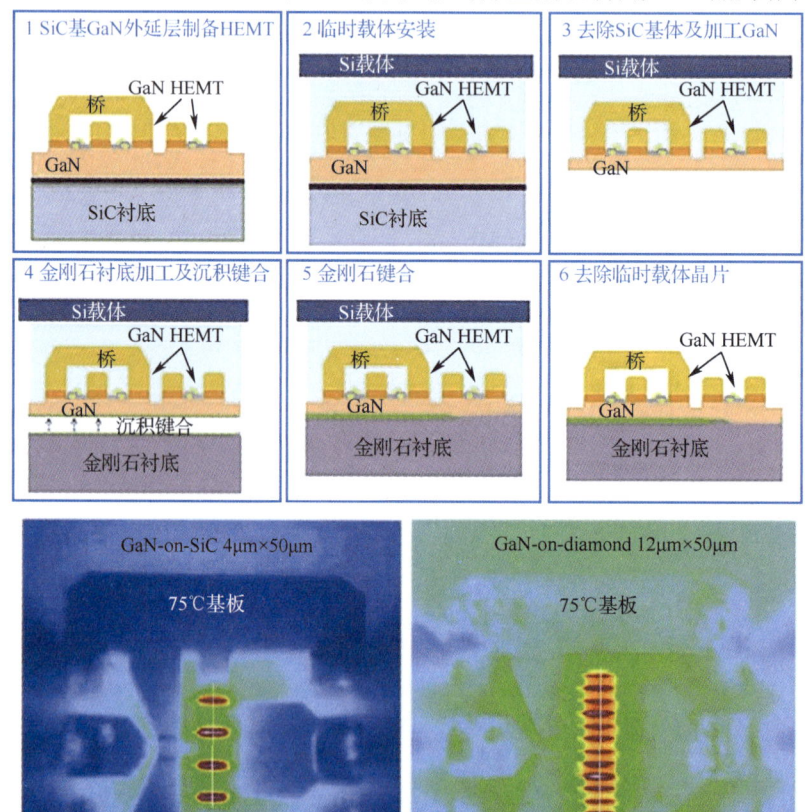

图 9-19　金刚石衬底 GaN 的低温键合技术及与 SiC 衬底散热效果对比

低温键合技术具有高质量、高热导率的金刚石衬底及键合过程不存在高温和氢等离子体环境的优势，同时具有良好的电学特性和散热效果。该技术路线的难点在于大尺寸金刚石衬底的高精度加工，尤其是对平行度、变形量及表面粗糙度有极高的要求，以及去除原始衬底后 GaN 外延层表面的高精度加工等。此外，实现键合层的低热阻和高键合强度也是进行器件制备的关键。

与低温键合技术不同的是，基于 GaN 外延层生长金刚石技术的基本思路是，去除衬底及部分 GaN 缓冲层后，在外延层背面先沉积一层介电层用于保护 GaN 外延层，再沉积金刚石衬底（厚度约为 100μm）。

Group4 Labs 通过直接生长技术，率先实现了金刚石衬底 GaN 器件，其支持的功率密度是传统 SiC 衬底 GaN 器件的 3.87 倍,且工作热点温度降低了 40%~50%。其采用稳态热反射成像法对比了 Si 衬底与金刚石衬底 GaN HEMT 的结温,结果显示,在更高功率密度条件下,金刚石衬底 GaN HEMT 可以得到更低的结温和平均温度,如图 9-20 所示。

(a) 金刚石衬底GaN HEMT

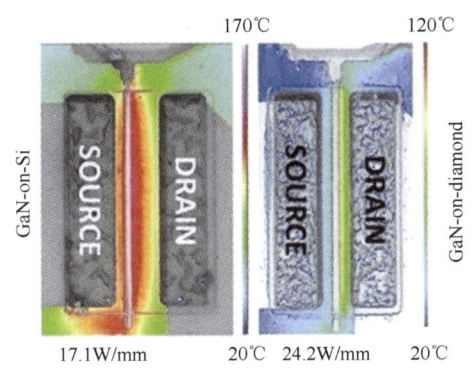

(b) Si衬底和金刚石衬底 AlGaN/GaN HEMT稳态热成像对比

图 9-20 基于 GaN 外延层生长金刚石技术及与 SiC 衬底散热效果对比

基于 GaN 外延层生长金刚石技术在散热能力方面表现出极为突出的优势,但是研究结果表明,由于该技术涉及高温沉积,因此对热失配的控制是一个重大挑战;GaN 外延层临时转移后在沉积金刚石薄膜过程中也存在损伤风险;金刚石成核层较低的热导率不利于其热传输。然而相较于低温键合技术获得的金刚石基 GaN 器件的最低界面热阻($35(m^2·K)/GW$),该技术可以使界面热阻降到更低(约 $6.5(m^2·K)/GW$),这也说明该技术在制备金刚石基 GaN 器件方面具有极大潜力。

(2)单晶金刚石衬底散热技术。

随着单晶金刚石制备技术不断发展和完善,单晶金刚石衬底直接外延生长 GaN 晶片也被用于改善散热条件。有研究者在单晶金刚石衬底上采用分子束外延技术(Molecular Beam Epitaxy,MBE)外延生长得到 GaN 外延层,随后在此基础上沉积出 AlGaN/GaN 异质结材料,基于此制备出 GaN HEMT。目前单晶金刚石基 GaN 器件仍面临着外延层晶格常数及热膨胀系数差距大,单晶衬底难以实现大尺寸、大批量制备,以及成本过高等难题,待异质外延单晶金刚石质量及产能突破后发展潜力巨大。

金刚石衬底与 GaN 外延层结合技术的研究将趋于以下两个方面:①针对低温键合技术,主要以降低金刚石加工成本,实现键合层的低热阻和高键合强度为目标;②针对基于 GaN 外延层生长金刚石技术,以实现 GaN 外延层的高效率转移,提高金刚石成核层热导率,提高 GaN 外延层转移后的电学特性,实现 GaN 外延层沉积金刚石衬底的大面积为研究方向。

高热流密度器件散热方案经过多年的发展,逐步从远端自然冷却过渡到近结主动液冷乃至相变冷却,热流密度也提高至 kW/cm^2 量级,超高导热金刚石材料的加入虽然使散热效果有了提升,但是实际应用中仍存在诸多难题亟待解决。具体来说,单晶金刚石作为衬底材料仍存在尺寸受限、价格高昂的缺点,这与金刚石生长设备息息相关,也是产业研究的重点；单晶外延 GaN 材料仍无法实现大面积应用，其电学特性也有所降低，随着 GaN 沉积技术日趋完善，实现大面积 GaN 高质量外延、提高电学特性是其发展方向；大尺寸多晶金刚石的键合存在经济性好、制备流程简单、可大面积制备的优点，但是其性能受界面热阻的影响较大，高界面热阻限制了高热导率带来的增益，如何有效测试界面热阻、优化连接过程、改善异质连接状态、降低界面热阻至关重要，也是现在研究的热点。因此，解决上述材料问题，发展配套装备技术，将为金刚石高效散热提供更广阔的应用前景，也有望提高以 GaN 等第三代半导体材料为核心的器件性能，使其更进一步接近理论极限。

2. 钝化层材料

随着热流密度的提高，除在高功率芯片衬底上采用高导热材料增强平面上的快速扩热以外，在芯片顶部覆盖高导热膜以增强扩热效果也越来越受到重视。现有技术通常在 GaN HEMT 表面引入 Si_3N_4 钝化层，有效减少了发热最严重的栅极区域的热积累，同时抑制了射频工作状态下与材料线性相关的电流崩塌现象。为了进一步解决 GaN 器件的热积累问题，提升其大功率特性和可靠性，采用金刚石、石墨烯等高导热材料，在 GaN 器件表面生长一层纳米/微米级薄膜，该高导热层与热源接近，可快速扩热。

美国海军研究实验室（Naval Research Laboratory）在 2012 年继 DARPA 实施的芯片级热设计之后提出了高导热钝化层散热技术，利用金刚石薄膜替换有源区的传统钝化层 Si_3N_4 材料，利用金刚石薄膜的高导热特性，增加其热源区的横向热传递能力，有效避免有源区的热积累。该技术的优势是并不改变现有的 GaN 器件的制备技术，仅增加高导热薄膜钝化工艺。该技术由美国海军研究实验室联合众多高校和研究机构共同探索开发，其采用的技术路径是在有源区的栅极两侧采用 MPCVD 的生长技术进行纳米级金刚石薄膜层的生长，形成高导热钝化层散热结构，如图 9-21 所示。该技术实现了 10W/mm 的功率密度，在 5W/mm 功率密度时该散热结构比常规 GaN 器件的结温降低了 20%，随着功率密度的升高其散热优势越发明显。与此同时，该研究团队在此研究基础上正在尝试将有源区整个栅极结构也采用金刚石材料来制备，以求达到更突出的散热能力。

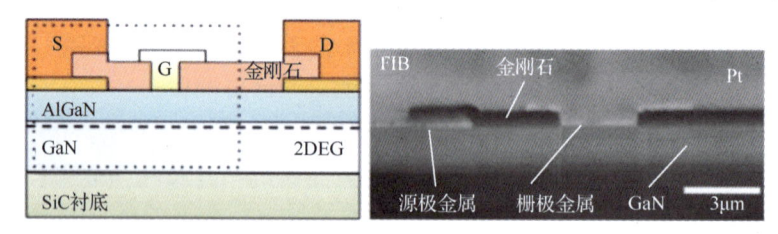

图 9-21 金刚石钝化层覆盖示意图及效果对比

斯坦福大学研究人员在金刚石/Si_3N_4/GaN 界面处创纪录地实现了迄今为止最接近理论预测值的约 $3.1±0.7m^2·K/GW$ 的低界面热阻。金刚石集成在 GaN 沟道层约 1nm 内，且不会降低沟道的电学性能，如图 9-22 所示。此外，他们使用瞬态热反射法，测得金刚石钝化层的热导率为 638±48W/(m·K)。

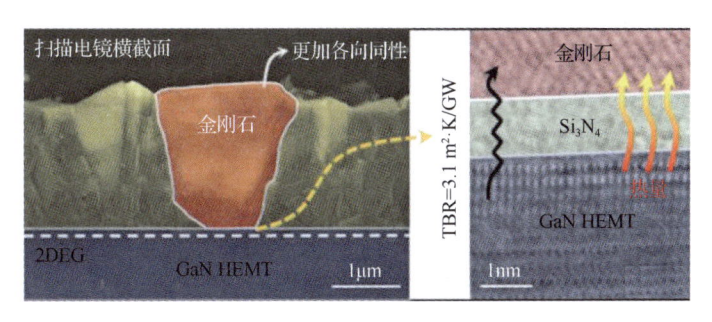

图 9-22 GaN 表面金刚石钝化层散热效果研究

对于金刚石（散热器）和 GaN（半导体通道）两种宽带隙材料的集成，当它们彼此靠近放置时，可以使 GaN 在高功率密度下提供高频的巨大潜力。然而，这两种材料的集成涉及严酷的氢等离子体环境，会分解 GaN 沟道并降低器件性能。研究者提出了一种将金刚石集成到 GaN HEMT 结构约 1nm 范围内且不会降低器件性能的方法，对氢等离子体环境下 Si_3N_4 蚀刻及碳扩散到 Si_3N_4 钝化层中实现了出色的控制。氢等离子体密度及生长表面温度决定了碳扩散到 Si_3N_4 钝化层中的深度。即使在沟道附近放置相对较厚的金刚石，也能够保证包括通道迁移率和载流子浓度等器件性能参数满足要求。集成在 GaN 通道顶部 2μm 厚的金刚石呈现出约为 650W/(m·K) 的热导率和约 $3.1m^2·K/GW$ 的低界面热阻。

同时，也有研究团队采用石墨烯覆盖在 GaN 芯片漏极，将芯片产生的热量从漏极导入石墨及整个芯片衬底，从而实现了有源区温度的大大降低，如图 9-23 所示。石墨烯的扩热效果明显，可将 GaN 器件热点温度从 450℃降低至 380℃。

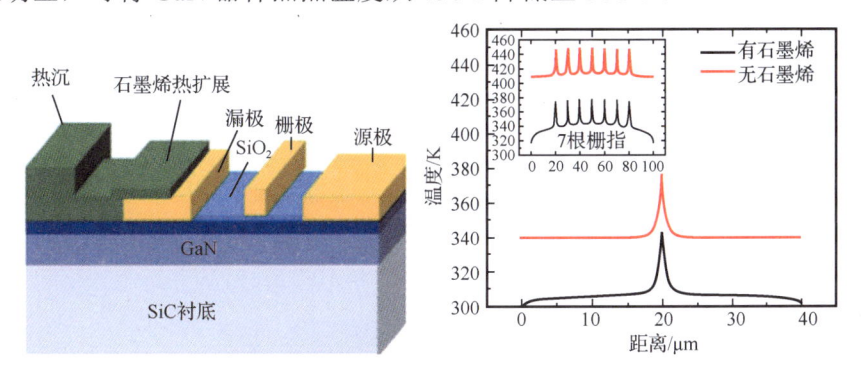

图 9-23 石墨烯钝化层覆盖示意图及效果对比

尽管该技术具有巨大潜力，但是在制作 GaN HEMT 的过程中，沉积纳米金刚石/石墨烯等高导热薄膜往往会受到器件工艺条件的限制，沉积温度一般较低，而纳米金刚石薄膜的热导率并不高，低于单晶金刚石的热导率。同时沉积金刚石等材料可采用选择性刻蚀等工艺，其刻蚀过程中的损伤应力会影响器件的本征输出特性，这些都限制了该技术的应用和推广。

9.2.2 异质界面低热阻技术

虽然通过采用具有高热导率的金刚石等材料作为 GaN 器件衬底或热沉,可降低产热结点到器件外侧的热阻,并且有望大幅提高芯片近结区的热传输能力,实现高频、高功率应用,但异质材料的结合不可避免地会引入界面热阻,并且随着散热功率的提高,界面热阻的影响越发显著。

高功率芯片中多种异质材料的声子性质、热导率及其与衬底结构的界面导热性质,是近结点热设计中的重要基础参数,也是近结点导热调控的主要对象。在界面处,材料微观结构或元素组成发生剧烈变化,对电子和声子的热输运产生阻碍,尤其在微纳尺度下,由非傅里叶效应和表面积增大引起的界面热阻越来越重要,可增强电子和声子的热输运,降低异质材料之间的失配,确保声子传热连续是强化界面传热的关键。针对目前的研究热点——金刚石与 GaN 的低热阻连接,主要有直接沉积或低温键合两种方式。

1. 直接沉积

金刚石与 GaN 的直接沉积包括两种形式:①在金刚石衬底上外延生长 GaN;②在 GaN 上外延生长金刚石薄膜。

制备金刚石和半导体直接连接的电子器件,一种理想且直观的方式是先在金刚石衬底上直接外延生长一层半导体,然后在此外延层上利用刻蚀等手段制备电子器件。然而,GaN 半导体为六方纤锌矿结构,与金刚石结构存在较大的差异,晶格不匹配较严重,经常导致外延层材料质量不佳,并且会导致电学性能差,因此,在金刚石衬底上直接外延生长 GaN 较难。为了减少衬底和半导体层的晶格失配问题,Hirama 等通过 MBE、金属有机化合物化学气相沉淀等方式,在单晶金刚石衬底上生长高迁移率的 AlGaN HEMT 异质结构。如图 9-24 所示,与传统的 SiC 衬底 AlGaN/GaN HEMT 相比,金刚石衬底 AlGaN/GaN HEMT 在功率密度为 $3.2W/mm^2$ 时,温度降低了 10℃。此外,Kuzmik 等研究了单晶金刚石上 MBE 生长 GaN/AlGaN/GaN 结构的自热效应。该研究中的金刚石热导率为 $2200W/(m·K)$,对外延结构的边界热阻小于 $1×10^{-8}\ m^2·K/W$。

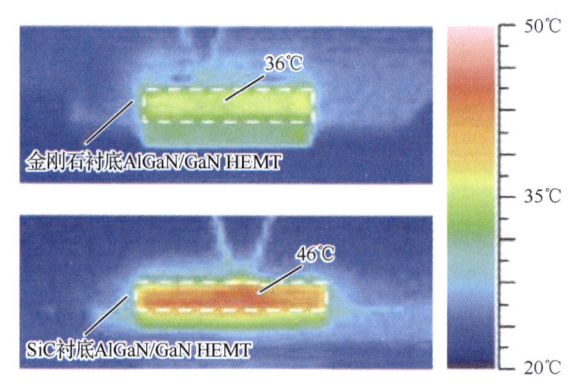

图 9-24 金刚石衬底和 SiC 衬底上 AlGaN/GaN HEMT 温度分布

在半导体器件上生长金刚石，需要在制备好的半导体器件上直接沉积一层金刚石薄膜，由此实现金刚石和半导体器件的直接连接，如图9-25所示。2006年，Jessen等首次据此方案在GaN背面直接外延生长了25μm的金刚石层，制备出高效散热的AlGaN/GaN HEMT。Alomari等在750℃～800℃的生长温度范围内，在$In_{0.17}Al_{0.83}N$/GaN HEMT上系统地生长了一层厚度为500nm的金刚石薄膜，并测得器件的最大截止频率为5GHz。此外，虽然进行了金刚石的高温生长过程，但未观察到HEMT直流特性的退化或变化，证明二者的相容性良好。

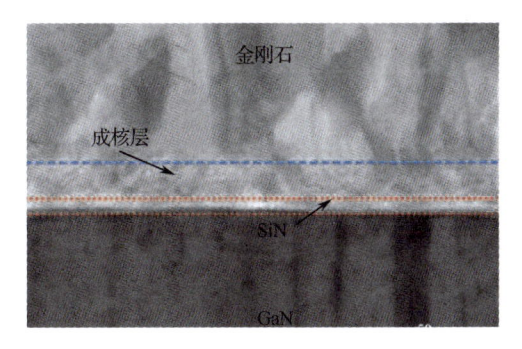

图9-25 在GaN上生长金刚石层横截面TEM图

2. 低温键合

低温键合是指先利用外延生长工艺在衬底上沉积GaN，然后去除衬底，并与金刚石衬底进行低温键合，如图9-26所示。一方面，低温键合避免了直接外延生长需要的高温，降低了热膨胀失配导致的高密度位错；另一方面，低温键合不需要沉积金刚石的氢等离子体环境，避免了GaN器件本征性能的降低。此外，无论是聚晶金刚石，还是单晶金刚石，都可作为低温键合的热沉基板，这大大降低了制备金刚石衬底的难度。此外，由于GaN外延层和金刚石热沉基板可在键合前独立制备，因此可精简金刚石基半导体器件制备工艺。

Chao等于2013年首次提出了低温键合工艺，该工艺在150℃以下实现了键合，最大限度地减少了不同材料之间热膨胀系数的不匹配问题。如图9-26所示，在该方法中，GaN缓冲层厚度减小，成核层被消除，SiC衬底通过低温键合技术被高导热的金刚石代替。通过这种设计使GaN器件的热源在金刚石衬底的1μm内，显著降低了器件热阻。该研究以一层SiN作为键合层，其接触界面的热阻低至$2.5\times10^{-9}m^2\cdot K/W$。此外，南京电子器件研究所也开展了GaN外延层到金刚石衬底转移技术的研究，对永久键合的温度、压力、时间等工艺条件进行了优化，解决了键合层厚度变小导致的键合质量差及转移后外延层脱落的问题，成功实现了3in GaN HEMT的外延生长，并将该器件完整转移到多晶金刚石衬底上。通过连续波直流测试发现，GaN HEMT转移到金刚石衬底上后，器件直流性能未发生明显退化，这在一定程度上说明转移过程中的应力控制及键合界面的热阻控制取得了成效。

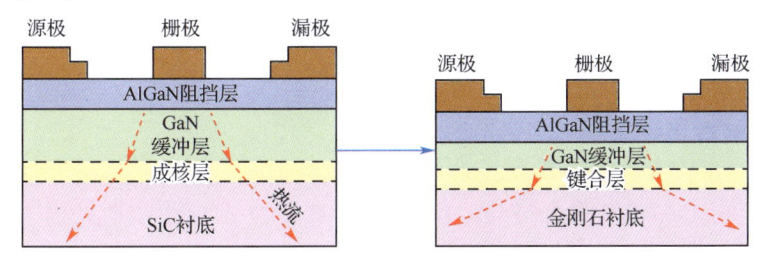

图9-26 SiC衬底与金刚石衬底的结构示意图

9.2.3 嵌入式微流体技术

由于电子设备在常规工作环境温度范围内辐射散热的能力偏低，因此高热耗电子器件产生的热量主要通过传导或对流方式传递到外界热沉。但传导方式的传热路径长，整体热阻较高，因此从总体散热架构发展趋势上看，现有的微系统散热瓶颈推动冷却技术由传统的远程散热（冷板进液）向芯片近结散热方向发展。封装层级越靠近发热芯片，越能有效消除热界面，冷却能力越强，高效的微系统冷却技术已成为微系统发展亟须突破的关键技术之一。各代技术的散热架构示意图和散热能力示意图分别如图 9-27、图 9-28 所示。

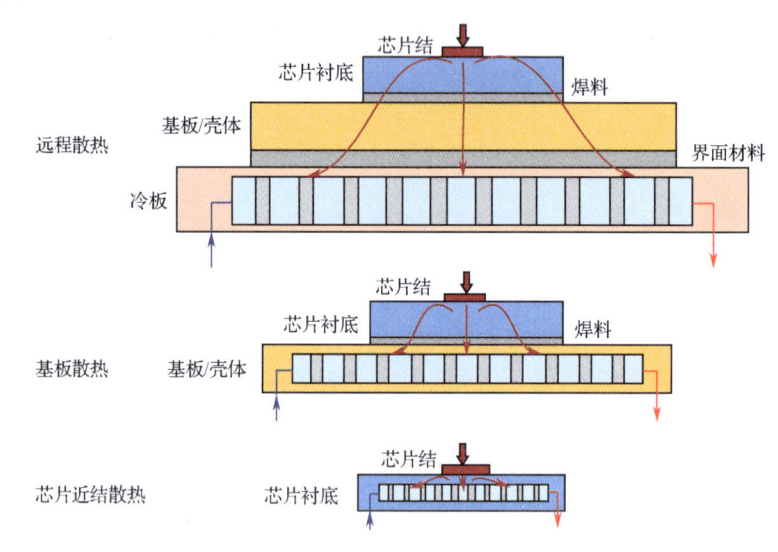

图 9-27 各代技术的散热架构示意图

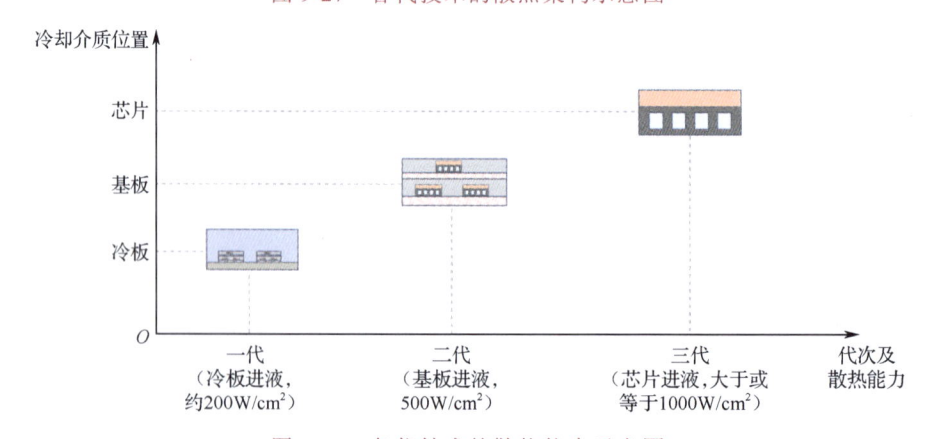

图 9-28 各代技术的散热能力示意图

在微系统冷却技术的各类研究中，以 DARPA 的 ICECool 项目研究得较为深入和广泛。基于该项目，DARPA 联合洛马、雷神、BAE 等军工企业，斯坦福大学、佐治亚理工学院、普渡大学等高校，以及 IBM、GE、RFMD 等公司，共同开展了多种芯片级热设计技术的研究，包括金刚石衬底、TSV 热过孔、集成热电制冷、蒸发微流体冷却、热-电协同设计等。ICECool 芯片热设计概念如图 9-29 所示。

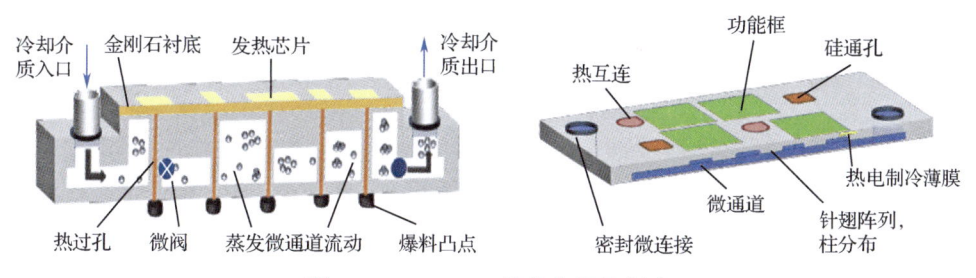

图 9-29 ICECool 芯片热设计概念

其中，蒸发微流体冷却以其与芯片的工艺集成相容性高、结构设计灵活度大的特点被视为极具潜力的芯片级热设计技术。在 ICECool 项目的支持下，洛马、雷神等企业已完成针对射频大功率芯片的热原理展示样机的研制，完成了性能和可靠性测试，达到了 $1000W/cm^2$ 热流密度的散热指标要求，并进一步开展了电学性能样机、全尺寸工程样机的研制。

ICECool 项目分两个阶段实施，分别为 ICECool Fun 和 ICECool Apps。前者为基础研究，后者为应用研究。ICECool Fun 的目的为在国防电子系统中采用芯片内或芯片间蒸发冷却，提供基础的热流体模块，在多层微通道芯片中实现热互连和蒸发微流体的微制造技术。研究指标包括芯片热流密度超过 $1kW/cm^2$，热点热流密度超过 $5kW/cm^2$，体热流密度超过 $1kW/cm^3$，芯片温升小于 30K，局部热点温升小于 5K。研发团队以高校和公司为主，斯坦福大学、马里兰大学、普渡大学、佐治亚理工学院、IBM 等结合功放芯片或高性能计算芯片提出了多种芯片微流体方案，考虑了流道材料、强化结构、集分水形式、主动或被动等多种因素及其组合。ICECool Fun 的部分研究进展如图 9-30 所示。

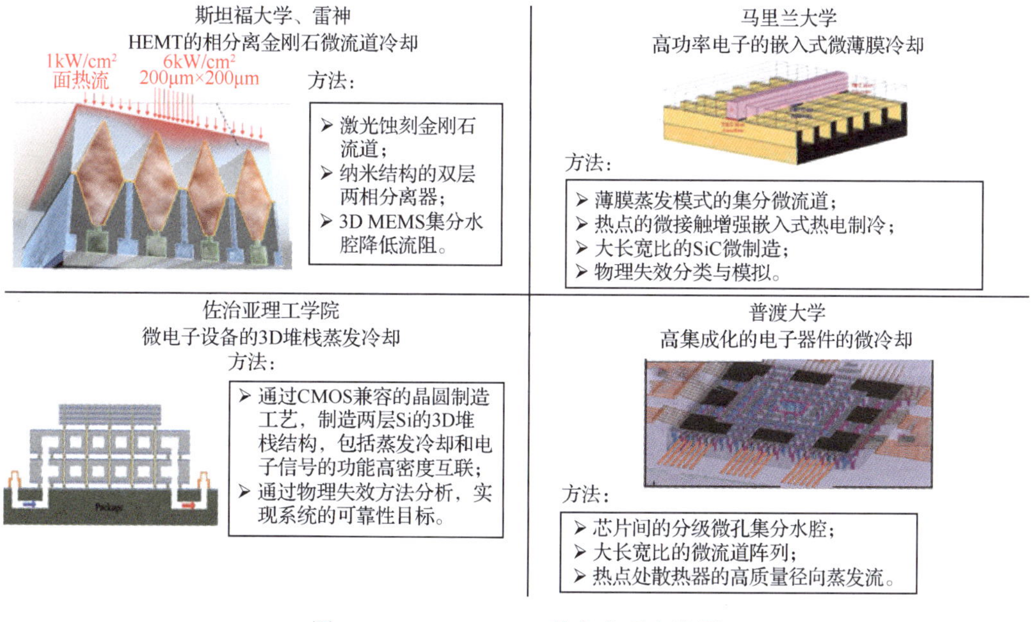

图 9-30 ICECool Fun 的部分研究进展

例如，普渡大学针对高性能计算硅芯片研发了新型冷却系统，其设计概念如图9-31所示。新型冷却系统设计基于在芯片中制造微通道，并在其中流过商用冷却剂HFE-7100，这是一种绝缘液体，不会在电子器件中引发短路。相比单相液冷，液体通过沸腾可带走更多的热量。通道宽度减小为15~10μm，是现有常规微通道冷却技术的1/10。使用超小通道可以提高冷却性能，但是要通过超小通道抽出所需流速的液体很困难，普渡大学通过设计小型、并行通道系统而非此前贯穿整个芯片的长通道克服了这个困难。一个特殊的多层结构使得通过这些通道的冷却剂可以实现高散热能力。散热部分大体可以分为3层，自上而下依次为微流道层、增压层和分流管层。

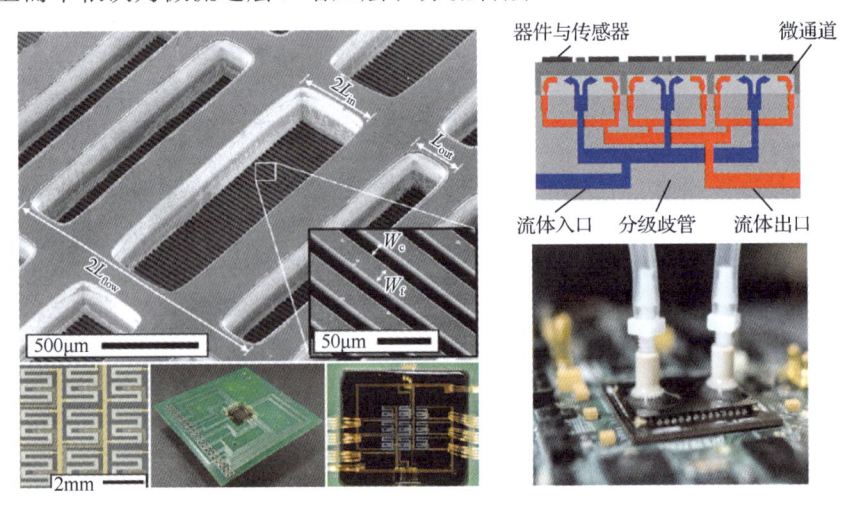

图9-31 普渡大学设计制造的硅基微流道

ICECool Apps 的目的为采用 kW/cm^2 面热流密度、kW/cm^3 体热流密度、局部亚毫米热点的芯片级冷却技术，增强射频单片微波集成电路功率放大器和嵌入式高性能计算模块的性能。研究指标包括对于微波集成电路功率放大器，芯片热流密度超过 $1kW/cm^2$，亚毫米热点热流密度超过 $30kW/cm^2$，封装级散热密度超过 $2kW/cm^3$；对于嵌入式高性能计算模块，芯片热流密度超过 $1kW/cm^2$，亚毫米宏单元热点热流密度超过 $2kW/cm^2$，堆栈芯片散热密度达到 $5kW/cm^3$。研发团队以军工企业和公司为主，洛马、BAE、诺格、IBM、Altera 等针对功放芯片或堆栈处理芯片、FPGA 芯片，完成了热原理样机的研制，达到了 $1000W/cm^2$ 热流密度的散热指标要求，部分公司（如雷神）已开展电学性能样机的研制和测试。

例如，洛马研制的用于射频功率放大器的内嵌微流道的芯片散热器，采用单相射流冲击冷却，尺寸仅为 5mm×2.5mm×0.25mm。试验数据表明，对于同一个射频功率放大器，其输出功率性能提升超过 6 倍。雷神研制的芯片微冷却散热器，功放芯片采用金刚石衬底及金刚石微通道，和硅基集分水层键合，实现了射频输出功率提升 4.5 倍。洛马研制的微流体散热器与雷神研制的芯片微冷却电学性能样机测试如图9-32所示。

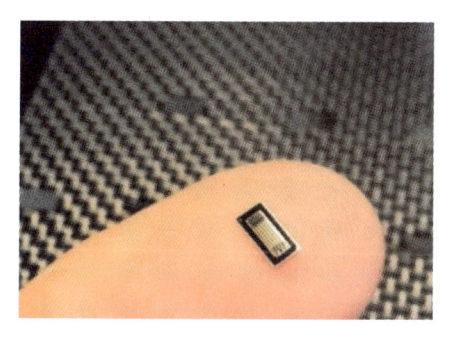

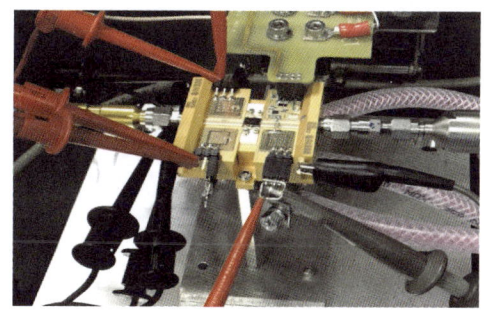

图 9-32 洛马研制的微流体散热器与雷神研制的芯片微冷却电学性能样机测试

IMEC 针对高性能计算芯片的散热问题，包括热界面材料热阻高、微流道散热无法消除温度梯度、3D 堆叠的片间液冷难以满足小节距系统化需求等，采用复杂微流道系统设计将冷却剂直接垂直冲击在芯片表面，发展基于高分子聚合物的高性能、低功耗、低成本冲击射流冷却技术，实现了局部热点的直接冷却。基于聚合物的三维堆叠射流液冷模型如图 9-33 所示。采用 4×4 阵列形式装配冲击液冷散热模块，如图 9-34 所示，入液/出液管口直径为 450μm/600μm，散热模块尺寸为 46mm×46mm×13mm，流量在 0.55L/min 时系统实测热阻为 0.25K/W。

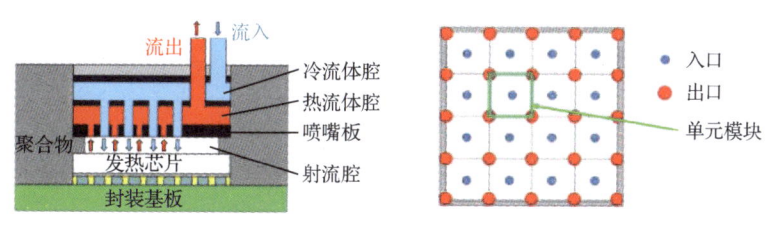

图 9-33 基于聚合物的三维堆叠射流液冷模型

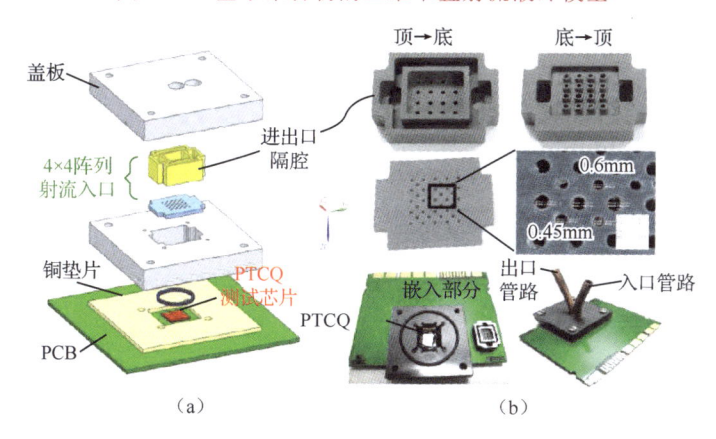

图 9-34 4×4 阵列 3D 冲击液冷散热模块

编者所在研究团队采用歧管式微流道设计，实现了芯片热流密度为 1040W/cm^2 的散热能力，温升仅为 49℃，为高热流密度、高集成度芯片阵列散热提供了解决方案，如图 9-35 所示。然而，目前各研究机构实现高热流密度散热方案的共性问题是系统压降高，虽然已完成各类原理样机的研制，但其工程化应用仍受限。

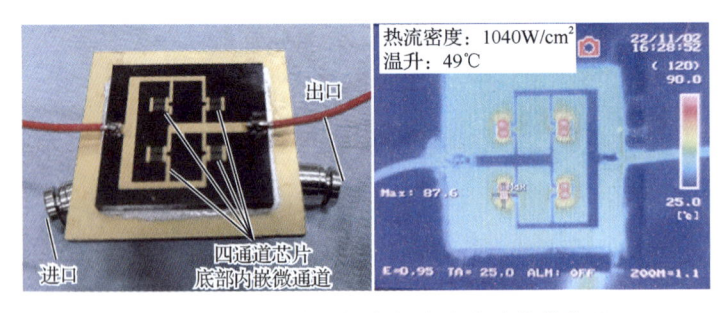

图 9-35　内嵌微流道的高热流密度硅基散热器

嵌入式微流体技术在系统中应用时应注意流体工质对电信性能的影响，特别是在射频微系统中，该影响不可忽略。

Hanju 等将 TSV 嵌入硅质小半径圆柱形微针，刻蚀除微针外大部分衬底作为流体通道，这种技术的好处在于流体通道面积更大、流体容量更大、散热效果更好。微针嵌入 TSV 结构如图 9-36 所示。

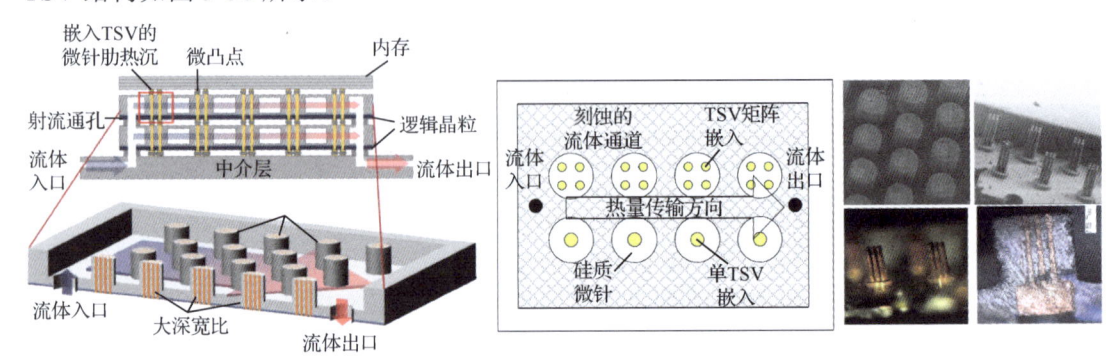

图 9-36　微针嵌入 TSV 结构

微针嵌入 TSV 微流体技术对电学性能最大的影响是，包含 TSV 的微针之间充满较大体积的流体，如果使用介质损耗角正切值较大的纯水流体，那么单 TSV 嵌入的微针会产生较大的损耗，不利于高频电路使用。此外，对于单 TSV 嵌入的圆柱形微针，纯水流体对微针的外力冲击是比较大的。无论是 TSV 链路电生焦耳热还是有源区热量传递，都会使 TSV 两端与 SiO_2 绝缘层交界处承受较大的热应力，该交界处是应力集中区域，容易发生断裂。当纯水流体冲击大深宽比的微针时，这个应力集中的区域发生断裂的概率是非常大的。因此，单 TSV 嵌入的微针技术适合用气体流体降温。如果使用纯水流体降温，则因纯水流体的介质损耗角正切值太大，可考虑使用 TSV 矩阵嵌入微针，以保证信号主要在硅内传输。

9.2.4　主动冷却技术

除了上述几种典型的直接降低传热路径上热阻的冷却技术，还可以采用主动冷却技术（主要基于热电材料和斯特林电机）降低发热器件所在局部环境的温度，使其工作在极限温度范围内。当然这种技术会带来额外的能耗和热阻。

由于微系统具有高集成度，因此目前可应用于微系统的微型制冷技术主要为热电制冷。热电制冷基于帕尔贴效应，其工作原理和常见结构如图 9-37 所示。

Bulman 等提出了一种新的超点阵列热电薄膜，如图 9-38 所示，模块最大热流密度达到 $258W/cm^2$。该热电薄膜以 Bi_2Te_3 为衬底，采用化学气相沉积法制成，具有在以先进计算机处理器为代表的电子设备中应用的潜力。然而，当前应用热电薄膜的样机虽然具有高热流密度，但总功率较小，且相比传统冷却方式的得益有限，仍需进行技术攻关以实现工程化应用。

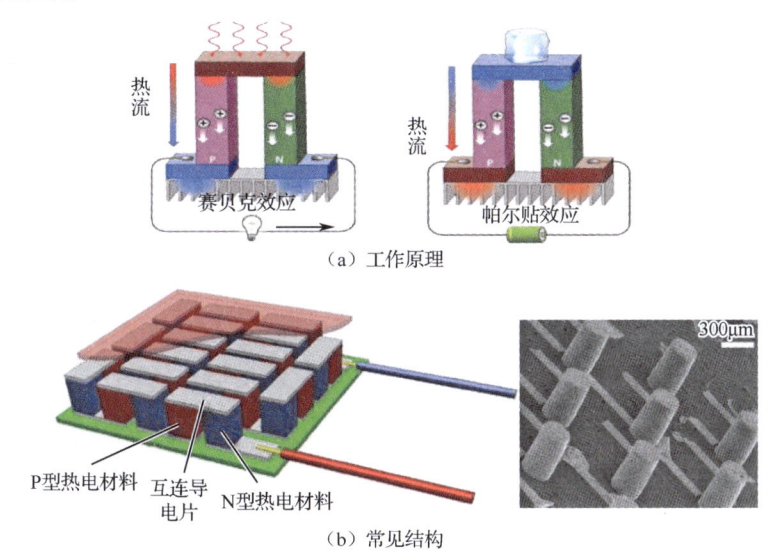

图 9-37　热电制冷的工作原理和常见结构

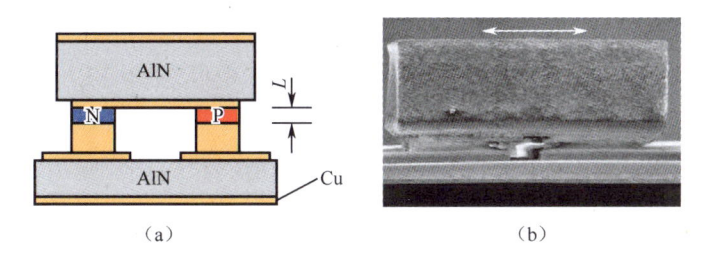

图 9-38　Bi_2Te_3 基超点阵列热电薄膜的扫描电镜截面图

热电制冷具有无机械结构，尺寸小、质量轻，可精确控温、可靠性高，同一模块具有加热和冷却能力，可沿任意方向运行，运行安静，环境友好，无噪声，以及结构紧凑、便于集成化等优点，适用于设备级和芯片级设备的冷却，可获得负热阻，以及比环境温度更低的温度。但其能效较低，单位体积内制冷量有限，在局部制冷的同时样机/系统的总能耗大大增加。理想的热电材料应具有高电导率以减少焦耳热，以及低热导率以防止热端到冷端的热回流。热电制冷的强化思路包括热电材料优值（品质因数）的提高、热电制冷器件结构的优化。

9.2.5 微冷却控制元件

微冷却控制元件包括微泵、微阀、微型换热器等。其中,微泵作为微流体系统的"心脏",是微流体输送的动力源,也是微流体系统发展水平的重要标志。微泵根据有无运动部件可分为有运动部件驱动泵和无运动部件驱动泵。无运动部件驱动泵主要包括电流体驱动泵、磁流体驱动泵、气泡驱动泵等;有运动部件驱动泵主要包括振动隔膜驱动泵与旋转式驱动泵。

1. 无运动部件驱动泵

电流体驱动泵依靠电场作用力驱动流体,按电场作用力原理可分为感应式电流体驱动泵、注射式电流体驱动泵、极化式电流体驱动泵、离子拖动式电流体驱动泵等。电流体驱动泵要求冷却工质导电。磁流体驱动泵依靠变化磁场对流体的磁场力驱动流体,不需要隔膜,可配合被动止回阀使用。磁流体驱动泵要求冷却工质为磁流体。气泡驱动泵依靠相变产生的气泡对流体的不平衡作用力驱动流体,其设备架构简单。

无运动部件驱动泵利用微流体的特性,可以连续输送流体,能精确检测和控制流量,在生物医学领域应用广泛,但无法满足对散热性能有较高要求的电子设备的冷却需求。

2. 有运动部件驱动泵

振动隔膜驱动泵是有运动部件驱动泵的一种,其按振动膜片的致动机制又可分为压电泵、蠕动泵、电磁泵、热泵、气动泵等。

压电泵利用压电元件的逆压电效应实现电能驱动,使压电振子机械能向流体动能转化。针对大流量应用需求,利用压电堆驱动,流量最高可达 3L/min,但其尺寸达到 $\phi 38mm \times 140mm$,压电堆驱动难以实现微型化。针对微型化应用需求,利用压电晶片驱动,可采用多个压电泵串联或并联以提高流量与扬程。四川压电与声光技术研究所分别将 4 个驱动泵应用于芯片阵列微系统散热,如图 9-39 所示,压电泵最大工作流量分别达到 36mL/min 和 57mL/min,后者最高可实现热耗为 14.5W 与热流密度为 250W/cm² 的芯片阵列微系统散热。

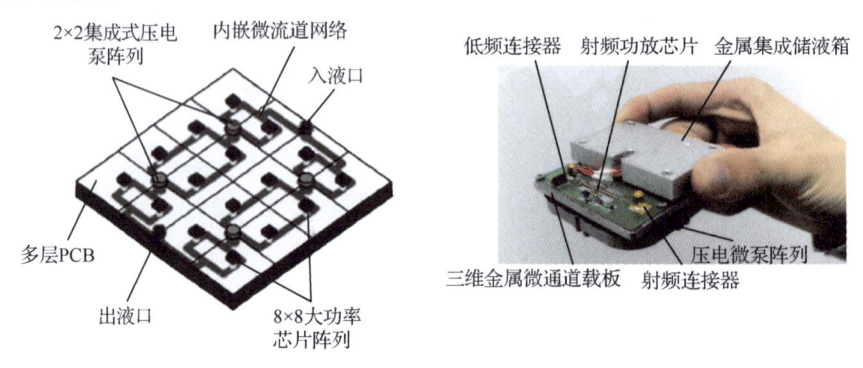

图 9-39 配置压电泵的芯片微系统

第 9 章　电子设备微系统冷却技术

华南理工大学研究团队将压电泵和散热热沉进行一体化集成,如图 9-40 所示,最大流量可达 208mL/min,并将其应用于大功率 LED 的散热。

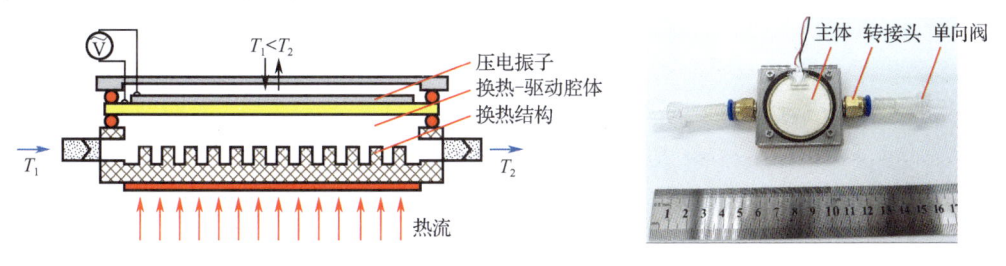

图 9-40　集成压电泵一体式热沉设计及性能研究

蠕动泵利用隔膜驱动挤压流体连续向前运动,其具有控制精度高、密封性好、工质兼容性好、流向可逆等优势。研究者将微型蠕动泵应用于芯片微系统的冷却,其使用的 LTCC 微通道冷却系统如图 9-41 所示,蠕动泵提供 27mL/min 的流量,可实现 120W/cm² 的单芯片散热。

显然,振动隔膜驱动泵与微系统的集成度好、振动小、吸入口无气蚀风险,可为低热流密度的芯片阵列或低热耗的单个芯片提供满足散热需求的流量与扬程,但其流量与进出口阀门设计有较大关系,同时与大功率射频微系统散热所需的流量需求仍存在较大差距。

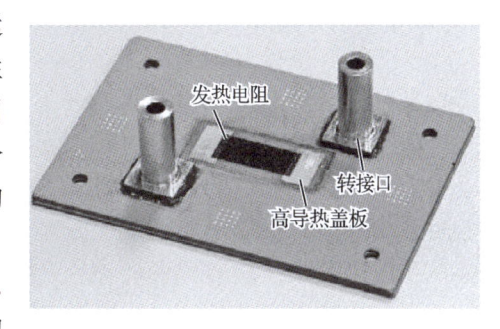

图 9-41　蠕动泵驱动的 LTCC 微通道冷却系统

旋转式驱动泵也是有运动部件驱动泵的一种,依靠泵内转子的旋转将电动机的机械能转换为液体的动能,达到输送液体或给液体增压的目的,其中以齿轮泵与离心泵最为常见。齿轮泵是依靠缸体与齿轮间形成的容积变化和移动输送液体或使液体增压的容积泵,其机械效率显著高于离心泵。然而,齿轮泵需要一定的容积以实现机械能转换,厚度难以减薄。图 9-42 所示为齿轮泵外形,该齿轮泵性能已可满足大功率射频微系统循环需求,然而泵体厚度超过 20mm。齿轮泵厚度包括齿轮厚度、容积腔高度、外接电动机厚度,由于其依靠容积变化的原理工作,难以进一步压缩空间以满足微型化应用需求。

图 9-42　齿轮泵外形

(流量为 1L/min,扬程为 100m)

图 9-43 配置离心泵的微系统冷却原理样机

离心泵依靠电动机驱动泵轴旋转，带动叶轮高速旋转，产生离心力输送泵内冷却工质。相比其他微型流体，驱动泵具有显著的高流量与高扬程。编者所在研究团队设计了四芯片微系统冷却原理样机，采用水力悬浮离心泵（流量为 1L/min，扬程为 5m），可满足 $500W/cm^2$ 的四芯片微系统冷却需求，如图 9-43 所示。然而离心泵厚度为 25mm，显著大于微系统其他部件，不能满足轻薄化需求，且在扩展至更多点子阵芯片时需要增加分水设计，这会导致系统流阻提高，因此当前离心泵扬程还需要进一步研究改进。

旋转式驱动泵可为高热流密度芯片阵列提供较高的流量与扬程，其中齿轮泵由于其容积变化特性无法进一步微型化，离心泵可进一步改进以满足大功率射频微系统散热的微型化与高扬程需求。

微泵是实现高热流密度射频微系统冷却的核心部件，目前的无运动部件驱动泵主要适用于生物医药领域的微量、高精度流量泵送，其易于集成的优点使其后续可用于小功率微系统散热；振动隔膜驱动泵仅能满足低热流密度的芯片阵列或低热耗的单个芯片的微系统散热需求；旋转式驱动泵可为高热流密度的芯片阵列提供较高的流量与扬程，可用于大功率微系统散热。针对大功率微系统散热用微泵，后续主要从电动机与叶轮的优化方向开展研究，研制兼备高性能与微型化特征的离心泵，解决大功率微系统的散热瓶颈问题。

9.2.6　热-力-电协同设计

1. 微系统中的热-力-电问题

尽管三维异质异构集成微系统具有众多性能上的优势，但由于其采用更短的垂直互连方式集成了很多不同类型、材料和结构的芯片，因此其特征尺寸更小、布局更密集，从而使得电磁场、热场及应力场之间存在明显的耦合效应，如图 9-44 所示。

以射频微系统为例，射频工作状态首先会引起内部芯片结温升高，进而引起增益、噪声系数、动态范围及灵敏度等关键参数发生漂移，并逐渐引起内部芯片因应力过大而发生退化，最终导致疲劳、分层、开裂等失效。图 9-45 所示为典型的天线阵列微系统示意图，其将天线

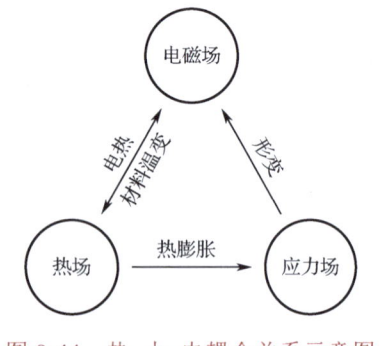

图 9-44　热-力-电耦合关系示意图

阵列、有源收/发通道、功分/合成网络、频率源、波束控制器及导热结构等三维异构混合集成在一个狭小的封装体内，互连线大幅缩短，可得到更低的插入损耗和更好的匹配性。该系统厚度典型尺寸仅为毫米级，平面尺寸为几十毫米，内部元器件积累的热量对 TSV 等传输线缆的影响和形变对天线输出功率、方向性的影响已不能忽视，要求系统设

计师在设计前充分考虑热、力、电的紧密耦合。

目前，微系统热-力-电耦合导致的以下两个方面的问题较为明显。

（1）微系统的多物理场耦合和三维堆叠特点增大了热分析的难度，跨尺度结构导致普通建模方法不适用于微系统的热分布模拟。微系统中的凸点、界面层、堆叠芯片等结构的物理尺寸可能相差 3 个数量级以上，多物理场跨尺度结构的建模和仿真难度较大。

（2）微纳工艺一般包括掩膜、沉积、刻蚀、外延生长、电镀、氧化和掺杂等，加工工艺将引入大量残余应力，这种残余应力通常集中在微米/纳米尺度的微系统关键结构中，因此急需残余应力测量技术来对工艺质量进行表征。尤其是在多层材料界面的复合结构中，工艺温度引起的严重热失配将导致界面各层材料产生较大的切应力和拉应力，很容易诱发界面分层或开裂失效。微纳工艺造成的损伤已成为影响电子设备服役可靠性最主要的问题之一，而应力的测量一直是损伤问题研究的重点和难点，高分辨率的应力表征技术对三维微系统力学可靠性研究有重要意义。

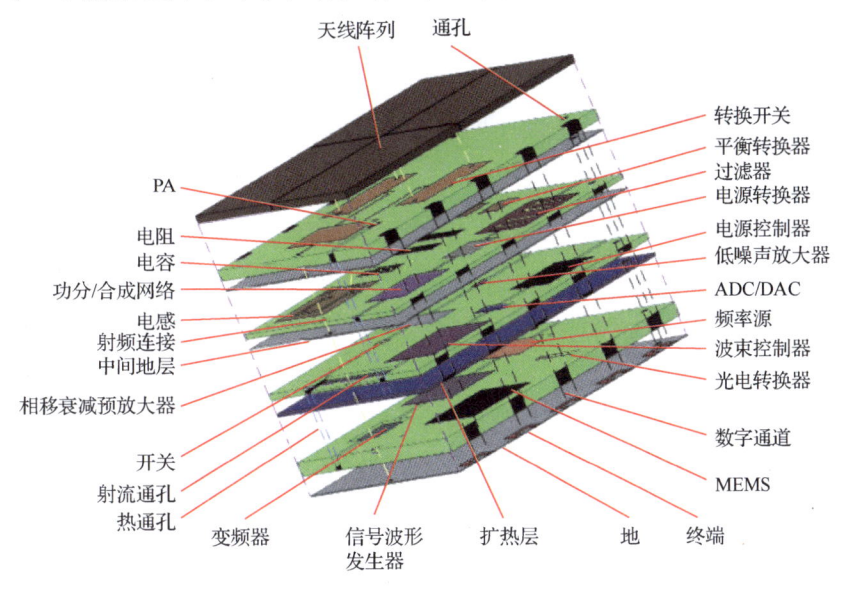

图 9-45 典型的天线阵列微系统示意图

2．协同设计方法

芯片热耗升高及尺寸增大、互连间距减小，使得材料热匹配导致的热应力失效问题凸显。同时，互连间距的减小及端口数量增加、高精度三维叠层、多温度梯度焊接、产品可返修性等对工艺、材料提出更苛刻的要求。因此，在产品研制周期不断压缩的情况下，微系统模块的实现及工程化应用需要进行结构、电信、工艺、热设计等多专业、多领域协同设计。

目前，典型的微系统产品研制首先需要开展架构设计，完成产品的初步布局，确定初步工艺路线，完成材料及关键器件选型，针对材料及关键器件特性，开展三维虚拟装配、热机应力仿真分析、电磁屏蔽隔离、腔体效应、信号及电源完整性、射频场路的仿真分析，并根据仿真结果优化结构布局；然后开展布线设计及仿真验证工作；最后进行实物验证并对设计方案进行优化定型。

微系统中 TSV 技术可以实现芯片间的垂直互连，以提高互连密度，提高数据传输速度，改善信号延迟等，是目前 3D 互连封装中的关键技术。以基于高密度 TSV 垂直互连的 3D 封装为例，如图 9-46 所示，有学者通过研究发现，电-热耦合下 TSV 硅转接板的温度分布与 TSV 直径显著相关，热流密度与 TSV 节距显著相关。TSV 直径越小，TSV 硅转接板的温升越大；TSV 节距越小，TSV 硅转接板的局部热流密度越高。在温度循环载荷高温保温阶段，TSV 直径越大，其所受的等效应力越大，TSV 节距越大，其所受的等效应力越小。在实际的 TSV 设计过程中，在保证电学性能完整实现和散热满足要求的基础上，应尽量选用小尺寸、大节距的 TSV 设计方法，避免距离过近的 TSV 阵列设计造成结构的热应力集中，以满足系统对 TSV 电学、热学及力学可靠性的要求。

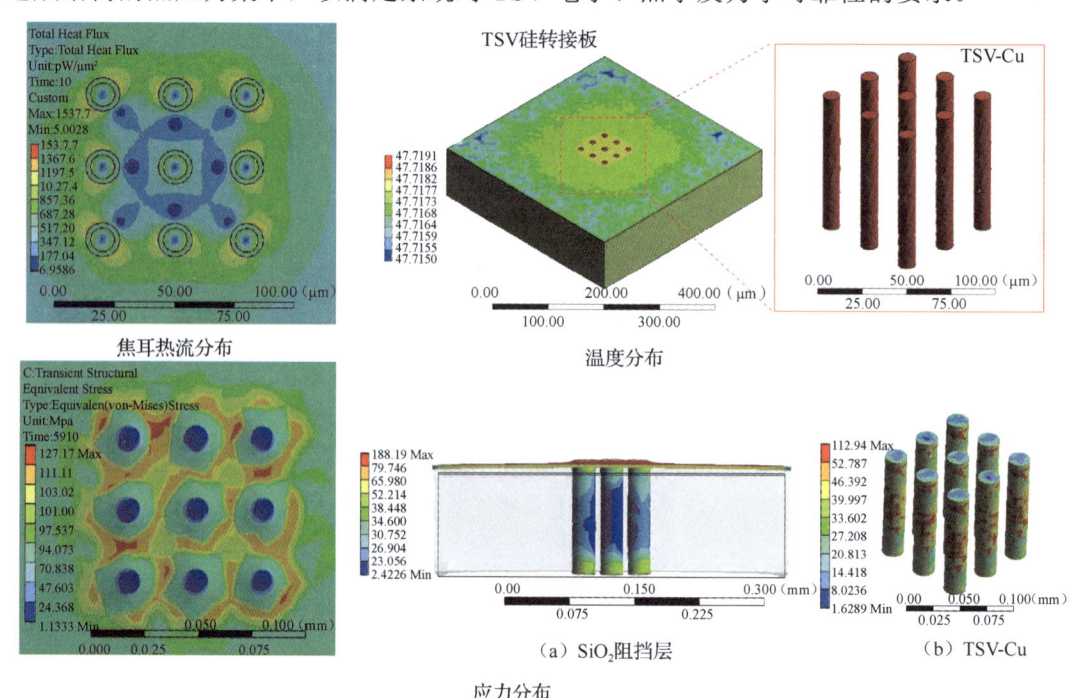

图 9-46 微系统 TSV 热-力-电多物理场协同分析结果

对于集成嵌入式冷却微系统设计，热-力-电协同设计是下一代电子芯片实现嵌入式冷却的关键。嵌入式冷却引入的流道设计对电路版图的布局有较高要求，流体流动对电信号的影响程度和封装壳体形变需要协同考虑。Cohen 指出，ICECool 正在从被动热设计逐步发展为热-电协同设计，它能识别出实现功能的最优传热路径和芯片安装最有利的位置，并交互式地平衡资源的使用，以优化能源消耗、功能、性能和机械稳定性的布局。Gambin 根据热-电协同设计思路，基于金刚石衬底的嵌入式冷却概念，提出一种微通道和冲击微型喷流以消除热量的 MMIC 晶体管，如图 9-47 所示。分析结果显示，微通道在芯片产生热量时非常有效且直接地将冷却剂直接送到晶体管附近，使芯片温度降低。

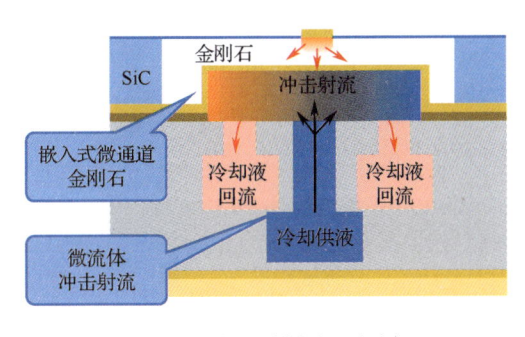

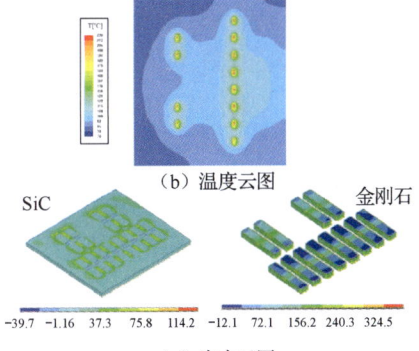

(a) 金刚石衬底嵌入式冷却

(b) 温度云图

(c) 应力云图

图9-47 微通道-冲击微型喷流金刚石衬底晶体管

目前微系统架构正在从二维向三维，从低功耗器件（如存储芯片）向高功耗器件（如计算芯片），从低功率密度向高功率密度方向快速发展，三维堆栈芯片的逐步应用及整个系统的小型化，尤其是低剖面化的发展需求，导致微系统热设计问题越来越严峻，微系统冷却技术已成为产品设计的关键技术之一。传统的远程散热架构界面多、传热路径远，已经难以为继。芯片近结冷却技术一体化集成度高、散热能力强，已成为研究热点并取得了较大进展。目前，工业界和学术界正处于技术向产品应用发展的关键时刻，急需加大单项高效散热技术和一体化集成技术的跟踪及研发力度，同时必须考虑与末端冷却系统的关联和工艺可实现性，以推动系统冷却技术的成熟和应用。

参考文献

[1] 向伟玮. 微系统与 SiP、SoP 集成技术[J]. 电子工艺技术，2021，42（4）：187-191.

[2] 范义晨，胡永芳，崔凯. 射频微系统集成技术体系及其发展形式研判[J]. 现代雷达，2020，42（7）：70-77.

[3] 周志鹏，王力. 轻薄化天线阵面架构技术研究[J]. 微波学报，2021，37（3）：1-5.

[4] 单光宝，郑彦文，章圣长. 射频微系统集成技术[J]. 固体电子学研究与进展，2021，41（6）：405-412.

[5] SEO J H, JO Y W, YOON Y J, et al. Al（In）N/GaN Fin-type HEMT with very-low leakage current and enhanced I-V characteristic for switching applications[J]. IEEE Electron Device Letters，2016，37（7）：855-858.

[6] RACKAUSKAS S. Nanowires-synthesis, properties and applications[M]. Berlin：Springer，2019.

[7] 赵继文，郝晓斌，赵柯臣，等. 微波等离子体化学气相沉积法合成高导热金刚石材料及器件应用进展[J]. 硅酸盐学报，2022，50（7）：1-13.

[8] 贾鑫，魏俊俊，黄亚博，等. 金刚石散热衬底在 GaN 基功率器件中的应用进展[J]. 表面技术，2020，49（11）：111-123.

[9] SANG L. Diamond as the heat spreader for the thermal dissipation of GaN-based electronic devices[J]. Functional Diamond，2021，1（1）：174-188.

[10] ZHAO K C，ZHAO J W，WEI X Y，et al. Mechanical properties and microstructure of large-area diamond/silicon bonds formed by pressure-assisted silver sintering for thermal management[J]. Materials Today Communications，2023，34：10.

[11] 刘德喜，张晓庆，史磊，等. 射频微系统技术发展策略研究[J]. 遥测遥控，2021，42（5）：17-27.

[12] TANG D S，CAO B Y. Phonon thermal transport and its tunability in GaN for near-junction thermal management of electronics：A review[J]. International Journal of Heat and Mass Transfer，2023，200：1-34.

[13] YUAN C，HANUS R，GRAHAM S. A review of thermoreflectance techniques for characterizing wide bandgap semiconductors' thermal properties and devices' temperatures[J]. Journal of Applied Physics，2022，132（22）：1-30.

[14] 郑俊平. 三维集成电路（3D IC）中硅通孔（TSV）链路的多场分析[D]. 西安：西安电子科技大学，2018.

[15] OH H，MAY G S，BAKIR M S. Heterogeneous integrated microsystems with nontraditional through silicon via technologies[J]. IEEE Transactions on Components，Packaging and Manufacturing Technology，2017，7（4）：502-510.

[16] WANG X Y，MA Y T，YAN G Y，et al. A compact and high flow-rate piezoelectric micropump with a folded vibrator[J]. Smart Materials and Structures，2014，23（11）：1-11.

[17] 鲁加国，王岩. 后摩尔时代，从有源相控阵天线走向天线阵列微系统[J]. 中国科学：信息科学，2020，50（7）：1091-1109.

[18] 朱臣伟，刘娟，唐昊，等. 基于协同仿真技术的超宽带射频微系统热电设计[J]. 固体电子学研究与进展，2022，42（4）：269-274，286.

[19] 胡长明，魏涛，钱吉裕，等. 射频微系统冷却技术综述[J]. 现代雷达，2020，42（3）：1-11.

[20] 程哲. 第三代半导体材料及器件中的热科学和工程问题[J]. 物理学报，2021，70（23）：92-96.

[21] BAR-COHEN A，ALBRECHT J D，MAURER J J. Near junction thermal management for wide bandgap devices[C]. IEEE Compound Semiconductor Integrated Circuits Symposium，2011.

[22] CHO J，LI Z J，ASHEGHI M，et al. Near-junction thermal management：thermal conduction in gallium nitride composite substrates[J]. Annual Review of Heat Transfer，2015，18：7-45.

[23] 郁元卫. 硅基异构三维集成技术研究进展[J]. 固体电子学研究与进展，2021，41（1）：1-9.

[24] VAN ERP R，SOLEIMANZADEH R，NELA L，et al. Co-designing electronics with

microfluidics for more sustainable cooling[J]. Nature, 2020, 585 (10): 211-216.

[25] SARVEY T E, ZHANG Y, CHEUNG C, et al. Monolithic integration of a micropin-fin heat sink in a 28-nm FPGA[J]. IEEE Transactions on Components, Packaging and Manufacturing Technology, 2017, 7 (10): 1617-1624.

[26] QIN Y, ALBANO B, SPENCER J, et al. Thermal management and packaging of wide and ultra-wide bandgap power devices: a review and perspective[J]. Journal of Physics D: Applied Physics, 2023, 56 (9): 093001.

[27] WALKER J L B. Handbook of RF and microwave power amplifiers[J]. Microwave Journal, 2012, 55 (4): 142.

[28] BELKACEMI K, HOCINE R. Efficient 3D-TLM modeling and simulation for the thermal management of microwave AlGaN/GaN HEMT used in high power amplifiers SSPA[J]. Journal of Low Power Electronics and Applications, 2018, 8 (3): 23.

[29] 徐锐敏, 王欢鹏, 徐跃杭. 射频微系统关键技术进展及展望[J]. 微波学报, 2023, 39 (5): 70-78.

[30] DUAN Z M, WU B W, ZHU C M, et al. 14.6 A 76-to-81 GHz 2×8 FMCW MIMO radar transceiver with fast chirp generation and multi-feed antenna-in-package array[C]. IEEE International Solid-State Circuits Conference, San Francisco, 2021.

第 10 章

电子设备热仿真及热测试技术

【概要】

电子设备热仿真与热测试作为两种常用的热控效果评估手段,被广泛应用于各种电子设备热控领域。本章首先介绍热仿真基础及方法、常用热仿真软件、热仿真案例和热仿真面临的挑战;其次介绍常用热测试标准和热参数测试技术,包括温度测试、流量测试、速度测试、压力测试。

10.1 电子设备热仿真

10.1.1 热仿真基础及方法

电子设备热仿真是指对热传导、热对流、热辐射等传热、传质问题进行计算和分析的过程。计算流体力学(Computational Fluid Dynamics,CFD)作为电子设备热仿真的基础理论和方法,是一门流体力学、数学和计算机科学相结合的交叉科学,一般通过求解控制流动传热的纳维-斯托克斯方程或控制辐射的辐射传递方程,得到温度场、速度场、辐射场等的分布。CFD 的基本求解思路为,先将控制方程中积分项、微分项近似地表示为离散的代数形式,使其成为代数方程组,然后通过计算机求解离散代数方程组,获得离散的时间/空间点上的数值解。

CFD 常用的求解流动传热问题的数值解法包括有限差分法、有限元法和有限体积法。

1. 有限差分法

有限差分法(Finite Difference Method,FDM)的基本思想是,先对问题的定义域进行网格剖分,然后在网格点上按适当的数值微分公式把定解问题中的微商换成差商,从而把原问题离散化为差分格式,进而求出数值解。有限差分法求解的基本步骤如下:①构成差分格式;②讨论与该差分格式对应的线性代数方程解存在的唯一性;③求解代数方程组，得到区域内的温度分布。

有限差分法具有简单灵活、求解速度较快等优点，但受限于规则的差分网格，只适用于规则的几何形状。

2．有限元法

有限元法（Finite Element Method，FEM）的基本思想是，先将整个问题区域分解，使每个子区域都成为简单的部分，即有限元，然后通过变分方法使误差函数达到最小值并产生稳定解。它将求解域看成是由许多被称为有限元的小的互连子域组成的，先对每个有限元假定一个合适的（较简单的）近似解，然后推导求解这个域内的满足条件（如结构的平衡条件），从而得到问题的解。

有限元法能对复杂的几何形状进行求解，它允许对某些区域（如温度梯度大的区域、最高温度处等）加密网格且计算精度高。其缺点是需要消耗大量的计算资源和计算时间。

3．有限体积法

有限体积法（Finite Volume Method，FVM）是 CFD 中常用的一种数值算法，基于积分形式的守恒方程而不是微分方程，求解思路如下：①将计算区域划分为一系列不重复的控制体积，每个控制体积都有一个节点作为代表，将待求解的守恒型微分方程在任一控制体积及一定时间间隔内对空间与时间求积分；②对待求函数及其导数对时间及空间的变化型线或插值方式做出假设；③对步骤①中各项按选定的型线求积分并整理成一组关于节点上未知量的离散方程。

有限体积法具有很好的守恒性，对网格的适应性好，可以更好地解决复杂的工程问题，且在进行流固耦合分析时，能够完美地和有限元法进行融合。有限体积法综合了有限元法和有限差分法的优点，目前大多数热仿真软件采用的都是有限体积法。

10.1.2 常用热仿真软件

1．热仿真软件组成

热仿真软件一般由输入及数据维护模块、网络划分及显示模块、数值计算模块、结果输出及显示模块 4 个部分组成，如图 10-1 所示。

（1）输入及数据维护模块。

输入及数据维护模块的主要功能是读入用户输入的设备结构描述数据和必要的边界条件，为网格划分及后面的数值计算做准备。输入数据可采用菜单方式，也可结合一些图形说明，以增强直观操作性。输入及数据维护模块由总体参数描述和边界参数描述两部分组成。

（2）网格划分及显示模块。

在速度场和温度场的分布计算中，网格划分是一项重要且需要仔细完成的工作。在常见的复杂区域中，各个过渡区域及边界处所采用的网格划分方法，对计算程序的编制、计算过程的复杂性和计算精度都有很大的影响。

在程序设计中，可以自动或手工划分网格。自动划分网格的基本思路是，在保证网格内的物性参数相同的情况下，使区域内的网格尽量均匀化。

（3）数值计算模块。

数值计算模块是热分析的核心模块，包括各种计算方法，以及速度场、温度场的计算程序，还包括研究分析对象的区域划分及边界条件的处理程序等。数值计算可采用面向对象的程序设计技术。

（4）结果输出及显示模块。

数值计算结果输出最直接的方式是将求解变量节点的值以文本的形式输出。但当计算的数很大时，其输出的数据量也很大，采用这种方式显然很繁杂且不方便。对此，比较好的输出方式是将计算结果以图形化的形式显示出来，直接调用相应的商品软件，就能显示计算结果。

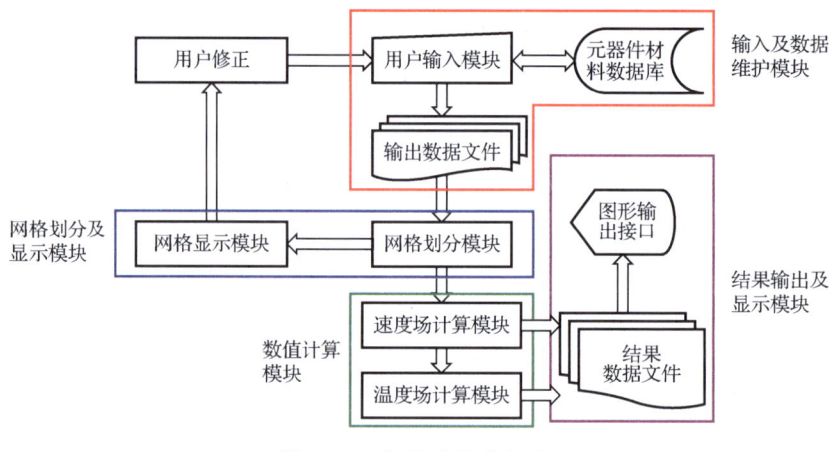

图 10-1 热仿真软件组成

2．热仿真软件介绍

1）国外的软件

电子设备中常用的热仿真软件大多由国外公司开发，主要包括通用热分析软件（如 Fluent、COMSOL Multiphysics、Simcenter 3D、Simulation X 等）和专业热分析软件（如 ICEPACK、FloTHERM、FloEFD、Flowmaster、6SigmaDC、Macroflow 等）。

（1）Fluent、ICEPACK。

Fluent 是目前最流行的 CFD 商业软件之一，采用基于非结构性网格的有限体积法，其典型分析应用如图 10-2 所示。Fluent 包含多种传热、燃烧、多相流模型，可应用于可压缩/不可压缩、低速/高超音速、单相流/多相流、化学反应、气固混合、气动声学等几乎所有与流体相关的领域。Fluent 还包含多种优化的物理模型，针对不同的流动问题可采用合适的物理模型和数值解法。

ICEPACK 是 Fluent 公司专门为电子产品工程师定制的专业热分析软件，可满足元器件级、模块级、系统级和环境级的热分析需求，其典型分析应用如图 10-3 所示。ICEPACK 比较突出的优势包括：①能够很好地处理各种复杂曲面几何；②内置大量电子产品模型、各种风扇库及材料库等，用户只需简单调用即可完成模型设计；③具有面向对象的建模功能，包含丰富的物理模型，可以模拟自然对流、强迫对流/混合对流、热传导、热辐射、层流/紊流、稳态/非稳态等流动现象。

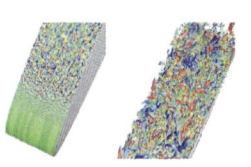

(a) 流动和传热分析　　(b) 多相流分析　　(c) 化学反应分析　　(d) 气动声学分析

图 10-2　Fluent 典型分析应用

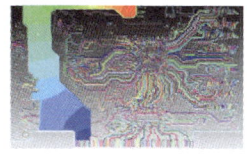

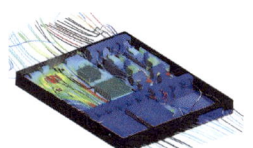

(a) PCB 热分析　　(b) 模块热分析　　(c) 机箱热分析　　(d) 机房热分析

图 10-3　ICEPACK 典型分析应用

（2）FloTHERM、FloEFD、Flowmaster。

FloTHERM、FloEFD、Flowmaster 3 个仿真软件为 Mentor Graphics 公司旗下产品，适用于不同的仿真层次及对象，其典型分析应用如图 10-4 所示。

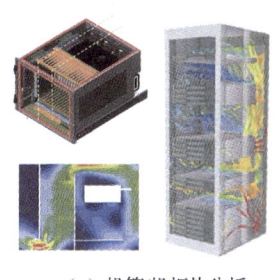

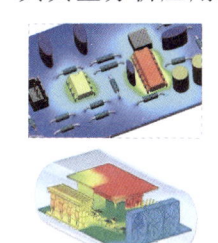

(a) 机箱/机柜热分析　　(b) 芯片/模块/机箱热分析　　(c) 液冷系统一维流场分析
　　（FloTHERM）　　　　　（FloEFD）　　　　　　　　（Flowmaster）

图 10-4　FloTHERM、FloEFD、Flowmaster 典型分析应用

FloTHERM 可以实现从元器件级、模块级、系统级到环境级的热分析。FloTHERM 的核心优势：一是具备专业稳定的求解器和网格技术，同时结合了大量专门针对电子设备散热的实验数据和经验公式，能有效提高热仿真精度，简化仿真计算工作；二是具备参数化的建模功能，提供了专门应用于电子设备热分析的参数化模型创建宏技术，能够迅速、准确地为大量电子设备建模；三是具备强大的数据库；四是具备功能强大的优化设计模块，可以针对设计方案进行全面的设计优化。

FloEFD 是无缝集成在主流三维 CAD 软件中的高度工程化的专业流体传热分析软件，它基于当今主流 CFD 软件广泛采用的有限体积法开发，FloEFD 的整个分析过程都在 CAD 软件界面中完成。FloEFD 直接应用 CAD 实体模型，自动判定流体区域，自动进行网格划分，无须和传统 CFD 软件一样先进行流体模型建立、网格划分、区域定义再求解。

Flowmaster 是面向工程的完备流体系统仿真软件包,对于各种复杂的流体系统,工程师可以利用 Flowmaster 快速、有效地建立精确的系统仿真模型,并进行温度、流量、速度、压力等参数的分析。

(3) 6SigmaDC。

6SigmaDC 专门用于数据中心热设计及电子产品热分析,其典型分析应用如图 10-5 所示。6SigmaDC 主要包含不同层次的热分析模块:①6SigmaRoom 为数据中心级热分析模块,能够模拟设计机房或针对现有机房系统进行问题排除及系统升级,进行温度场和流场预测,可整体规划 IT 设备及机房空间的建造基础工程;②6SigmaRack 为机柜级热分析模块,能完成机柜系统散热分析,可分析电子设备机箱、机柜和舱内等的热流场问题,降低设计中可能出现的系统过热风险;③6SigmaET 为设备级热分析模块,能分析电子设备、散热器、PCB、芯片封装等的热流场。6SigmaET 与 ICEPACK 类似,具有完善的电子设备组件模型,具有面向对象建模的特点,包括机箱、PCB、散热器、风扇、热界面材料等专业模型组件。

(a) 芯片封装热分析 (6SigmaET)　(b) 插件热分析 (6SigmaET)　(c) 机柜热分析 (6SigmaRack)　(d) 机房热分析 (6SigmaRoom)

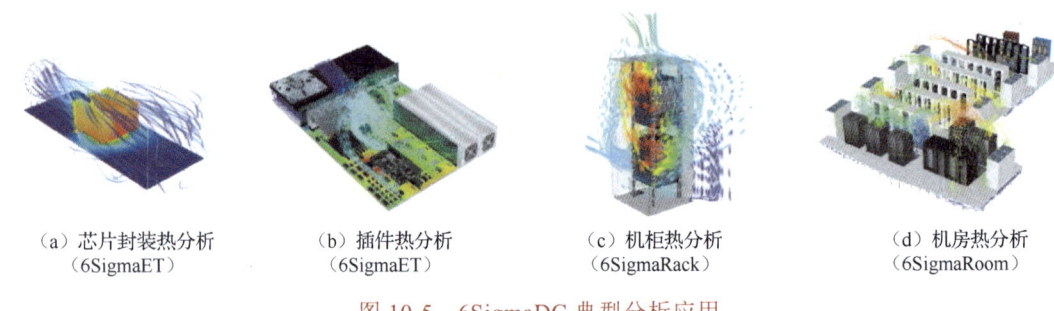

图 10-5　6SigmaDC 典型分析应用

(4) COMSOL Multiphysics。

COMSOL Multiphysics 以有限元法为基础,通过求解偏微分方程(单场)或偏微分方程组(多场)来实现对真实物理现象的仿真。COMSOL Multiphysics 应用于传热领域,其典型分析应用如图 10-6 所示。COMSOL Multiphysics 主要采用固体传热模块和流动模块,通过流固耦合来模拟流动换热现象。COMSOL Multiphysics 的独特优势在于具备耦合力学、电学等模块,可实现热-力-电等多物理场耦合求解。

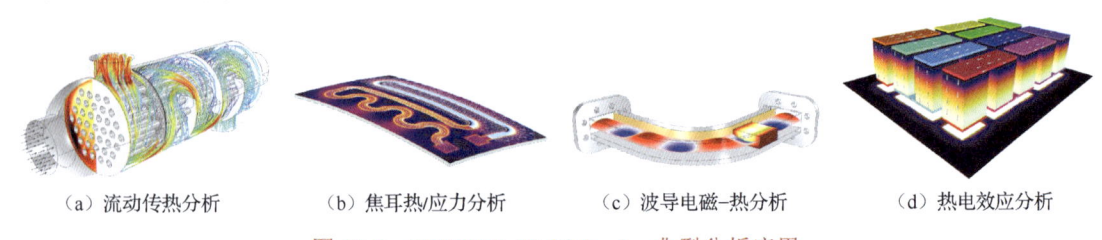

(a) 流动传热分析　(b) 焦耳热/应力分析　(c) 波导电磁-热分析　(d) 热电效应分析

图 10-6　COMSOL Multiphysics 典型分析应用

(5) Simcenter 3D。

Simcenter 3D 是由西门子公司开发的通用热仿真软件,其以有限元法为基础,汇集了众多成熟的 CAE 工具,提供建模技术支持的直接几何编辑功能,通过建立映射实现有限元模型的实时更新,其典型分析应用如图 10-7 所示。Simcenter 3D 采用内嵌求解器,支持结构分析、声学分析、流体分析、热分析、运动分析、复合材料分析及多物理场仿真等。另外，Simcenter 3D 具备专门针对星载空间电子设备热分析的功能，基于 NX 设计平台能够直接对模型数据开展仿真分析，并且提供了丰富的热辐射仿真技术（特别是围场辐射）、轨道参数定义及丰富的热光学特性数据库。

（a）结构分析　　（b）流动传热分析　　（c）动力学分析　　（d）复合材料分析　　（e）空间热分析

图 10-7　Simcenter 3D 典型分析应用

2）国内的软件

国内近年来也自主研发了多款电子设备热仿真软件，主要包括以下 5 款。

（1）AICFD：南京天洑软件有限公司自主研发的一款通用的智能热流体仿真软件。该软件可针对复杂流动和传热现象进行快速智能仿真，提供简单快捷的前处理设置向导，并内置丰富的散热模型，满足封装元件、PCB、系统设备和数据中心等的散热仿真设计和优化需求。

（2）PERA SIM Fluid：安世亚太科技股份有限公司自主研发的通用流体仿真软件。该软件能够精确模拟人们日常遇到的各种工程流动和传热问题，支持稳态求解、瞬态求解、可压计算、不可压计算，以及层流及多种湍流模型、多相流模型、多孔介质模型、MRF 模型、传热模型等，同时提供了丰富的材料数据库，具有完备的入口、出口、壁面、对称、周期等边界条件。

（3）Simetherm：北京云道智造科技有限公司研发的一款针对电子器件和设备的专用热仿真软件。该软件内置电子产品专用零部件模型库，支持用户通过"搭积木"的方式快速建立电子系统的热分析模型，并利用成熟稳定的算法计算流动与传热问题，实现对电子系统的热可靠性分析。

（4）LiToTherm：重庆励颐拓软件有限公司研发的一款固体热仿真软件。该软件具备 3D 热对流、热传导和热辐射的仿真能力，可以兼顾不同类型的一阶、二阶单元，包括四面体、五面体、六面体等，同时支持各向异性和温度相关的材料模型，能够解决电子元件、芯片、汽车电池包等复杂系统的热仿真问题。

（5）TF-Thermal：深圳十沣科技有限公司推出的专用热仿真软件。该软件基于有限体积法，集成了公司自主研发的网格剖分器和求解器，提供从模型创建到后处理的全流程热仿真能力，支持元器件级、模块级、系统级和环境级的多尺度热传导、热对流及热辐射的仿真计算。

近十年来国产热仿真软件取得了较大进步，但与国外热仿真软件在技术、功能、易用性、成熟度、覆盖度等方面还有一定的差距。在实现国产热仿真软件跨越式发展的过程中，不仅需要国内软件厂商不断提高产品竞争力，而且需要电子设备行业的大力支持。

10.1.3 热仿真案例

电子设备热分析根据封装层级可以分为 4 级：①元器件级，包括芯片封装等的散热分析；②模块级，包括 PCB、插件、组件等的热设计和优化；③系统级，包括机箱、机柜、子阵等系统级散热方案的选择及优化和散热器件的选型；④环境级，包括机房、方舱、外太空等环境的热分析。本节将选择典型案例分别介绍元器件级、模块级、系统级和环境级热仿真。

1. 元器件级热仿真

以某 SOP 芯片为例，采用 FloTHERM 软件介绍元器件热仿真。

图 10-8（a）所示为三维堆叠芯片的结构示意图。该三维堆叠芯片采用陶瓷 PGA 封装形式，主要由 6 层叠层芯片组成，芯片之间采用垫片胶接，堆叠芯片与基板胶接。在 23℃ 的自然对流环境中，每个芯片的热耗为 2W，得到三维堆叠芯片的温度云图，如图 10-8（b）所示，顶层芯片的温度明显高于底层芯片，最高温度可达 67℃。

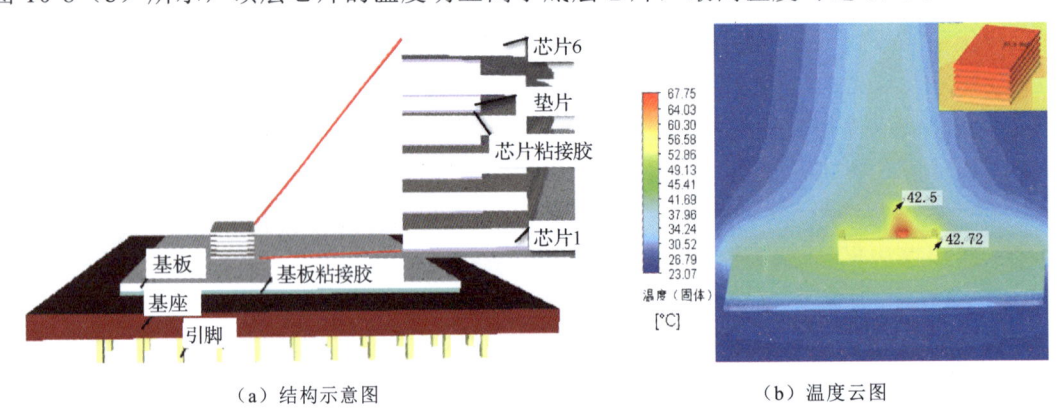

（a）结构示意图　（b）温度云图

图 10-8 三维堆叠芯片的结构示意图和温度云图

2. 模块级热仿真

以某射频组件为例，采用 COMSOL Multiphysics 软件介绍模块级热仿真。

图 10-9 所示为 16 通道 TR 组件的结构示意图。该 TR 组件由基板、底板和围框组成，功放芯片、低噪放芯片和多功能芯片焊接或胶接在基板上，芯片产生的热量通过基板传导至底板。为了评估不同基板材料对芯片温升的影响，对组件内部热传导进行仿真。在 COMSOL Multiphysics 软件中，选择固体传导模型，底板的底面温度设置为恒定 60℃，单个功放芯片的热耗为 12W，芯片与基板的接触热阻为 0.05K·cm^2/W。TR 组件的温度云图如图 10-10 所示，采用氧化铝基板，功放芯片的最高温度为 162℃；采用氮化铝基板，功放芯片的温度降至 85℃。

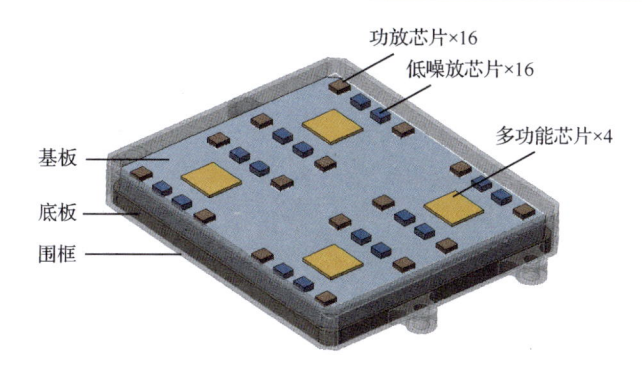

图 10-9　16 通道 TR 组件的结构示意图

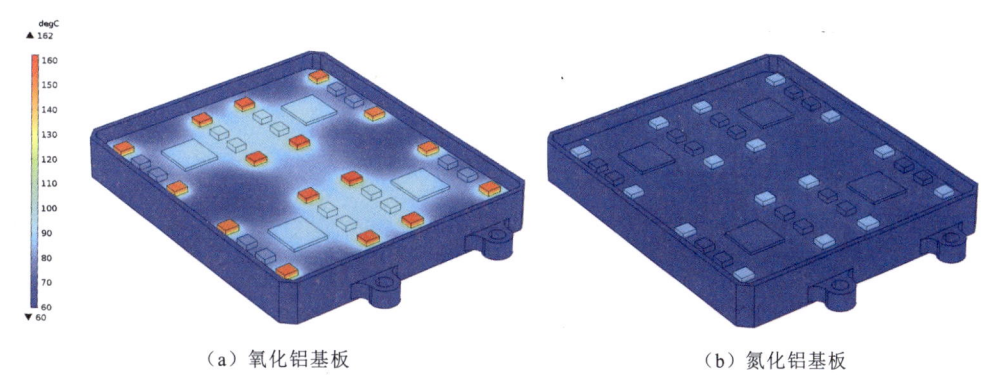

（a）氧化铝基板　　　（b）氮化铝基板

图 10-10　TR 组件的温度云图

3. 系统级热仿真

以某风冷机柜为例，采用 FloEFD 软件介绍系统级热仿真。

图 10-11 所示为风冷机柜的结构示意图。该风冷机柜由 3 个插箱和 1 个顶部通风装置组成，单个插箱底部插满模块，顶部后侧安装 4 个插箱风机，单个插箱从底部进风，从顶部后侧出风；顶部通风装置安装 2 个顶部风机。风冷机柜从底部进风，在各个插箱风机的作用下，冷风从插箱底部进入各模块风冷板，热风从插箱顶部后侧排出，最后在顶部风机的作用下，从顶部汇总排出。在 FloEFD 软件中，选择固体传热和流动耦合模块，供风温度为 20℃，设置插箱风机为内部风扇，顶部风机为外部

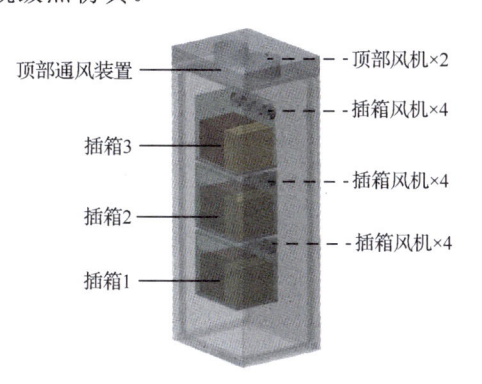

图 10-11　风冷机柜的结构示意图

出口风扇，各个风扇设置相应的风压-风量特性，模块热耗为 130W。风冷机柜内速度云图和温度云图如图 10-12 所示，可以看到 3 个插箱风量分配相对均匀，整体风路通畅，模块壳体温升为 25℃。

(a) 速度云图　　　　　　　　　　　　(b) 温度云图

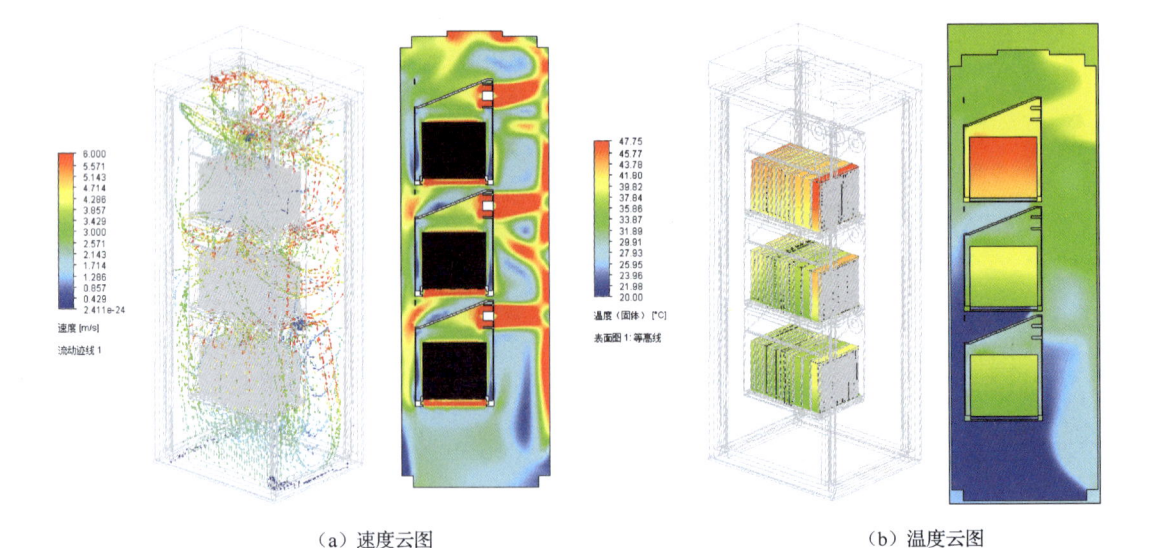

图 10-12　风冷机柜内的速度云图和温度云图

4. 环境级热仿真

以某数据中心机房为例，采用 6SigmaRoom 软件介绍环境级热仿真。

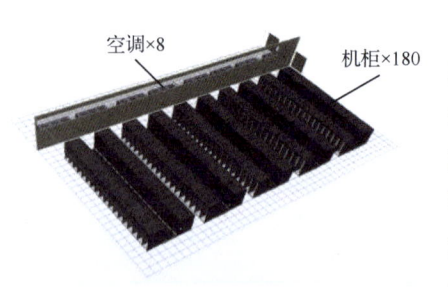

空调×8　　机柜×180

图 10-13　虚拟机房布局

虚拟机房布局如图 10-13 所示。该机房面积为 38m^2，机柜数量为 180 个，单机柜负载为 4kW，总负载为 720kW，机柜采用背靠背方式安装，形成冷热气流组织（但未封闭冷热通道）。机房配置 8 台额定制冷量为 140kW、风量为 27 600m^3/h 的冷冻水空调，机房采用静电地板下送风方式。采用 6SigmaRoom 软件进行建模，创造出一个虚拟机房，包含机柜摆放、服务器配置、空调大小和位置设置、气流组织布置。将建模文件在服务器上进行模拟计算，可得到如图 10-14 所示的机柜风量三维云图、截面云图和机房流体温度三维云图、截面云图，根据仿真结果可对机房气流组织进行优化和校核。

(a) 机柜风量三维云图　　　　　　(b) 机房流体温度三维云图

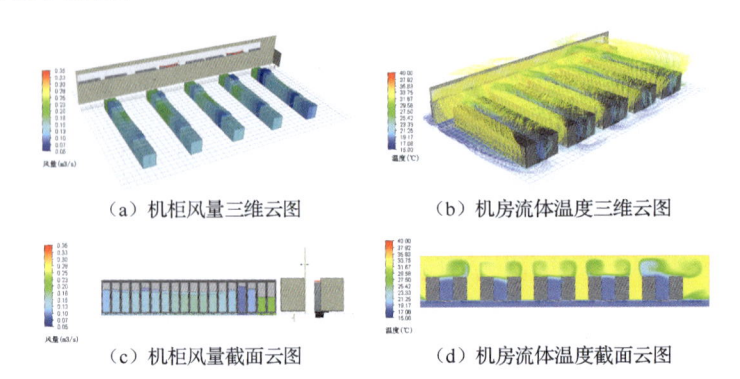

(c) 机柜风量截面云图　　　　　　(d) 机房流体温度截面云图

图 10-14　机柜风量三维云图、截面云图和机房流体温度三维云图、截面云图

10.1.4 热仿真面临的挑战

目前常用的热仿真软件能很好地满足元器件级、模块级、系统级和环境级的电子设备热分析需求,且软件的数据库越来越多,计算精度和效率越来越高,界面和功能越来越优化。但随着电子设备朝着微小型化、高集成度、物理场复杂化等方向不断发展,热仿真面临以下挑战:微纳尺度热仿真、跨尺度热仿真、多物理场仿真等。

1. 微纳尺度热仿真

电子设备内部传热特性的表征参数主要是热导率,在工程上一般通过计算或测试热导率,并采用傅里叶导热公式计算传热特性。但是在热分析过程中一般将元器件等效为均匀热源,忽略了内部热分布及传热特性。随着元器件的特征尺寸不断减小且功率大幅提高,元器件内部的热流密度越来越高,对其内部的产热机理进行计算并进行有效的元器件级热设计变得越发重要。

元器件内部主要热载子为声子,当元器件的特征尺寸小于或接近声子平均自由程(200~300nm)时,声子的传播呈现出亚连续性和非平衡性,使得大功率元器件焦耳热的产生及热传递方式更为复杂,运用传统的传热理论(如经典傅里叶理论)研究其传热特性会造成较大误差。近年来许多学者提出了一些微纳尺度计算模型,主要包括玻尔兹曼输运方程模型、分子动力学模型、弹道-扩散模型及傅里叶模型等。使用微纳尺度计算模型进行分析的基本思路为,建立从微观或介观尺度描述元器件内部声子与电子分布、迁移和相互作用过程的控制方程,并通过各种数值求解方法计算电子、声子的迁移过程和散射参数,最终得到产热分布和温度分布。

以二维 SOI(Silicon-on-Insulator)晶体管为例,图 10-15 所示为 SOI 晶体管工作区域的二维结构示意图。整个工作区域长度为 1000nm,厚度为 300nm,其中在较厚的 SiO_2 绝缘层的上方有一层厚度为 60nm 的 Si 薄膜,左右边界及底端边界均维持 300K 的温度,顶端 Si 薄膜采用绝热边界。在顶端通道中的灰色区域为热点。在 50nm×10nm 的热点区域中,电子和声子的散射现象明显,

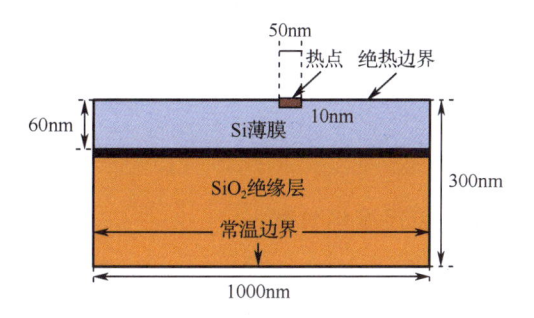

图 10-15 SOI 晶体管工作区域的二维结构示意图

易导致能量的产生。基于格子-玻尔兹曼介观模型,基于以下二维玻尔兹曼输运方程,采用 D_2Q_5 离散速度模型,对 SOI 晶体管纳米尺度热点引发的二维导热过程进行分析:

$$\frac{\partial e_i}{\partial t} + v_i e_i = -\frac{e_i - e_i^0}{\tau} + S, \quad i = 1, 2, \cdots, m \quad (10\text{-}1)$$

式中,e 为声子能量密度;t 为时间;v 为热载子的群速度;τ 为热载子平均自由时间;S 为单位体积内的产热率。

图 10-16 所示为基于傅里叶定律和格子-玻尔兹曼介观模型得到的薄膜内无量纲能

量密度分布。基于傅里叶定律得到的能量以扩散方式进行输运,能量密度峰值点出现在热点中心位置;基于格子-玻尔兹曼介观模型得到的能量不再以扩散方式进行输运,而是以波动形式从热点中心向 4 个边界输运,且能量密度峰值不位于 SOI 晶体管中心,而是随着时间推移沿着热载子的运动轨迹向边界移动,在 $t = 0.15$ 时刻,能量密度峰值约为 0.088,比基于傅里叶定律所得结果高约 22%。

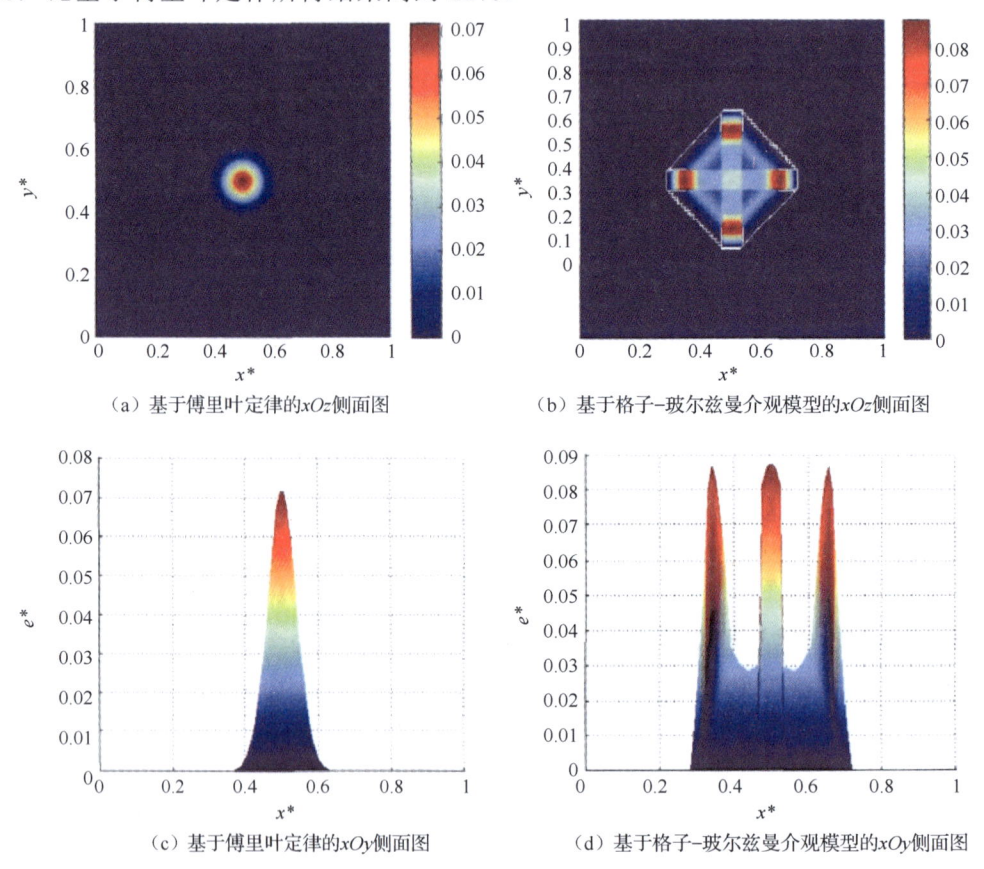

(a)基于傅里叶定律的 xOz 侧面图　　(b)基于格子-玻尔兹曼介观模型的 xOz 侧面图

(c)基于傅里叶定律的 xOy 侧面图　　(d)基于格子-玻尔兹曼介观模型的 xOy 侧面图

图 10-16　基于傅里叶定律和格子-玻尔兹曼介观模型得到的薄膜内无量纲能量密度分布

2. 跨尺度热仿真

大型电子装备(如相控阵雷达、数据中心等)由成千上万个组件或插件组成,装备的外形尺寸(米级)比组件内元器件的尺寸(毫米级)大 3 个数量级以上。采用传统的仿真手段进行跨尺度热仿真所需的网格数量较多,需要消耗大量的计算资源和计算时间,因此要对大尺度流量分配和小尺度组件温度分布进行跨尺度热仿真分析。

以某液冷相控阵雷达阵面为例,阵面由上千个 TR 组件和电源组成,所有组件和电源采用并联液冷的散热方式。单个组件和电源内部由功放芯片、电源芯片等元器件组成,尺度约为数十毫米。阵面的跨尺度热仿真思路为,大尺度阵面一维流场仿真结合小尺度组件三维热仿真,具体仿真流程如下:首先,采用 FloEFD 软件对组件和电源的冷板进行三维流场仿真,得到如图 10-17(a)所示的流量-流阻曲线;其次,采用 Flowmaster 软件建立如图 10-17(b)所示的阵面一维流场仿真模型,包括组件和电源的分布及阵面管网，分别设置组件和电源的流量-流阻特性，在设计阵面流量输入下，得到不同组件和电源的流量分配；最后，将分配流量作为输入，对组件和电源进行三维热仿真，得到如图 10-17（c）所示的温度分布，并通过仿真温度优化冷板结构，完成跨尺度热仿真与优化过程。

（a）组件/电源三维流场模型（FloEFD）

（b）阵面一维流场仿真模型（Flowmaster）

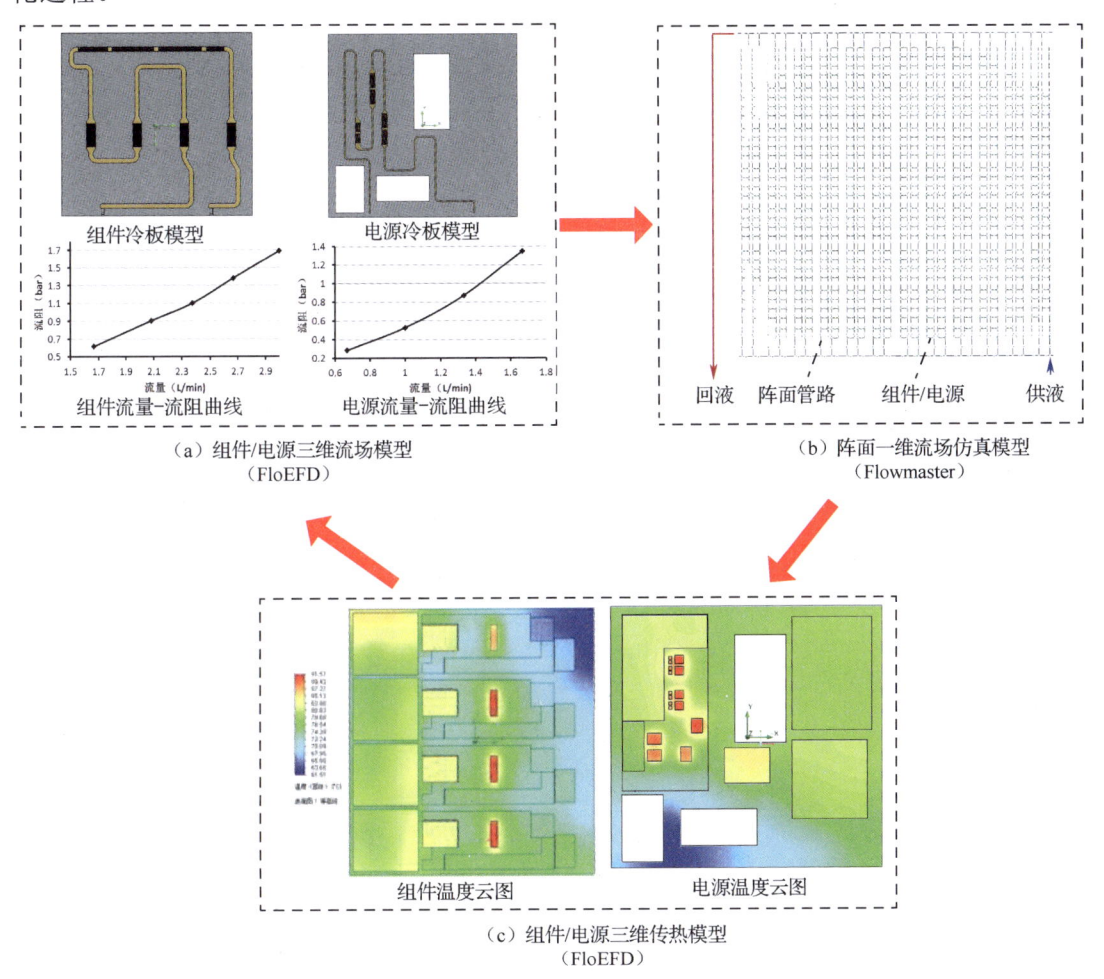

（c）组件/电源三维传热模型（FloEFD）

图 10-17 液冷相控阵雷达阵面跨尺度热仿真流程和结果

3．多物理场仿真

电子设备在工作过程中会受到热、力、电等多个物理场的作用和影响。TSV 热-力-电多物理场耦合示意图如图 10-18 所示。在分析电子设备的相关性能时，考虑多个物理场的耦合作用，能够提高电子设备性能分析的合理性。目前电子设备常见的多物理场仿真为热、力、电等耦合仿真。以基于 TSV 的微系统封装为例，TSV 可以实现芯片间的垂直

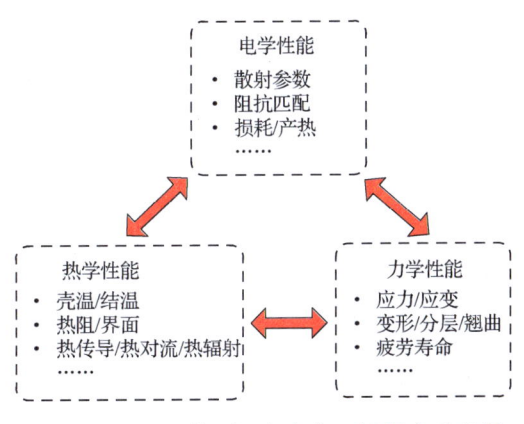

图 10-18 TSV 热-力-电多物理场耦合示意图

互连，能有效提高互连密度、降低芯片功耗、改善信号延迟等。介观尺寸的 TSV 功率密度大，局部热问题突出；TSV 互连结构中 Si 的热膨胀系数与 Cu 和 SiO_2 等的热膨胀系数差异较大，可能会发生分层失效和 TSV-Cu 胀出现象；温度升高也会导致 TSV 的电阻和寄生电容增大；当 TSV 的内部应力、应变和形变较大时，可能会影响电学性能。因此，TSV 的热、力、电呈现强耦合特征。

TSV 的多物理场建模过程如下：首先，在初始温度场下进行电磁仿真计算，将电信号传输过程中的电磁损耗作为热源，进行热-力耦合仿真分析；其次，将仿真得到的温度场作为封装结构力学仿真的边界条件，进行力学分析，得到封装结构的形变及应力、应变等力学性能；最后，进行力-电耦合仿真分析，将结构形变反馈到电磁仿真中，进行基于结构形变的电学性能仿真，并分析结构形变对电学性能（S 参数、阻抗匹配等）的影响。

基于 ANSYS Workbench 软件，对典型 TSV 转接板结构进行多物理场仿真分析，边界条件如下：对 TSV-Cu 施加 10mA 直流电流，转接板外表面为自然对流换热边界，环境温度为 22℃。通过求解以上热-力-电耦合过程，得到如图 10-19 所示的温度分布和等效应力分布，TSV 温度分布相对比较均匀，最高温度约为 47.7℃；最大等效应力位于 TSV-Cu 与 SiO_2 阻挡层接触的拐角界面处，接触位置的 SiO_2 最大等效应力约为 188.2MPa，TSV-Cu 的最大等效应力约为 112.9MPa。

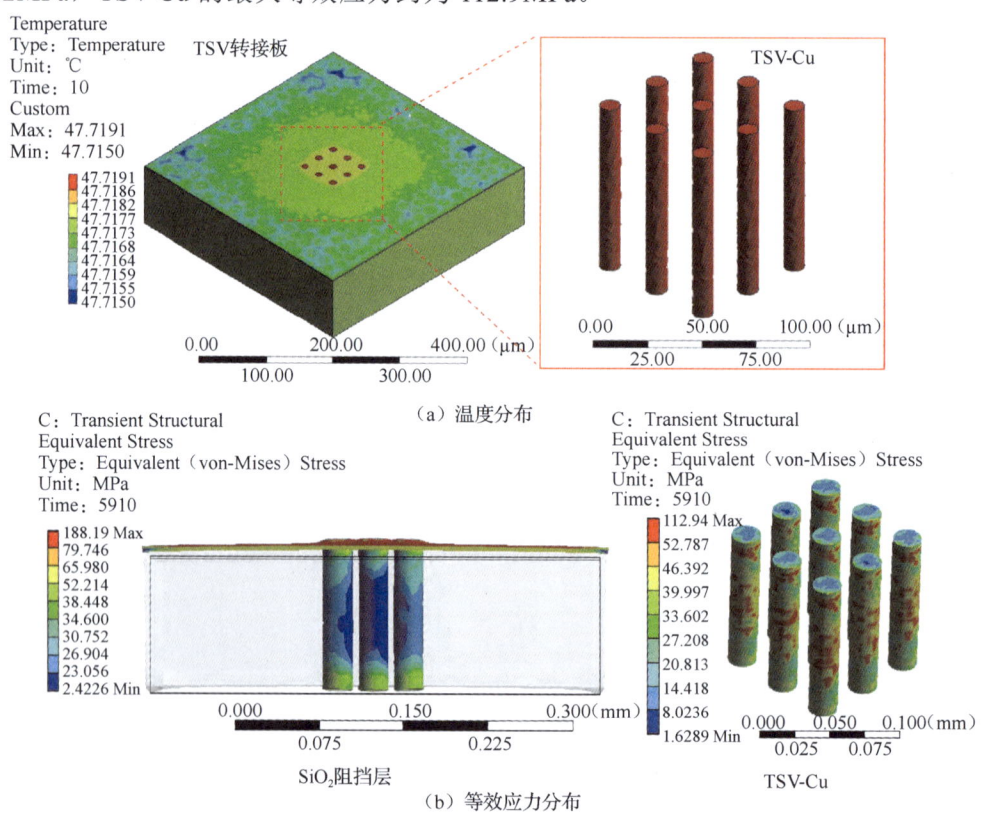

图 10-19 TSV 转接板的多物理场仿真结果

10.2 电子设备热测试

电子设备热测试是评估热设计效果的重要手段，本节首先简单介绍电子设备常用的热测试标准，其次介绍温度、流量、速度和压力等热学性能参数的测试方法，各类参数的测试仪器仪表多种多样，本节侧重于介绍测试原理。

10.2.1 热测试标准简介

电子设备常用的热测试标准主要包括 JEDEC 标准和 ASTM 标准。

1. JEDEC 标准

在 JEDEC 标准中，与热测试相关的标准主要为 JESD51 系列，其中 JESD51-1 规定了集成电路等封装的静态和动态热测试方法，JESD51-2A/6 规定了结-空气热阻测试的自然对流和强制对流环境，JESD51-3/5/7 规定了测试热阻的电路板，JESD51-14 规定了具有一维散热路径的封装的结壳热阻测试方法。下面主要介绍 JESD51-1、JESD51-2A/6 和 JESD51-14。

JESD51-1 规定了两种半导体器件的热特性参数测试方法：①静态测试方法，适用于多引脚的半导体器件，在对被测对象持续加热的同时，通过测量热敏参数来监控结温；②动态测试方法，适用于只有两个引脚的半导体器件（如 LED），首先对被测对象施加较小的测试电流，对结温-温度系数进行标定，然后立刻切换到正常加热电流并保持一段时间，再切换到测量状态，从而测得结温。

JESD51-2A 规定的自然对流测试环境如图 10-20（a）所示，将测试器件置于亚克力箱内的测试板上，测试板水平安装在竖直墙面上，外壳采用低导热材料，如聚碳酸酯等，使其处于静态空气状态，消除周围大气流动的影响，测试对象处于自然空冷状态。JESD51-6 规定的强制对流测试环境如图 10-20（b）所示，测试板和测试箱与图 10-20（a）中一致，不同之处在于测试板位于风洞测试区，风洞内部需要形成稳定、均匀的一维层流空气流动。

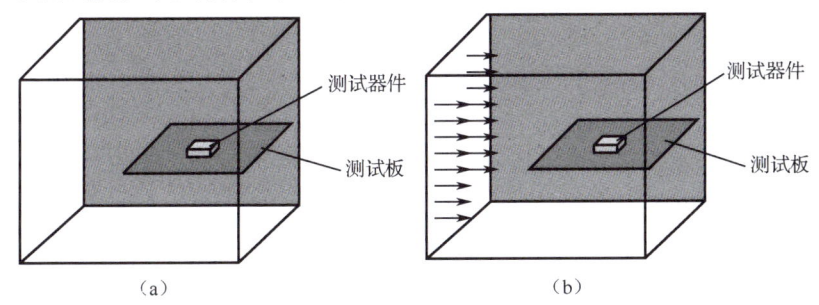

图 10-20 JESD51-2A 规定的自然对流测试环境和 JESD51-6 规定的强制对流测试环境

JESD51-14 规定了一种具有一维散热路径的半导体结壳热阻的热测试方法，通过结构函数可得到传热路径上的各层热阻分布。采用双界面瞬态热测试方法，即首先测试没有界面材料的瞬态热特性，然后测试有界面材料的瞬态热特性，对比两条热特性曲线对应的结构函数，分歧的位置表示封装的结壳热阻。此方法适用于有露出的冷却表面和一维热流路径的封装功率半导体器件（如 LED 等）。

需要指出的是，JEDEC 标准主要适用于标准化半导体器件的热特性测试，其测试结果与边界条件相关。实际器件的热特性与应用环境和边界条件有关，如 BGA 芯片上面加装散热器就显著改变了其热阻网络结构。因此，简单器件热测试可采用 JEDEC 标准，复杂器件热测试不能采用 JEDEC 标准。目前芯片供应商已经意识到这个问题，在产品规范中直接提供热阻模型或与边界条件无关的热阻网络参数。

2. ASTM 标准

在 ASTM 标准中，与热测试相关的标准主要包括 ASTM D5470、ASTM E1530 和 ASTM E1461。

ASTM D5470 采用稳态热流法测试热导率，适用于各种界面材料的接触热阻的测试。ASTM D5470 测试热导率的原理如图 10-21 所示。对样品施加一定的热流和压力，四周采用低热导率的材料进行隔热处理，以建立一维传热环境，热流垂直流过样品，并在样品上下表面形成温差。通过测量流过样品的热流 Q、样品上下表面的温度差 ΔT、样品的面积 A、样品的厚度 d，可得到样品的热导率：$\lambda = \dfrac{dQ}{\Delta T A}$。

ASTM E1530 采用保护热流法测试热导率，如图 10-22 所示，其测试热导率的原理与 ASTM D5470 类似，不同之处是在测量区域（热板/样品/冷板）外围增加保护加热器，加热到样品的平均温度，通过减小样品与周边的温差，降低横向的热损耗，提高测量精度。

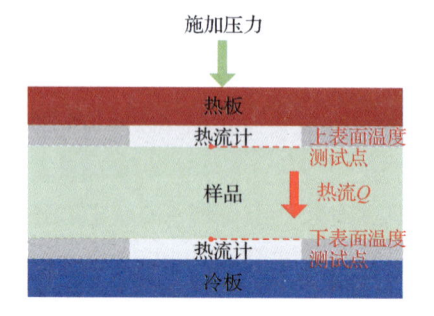

图 10-21　ASTM D5470 测试热导率的原理

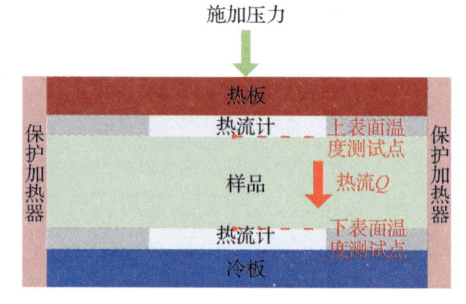

图 10-22　ASTM E1530 测试热导率的原理

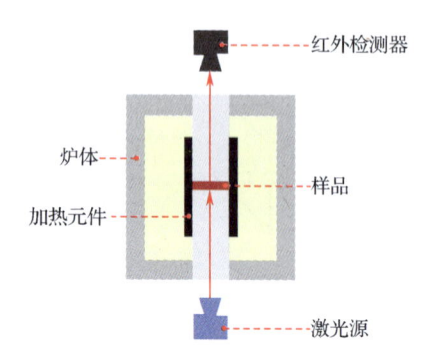

图 10-23　ASTM E1461 测试热导率的原理

ASTM E1461 采用激光闪射法测试固体的热导率，如图 10-23 所示。使用高强度的激光脉冲对样品进行短时间的辐照，激光能量被样品的前表面吸收并导致后表面温度上升，用红外检测器测量样品后表面的温度变化，通过样品后表面温度上升到最大值的一半所需时间计算得到热扩散率 α。结合样品的密度 ρ 和比热 c_p，可得到样品的热导率：$\lambda = \alpha c_\mathrm{p} \rho$。

10.2.2 温度测试

温度是影响电子设备可靠性的主要因素之一，电子元器件的失效率随温度的升高通常呈指数级增大。通过对电子设备中的关键元器件及部件进行温度测量，可以评定元器件及部件的热可靠性。

温度测试方法可分为物理法、电学法、光学法 3 种。

物理法是最常用和最成熟的温度测试方法，其利用某些与电子设备紧密接触的物质作为温度传感器，接触方式包括多点接触（如热电偶、热敏电阻、光纤等）和完全覆盖表面接触（如液晶等）。但是物理法对于封装器件来说属于破坏性温度测试方法，且空间分辨率和时间分辨率均较低，不适用于微纳尺度下的瞬态结温测试。

电学法和光学法作为更先进的温度测试方法，可测试微纳尺度下的瞬态温度。电学法利用某些随温度变化而变化的半导体器件电学特性作为温度传感器（如结电压法等），能够对半导体器件的结温进行直接测量，无须破坏器件封装。光学法利用某些与温度有关的光学特性作为温度传感器（如红外辐射法、拉曼散射法、热反射法等），其测试过程中仅有光子与器件有相互作用，且对器件工作状态的影响非常小，所以被认为是非接触式的温度测试方法。

1. 热电偶测温

热电偶是由两种不同金属材料组成的测温元件，其基本原理是热电效应：在由两种不同金属材料组成的回路中，只要两种金属材料相连接的两个节点的温度不相同，就会产生热电势，热电势的大小与连接端的温度之间的关系为

$$E(t_1,t_2) = U_{AB}(t_1) - U_{BA}(t_2) \tag{10-2}$$

或

$$E(t_1,t_2) = U_{AB}(t_1) + U_{BA}(t_2) \tag{10-3}$$

热电偶具有结构简单、制造方便、测量范围广、精度高、惯性小和输出信号便于远距离传输等优点，被广泛应用于各种电子设备温度测试场合。适用于电子设备温度测试的热电偶，主要有 GB/T 2903—2015《铜-铜镍（康铜）热电偶丝》（分度号为 CK）和 GB/T 4993—2010《镍铬-铜镍（康铜）热电偶丝》（分度号为 EA）两个系列，其热电偶特性如表 10-1 所示。

表 10-1 热电偶特性

分度号	热电偶种类	热电极材料			20℃时的电阻率/($\Omega\cdot m$)	100℃时的电位值/mV	使用温度/℃		允许误差/℃
		极性	识别	化学成分			长期	短期	
CK	铜-铜镍（康铜）	正	红色	Cu 100%	0.017×10^{-6}	4.26	200	300	$-40\sim400$ $\pm0.75\%t$
		负	银白色	Cu 55% Ni 45%	0.49×10^{-6}				

续表

分度号	热电偶种类	热电极材料			20℃时的电阻率/（Ω·m）	100℃时的电位值/mV	使用温度/℃		允许误差/℃
		极性	识别	化学成分			长期	短期	
EA-2	镍铬-铜镍（康铜）	正	色较暗	Cr 10% Ni 90%	$0.71×10^{-6}$	6.95	600	800	≤400±4%t
		负	银白色	Cu 55% Ni 45%	$0.49×10^{-6}$				<400±1%t

2. 热敏电阻测温

热敏电阻是一种温度敏感半导体元件，其阻值随温度变化而变化，根据温度系数不同分为正温度系数热敏电阻和负温度系数热敏电阻。热敏电阻的阻值计算公式为

$$R = R_0 e^{B\left[\frac{1}{T}-\frac{1}{T_0}\right]} \tag{10-4}$$

式中，R——温度为 T 时的电阻值；

R_0——温度为 T_0 时的电阻值；

B——电阻温度系数。

电子设备温度测试用的热敏电阻材料一般采用负温度系数很大的固体多晶半导体氧化物，如氧化铜、氧化铁、氧化铝、氧化锰、氧化镍等。热敏电阻的温度系数比金属大 1~2 个数量级，因此反应比较灵敏，热惰性小。热敏电阻的工作温度范围宽，可达 -200℃~1000℃。此外，热敏电阻还具有体积小、稳定性好、过载能力强等优点。

3. 光纤测温

光纤具有体积小、抗电磁干扰、可在易燃/易爆环境下工作、传感器端无须供电、耐高温及便于组成传感器网络等优点，光纤测温技术主要包括光纤布拉格光栅（Fiber Bragg Grating，FBG）技术和光纤法布里-珀罗（Fabry-Perot，F-P）传感器技术等。

FBG 是一种无源光器件，可以通过一定方法使光纤纤芯的折射率发生周期性调制而形成衍射光栅。当一束宽带光通过 FBG 时，波长满足布拉格条件的光将产生反射，通过探测反射光谱谐振波长的变化便可求出外界温度变化量。重庆大学的研究人员制作了 FBG 总温探针，搭建了总温测量数据处理系统，并通过亚音速风洞试验测试了 FBG 总温探针的工作性能。FBG 测温原理图和试验图分别如图 10-24、图 10-25 所示。试验结果表明，在马赫数为 0.3~0.8 的亚音速气流冲击下，FBG 总温探针具有良好的滞止效果和稳定性。

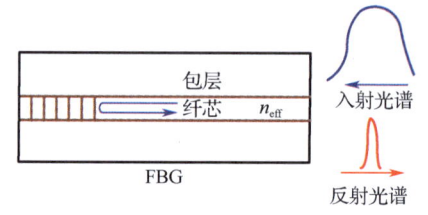

图 10-24　FBG 测温原理图

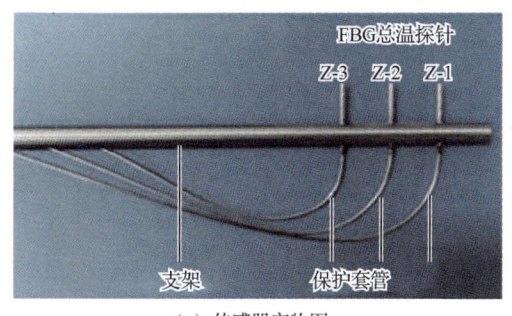

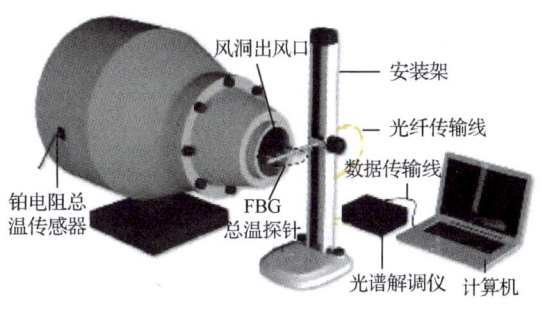

(a) 传感器实物图　　　　　　　　　　　　(b) 风洞测试

图 10-25　FBG 测温试验图

光纤 F-P 传感器是基于多光束干涉原理工作的。当两个反射面（反射率分别为 R_1、R_2）形成一个长度为 L 的 F-P 腔，且强度及波长分别为 I_0 和 λ 的光束入射到 F-P 腔内时，外界温度 T 变化直接使 F-P 腔的折射率和长度发生变化，通过反射光谱便可求出外界温度变化量。光纤 F-P 传感器结构简单、应用灵活，可以通过改变 F-P 腔的材料灵活地改变其折射率，还可以灵活地改变 F-P 腔的长度，从而改变光纤 F-P 传感器的温度灵敏度。2015 年，美国内布拉斯加大学林肯分校完成了基于晶体硅柱的快速响应光纤 F-P 传感器的研发。F-P 腔是利用紫外固化胶将一段直径为 80μm、长度为 200μm 的双面抛光晶体硅柱粘接在端面而制成的。光纤 F-P 传感器测温原理图和试验图分别如图 10-26、图 10-27 所示。得益于晶体硅的较高热光系数、热膨胀系数和热扩散率，光纤 F-P 传感器具有 84.6pm/℃ 的温度灵敏度，响应时间可低至 0.51ms，这表明光纤 F-P 传感器具有约 2kHz 的响应频率。

图 10-26　光纤 F-P 传感器测温原理图

(a) 光纤 F-P 传感器实物图　　　　　　　　　　　(b) 标定结果

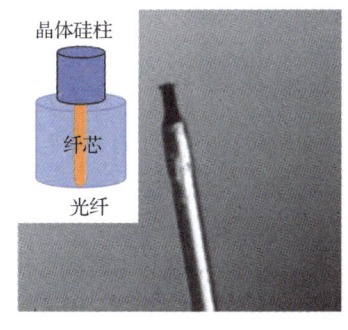

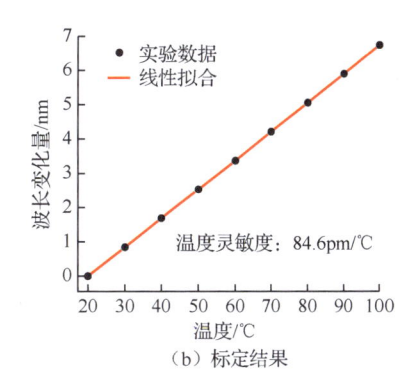

图 10-27　光纤 F-P 传感器测温试验图

4. 液晶测温

液晶是一种胆固醇混合物，温度的变化将引起液晶颜色在整个可见光谱范围内依次改变。元器件上液晶的颜色将随着元器件温度的变化从无色依次变成红、橙、黄、绿、蓝、紫等颜色，直到最后再变成无色。随着元器件温度的升高，可适当选择液晶的成分来测量不同的温度。因为颜色的变化是可逆的，所以能进行反复测量。典型液晶测温试纸和液晶颜色与温度的关系如图 10-28 所示。从图 10-28 中可以看出，液晶测温范围主要取决于液晶的成分。液晶涂料还可用于测量电子设备的温度分布。

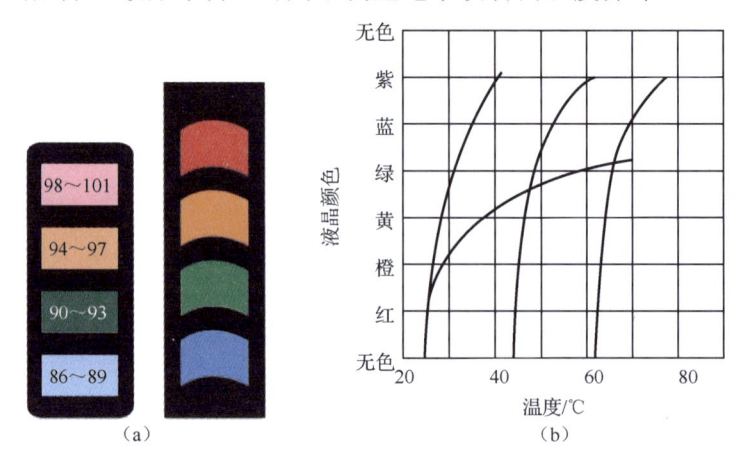

图 10-28　典型液晶测温试纸和液晶颜色与温度的关系

5．电学法

半导体器件的许多电学参数是与温度有关的，如 PN 结正向电压、阈值电压、电流增益、饱和电流等，这些参数被称为温度敏感参数。通过对温度敏感参数的测量可以推断出半导体器件的工作温度，这种方法称为电学法。由于电学法自身特点的限制，因此通过电学法只能得到温度敏感参数区域的平均温度，而不能得到半导体器件的表面温度分布，但电学法是唯一能够对封装半导体器件进行直接测量而无须破坏半导体器件封装的温度测试方法。

电学法测结温适用于各类半导体器件，包括 LED、场效应晶体管、MOSFET、双极晶体管、IGBT 等。采用 PN 结正向电压作为温度敏感参数的例子有双极晶体管的发射极-基极电压、场效应晶体管的栅-源电压、MOSFET 的二极管结压等；采用阈值电压作为温度敏感参数的例子有 MOSFET、IGBT 等；采用电流增益作为温度敏感参数的例子有 GaAs HBT 等；采用饱和电流作为温度敏感参数的例子有 IGBT 等。

以 LED 为例，其前向电压是温度敏感参数，通过监测其前向电压可以得到 LED 结温变化，如图 10-29 所示。测试过程如下：①将 LED 置于如图 10-29（a）所示的积分球中温度可控的热沉上，给 LED 施加测试电流（要求该电流不能对结温造成较大的影响，通常为工作电流的 1% 以下），并改变热沉温度，测量 LED 前向电压得到电压-温度的校准曲线，该曲线的斜率称为 k 系数，如图 10-29（b）所示；②给 LED 施加工作电流，直至达到热平衡；③断开加热功率，仅给 LED 施加一个很小的测试电流，在 LED 结温下降过程中实时采样 LED 前向电压的变化 ΔV_F；④通过 k 系数得到 LED 温度变化 $\Delta T = \Delta V k$，最后可以得到 LED 结温 $T_j = T_{j0} + \Delta V_F k$。

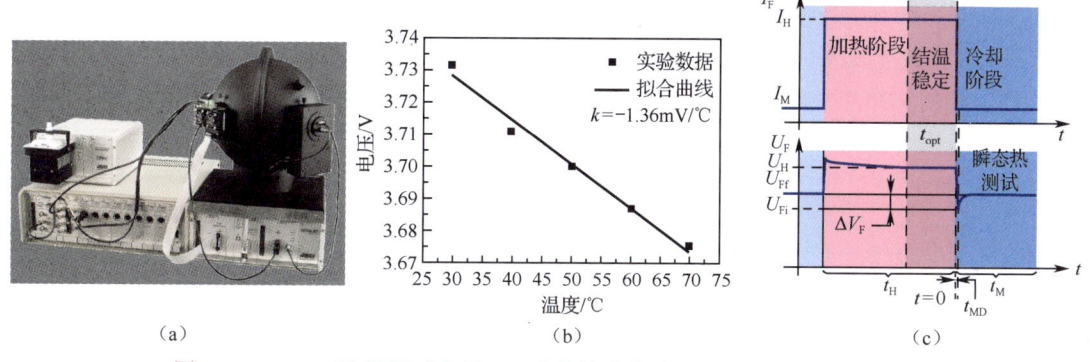

图 10-29　LED 结温测试仪器、k 系数校准曲线和结温测试过程示意图

6. 红外辐射法

红外辐射法是常用的一种利用被测物体自身发出的红外辐射得到温度分布的温度测试方法。被测物体发射的辐射能峰值所对应的波长与温度有关，如图 10-30 所示。利用这个原理，用红外探头逐点测量物体表面各单元发射的辐射能峰值所对应的波长，通过计算可将其换算成物体表面各点的温度值。红外辐射法适用于各类电子设备外露表面的温度测试，在测试电子设备内部温度时需要开盖测量。

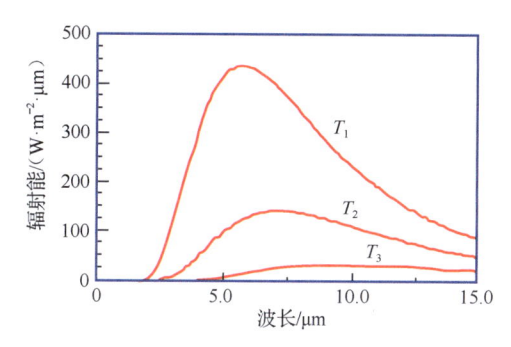

图 10-30　不同温度下的黑体辐射与波长的关系

在利用红外辐射法进行器件温度测试时，需要先获得样品每个像素区域的红外发射率，在得到样品表面的红外发射率分布后，对器件施加加热功率，再通过红外热成像就可以得到样品表面的温度分布。图 10-31 所示为某 GaN HEMT 的稳态和动态红外测试结果，可见该器件结温的稳态红外测试结果约为 108℃。GaN 器件通常需要工作在脉冲条件下，如上述器件工作在脉冲宽度为 3ms、占空比为 30% 的脉冲模式下，得到如图 10-31 所示的最高温度随时间动态变化的曲线，脉冲峰值温度达到 124℃。

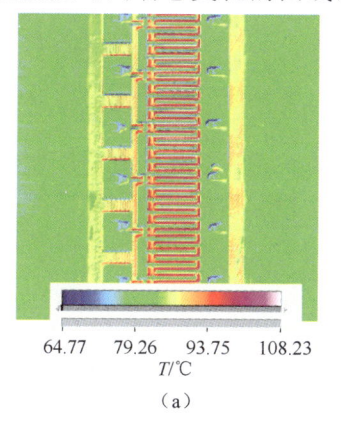

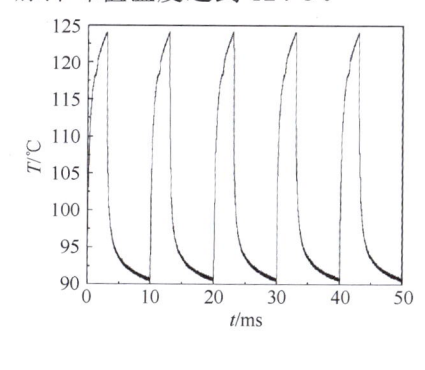

图 10-31　某 GaN HEMT 的稳态和动态红外测试结果

需要指出的是，不同空间分辨率和不同时间分辨率的红外测试温度可能也会有差异。一般来说，分辨率越高，测试温度越高。以如图 10-32 所示的不同空间分辨率下某 MMIC 器件的红外测试结果为例，在空间分辨率为 67.5μm、13.5μm 和 2.7μm 时，对应的器件结温测试结果分别为 104.5℃、112.1℃ 和 119.8℃。

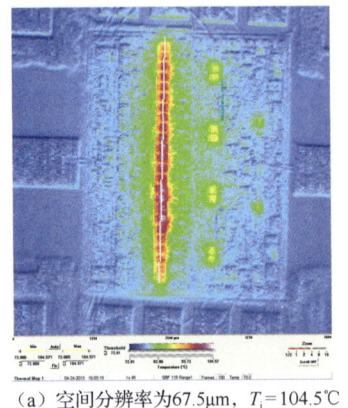

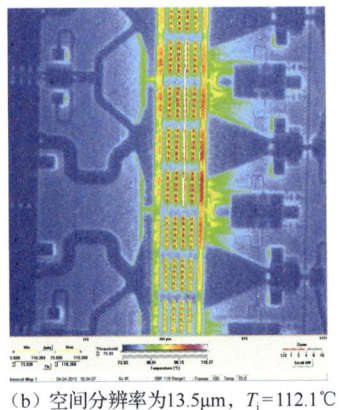

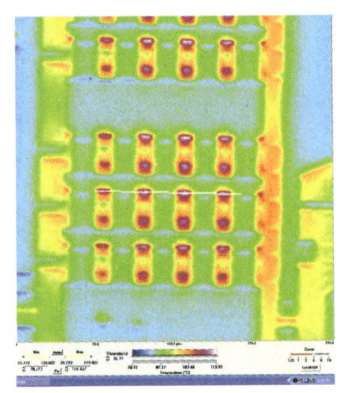

（a）空间分辨率为67.5μm，T_j=104.5℃　　（b）空间分辨率为13.5μm，T_j=112.1℃　　（c）空间分辨率2.7μm，T_j=119.8℃

图 10-32　不同空间分辨率下某 MMIC 器件的红外测试结果

7. 拉曼散射法

拉曼散射法通过测量半导体器件的声子频率间接得到器件的工作温度，因为由光子产生或湮灭的声子频率是与温度有关的，所以散射光子的光谱随温度变化而变化。

拉曼光谱是一种用来探测材料光学声子的振动能量或振动频率的光散射技术，通过入射光与散射光的能量差来观测拉曼散射现象。拉曼散射是指激发辐射能量光谱的位移。温度对 GaN 拉曼散射的影响如图 10-33 所示，可见温度上升导致拉曼光谱红移、谱线展宽。采用拉曼散射法测试器件温度最简单的方法是测量拉曼峰位移。英国布里斯托大学报道了利用拉曼峰位移的方法来研究 GaN 器件结温的情况。拉曼散射法在空间分辨率方面的优势非常明显，如图 10-34 所示，拉曼散射的空间分辨率约为 1μm，这对于准确评估 GaN 器件的沟道峰值温度非常重要。同时从图 10-34 中也可看到，拉曼散射法需要逐点扫描，所以测量耗时很长，适用于局部小范围的温度测量。

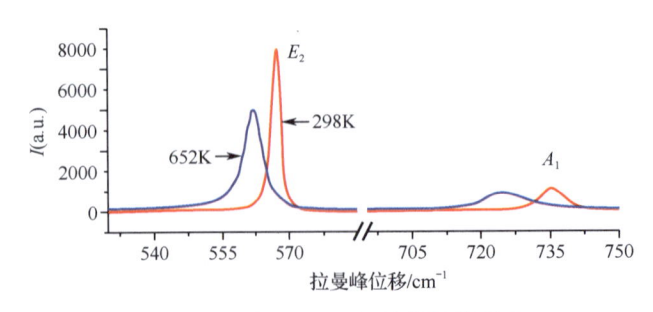

图 10-33　温度对 GaN 拉曼散射的影响

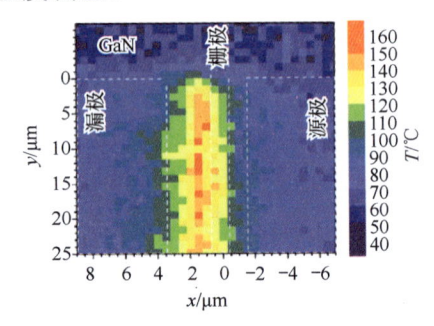

图 10-34　基于拉曼峰位移法的 GaN HEMT 温度测试结果

8. 热反射法

热反射法是利用温度升高导致材料表面光反射变化间接得到器件表面温度的方法。图 10-35 所示为热反射法测温系统的原理图，窄带 LED 光源用于提供光强稳定的入射光照射到待测器件表面，CCD 相机用于探测随温度变化的反射光强度变化，从而生成待测器件表面温度分布图。

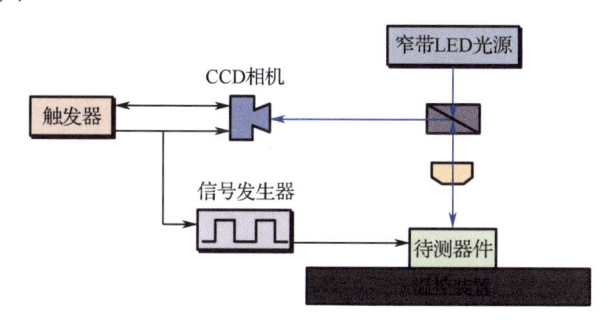

图 10-35 热反射法测温系统的原理图

热反射法具有亚微米量级的空间分辨率和纳秒量级的时间分辨率，同时能方便地得到器件表面温度分布图，不需要知道器件材料的辐射系数，可以在室温或低于室温的条件下工作，这些优点使其十分适用于器件的微纳尺度热学参数测试。但是，目前缺少成熟、可靠的热反射法商业化设备。美国空军研究实验室利用反射率热成像系统研究了 GaN HEMT 的热特性。热反射法设备及 GaN HEMT 的稳态和瞬态热反射测试结果如图 10-36 所示，GaN HEMT 表面温度分布的细节清晰可见。另外，热反射法还具有纳秒量级的时间分辨率。采用热反射法对 GaN HEMT 进行瞬态自热效应测试，如图 10-36（c）所示，GaN 沟道温度最高且上升最快，栅极金属温度几乎与 GaN 沟道温度接近，而漏极金属温度较低且上升较慢。

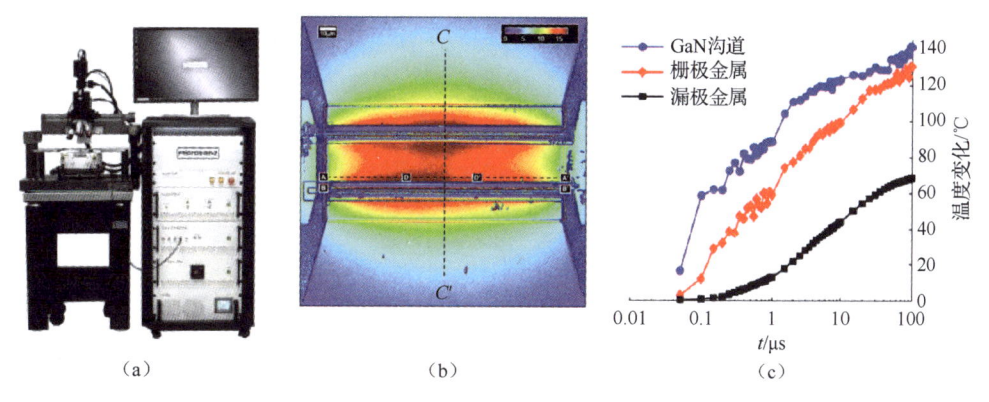

图 10-36 热反射法设备及 GaN HEMT 的稳态和瞬态热反射测试结果

10.2.3 流量测试

流量可分为两种：质量流量，即在单位时间内通过工作流体的质量；体积流量，即在单位时间内通过工作流体的体积。流量测试常用的流量计按照工作原理可分为容积式流量计、差压式流量计、速度式流量计、质量式流量计。

（1）容积式流量计：包括椭圆齿轮流量计、腰轮流量计、刮板流量计等。其工作原理是先让被测流体充满一定容积的空间，然后将流体从出口排出，根据单位时间内排出的流体体积，可以直接确定被测流体的体积流量。

（2）差压式流量计：包括皮托管、孔板流量计、喷嘴流量计、均速管流量计、转子流量计等。其工作原理是对于一定形状和尺寸的阻力件、一定的测压位置与前后直管段，在一定的流体参数情况下，阻力件的前后差压与流体的体积流量呈一定的函数关系。

（3）速度式流量计：包括涡轮流量计、涡街流量计、电磁流量计、超声波流量计等。其工作原理是通过测量流体速度来计算流量。

（4）质量式流量计：包括直接式质量流量计和间接式质量流量计两种。直接式质量流量计直接利用热、差压或动量来测量流体的质量流量，如热式质量流量计、科里奥利质量流量计、角动量式质量流量计等；间接式质量流量计在测出体积流量的同时，测出密度或压力、温度等参数，求出流体的质量流量。

流量测试的方法有很多，本节仅介绍流量测试常用的几种流量计的使用方法：腰轮流量计、皮托管、转子流量计、孔板流量计、涡轮流量计、电磁流量计、热式质量流量计。

1. 腰轮流量计

腰轮流量计的结构示意图如图 10-37 所示，其工作原理是当有流体通过腰轮流量计时，在腰轮流量计进、出口流体差压的作用下，两腰轮将按正方向旋转；计量室内液体不断流进、流出，只需要知道计量室体积和腰轮转动次数就可以计算出流体流量。

腰轮流量计适用于各种清洁液体的流量测量，尤其适用于油品流量测量。它也可制成测量气体的流量计。它的计量准确度高，可达到 0.1～0.5 级，压力损失小，量程范围大。

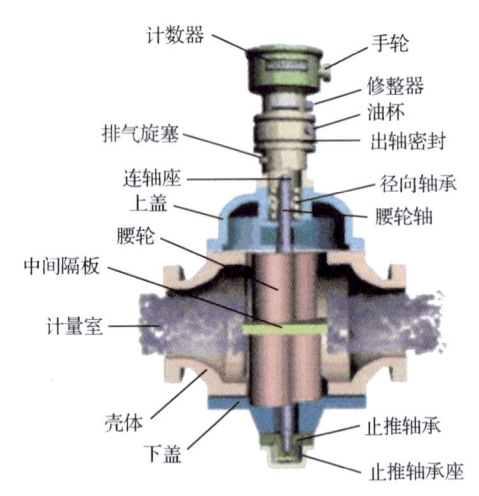

图 10-37 腰轮流量计的结构示意图

2. 皮托管

使用皮托管先测量流体的流速，再由流速计算流量，因此其实质是测量流体流速的动压力。动压力是全压力与静压力的差值，动压力与流速之间的关系可由伯努利方程得出：

$$p_d - p_s = \frac{\rho}{2}\omega^2 \tag{10-5}$$

式中，p_d——流体的全压力（Pa）；
p_s——流体的静压力（Pa）；
ω——流体的流速（m/s）；

ρ——流体的密度（kg/m³）。

由式（10-5）可得

$$\omega = \sqrt{\frac{2}{\rho}(p_d - p_s)} \tag{10-6}$$

因此，为了求出流体的流速，必须测出全压力与静压力的差值。全压力可通过装在正对流速方向的开口管测出，静压力可通过管壁上的开孔测出。若把两根管子接到一个微压计上，则可以直接测得动压力。

皮托管就是把上述两根管子组合在一起的一种测量动压力的测定管。它由两根同轴的管子组成：里面的管子端部开孔对准流体流动的方向，用来测量流体的全压力；外面的管子四周开几个等分的小孔（一般为4~8个孔），用来测量静压力。将皮托管另外一端的两个接头（全压力和静压力接头）分别接到同一个微压计上，即可进行测量。动压力的测量和皮托管的结构示意图如图10-38所示。

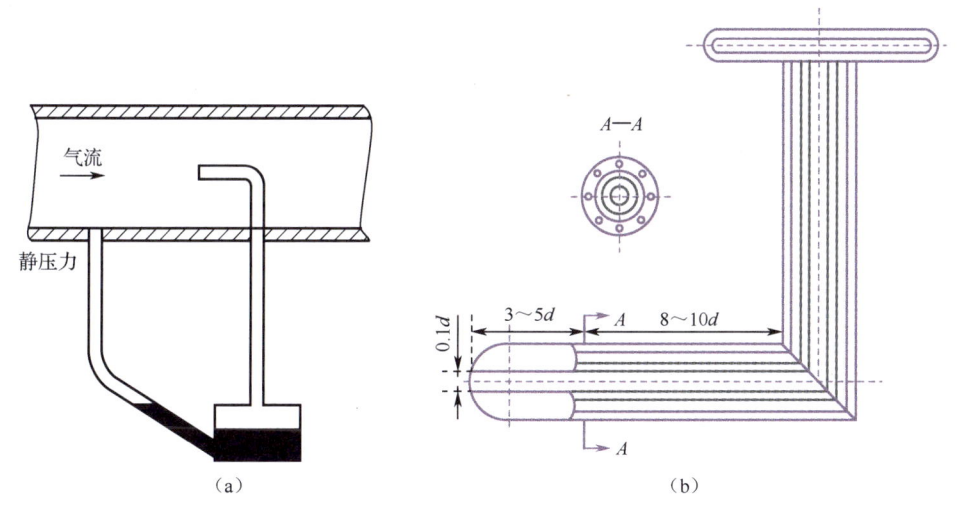

图10-38　动压力的测量和皮托管的结构示意图

3. 转子流量计

转子流量计也称浮子流量计，可用于测量各种流体的流量，其结构示意图如图10-39所示。转子流量计是由金属或玻璃的锥形管和浮子组成的。锥形管的大端直径较大，浮子的直径比锥形管的内径还小，故浮子可以沿刻有标尺的锥形管上下自由移动。

当流体在锥形管内由下向上流动时，浮子升高，直至浮子与锥形管内表面间的环形空隙大小达到某个数值。这个数值是流体作用在浮子上的力，它和浮子在流体中的质量相等。因此，浮子的高度取决于浮子和圆锥体的几何形状、浮子的材料、冷却剂的种类及冷却剂的流量等。流量与锥形管中浮子高度的关系为

$$Q_f = aA\sqrt{\frac{2gV_f}{A_f}}\sqrt{\frac{\rho_f - \rho}{\rho}} \tag{10-7}$$

$$A = \frac{\pi}{4}[2d_s nH + (nH)^2] \tag{10-8}$$

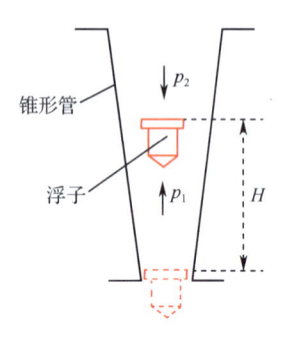

图10-39 转子流量计的结构示意图

式中，a——与浮子的几何形状、尺寸有关的系数；
A——浮子处于某一位置时的通流面积（m^2）；
A_f——浮子的有效截面积（m^2）；
V_f——浮子的体积（m^3）；
ρ_f、ρ——分别表示浮子材料和流体的密度（kg/m^3）；
H——浮子的高度（m）；
n——直径随高度H的变化率，$n=(d_2-d_1)/H$；
d_s——锥形管的小端直径（m）。

转子流量计的特点是结构简单、精度较高，在使用时还可直接观察流体和浮子的情况。其缺点是必须垂直安装，而且玻璃容易被打碎。

4．孔板流量计

孔板流量计的结构示意图如图10-40所示，它由一块中间带圆孔的圆形薄板和一个测压U形管组成。圆孔直径比管道直径小，其入口为圆柱形，出口为圆锥形。当流体流经孔板时，在孔板的两侧产生压差，通过公式可将压差换算成流量。

可压缩流体（如气体或蒸汽）的流量计算公式为

$$Q_f = 0.004\mu\beta d^2\sqrt{\Delta p/\rho} \qquad (10\text{-}9)$$

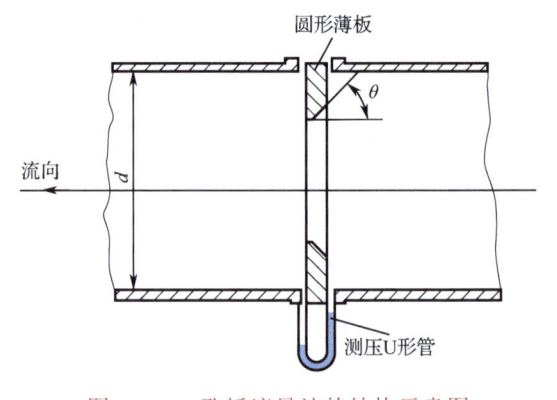

图10-40 孔板流量计的结构示意图

式中，μ——流量系数；
β——膨胀校正系数；
d——孔径（mm）；
ρ——工作状态下节流装置前流体的密度（kg/m^3）；
Δp——节流装置测压U形管的压差（Pa）。

不可压缩流体的流量计算公式为

$$Q_f = 208.2\mu d^2\sqrt{\Delta H} \qquad (10\text{-}10)$$

式中，ΔH——流体液柱高度差（m）。

5．涡轮流量计

涡轮流量计由壳体组件、叶轮组件、前后导向架组件、压紧圈和带有放大器的磁电感应转换器组成。当被测流体流过涡轮流量计时，叶轮借助流体的动能实现旋转，并且周期性地改变磁电感应系统的磁阻，使通过线圈的磁通量发生变化，产生与流量成正比的脉冲电信号，该电信号经前置放大器放大后输送至仪表进行整形和计算，从而得出总流量。

当涡轮运动处于匀速、稳定运行时，在一定时间间隔内流过的流量 Q_f 与输出的脉冲总数成一定的关系，即

$$Q_f = N/\xi \tag{10-11}$$

式中，N——脉冲总数（s^{-1}）；
ξ——仪表常数（$1/m^3$），一般由生产厂家按流量范围标定。

6．电磁流量计

电磁流量计适用于具有导电特性的流体的流量测量，主要依据法拉第电磁感应定律来测量流量。将一个直径为 D 的管道放在一个均匀磁场中，并使其垂直于磁力线方向。管道由非导磁材料制成，如果是金属管道，则内壁上要装绝缘衬里。当导电液体在管道中流动时，便会切割磁力线。如果在管道两侧各插入一根电极，则可以引出感应电势，从而推算出流速。

电磁流量计由两部分组成：①电磁流量变换器，由带激磁线圈的绝缘测量管产生电势信号；②二次仪表，提供激磁电源，将电磁流量变换器输出的微弱电势信号放大，并输出相应的电流信号。

7．热式质量流量计

热式质量流量计主要用于测量气体流量，工业中常用的热式质量流量计通常将热量引入流体流场，通过测量其热量散发值来测量流体的质量流量。热量散发值与流体的质量流量成比例，常用的两种热式质量流量计工作类型为恒流型和恒温型。

热式质量流量计具有下列特点：无须进行温度和压力补偿，可直接测量流体的质量流量；无活动部件，压力损失小，可靠性高，适用于低流速气体流量测量；准确度相对较差，动态响应慢。

10.2.4 速度测试

速度测试常用的速度计按照工作原理主要可分为差压式速度计、热线式速度计、叶轮式速度计、超声波式速度计、PIV 速度计等。

1．差压式速度计

差压式速度计通过测量流体的总压力与静压力之差来测量流速，典型的差压式速度计为皮托管，其测量原理在 10.2.3 节中已经介绍，此处不再赘述。

2．热线式速度计

热线式速度计为一根直径为 0.15～0.25mm 的铂丝，当它受电流加热时，因受气流冲刷而被冷却。流体流速与热流量的关系为

$$\phi = A\sqrt{v} + B \tag{10-12}$$

式中，ϕ——热流量（W）；

v——气流速度（m/s）；

A、B——常数。

当铂丝的电阻值为 R、通过的电流为 I 时，有

$$\phi = I^2 R = A\sqrt{v} + B \tag{10-13}$$

在测量时若保持热线的温度恒定，则有

$$I^2 = A'\sqrt{v} + B' \tag{10-14}$$

式中，常数 A'、B' 与流体的性质、状态参数有关，一般通过实验确定。

热线式速度计的灵敏度高，流体的温度变化对其测量值的影响小，适合于高温流体的速度测量。热线式速度计的传感头（铂丝）易受污染，头部黑度变化会影响测量精度，并且其价格昂贵。

3. 叶轮式速度计

叶轮式速度计是根据置于流体中的叶轮的旋转角速度与流体的流速成正比的原理来进行流速测量的。叶轮式速度计既可用于测定仪表所在位置的气流速度，也可用于测量大型管道中气流的速度场，尤其适用于对相对湿度较大的气流速度进行测量。图 10-41 所示为典型的手持叶轮式速度计。

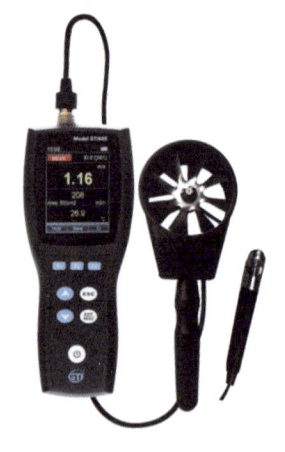

图 10-41 典型的手持叶轮式速度计

4. 超声波式速度计

超声波式速度计的工作原理是利用发送的声波脉冲测量接收端的时间或频率（多普勒变换）差别，以此来计算风速和风向。超声波式速度计具有以下特点：①无惯性测量，无启动风速限制，可在零风速条件下工作，可实现 360°全方位测量，无角度限制，能够同时获得风速和风向数值；②采用一体式结构设计，整体无移动部件，外壳采用工程塑料材质，磨损小，使用寿命长；③采用随机误差识别技术，在大风条件下也可保证测量的低离散误差，使输出更平稳；④仪表不需要现场校准和维护。

5. PIV 速度计

粒子图像测速（Particle Image Velocimetry，PIV）是一种流体力学测速技术，起源于 20 世纪 70 年代末。它结合了光学成像和图像处理技术，如图 10-42 所示，其工作原理是在流场中散布示踪粒子，利用激光片光源照亮流场中的待测平面，通过高速相机采集照亮平面内的示踪粒子图像。随后对图像进行处理，识别示踪粒子，并计算其运动轨迹，从而得到流体的速度场和涡量场等信息。PIV 速度计具有非接触式、可瞬态测量、高精度和宽测速范围等优点，被广泛应用于流体运动研究。

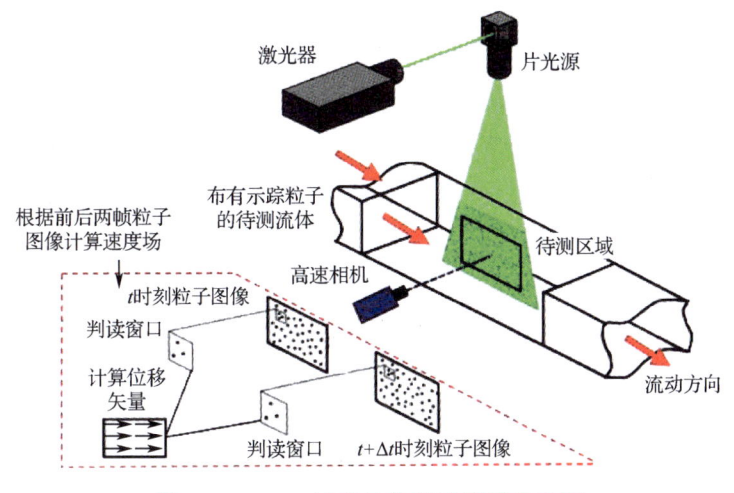

图 10-42　PIV 速度计的测速原理示意图

10.2.5　压力测试

电子设备强迫冷却时流体的压力测量包括静压力、动压力和总压力的测量。电子设备常用的压力计包括液柱式压力计、弹性压力计、电气式压力计等。

1. 液柱式压力计

液柱式压力计将被测压力转换成液柱高度差进行压力测量，主要包括 U 形压力计、杯形单管压力计、倾斜式压力计等。

（1）U 形压力计。

U 形压力计如图 10-43 所示，它是一种非常简单且使用方便的压力计。当玻璃管右端液面受到一定压力时，左端液面会升高，而右端液面会下降，由两端液面高度之差就可计算所测压力。

如果工作液体为水，则所测得的高度差为毫米水柱压力；如果工作液体为汞，则所测得的高度差为毫米汞柱压力，其压力为

$$p = h\rho g \tag{10-15}$$

式中，h——液柱高度（m）；

ρ——液体的密度（kg/m^3）；

g——重力加速度（取 9.8m/s^2）。

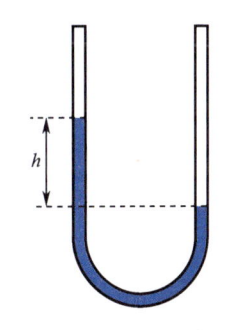

图 10-43　U 形压力计

由于水有毛细管作用，因此在精度要求比较高的压力测量中，不能用直径很小的 U 形管，这时可以采用酒精或甲苯等代替水。在需要测量较大的压力时，为了便于读数可采用密度较大的工作液体；反之，可采用密度较小的工作液体。

（2）杯形单管压力计。

杯形单管压力计与上述压力计的不同之处是，把其中待测压力侧管的直径改大，如图 10-44 所示。由图 10-44 可知，从杯形单管压力计上所读的 h_1 并不是真正的液柱高度。

这是因为液体由大管流到小管，其液面降低了，所以必须加上大管液面下降的高度 h_2，这样液面高度差为

$$h = h_1 + h_2 = h_1 + h_1 \frac{A_L}{A} = h_1\left(1 + \frac{A_L}{A}\right) \tag{10-16}$$

式中，A_L——小管的横截面积（cm^2）；

A——大管的横截面积（cm^2）。

所测压力为

$$p = h_1\left(1 + \frac{A_L}{A}\right)\rho g \tag{10-17}$$

（3）倾斜式压力计。

倾斜式压力计如图 10-45 所示。在被测压力的作用下，倾斜管中的液面升高了 h_1，液面高度差 $h=h_1+h_2$，而

$$h_1 = h_0 \sin\alpha \tag{10-18}$$

式中，h_0——倾斜管中液面上升的长度（cm）；

α——倾斜管的倾斜角度。

由于 $h_0 A_L = h_2 A$，因此有

$$h_2 = h_0 \frac{A_L}{A} \tag{10-19}$$

式中，A_L——小管（倾斜管）的横截面积（cm^2）；

A——大管（非倾斜管）的横截面积（cm^2）。

因此，这时的压力为

$$p = h\rho g = h_0 \rho g\left(\sin\alpha + \frac{A_L}{A}\right) \tag{10-20}$$

当 A_L/A 很小时，此项可忽略，则有

$$p = h_0 \rho g \sin\alpha \tag{10-21}$$

由此可见，相同的压力，α 越小，h_0 就越大。但 α 不宜太小，一般 $\alpha \geq 10°$，否则将影响读数的准确度。

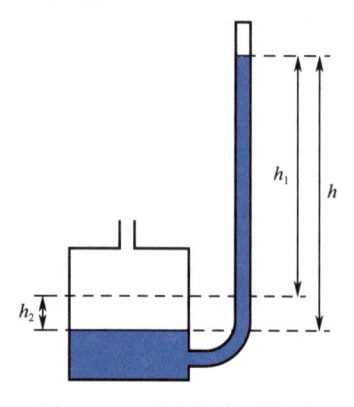

图 10-44　杯形单管压力计

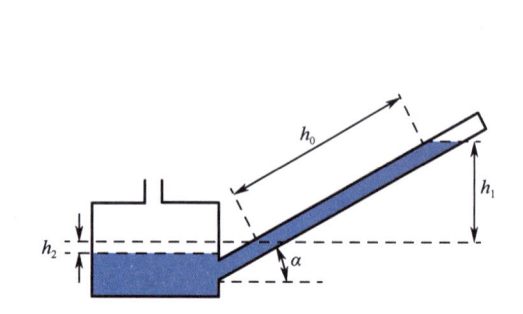

图 10-45　倾斜式压力计

2. 弹性压力计

弹性压力计利用弹性元件在被测压力作用下产生弹性变形，由此产生弹性力与被测压力相平衡，由弹性元件的弹性变形量来确定被测压力。弹性元件主要有单圈弹簧管、多圈弹簧管、波纹管、平薄膜、波纹膜、扰性膜等。其中，弹簧式压力计具有精度高、测量范围宽等优点，应用最为广泛。

图 10-46 所示为弹簧式压力计的结构图。感受压力的弹簧元件是横截面为椭圆形的一端封闭的管子，管子弯成 C 形，当管子中充满一定压力的流体时，管端变形，并通过齿轮、连杆及弹簧机构将这个变形放大转换为表面指针的转动，指针转动的角度正比于管中流体的压力。指针转动角度与流体压力的线性关系的好坏决定了该仪表的质量好坏，调节齿轮转动机构可以使这个线性关系达到最佳状态。

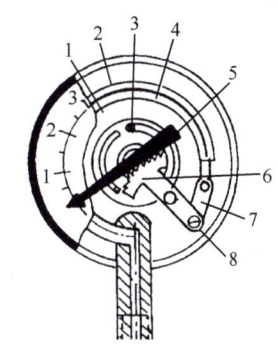

1—小齿轮；2—游丝弹簧；3—底盘调节螺钉；4—金属变管；5—指针；6—齿轮；7—连杆；8—调节螺钉。

图 10-46 弹簧式压力计的结构图

3. 电气式压力计

电气式压力计利用某些机械和电气元件传感器直接把被测压力转换为电信号。电气式压力计采用的检测元件动态性能好、耐压高，适用于被测压力快速变化、信号需要连续记录、脉动压力、超高压力等场合。电气式压力计主要包括电容式压力计、应变式压力计、扩散硅式压力计、电感式压力计、压磁式压力计、霍尔片式压力计等，下面简单介绍电容式压力计和应变式压力计。

（1）电容式压力计。

电容式压力计先将弹性元件的位移转换成电容的变化，从而完成将压力转换成电参数的任务，再通过适当的测量电路将电容的变化转换成电压或电流的变化，以便于传输或处理。对于平行板电容器，当不考虑边缘效应时，其电容为 $C = eS/d$，其中 e、S、d 分别为平行板的介电常数、面积和距离。电容式压力计结构简单、稳定性好，可以在很高的频率及恶劣的条件下工作。

（2）应变式压力计。

应变式压力计利用电阻应变片将被测压力转换成电阻的变化，通过桥式电路实现电量输出。应变式压力计是一种发展较早、应用广泛的压力计，它具有体积小、质量轻、测量范围宽、精度较高等优点，同时具有良好的抗振、抗冲击性能。

参考文献

[1] ALTMAN D H, GUPTA A, TYHACH M. Development of a diamond microfluidics-based intra-chip cooling technology for GaN[C]. Proceedings of the ASME 2015 International

Technical Conference and Exhibition on Packaging and Integration of Electronic and Photonic Microsystems，San Francisco，2015.

[2] SEOKKAN K，JOOYOUNG L，SEUNGGEOL R，et al. A bio-inspired，low pressure drop liquid cooling system for high-power IGBT modules for EV/HEV applications[J]. International Journal of Thermal Sciences，2021，161：1-15.

[3] 王博，宣益民，李强. 微/纳尺度高功率电子器件产热与传热特性[J]. 科学通报，2012，57（33）：3195-3204.

[4] NABOVATI A，SELLAN D P，AMON C H. On the lattice boltzmann method for phonon transport[J]. Journal of Computational Physics，2011，230（15）：5864-5876.

[5] MCCONNELL A D，GOODSON K E. Thermal conduction in silicon micro-and nanostructures[J]. Annual Reviews of Heat Transfer，2005，14：129-168.

[6] MITTAL A，MAZUMDER S. Generalized ballistic-diffusive formulation and hybrid SN-PN solution of the Boltzmann transport equation for phonons for nonequilibrium heat conduction[J]. Journal of Heat Transfer，2011，133（9）：82-92.

[7] ZYAD H，NICHIOLAS A，LI S，et al. Multi-scale thermal analysis for nanometer-scale integrated circuits[J]. IEEE Transactions Computer Aided Design of Integrated Circuits and Systems，2009，28：860-873.

[8] 毛煜东. 微纳尺度传热问题的理论分析和格子 Boltzmann 数值模拟[D]. 济南：山东大学.

[9] 周颖. 基于硅通孔的三维电子封装热机械可靠性研究[D]. 武汉：华中科技大学，2016.

[10] WANG X P，ZHAO W S，YIN W Y. Electrothermal modeling of through silicon via （TSV） interconnects[J]. IEEE Electrical Design of Advanced Package & Systems Symposium，2010，115：1-4.

[11] 杨中磊，朱慧，周立彦，等. 2.5D 微系统多物理场耦合仿真及优化[J]. 微电子学与计算机，2022，39（7）：121-128.

[12] 张涛，王勇，冯长磊，等. 微系统 TSV 多物理场耦合分析及结构优化[J]. 导航与控制，2022，21（3）：67-77.

[13] 韩国庆，刘显明，雷小华，等. 光纤传感技术在航空发动机温度测试中的应用[J]. 仪器仪表学报，2022，43（1）：145-164.

[14] 周震，刘显明，韩国庆，等. 基于光纤光栅的高速气流总温测量方法[J]. 仪器仪表学报，2021，43（1）：83-92.

[15] LIU G，HAN M，HOU W. High-resolution and fast response fiber-optic temperature sensor using silicon Fabry-Pérot cavity[J]. Optics Express，2015，23（6）：7237-7247.

[16] 李汝冠，廖雪阳，尧彬，等. GaN 基 HEMTs 器件热测试技术与应用进展[J]. 电子元件与材料，2017，36（9）：1-9.

[17] BLACKBURE D L. Temperature measurements of semiconductor devices - a review [C]. Twentieth Annual IEEE Semiconductor Thermal Measurement and Management Symposium，New York，2004.

[18] KUBALL M,HAYES J M,UREN M J,et al. Measurement of temperature in active high-power AlGaN/GaN HFETs using Raman spectroscopy[J]. IEEE Electron Device Letters,2002,23(1):7-9.

[19] SARUA A,JI H F,KUBALL M,et al. Integrated micro-Raman/infrared thermography probe for monitoring of self-heating in AlGaN/GaN transistor structures[J]. IEEE Trans Electron Devices,2006,53(10):2438-2447.

[20] MAIZE K,ZIABARI A,FRENCH W D,et al. Thermoreflectance CCD imaging of self-heating in power MOSFET arrays[J]. IEEE Trans Electron Devices,2014,61(9):3047-3053.

[21] MAIZE K,HELLER E,DORSEY D,et al. Thermoreflectance CCD imaging of self heating in AlGaN/GaN high electron mobility power transistors at high drain voltage[C]. 2012 28th Annual IEEE Semiconductor Thermal Measurement and Management Symposium(SEMI-THERM),New York,2012.

[22] MAIZE K,PAVLIDIS G,HELLER E,et al. High resolution thermal characterization and simulation of power AlGaN/GaN HEMTs using micro-Raman thermography and 800 picosecond transient thermoreflectance imaging[C]. 2014 IEEE Compound Semiconductor Integrated Circuit Symposium(CSICS),New York,2014.